# 建筑节能工程质量检测

## ——材料·实体·幕墙

## （第二版）

崔国庆　杜思义　主编

中国建筑工业出版社

图书在版编目（CIP）数据

建筑节能工程质量检测：材料·实体·幕墙/崔国
庆，杜思义主编. —2版. —北京：中国建筑工业出版
社，2021.4
ISBN 978-7-112-26035-5

Ⅰ.①建… Ⅱ.①崔… ②杜… Ⅲ.①建筑-节能-
质量检验 Ⅳ.①TU111.4

中国版本图书馆 CIP 数据核字（2021）第 056074 号

本书为建筑节能工程质量检测培训教材，是根据现行国家标准、行业标准、地方标准、团体标准和验收规范、规程以及国家、省级有关对建设节能工程领域检验检测机构资质标准等相关要求的规定，针对检验检测人员的需求编写的。其重点是着重拓宽检验检测人员在建筑节能工程与检验检测方面的知识，加强和提高检验检测人员对检测方法、操作步骤的理解和掌握。

本书共分上下两篇，包括建筑节能工程检测技术和建筑幕墙检测技术。第 1篇共分 7 章，包括绪论、建筑绝热材料检测方法、建筑绝热材料及配套产品检测、外墙外保温工程及系统材料检测、建筑门窗工程检测技术、供暖通风空调及照明检测技术、建筑节能工程现场检验技术。第 2 篇共分 3 章，包括绪论、建筑幕墙物理性能检测技术、建筑幕墙用材料检测等。书中内容与现行国家标准和现行行业标准保持一致，对涉及检验检测方法的内容进行了详尽的介绍。

本书也可作为广大自学者和建筑工程技术人员培训用书，也可供有关工程技术人员阅读参考。


责任编辑：李玲洁　王　磊

责任校对：焦　乐

# 建筑节能工程质量检测
## ——材料·实体·幕墙
### （第二版）

崔国庆　杜思义　主编

\*

中国建筑工业出版社出版、发行（北京海淀三里河路 9 号）

各地新华书店、建筑书店经销

霸州市顺浩图文科技发展有限公司制版

天津安泰印刷有限公司印刷

\*

开本：787 毫米×1092 毫米　1/16　印张：25　字数：619 千字
2021 年 4 月第二版　　2021 年 4 月第三次印刷
定价：**98.00** 元
ISBN 978-7-112-26035-5
（37177）

# 本书编委会

主　　编：崔国庆　杜思义

副 主 编：梁　娟　刘高攀　白召军　冷元宝　张茂亮

编　　委：李国军　杨志伟　畅　军　李　楠　王永亮

　　　　　孔林林　王　珺　刘　新　石岩岩　张淑芳

　　　　　魏东方　郭恩聪　崔瑰丽　刘　红　朱松梅

# 第二版　前言

随着全面建设小康社会的逐步推进，我国各项建设事业迅猛发展，建筑能耗迅速增长，因而建筑节能愈发重要。建筑能耗是指建筑在使用过程中由外部输入的能源总量。建筑节能，是指在建筑的规划、设计、施工和使用过程中，各种节能措施的总称。建筑节能工程具体指在建筑物的规划、设计、新建（改建、扩建）、改造和使用过程中，执行节能标准，采用节能型的技术、工艺、设备、材料和产品，提高保温隔热性能和供暖供热、空调制冷制热系统效率，加强建筑物用能系统的运行管理，利用可再生能源，在保证室内热环境质量的前提下，减少供热、空调制冷制热、照明、热水供应的能耗。建筑节能的意义在于有利于缓解能源供给的紧缺局面；有利于改善大气环境，实现可持续发展；有利于保护耕地；有利于提高人民生活水平。

我国的建筑节能，起步于 20 世纪 80 年代。1986 年建设部颁布了《民用建筑节能设计标准（采暖居住建筑部分）》JGJ 26—1986，要求新建居住建筑，在 1980 年当地通用设计能耗水平基础上节能 30%，开启了我国建筑节能新阶段。1990 年建设部提出"节能、节水、节材、节地"的战略目标。1995 年《民用建筑节能设计标准》JGJ 26—1986 修订并将第二阶段建筑节能指标提高到 50%。2010 年全国新建建筑全部严格执行节能 50% 的设计标准体系，其中各特大城市和部分大城市率先实施节能 65% 的标准。2011～2020 年，进一步提高建筑节能标准，平均节能率要达到 65%。东部地区要达到更高的标准，一些建筑的节能率要达到 75% 的标准（2015 年至今部分地区已经开始实行）。如果能完成上述目标，2020 年我国建筑能耗可减少 3.35 亿吨标准煤，相当于整个英国能耗的总量。这是个非常可观的数字，对人类社会的发展也是一个巨大的贡献。

2019 年 1 月住房和城乡建设部和国家市场监督管理总局联合发布于 2019 年 9 月实施的《近零能耗建筑技术标准》GB/T 51350—2019，将建筑节能工作推向了一个新的阶段。近零能耗建筑是以能耗为控制目标，首先通过被动式建筑设计降低建筑冷热需求，提高建筑用能系统效率降低能耗，在此基础上再通过利用可再生能源，实现超低能耗、近零能耗和零能耗。近零能耗建筑是以超低能耗建筑为基础，是达到零能耗建筑的准备阶段。

建筑节能工程检验检测是我国建筑节能领域一项十分重要的工作。节能检测能够为新材料、新技术、新工艺、新方法的研究和开发提供重要的技术数据，保证和监测节能产品与工程质量，同时它也是新能源开发和应用不可缺少的工具与技术手段。作为检验检测机构和人员，有必要掌握建筑节能的基本技术要点和检验检测方法的基本要素，不断丰富建筑节能知识，开阔技术视野，提高检验检测技术水平，促进检验检测工作更好地开展。这就需要我们在不断努力学习技术知识的同时，积累实践经验和教训，既要重视从实践中学习，又不要忽略理论知识的学习。

本书根据我国开展建筑节能工作的实际情况，以现行国家标准、行业标准、地方标准和团体标准为主线，以验收规范及标准要求的检验检测项目为重点，以检验检测方法为工作面，并结合作者多年的工作实践全面介绍了建筑节能材料的试验室检测、工程现场检测，以及对节能建筑的评价等内容。

由于近年来标准更新比较快，新技术、新材料、新设备和新产品不断涌现，本书进行了第二版的修订，与第一版相比既保持了结构内容连贯性，也发生了一些变化，主要有以下几点：

1. 结构上没有发生变化。从建筑节能材料到外墙外保温系统，从幕墙门窗到围护结构，从供暖到通风与空调，从配电照明到建筑节能现场实体检验等多个章节，分别对常用建筑节能材料、构配件以及实体的试验原理、仪器设备、方法标准、检验批的划分、试验过程及结果判定等方面作了详尽的描述，具有知识性、实用性、技术性和针对性。

2. 标准修订的变化。由于《建筑节能工程施工质量验收标准》《外墙外保温工程技术标准》等一批标准的修订，对检验方法、验收规定和检验批量产生了较大的变化，直接涉及节能工程质量的检验检测，本书对此需要及时的修订。因检验检测标准变化较多，仅考虑修订已不能满足需要，为此进行了第二版的编制工作。

3. 新增内容。绿色建筑的概念及其在我国发展的历程和评价的标准；近零能耗建筑技术的概念、约束性指标和推荐性指标、技术指标以及外墙外保温系统保温材料的检验参数、主要检验项目及要求；建筑节能工程设备系统节能性能检测的主要项目和要求；常用的建筑节能材料及制品、辅助材料的产品标准的分类、外观质量和技术要求指标；建筑节能工程施工质量验收标准中三个方面的内容，即管理方面（节能产品认证，门窗节能标识）、检验方面（引入"检验批最小抽样数"、一般项目"一次、二次抽样判定"）、技术方面（功能屋面、保温材料燃烧性能、外墙外保温防火隔离带、照明光源、灯具及其附属装置）；外墙外保温系统性能指标的内容；3个外墙外保温系统的拉伸粘结强度的性能指标、系统构造和技术要求，即粘贴挤塑聚苯板薄抹灰外保温系统、胶粉聚苯颗粒浆料贴砌EPS板外保温系统和现场喷涂硬泡聚氨酯外保温系统；平板状建筑材料燃烧性能等级、电线电缆套管、电气设备外壳及附件的燃烧性能和分级判据；幕墙现场检测的项目和方法，包括材料及连接质量检测。

4. 新增检验检测方法。保温板粘结面积比剥离检验方法；保温板材与基层拉伸粘结强度现场拉拔试验方法；保温浆料同条件养护试验方法；中空玻璃密封性能检验方法；建筑气密性检测方法；新风热回收装置热回收效率现场检测方法和建筑绝热制品垂直于表面抗拉强度的试验方法。

5. 其他内容。补充了检验检测方法标准中引用过期标准的年号内容；规整了检测方法中仪器设备的表述；凡是检验检测方法中出现带年号的标准，虽为过期标准，但仍为检测行业中还在继续使用的标准，且均符合现行国家标准、行业标准、地方标准、团体标准中的相关规定，特此说明。

6. 完善了燃烧性能的试验方法的适用范围，增加了提醒检测人员在试验操作时所要求的警示规定并加以关注，避免出现安全质量事故。

7. 强调了产品标准中对检测方法相关的要求及规定，以便在检验检测工作中能够达到标准化、规范化、精准化的应用。引导检测人员重视产品标准与方法标准的关联性，避免出现理解不准而造成试验结果的偏离。

本书共分上下两篇，包括建筑节能工程检测技术和建筑幕墙检测技术。第1篇共分7

章，包括绪论、建筑绝热材料检测方法、建筑绝热材料及配套产品检测、外墙外保温工程及系统材料检测、建筑门窗工程检测技术、供暖通风空调及照明检测技术、建筑节能工程现场检验技术。第 2 篇共分 3 章，包括绪论、建筑幕墙物理性能检测技术、建筑幕墙用材料检测等。书中内容与现行国家标准和现行行业标准保持一致，对涉及检验检测方法的内容进行了详尽的介绍。

本书由崔国庆、杜思义任主编；梁娟、刘高攀、白召军、冷元宝、张茂亮任副主编。其中第 1 章由崔国庆、杜思义、冷元宝编写；第 2 章由李国军、刘红、杨志伟编写；第 3 章由李楠、王永亮编写；第 4 章由孔林林、畅军、郭恩聪、崔瑰丽编写；第 5 章由梁娟编写；第 6 章由张茂亮、白召军编写；第 7 章、第 8 章由刘高攀、朱松梅编写；第 9 章由刘新、王珺编写；第 10 章由石岩岩、张淑芳、魏东方编写。全书由崔国庆审稿及定稿。

本书作为河南省建设工程质量检测行业培训教材，得到了河南省建设工程质量监督检测行业协会的大力支持和鼎力相助，并在编写过程中参考了大量的文献和资料，同时得到了同仁们的支持和帮助，在此一并致以诚挚的谢意。由于时间仓促，难免存在一些疏漏或缺陷，恳请专家和同行们多提宝贵意见，以便进一步完善和提高。

编者
2020 年 8 月

# 前　言

近年来，我国建筑节能工作迅速开展，技术水平不断提高，节能理念日益深入人心，建筑节能已在缓解能源、环境压力方面发挥了重要作用，且必将持续发挥更大的作用。从战略高度来讲，大力发展节能省地环保型建筑，注重能源、资源节约和合理利用，全面推广和普及节能技术，制定并强制推行更加严格的节能、节水、节材标准。建筑行业推行"节地、节能、节水、节材"的"四节"工作是落实科学发展观，缓解人口、资源、环境矛盾的重大举措，意义重大。

建筑在使用过程中，其供暖、空调、通风、照明、热水供应等方面不断地消耗大量的能源。建筑能耗已占全国总能耗的近 30%。据预测，到 2020 年，我国城乡还将新增建筑 300 亿 $m^2$，能源问题已经成为制约经济和社会发展的重要因素，建筑能耗必将对我国的能源消耗造成长期的、巨大的影响，要解决能耗问题，根本出路是坚持开发与节约并举、节约优先的方针，大力推进节能降耗，提高能源利用效率。

建筑节能是一项复杂的系统工程，涉及规划、设计、施工、使用维护和运行管理等方面，影响因素复杂，单独强调某一个方面，都难以综合实现建筑节能目标。通过建筑节能标准的制定并严格贯彻执行，可以统筹考虑各种因素，在节能技术要求和具体措施上做到全面覆盖、科学合理和协调配套。

建筑节能检测是我国建筑节能领域一项十分重要的工作。节能检测能够为新材料、新技术、新工艺、新方法的研究和开发提供重要的技术数据，保证和监测节能产品与工程质量，同时它也是新能源开发和应用不可缺少的工具与技术手段。作为检验检测机构和人员，有必要掌握建筑节能的基本技术要点和检验检测方法的基本要素，不断丰富建筑节能知识，开阔技术视野，提高检验检测技术水平，促进检验检测工作更好地开展。这就需要我们在不断努力学习技术知识的同时，积累实践经验和教训，既要重视从实践中学习，又不要忽略从书本中学习。

为了使检验检测试验人员能系统地了解和掌握建筑工程节能检验检测的相关要求、检验检测项目的具体操作方法以及检验检测过程中需要注意的问题，本书根据我国开展建筑节能工作的实际情况，以现行的建筑节能工程施工质量验收规范、技术规程和标准为主线，以规范要求的检验检测项目为重点，以检验检测方法为工作面，全面介绍了建筑节能材料的试验室检测、工程现场检测以及对节能建筑的评价等内容，并结合作者多年的工作实践编写而成。从建筑节能材料检测试验到外墙外保温系统，从幕墙门窗到围护结构，从供暖到通风与空调，从配电照明到建筑节能现场实体检验等多个章节出发，分别对常用建筑节能材料、设备的基本概念、试验原理、检验检测试验标准、检验批的划分、检测设备、检验检测方法、结果判定等方面作了详尽的描述，具有知识性、实用性、技术性和针对性。

本书共分上下两篇，包括建筑节能工程检测技术、建筑幕墙检测技术。第一篇共分八章，包括绪论、建筑绝热材料检测方法、建筑绝热材料及辅助材料检测、保温系统材料检测、外墙外保温系统材料及现场试验方法、建筑外门窗检测技术、供暖通风与空气调节系统检测技术、围护结构现场检测技术等。第二篇共分三章，包括绪论、建筑幕墙物理性能检测技术、幕墙相关材料检测技术等。书中内容与现行国家标准和现行行业标准保持一致，对涉及检验检测方法的内容进行了详尽的介绍。

本书作为建筑节能检验检测行业和检验检测技术人员的培训教材，是一个新的尝试。根据多年来的培训经验，对检验检测行业战线上的一个老兵来说，也是重新学习和提高的一个过程。由于时间仓促，经验不足，书中难免存在一些疏漏和缺陷，恳请专家和使用者多提意见，以便进一步完善和提高。

本书在编写过程中得到河南省建筑科学研究院吴玉杰、河南省建筑材料研究院张茂亮的指导，一并表示感谢。

本书可供检验检测试验人员、建筑节能工程设计、施工图审查、施工、监理、监督以及土建专业的师生使用和参考。

# 目　　录

第2篇　建筑幕墙检测技术

# 第1篇 建筑节能工程检测技术

# 第1章 绪 论

我国是一个发展中大国，又是一个建筑大国，据有关资料表明我国每年新建房屋面积高达 17 亿～18 亿 m²，超过所有发达国家每年建成建筑面积的总和。随着全面建设小康社会的逐步推进，我国各项建设事业迅猛发展，建筑能耗迅速增长。所谓建筑能耗指建筑使用能耗，包括供暖、空调、热水供应、照明、家用电器、电梯等方面的能耗。其中供暖、空调能耗占 60%～70%。我国既有的近 400 亿 m² 建筑，仅有 1% 为节能建筑，其余无论从建筑围护结构还是供暖空调系统来衡量，均属于高耗能建筑。单位面积供暖所耗能源相当于纬度相近的发达国家的 2～3 倍。这是由于我国的建筑围护结构保温隔热性能差，供暖用能的 2/3 白白跑掉。而每年的新建建筑中真正称得上"节能建筑"的还不足 1 亿 m²，建筑耗能总量在我国能源消费总量中的份额已超过 27%，逐渐接近三成。建筑节能势在必行。

所谓建筑节能，今天它的含义比字面上的意思要丰富、深刻的多。在发达国家，它的说法经历了三个阶段：最初就叫"建筑节能"，但不久改为"在建筑中保持能源"，意思是减少建筑中能量的散失。近来则普遍称作"提高建筑汇总能源利用效率"，也就是说，并不是消极上的节省，而是从积极意义上提高利用效率。在我国，现在仍然统称为建筑节能，但其含义应该进行到第三层意思，即在建筑中合理使用和有效利用能源，不断提高能源利用效率。

自 1980 年以来，我国建筑节能工作以建筑节能标准为先导取得了举世瞩目的成果，尤其在降低严寒和寒冷地区居住建筑供暖能耗、公共建筑能耗和提高可再生能源建筑应用比例等领域取得了显著的成效。建筑节能经历了 30 多年的发展，现阶段建筑节能 65% 的设计标准已经全面普及，建筑节能工作减缓了我国建筑能耗随城镇建设发展而持续高速增长的趋势，并提高了人们居住、工作和生活环境的质量。

1. 我国建筑节能的发展

建筑节能是指在建筑物的规划、设计、新建（改建、扩建）、改造和使用过程中，执行节能标准，采用节能型的技术、工艺、设备、材料和产品，提高保温隔热性能和供暖供热、空调制冷制热系统效率，加强建筑物用能系统的运行管理，利用可再生能源，在保证室内热环境质量的前提下，减少供热、空调制冷制热、照明、热水供应的能耗，即在保证提高建筑舒适性的条件下，合理使用能源，不断提高能源利用效率。简单来说，建筑节能就是要"减少建筑中能量的散失"和"提高建筑中能源利用率"。

我国建筑节能起步于 20 世纪 80 年代初，我国建筑节能的发展经历了从节能 30% 到 50% 再到 65% 这样一个逐步提高的过程。第一阶段（20 世纪 80 年代初～90 年代初期），1986 年建设部颁布了我国第一部建筑节能设计标准《民用建筑节能设计标准（供暖居住建筑部分）》JGJ 26—1986，要求新建居住建筑，在 1980 年当地通用设计能耗水平基础上节能 30%，开启了我国建筑节能新阶段。1990 年建设部提出"节能、节水、节材、节地"

的战略目标；第二阶段（1995～2005 年），在起步阶段的 10 年间我国的建筑节能事业开展了大量的基础研究性工作，1995 年修订后的《民用建筑节能设计标准》JGJ 26—1995 将第二阶段建筑节能指标提高到 50%；第三阶段（2005 年至今），2010 年修订了《严寒和寒冷地区居住建筑节能设计标准》JGJ 26—2010，要求当年全国新建建筑全部严格执行节能 50% 的设计标准体系，其中各特大城市和部分大城市率先实施节能 65% 的标准。2011～2020 年，进一步提高建筑节能标准，平均节能率要达到 65%。东部地区要达到更高的标准，一些建筑的节能率要达到 75% 的标准。如果能完成上述目标，2020 年我国建筑能耗可减少 3.35 亿吨标准煤，这相当于整个英国能耗的总量。这是个非常可观的数字，对人类社会的发展也是一个巨大的贡献。

在节约能源、保护环境方面，新能源的利用在建筑节能中将起到至关重要的作用。新能源通常指非常规的可再生能源，以新技术和新材料为基础，使传统的可再生能源得到现代化的开发和利用，用取之不尽、周而复始的可再生能源取代资源有限、对环境有污染的化石能源，重点开发太阳能、风能、生物质能、潮汐能、地热能、氢能和核能等。

2. 建筑节能的新目标

节约能源是我国的基本国策，是建设节约型社会的根本要求。自《严寒和寒冷地区居住建筑节能设计标准》JGJ 26—2010 颁布以来，已成为北方地区居住建筑开展节能工作的主要依据和技术支撑。通过对标准的贯彻执行，北方地区居住建筑的节能水平较标准颁布前有了长足的进步和发展。同时，亦带动了相关产业的蓬勃发展和建筑节能技术的快速进步。

按照国家能源战略的要求，建筑节能势必迈上更高的台阶。在部分地方已经实施的更高节能要求标准和绿色建筑标准的推动下，外部环境在意识和需求面上都具备了进一步提升行业标准节能水平的条件，适时调整并提高标准的节能水平是必要的。同时，为了改善冬季北方城镇的环境质量，国家推行的"清洁供暖"工作也对节能设计标准的内容提出了新的要求。2018 年 12 月住房和城乡建设部（以下简称住房城乡建设部）发布并于 2019 年8 月实施的《严寒和寒冷地区居住建筑节能设计标准》JGJ 26—2018，其修订的总目标是在 2010 版的基础上将严寒和寒冷地区居住建筑的设计供暖能耗降低 30% 左右，据此对建筑、热工、供暖设计提出节能措施要求。标准的实施将有助于继续推动建筑节能水平和行业的进步与发展，有助于完成国家在建筑领域的节能减排工作，有助于实现国家的能源战略目标。

3. 绿色建筑的发展

绿色建筑是指在全寿命周期内，节约资源、保护环境、减少污染、为人们提供健康、适用、高效的使用空间，最大限度地实现人与自然和谐共生的高质量建筑。绿色性能是指涉及建筑安全耐久、健康舒适、生活便利、资源节约（节地、节能、节水、节材）和环境宜居等方面的综合性能。绿色建材是指在全寿命周期内可减少对资源的消耗、减轻对生态环境的影响，具有节能、减排、安全、健康、便利和可循环特征的建材产品。

1）绿色建筑发展历程

自 1992 年巴西里约热内卢联合国环境与发展大会以来，我国相继颁布了若干相关纲要、导则和法规，大力推动绿色建筑的发展。2004 年 9 月建设部"全国绿色建筑创新奖"的启动标志着中国的绿色建筑发展进入了全面发展阶段。2005 年 3 月召开了首届国际智能与绿色建筑技术研讨会暨首届国际智能与绿色建筑技术与产品展览会，同年建设部发布了《关于推进节能省地型住宅和公共建筑的指导意见》。2006 年，住房城乡建设部正式颁布了《绿色建筑评价标准》。2006 年 3 月，科技部和建设部签署了"绿色建筑科技行动"合作协议，为绿色建筑技术发展和科技成果绿色建筑产业化奠定了基础。

2007 年 8 月，建设部又出台了《绿色建筑评价技术细则（试行）》和《绿色建筑评价标识管理办法（试行）》，逐步完善适合中国国情的绿色建筑评价体系。2008 年，住房和城乡建设部组织推动绿色建筑评价标识和绿色建筑示范工程建设等一系列措施。2008 年 3 月，成立中国城市科学研究会绿色建筑与节能专业委员会，对外以中国绿色建筑委员会的名义开展工作。2009 年 8 月 27 日，中国政府发布了《关于积极应对气候变化的决议》，提出要立足国情发展绿色经济、低碳经济。2009 年 11 月底，在积极迎接哥本哈根气候变化会议召开之际，中国政府作出决定，到 2020 年单位国内生产总值二氧化碳排放将比 2005 年下降 40% 到 45%，将此作为约束性指标纳入国民经济和社会发展中长期规划，并制定相应的国内统计、监测、考核。2009 年，中国建筑科学研究院环境测控优化研究中心成立，协助地方政府和业主方申请绿色建筑标识。2009 年、2010 年分别启动了《绿色工业建筑评价标准》《绿色办公建筑评价标准》的编制工作。2011 年中国绿色建筑评价标识项目数量得到了大幅度的增长，绿色建筑技术水平不断提高，呈现出良性发展的态势。

随着我国绿色建筑政策的不断出台、标准体系的不断完善、绿色建筑实施的不断深入及国家对绿色建筑财政支持力度的不断增大，我国绿色建筑在未来几年将继续保持迅猛的发展态势。2012 年 5 月财政部发布《关于加快推动中国绿色建筑发展的实施意见》。2013 年 1 月 6 日，国务院发布了《国务院办公厅关于转发发展改革委、住房城乡建设部绿色建筑行动方案的通知》，提出"十二五"期间完成新建绿色建筑 10 亿 m²；到 2015 年年末，20% 的城镇新建建筑达到绿色建筑标准要求；同时还对"十二五"期间绿色建筑的方案、政策支持等予以明确。

城镇化要转向新型城镇化，就意味着作为城镇化最基本的细胞——人类的住房必须要更新形式，从传统建筑转向绿色建筑。未来，必须把节约、智能、绿色、低碳等生态文明的新理念融入城镇化的进程中。为应对全球气候变化、资源能源短缺、生态环境恶化的挑战，人类正在遵循碳循环的概念，以低碳为导向，发展循环经济、建设低碳生态城市、推广普及低碳绿色建筑。

2）绿色建筑标准

我国绿色建筑历经 10 余年的发展，已实现从无到有、从少到多、从个别城市到全国范围，从单体到城区、到城市规模化的发展，直辖市、省会城市及计划单列市保障性安居工程已全面强制执行绿色建筑标准。绿色建筑实践工作稳步推进，绿色建筑发展效益明显，从国家到地方、从政府到公众，全社会对绿色建筑的理念、认识和需求逐步提高，绿色建筑蓬勃开展。《住房城乡建设事业"十三五"规划纲要》不仅提出到 2020 年城镇新建建筑中绿色建筑推广比例超过 50% 的目标，还部署了进一步推进绿色建筑发展的重点任务和重大举措。我国首部《绿色建筑评价标准》GB/T 50378—2006 发布实施至今，经历了两次修订，第一次修订为 2014 年，修订后的《绿色建筑评价标准》GB/T 50378—2014，对评估建筑绿色程度、保障绿色建筑质量、规范和引导我国绿色建筑健康发展发挥了重要的作用。

然而，随着我国生态文明建设和建筑科技的快速发展，我国绿色建筑在实施和发展过程中遇到了新的问题、机遇和挑战。建筑科技发展迅速，建筑工业化、海绵城市、建筑信息模型、健康建筑等高新建筑技术和理念不断涌现并投入应用，而这些新领域方向和新技术发展并未在 2014 年版中充分体现。

2019 年 3 月，该标准进行了第二次修订，即《绿色建筑评价标准》GB/T 50378—2019，该标准成为规范和引领我国绿色建筑发展的根本性技术标准。自 2006 年版国家标准发布以来，历经十多年的"3 版 2 修"，修订之后的标准总体上达到国际领先水平。

4. 近零能耗建筑技术

为满足人民群众美好生活的向往，建筑物迈向"更舒适、更节能、更高质量、更好环境"是大势所趋。因此，我国近零能耗建筑标准体系的建立，既要和我国 1986～2016 年的建筑节能 30%、50%、65% 的三步走进行合理衔接，又要和我国 2025、2035、2050 中长期建筑能效提升目标有效关联，指导建筑节能相关行业的发展。

2019 年 1 月，住房城乡建设部和国家市场监督管理总局联合发布并于 2019 年 9 月实施的《近零能耗建筑技术标准》GB/T 51350—2019（以下简称标准），与我国建筑节能"三步走"的战略进行了合理衔接，首次界定了我国"超低能耗建筑""近零能耗建筑"和"零能耗建筑"等相关概念，明确了室内环境参数和建筑能耗指标的约束性控制指标。明确了迈向零能耗建筑的过程中，根据能耗目标实现的难易程度表现为三种形式，即超低能耗建筑、近零能耗建筑及零能耗建筑，这三个名词属于同一技术体系。其中，超低能耗建筑节能水平略低于近零能耗建筑，是近零能耗建筑的初级表现形式；零能耗建筑能够达到能源产需平衡，是近零能耗建筑的高级表现形式。超低能耗建筑、近零能耗建筑、零能耗建筑三者之间在控制指标上相互关联，其概念和效能指标，既有逻辑层次又便于理解，且与主要国际组织、发达国家提出的名词和控制指标保持一致，将对我国中长期建筑节能标准提升提供积极引导，起到"承上启下"的关键作用。

近零能耗建筑是指适应气候特征和场地条件，通过被动式建筑设计最大幅度降低建筑供暖、空调、照明需求，通过主动技术措施最大幅度提高能源设备与系统效率，充分利用可再生能源，以最少的能源消耗提供舒适室内环境，且其室内环境参数和能效指标符合《近零能耗建筑技术标准》GB/T 51350—2019 规定的建筑，其建筑能耗水平应较国家标准《公共建筑节能设计标准》GB 50189—2015 和行业标准《严寒和寒冷地区居住建筑节能设计标准》JGJ 26—2010、《夏热冬冷地区居住建筑节能设计标准》JGJ 134—2010、《夏热冬暖地区居住建筑节能设计标准》JGJ 75—2012 降低 60%～75% 以上。

超低能耗建筑是近零能耗建筑的初级表现形式，其室内环境参数与近零能耗建筑相同，能效指标略低于近零能耗建筑，其建筑能耗指标应较国家标准《公共建筑节能设计标准》GB 50189—2015 和行业标准《严寒和寒冷地区居住建筑节能设计标准》JGJ 26—2010、《夏热冬冷地区居住建筑节能设计标准》JGJ 134—2010、《夏热冬暖地区居住建筑节能设计标准》JGJ 75—2012 降低 50% 以上。

零能耗建筑是近零能耗建筑的高级表现形式，其室内环境参数与近零能耗建筑相同，充分利用建筑本体和周边的可再生能源资源，使可再生能源年产能大于或等于建筑全年全部用能的建筑。

1）约束性指标和推荐性指标

室内环境参数及能效指标为约束性指标，围护结构、能源设备和系统等性能参数为推荐性指标。

（1）室内环境参数

建筑主要房间室内热湿环境参数（包括温度、相对湿度）；居住建筑主要房间的室内新风量和公共建筑新风量；居住建筑室内噪声、酒店类建筑的室内噪声和其他建筑类型的室内噪声。

（2）能效指标

近零能耗居住建筑能耗指标、近零能耗公共建筑能耗指标、超低零能耗居住建筑能耗指标、超低零能耗公共建筑能耗指标。

2）外墙外保温系统用保温材料的检验参数

（1）膨胀聚苯板

导热系数（25℃）、表观密度、垂直于板面方向的抗拉强度、尺寸稳定性、吸水率（体积分数）。

（2）石墨聚苯板

导热系数（25℃）、表观密度、垂直于板面方向的抗拉强度、尺寸稳定性、吸水率（体积分数）。

（3）石棉带

质量吸湿率、短期吸水量（部分浸入）、导热系数（25℃）、垂直于表面的抗拉强度、酸度系数。

（4）真空绝热板

导热系数（25℃）、穿刺强度、垂直于表面的抗拉强度、压缩强度、表面吸水量、穿刺后垂直于板面方向的膨胀率。

（5）聚氨酯板

芯材表观密度、芯材导热系数（25℃）、芯材尺寸稳定性（70℃，48h）、吸水率（体积分数）、垂直于板面方向的抗拉强度。

3）评价内容涉及的检测项目

（1）建筑气密性检测

应对建筑气密性进行检测，检测方法及检测结果应符合《近零能耗建筑技术标准》GB/T 51350—2019 的规定。

（2）围护结构热工缺陷检测

应对围护结构热工缺陷进行检测，受检内表面因缺陷区域导致的能耗增加比值应小于5%，且单块缺陷面积应小于 $0.3m^2$。当受检内表面的检测结果满足此规定时，应判为合格，否则应判为不合格。

（3）新风热回收装置性能检测

对于额定风量大于 $3000m^3/h$ 的热回收装置，应进行现场检测，检测方法及检测结果应符合《近零能耗建筑技术标准》GB/T 51350—2019 的规定；对于额定风量小于或等于 $3000m^3/h$ 的热回收装置应进行现场抽检，送至实验室检测。

同型号、同规格的产品抽检数量不得少于 1 台，检测方法应符合《空气-空气能量回收装置》GB/T 21087 的规定，检测结果应符合《近零能耗建筑技术标准》GB/T 51350—

2019 的规定。对于获得高性能节能标识（或认证）且在标识（或认证）有效期内的产品，提供证书可免于现场抽检。

4）保温材料、门窗检测

应按《建筑节能工程施工质量验收标准》GB 50411—2019 对外墙保温材料、门窗等关键产品（部品）进行现场抽检，其性能应符合设计要求。对于获得高性能节能标识（或认证）且在标识（或认证）有效期内的产品，提供证书可免于现场抽检。

5）室内环境检测

建筑投入正常使用一年后，应对公共建筑室内环境检测和运行能效指标评估，并宜对居住建筑进行室内环境检测和运行能效指标评估。室内环境检测参数应包括室内温度、湿度、热桥部位内表面温度、新风量、室内 PM2.5 含量和室内噪声；公共建筑室内环境检测参数还宜包括 $CO_2$ 浓度和室内照度。检测结果应符合设计要求。

5. 建筑节能工程检测

建筑节能检测，是用标准的方法、适合的仪器设备和环境条件，由专业技术人员对节能建筑中使用的原材料、设备、设施和建筑物等进行热工性能及与热工性能有关的技术操作，它是保证节能建筑施工质量的重要手段。与常规建筑工程质量检测一样，建筑节能工程的质量检测分实验室检测和现场检测两大部分。实验室检测是指测试试件在实验室进行委托确认，检测人员依据相关检测方法标准对相关检测参数进行测试；而现场检测是指测试对象或试件在施工现场，相关的检测参数在施工现场测出。

1）材料和设备进场复验项目

建筑节能材料和设备进场复验项目，涉及的分项工程主要有 9 个，即墙体节能工程、幕墙节能工程、门窗节能工程、屋面节能工程、地面节能工程、通风与空气调节节能工程、空调与供暖系统的冷热源及管网系统节能工程、配电与照明节能工程、太阳能光热系统节能工程。

2）设备系统节能检测项目

设备系统节能检测项目主要有 9 个，即室内平均温度；通风、空调（包括新风）系统的风量；各风口的风量；风道系统单位风量耗功率；空调机组的水流量；空调系统冷水、热水、冷却水的循环流量；室外供暖管网水力平衡度；室外供暖管网热损失率；照度与照明功率密度等。

3）现场检测项目

现场检测项目主要有 6 个，即保温板材与基层拉伸粘结强度现场拉拔检验；保温板粘结面积比剥离检验；保温浆料导热系数、干密度、抗压强度同条件养护检验；中空玻璃密封性能检验；外墙节能构造钻芯检验；外窗气密性能现场实体检验等。

4）型式检验

外墙外保温工程应采用预制构件、定型产品或成套技术，并应由供应商提供配套的组成材料和型式检验报告。型式检验报告中应包括耐候性和抗风压性能检验项目以及配套组成材料的名称、生产单位、规格型号及主要性能参数。型式检验报告的有效期确定为 2 年。

6.《建筑节能工程施工质量验收标准》

1）强制性条文

该标准共有强制性条文 17 条，分布在基本规定和质量验收方面以及 10 个分部工程中，即基本规定（1 条）、墙体节能工程（3 条）、幕墙节能工程（1 条）、门窗节能工程（1 条）、幕墙节能工程（1 条）、屋面节能工程（1 条）、地面节能工程（1 条）、供暖节能工程（2 条）、空调与供暖系统冷热源及管网节能工程（1 条）、配电与照明节能工程（2 条）、太阳能光热系统节能工程（2 条）和建筑节能分部工程质量验收（1 条）。

2）节能产品和建筑行业产品认证

目前我国具有多种节能产品标识，产品质量认证标识、电器产品能效标识等均在验收标准要求范围之内，但不含企事业单位的质量管理体系认证、国家强制性安全认证标识。

（1）节能产品认证

节能产品认证，是指依据国家相关的节能产品认证标准和技术要求，按照国际上通行的产品质量认证规定与程序，经中国节能产品认证机构确认并通过颁布认证证书和节能标志，证明某一产品符合相应标准和节能要求的活动。我国的节能产品认证工作接受国家市场监管总局的监督和指导，认证的具体工作由中国质量认证中心负责组织实施。

（2）建筑行业产品认证

建筑行业产品认证，是经国家主管部门批准的从事建设行业产品认证的机构依据相关的标准和技术要求，按照产品认证规定与程序，确认并通过颁发认证证书和产品认证标志，证明建筑工程使用产品符合相应标准和技术要求的合格评定活动。

3）对检测资料的要求

检测资料要求：主要材料、设备、构件的进场复验报告，见证试验报告；建筑外墙节能构造现场实体检验报告或外墙传热系数检验报告；外窗气密性能现场实体检验报告；风管系统严密性检验记录；现场组装的组合式空调机组的漏风量测试记录；设备单机试运转及调试记录；设备系统联合试运转及调试记录；设备系统节能性能检验报告。

# 1.1 概 述

## 1.1.1 分部分项工程划分

1. 按质量验收统一标准划分

《建筑工程施工质量验收统一标准》GB 50300—2013 规定，建筑节能工程的子分部工程包括 5 项，分项工程 16 项，即围护系统节能（墙体、幕墙、门窗、屋面、地面节能）、供暖空调设备及管网节能（供暖、通风与空调设备、空调与供暖系统冷热源系统、空调与供暖系统管网节能）、电气动力节能（配电、照明节能）、监控系统节能（监测系统、控制系统节能）、可再生能源（地源热泵系统、太阳能光热系统、太阳能光伏节能）。

2. 按施工质量验收标准划分

《建筑节能工程施工质量验收标准》GB 50411—2019 规定，建筑节能子分部工程包括 5 项，分项工程 13 项，即围护结构节能工程（墙体、幕墙、门窗、屋面、地面节能）、供暖空调节能工程（供暖、通风与空调、冷热源及管网节能工程）、配电照明节能工程（配电与照明节能工程）、监测控制节能工程（监测与控制节能工程）和可再生能源节能工程（地源热泵换热系统、太阳能光热系统、太阳能光伏节能工程）。

### 1.1.2　材料设备复验项目

材料和设备进场验收是把好材料合格关的重要环节。参照住房城乡建设部《房屋建筑工程和市政基础设施工程实行见证取样和送检的规定》（建建字〔2000〕211号）的规定，重要的试验项目应实行见证取样和检验，以提高试验的真实性和公正性，建筑节能工程进场材料和设备的复验应为见证取样检验。《建筑节能工程施工质量验收标准》GB 50411—2019规定了建筑节能工程进场材料和设备复验项目，见表1.1.2-1。

建筑节能工程进场材料和设备的复验项目　　　　　　　　　　表1.1.2-1

| 序号 | 分项工程 | 主要内容 |
| --- | --- | --- |
| 1 | 墙体节能工程 | 1. 保温隔热材料的导热系数或热阻、密度、压缩强度或抗压强度、垂直于板面方向的抗拉强度、吸水率、燃烧性能(不燃材料除外)；<br>2. 复合保温板等墙体节能定型产品的传热系数或热阻、单位面积质量、拉伸粘结强度、燃烧性能(不燃材料除外)；<br>3. 保温砌块等墙体节能定型产品的传热系数或热阻、抗压强度、吸水率；<br>4. 反射隔热材料的太阳光反射比、半球发射率；<br>5. 粘结材料的拉伸粘结强度；<br>6. 抹面材料的拉伸粘结强度、压折比；<br>7. 增强网的力学性能、抗腐蚀性能 |
| 2 | 幕墙节能工程 | 1. 保温隔热材料的导热系数或热阻、密度、吸水率、燃烧性能(不燃材料除外)；<br>2. 幕墙玻璃的可见光透射比、传热系数、遮阳系数、中空玻璃密封性能；<br>3. 隔热型材的抗拉强度、抗剪强度；<br>4. 透光、半透光遮阳材料的太阳光透射比、太阳光反射比 |
| 3 | 门窗节能工程 | 1. 严寒、寒冷地区：门窗的传热系数、气密性能；<br>2. 夏热冬冷地区：门窗的传热系数、气密性能、玻璃的遮阳系数、可见光透射比；<br>3. 夏热冬暖地区：门窗的气密性能、玻璃的遮阳系数、可见光透射比；<br>4. 严寒、寒冷、夏热冬冷和夏热冬暖地区：透光、部分透光遮阳材料的太阳光透射比、太阳光反射比、中空玻璃的密封性能 |
| 4 | 屋面节能工程 | 1. 保温隔热材料的导热系数或热阻、密度、压缩强度或抗压强度、吸水率、燃烧性能(不燃材料除外)；<br>2. 反射隔热材料的太阳光反射比、半球发射率 |
| 5 | 地面节能工程 | 保温隔热材料的导热系数或热阻、密度、压缩强度或抗压强度、吸水率、燃烧性能(不燃材料除外) |
| 6 | 供暖节能工程 | 1. 散热器的单位散热量、金属热强度；<br>2. 保温材料的导热系数或热阻、密度、吸水率 |
| 7 | 通风与空气调节节能工程 | 1. 风机盘管机组的供冷量、供热量、风量、水阻力、功率及噪声；<br>2. 绝热材料的导热系数或热阻、密度、吸水率 |
| 8 | 空调与供暖系统的冷、热源及管网节能工程 | 绝热材料的导热系数或热阻、密度、吸水率 |
| 9 | 配电与照明节能工程 | 1. 照明光源初始光效；<br>2. 照明灯具镇流器能效值；<br>3. 照明灯具效率；<br>4. 照明设备功率、功率因数和谐波含量值；<br>5. 电线、电缆的导体电阻值 |
| 10 | 太阳能光照系统节能工程 | 1. 集热设备的热性能；<br>2. 保温材料的导热系数或热阻、密度、吸水率 |

## 1.1.3 材料构件设备验收

建筑节能工程使用的材料、构件和设备等，必须符合设计要求及国家有关标准的规定，严禁使用国家明令禁止与淘汰的材料和设备。

1. 进场验收

（1）对材料、构件和设备的品种、规格、包装、外观等进行检查验收，并形成相应的验收记录。

（2）对材料、构件和设备的质量证明文件进行核查，核查记录应纳入工程技术档案。进入施工现场的材料、构件和设备均应具有出厂合格证、中文说明书及相关性能检测报告。

（3）涉及安全、节能、环境保护和主要使用功能的材料、构件和设备，应按照《建筑节能工程施工质量验收标准》GB 50411—2019 的规定在施工现场随机抽样复验，复验应为见证取样检验。当复验的结果不合格时，该材料、构件和设备不得使用。

（4）在同一工程项目中，同厂家、同类型、同规格的节能材料、构件和设备，当获得建筑节能产品认证、具有节能标识或连续三次见证取样检验均一次检验合格时，其检验批的容量可扩大一倍，且仅可扩大一倍。扩大检验批后的检验中出现不合格情况时，应按扩大前的检验批重新验收，且该产品不得再次扩大检验批容量。

2. 抽样检验

检验批抽样样本应随机抽取，并应满足分布均匀、具有代表性的要求。要求试样应分布均匀，是指抽样应从整个检验批中抽取，其发布大致均匀，不应只从部分样品中抽取。当一个检验批的样本分次进场时尤其应注意抽样的均匀分布；试样应具有代表性，是指抽取的试样应与多数样本质量一致，不应抽取质量明显有差异或有缺陷的试样。

3. 型式检验报告

（1）涉及建筑节能效果的定型产品、预制构件，以及采用成套技术现场施工安装的工程，相关单位应提供型式检验报告。当无明确规定时，型式检验报告的有效期不应超过两年。提供型式检验报告的相关单位，可根据工程的具体情况确定。一般应由施工单位提供，也可以由提供该项成套技术的单位或由生产单位提供，同时提供方承担相应的责任。

（2）当无法取得型式检验报告时，原则上是不能使用的，但考虑到建筑节能施工安装的各种复杂情况，可以委托具备资质的检测机构对产品或工程的安全性能、耐久性能和节能性能进行现场抽样检验。抽样检验的方法、结果应符合相关标准和设计的要求。

4. 燃烧性能

建筑节能工程所使用材料的燃烧性能和防火处理，应符合设计要求，并符合《建筑设计防火规范》GB 50016 和《建筑内部装修设计防火规范》GB 50222 的规定。燃烧性能是建筑工程最重要的性能之一，直接影响用户安全，有必要加以强调。对材料具体燃烧性能的具体要求，应由设计提出，并应符合相应标准的要求。

5. 环境保护

建筑节能工程使用的材料应符合国家现行有关标准对材料有害物质限量的规定，不得对室内外环境造成污染。为了保护环境，国家制定了建筑装饰材料有害物质限量标准，建筑节能工程使用的材料与建筑装饰材料类似，往往附着在结构的表面，容易造成污染，所以规定这些材料有害物质限量标准，不得对室内外环境造成污染。

6. 现场配制材料

现场配制的材料如保温浆料、聚合物砂浆等，应按设计要求或试验室给出的配合比配制。当未给出要求时，应按照专项施工方案和产品说明书配制。现场配制的材料由于现场施工条件的限制，其质量较难保证。为了防止现场配制的随意性，要求必须按设计要求或配合比配制，应遵守配制要求的关系与顺序，即首先应按设计要求或试验室给出的配合比进行现场配制；当无上述要求时，可以按照产品说明书配制。均应具有可追溯性，不得按照经验或口头通知配制。

# 1.2 建筑节能基础知识

## 1.2.1 基本术语

为了加强建筑节能等相关工作的推进和进一步的发展，国家相关部门出台了一系列的法律法规、政策文件以及标准规范。由于建筑节能知识的快速更新、我国地域差异和历史原因，以及译者对国外资料的翻译和理解的不同等原因，出现了建筑节能术语差异化的现象。在一定程度上妨碍了我国建筑节能的发展，也妨碍了我国建筑节能信息的交流、成果推广、文献检索等工作。因此。建筑节能术语的规范化，对于我国建筑节能发展是一项重要的基础性工作，是一项支撑性的系统工程。

为了规范建筑节能用语，需要统一各标准规范、文件中建筑节能相关术语及其定义，并为今后出台的标准规范搭建起统一的平台，从而促进国内外建筑节能技术、政策的交流，促进建筑节能行业的发展，实现专业术语的标准化。

1. 通用术语

（1）建筑节能：在建筑规划、设计、施工和使用维护过程中，在满足规定的建筑功能要求和室内环境质量的前提下，通过采取技术措施和管理手段，实现提高能源利用效率、降低运行能耗的活动。

（2）建筑能耗：建筑在使用过程中由外部输入的能源总量。

（3）建筑节能率：基准建筑年能耗与设计建筑年能耗的差占基准建筑年能耗的百分比。

（4）绿色建筑：在全寿命周期内，最大限度地节约资源（节能、节地、节水、节材）、保护环境、减少污染，为人们提供健康、适用和高效的使用空间，与自然和谐共生的建筑。

（5）建筑热工设计气候分区：为使建筑热工设计与气候条件相适应而做出的气候区划。

（6）室内环境质量：建筑室内的热湿环境、光环境、声环境和室内空气品质的总体水平。

（7）城市热岛效应：同一时期内，城市区域空气温度值大于郊区的现象。

（8）建筑用能规划：以城市规划为依据，对建设区域内的建筑用能需求进行预测并对能源供应方式进行优化配置的活动。

（9）可再生能源建筑应用：在建筑物中合理利用太阳能、浅层地热能等非化石能源，改善用能结构，降低常规能源消耗量的活动。

（10）建筑合同能源管理：通过为用户提供节能诊断、融资、改造等服务，减少建筑运行中的能源费用，分享节能效益以实现回收投资和获得合理利润的一种市场化服务方式。

（11）建筑节能工程：在建筑的规划、设计、施工和使用过程中，各种节能措施的总称。

（12）行为节能：通过人为设定或采用一定技术手段或做法，使供电、供暖、供水等能耗系统按每天每个家庭的起居规律适时调整运行、以人为本、按需分配的一种节能方式。

2. 建筑节能技术

（1）被动式建筑节能技术：充分利用自然条件和建筑设计手段实现降低建筑物能耗的节能措施。

（2）建筑热工设计：从建筑物室内外热湿作用对围护结构和室内热环境的影响出发，通过改善建筑物室内热环境，满足人们工作和生活的需要或降低供暖、通风、空气调节等负荷而进行的专项设计。

（3）建筑节能热工计算：按建筑节能相关标准规定的方法对建筑围护结构的规定性指标或性能性指标进行计算的活动。

（4）外保温系统：由保温层、防护层和固定材料构成，位于建筑围护结构外表面的非承重保温构造总称。

（5）内保温系统：由保温层、防护层和固定材料构成，位于建筑围护结构内表面的非承重保温构造总称。

（6）自保温系统：以墙体材料自身的热工性能来满足建筑围护结构节能设计要求的构造系统。

（7）保温结构一体化：保温层与建筑结构同步施工完成的构造技术。

（8）保温隔热屋面：采用保温、隔热措施，能够在冬季防止热量散失、夏季防止热量流入的屋面。

（9）体形系数：建筑物与室外大气接触的外表面积与其所包围的体积之比，外表面积不包括地面和不供暖楼梯间内墙的面积。

（10）窗墙面积比：窗户洞口面积与房间立面单元面积之比。

（11）遮阳：为减少太阳辐射对建筑的热作用而采取的遮挡措施。

（12）围护结构：建筑物及房间各面的围挡物的总称。

（13）建筑保温：为减少冬季室内外温差传热，在建筑围护结构上采取的技术措施。

（14）建筑隔热：为减少夏季太阳辐射热量向室内传递，在建筑外围护结构上采取的技术措施。

（15）垂直绿化：沿建筑物高度方向布置植物的绿化方式。

（16）屋顶绿化：在建筑物屋顶布置植物的绿化方式。

（17）围护结构热工参数：用于描述围护结构热工性能的物理量，主要包括导热系数、蓄热系数、热阻、传热系数、热惰性指标等。

（18）遮阳系数：在给定条件下，太阳辐射透过玻璃、门窗或玻璃幕墙构件所形成的室内得热量，与相同条件下透过标准玻璃（3mm 厚透明玻璃）所形成的太阳辐射得热量之比。

（19）太阳得热系数：通过玻璃、门窗或透光幕墙成为室内得热量的太阳辐射部分与投射到玻璃、门窗或透光幕墙构件上的太阳辐射照度的比值，成为室内得热量的太阳辐射部分包括太阳辐射通过辐射透射的得热量和太阳辐射被构件吸收再传入室内的得热量两部分，也称太阳光总透射比，简称 SHGC。

（20）热桥：围护结构中局部的传热系数明显大于主体传热系数的部位。

（21）建筑物耗能量指标：为满足室内环境设计条件，单位时间内单位建筑面积消耗的需由能源设备供给的能量。

（22）度日数：某一时段内，日平均温度低于或高于某一基准温度时，日平均温度与基准温度之差的代数和。

（23）天然采光：利用自然光进行建筑采光的方法。

（24）自然通风：依靠室外风力造成的风压和室内外空气温差造成的热压，促使室内外空气流动与交换的通风方式。

3. 供暖、通风与空气调节

（1）供暖：用人工方法通过消耗一定能源向室内供给热量，使室内保持生活或工作所需温度的技术、装备、服务的总称。供暖系统由热媒制备（热源）、热媒输送和热媒利用（散热设备）三个主要部分组成。

（2）集中供暖：热源和散热设备分别设置，用热媒管道相连接，由热源向多个热用户供给热量的供暖系统，又称为集中供暖系统。

（3）热电联产：热电厂同时生产电能和可用热能的联合生产方式。

（4）冷热电三联供：以一次能源用于发电，并利用发电余热制冷和供热，向用户输出电能、热（冷）的分布式能源供应方式。

（5）热计量：对供热系统的热源供热量、热用户的用热量进行的计量。

（6）分户热计量：以用户为单位，采用直接计量或分摊计量方式计量用户的供热量。

（7）锅炉运行效率：锅炉实际运行中产生的有效利用的热量与其燃烧的燃料所含热量的比值。

（8）室外管网输送效率：管网输出总热量与输入管网的总热量的比值。

（9）空调冷（热）水系统耗电输冷（热）比：设计工况下，空调冷（热）水系统循环水泵总功耗与设计冷（热）负荷的比值。

（10）集中供暖系统耗电输热比：设计工况下，集中供暖系统循环水泵总功耗与设计热负荷的比值。

（11）空气调节：使服务空间内的空气温度、湿度、清洁度、气流速度和空气压力梯度等参数，达到给定要求的技术。

（12）空调系统能效比：以建筑整个空调系统为对象，空调系统的制冷量或制热量与系统总输入能量之比。

（13）通风：采用自然或机械方法对建筑空间进行换气，以使室内空气环境满足卫生和安全等要求的技术。

4. 可再生能源建筑应用

(1) 可再生能源替代率：建筑中使用可再生能源所形成的常规能源替代量或节约量在建筑总能源消费中所占的比率。

(2) 太阳能建筑一体化：太阳能系统与建筑功能、建筑结构和建筑用能需求有机结合，与建筑外观相协调，并与建筑工程同步设计、施工和验收。

(3) 太阳能光热系统：将太阳能辐射能转换成热能，并在必要时与辅助热源配合使用以提供热需求的系统。

(4) 太阳能光热保证率：太阳能光热系统中由太阳能提供的能量占该系统一定时间段内总需能量的百分率。

(5) 太阳能光伏系统：利用太阳能电池的光伏效应将太阳辐射能直接转换成电能的系统。

(6) 太阳能光伏系统效率：太阳能光伏系统输出功率占入射到电池板受光平面几何面积上的全部光功率的百分比。

(7) 被动式太阳房：通过建筑朝向和周围环境的合理布置、内部空间和外部形体的处理以及建筑材料和结构的匹配选择，使其在冬季能集取、蓄存和分配太阳热能的一种建筑物。

(8) 热泵：以消耗能量为代价，使热能从低温热源向高温热源传递的一种装置。

(9) 热泵系统能效比：热泵系统制热量（或制冷量）与系统总耗能量的比值，系统总耗能量包括热泵主机、各级循环泵的耗能量。

5. 电气、设备与材料

(1) 绿色照明：在满足建筑功能要求的前提下，采用能耗低、效率高、安全稳定的照明方式。

(2) 照明节能：在满足建筑室内视觉舒适度要求的前提下，通过采用节能灯具、智能控制等措施有效降低照明能耗的活动。

(3) 电梯节能：通过改进机械传动和电力拖动系统、照明系统和控制系统等技术有效降低电梯能耗的活动。

(4) 遮阳装置：安装在建筑围护结构上，用于遮挡或调节进入室内太阳辐射热或自然光透过量的装置。

(5) 热回收装置：在空调、供暖、通风设备或系统上所加装的，并将运行时所排出的热量进行回收利用的装置。

(6) 蓄能设备和装置：充分利用某些物质的物理化学性能，对冷、热、电等能量进行存储、释放的设备和装置。

(7) 冷/热量计量装置：冷/热量表以及对冷/热量表的计量值进行分摊的、用以计量用户消耗能量的仪表。

(8) 给水排水节能技术：在充分满足建筑用水和排水要求的基础上，能够有效降低建筑给水和排水日常运行能耗的技术。

(9) 变频调速技术：通过改变电动机工作电源频率从而改变电机转速，以达到节能效果的设备。

(10) 建筑保温材料：导热系数小于 $0.3W/(m \cdot K)$、用于建筑围护结构对热流具有显著阻抗性的材料或材料复合体。

（11）建筑隔热材料：表面太阳辐射反射率较高、用于建筑围护结构外表面减少太阳辐射热量进入室内的材料。

（12）绿色建材：采用清洁生产技术、不用或少用天然资源和能源、大量使用工农业或城市固态废弃物生产的无毒害、无污染、无放射性，且使用周期后可回收利用、有利于环境保护和人体健康的建筑材料。

6. 建筑节能管理

（1）建筑节能设计：在保证建筑功能和室内环境质量的前提下，通过采取技术措施，降低机电系统和设备的能耗所开展的活动。

（2）建筑节能设计专项审查：对建筑工程施工图设计文件是否满足相关建筑节能法规政策和标准规范要求所进行的审查活动。

（3）建筑节能工程施工：按建筑工程施工图设计文件和施工方案要求，针对建筑节能措施所开展的建造活动。

（4）建筑节能工程检验：对建筑节能工程中的材料、产品、设备、施工质量及效果等进行检查和测试，并将结果与设计文件和标准进行比较和判定的活动。

（5）建筑节能工程验收：在施工单位自行质量检查评定的基础上，由参与建设活动的有关单位共同对建筑节能工程的检验批、分项工程、分部工程的质量进行抽样复验，并根据相关标准以书面形式对工程质量是否合格进行确认的活动。

（6）建筑能耗统计：按统一的规定和标准，对民用建筑使用过程中的能源消耗数据进行采集、处理分析和报送的活动。

（7）建筑能源审计：依据国家有关节能法规和标准对建筑能源利用效率、能源消耗水平、能源经济和环境效果进行检测、核查、分析和评价的活动。

（8）建筑节能诊断：通过现场调查、检测以及对能源消费账单和设备历史运行记录的统计分析等，发掘再节能的空间，为建筑物的节能优化运行和节能改造提供依据的过程。

（9）建筑能耗监测：通过能耗计量装置实时采集建筑能耗数据，并对采集数据进行在线监测、查看和动态分析等的活动。

（10）建筑能耗分类分项计量：针对建筑物使用能源的种类和建筑物用能系统类型实施的能源消费计量方式。

（11）用能系统调适：通过设计、施工、验收和运行维护阶段的全过程监督和管理，保证建筑物能够按设计和用户要求，实现安全、高效地运行和控制的工作程序和方法。

（12）建筑能效测评：对反映建筑物能源消耗量及建筑物用能系统效率等性能指标进行检测、计算，并给出其所处水平的活动。

（13）建筑节能量评估：对建筑采取节能措施而减少能源消耗量进行评价的活动。

（14）建筑能效标识：依据建筑能效标识技术标准，对反映建筑物能源消耗量及建筑物用能系统等性能指标以信息标识的形式进行明示的活动。

（15）绿色建筑标识：依据绿色建筑评价标准，对建筑物达标等级进行评定，并以信息标识的形式进行明示的活动。

（16）建筑能耗基准线：为评价建筑物用能水平，以建筑能耗实测值或模拟值为基础，而设置的一种情景能耗水平。

（17）建筑能耗限额：在所规定的时期内（通常为一年或一个月），依据同类型建筑能源消耗的社会水平所确定的、实现使用功能所允许消耗的建筑能源数量的限值。

## 1.2.2 设计术语

1. 严寒和寒冷地区居住建筑节能设计

（1）体形系数：建筑物与室外大气接触的外表面积与其所包围的体积的比值。外表面积中，不包括地面和不供暖楼梯间等公共空间内墙及户门的面积。

（2）围护结构传热系数：在稳态条件下，围护结构两侧空气为单位温差时，单位时间内通过单位面积传递的热量。

（3）围护结构单元的平均传热系数：考虑了围护结构单元中存在的热桥影响后得到的传热系数，简称平均传热系数。

（4）窗墙面积比：窗户洞口面积与房间立面单元面积（即建筑层高与开间定位线围成的面积）之比。

（5）建筑遮阳系数：在照射时间内，同一窗口（或透光围护结构部件外表面）在有建筑外遮阳和没有建筑外遮阳的两种情况下，接收到的两个不同太阳辐射量的比值。

（6）透光围护结构太阳得热系数：在照射时间内，通过透光围护结构部件（如：窗户）的太阳辐射室内得热量与透光围护结构外表面（如：窗户）接收到的太阳辐射量的比值。

（7）围护结构热工性能的权衡判断：当建筑设计不能完全满足规定的围护结构热工性能要求时，计算并比较参照建筑和设计建筑的全年供暖能耗，来判定围护结构的总体热工性能是否符合节能设计要求的方法，简称权衡判断。

（8）参照建筑：进行围护结构热工性能权衡判断时，作为计算满足标准要求的全年供暖能耗用的建筑。

（9）换气次数：单位时间内室内空气的更换次数，即通风量与房间容积的比值。

（10）耗电输热比：设计工况下，集中供暖系统循环水泵总功耗（kW）与设计热负荷（kW）的比值。

（11）耗电输冷（热）比：设计工况下，空调冷热水系统循环水泵总功耗（kW）与设计冷（热）负荷（kW）的比值。

（12）空气源热泵机组制热性能系数：在特定工况条件下，单位时间内空气源热泵机组制热量与耗电量的比值。

（13）全装修居住建筑：在交付使用前，户内所有功能空间的管线作业完成、所有固定面全部铺装粉刷完毕，给水排水、燃气、供暖通风空调、照明供电及智能化系统等全部安装到位，厨房、卫生间等基本设置配制完备，满足基本使用功能，可直接入住的新建或改扩建的居住建筑。

2. 夏热冬冷地区居住建筑节能设计

（1）热惰性指标（D）：表征围护结构抵御温度波动和热流波动能力的无量纲指标，其值等于各构造层材料热阻与蓄热系数的乘积之和。

（2）典型气象年（TMY）：以近10年的月平均值为依据，从近10年的资料中选取一年各月接近 10 年的平均值作为典型气象年。由于选取的月平均值在不同的年份，资料不连续，还需要进行月间平滑处理。

（3）参照建筑：参照建筑是一栋符合节能标准要求的假想建筑。作为围护结构热工性能综合判断时，与设计建筑相对应的，计算全年供暖和空气调节能耗的比较对象。

3. 夏热冬暖地区居住建筑节能设计

（1）外窗综合遮阳系数：用以评价窗本身和窗口的建筑外遮阳装置综合遮阳效果的系数，其值为窗本身的遮阳系数 $SC$ 与窗口的建筑外遮阳系数 $SD$ 的乘积。

（2）建筑外遮阳系数：在相同太阳辐射条件下，有建筑外遮阳的窗口（洞口）所受到的太阳辐射照度的平均值与该窗口（洞口）没有建筑外遮阳时受到的太阳辐射照度的平均值之比。

（3）挑出系数：建筑外遮阳构件的挑出长度与窗高（宽）之比，挑出长度系指窗外表面距水平（垂直）建筑外遮阳构件端部的距离。

（4）单一朝向窗墙面积比：窗（含阳台门）洞口面积与房间立面单元面积（即房间层高与开间定位线围城的面积）的比值。

（5）平均窗墙面积比：建筑物地上居住部分外墙面上的窗及阳台门（含露台、晒台等出入口）的洞口总面积与建筑物地上居住部分外墙立面的总面积之比。

（6）房间窗地面积比：所在房间外墙面上的门窗洞口的总面积与房间地面面积之比。

（7）平均窗地面积比：建筑物地上居住部分外墙面上的门窗洞口的总面积与地上居住部分总建筑面积之比。

（8）对比评定法：将所设计建筑物的空调供暖能耗和相应参照建筑物的空调供暖能耗对比，根据对比的结果来判定所设计的建筑物是否符合节能要求。

（9）空调供暖年耗电量：根据设定的计算条件，计算出的单位建筑面积空调和供暖设备每年所要消耗的电能。

（10）空调供暖年耗电指数：实施对比评定法时需要计算的一个空调供暖能耗无量纲指数，其值与空调供暖年耗电量相对应。

（11）通风开口面积：外围护结构上自然风气流通过开口的面积。用于进风者为进风开口面积，用于出风者为出风开口面积。

（12）通风路径：自然通风气流经房间的进风开口进入，穿越房门，户内（外）公用空间及其出风开口至室外时可能经过的路线。

4. 公共建筑节能设计

（1）透光幕墙：可见光可直接透射入室内的幕墙。

（2）太阳得热系数（SHGC）：通过透光围护结构（门窗或透光幕墙）的太阳辐射室内得热量与投射到透光围护结构（门窗或透光幕墙）外表面上的太阳辐射量的比值。太阳辐射室内得热量包括太阳辐射通过辐射透射的得热量和太阳辐射被构件吸收再传入室内的得热量两部分。

（3）可见光透射比：透过透光材料的可见光光通量与投射在其表面上的可见光光通量之比。

（4）围护结构热工性能权衡判断：当建筑设计不能完全满足围护结构热工设计规定指标要求时，计算并比较参照建筑和设计建筑的全年供暖和空气调节能耗，判定围护结构的总体热工性能是否符合节能设计要求的方法，简称权衡判断。

（5）参照建筑：进行围护结构热工性能权衡判断时，作为计算满足标准要求的全年供暖和空气调节能耗用的基准建筑。

（6）综合部分负荷性能系数（IPLV）：基于机组部分负荷时的性能系数值，按机组在各种负荷条件下的累积负荷百分比进行加权计算获得的表示空气调节用冷水机组部分负荷效率的单一数值。

（7）集中供暖系统耗电输热比（HER-h）：设计工况下，集中供暖系统循环水泵总功耗（kW）与设计热负荷（kW）的比值。

（8）空调冷（热）水系统耗电输冷（热）比 $[EC(H)R-a]$：设计工况下，空调冷（热）水系统循环水泵总功耗（kW）与设计冷（热）负荷（kW）的比值。

（9）电冷源综合制冷性能系数（SCOP）：设计工况下，电驱动的制冷系统的制冷量与制冷机、冷却水泵及冷却塔净输入能量之比。

（10）风道系统单位风量耗功率（$W_S$）：设计工况下，空调、通风的风道系统输送单位风量（m³/h）所消耗的电功率（W）。

### 1.2.3　热工知识

建筑与当地气候相适应是建筑设计应当遵循的基本原则，创造良好的室内热环境是建筑的基本功能。建筑热工设计主要包括建筑物及其围护结构的保温、防热和防潮设计。建筑热工设计方法和要求是随着技术、经济条件的改善而相应变化的。近年来，建筑节能工作力度大，关注度高，建筑热工设计作为建筑节能设计的重要基础之一，也应充分考虑对节能设计标准的支撑。

1. 相关术语

（1）建筑热工：研究建筑室外气候通过建筑围护结构对室内热环境的影响、室内外热湿作用对围护结构的影响，通过建筑设计改善室内热环境方法的学科。

（2）围护结构：分隔建筑室内与室外，以及建筑内部使用空间的建筑部件。

（3）热桥：围护结构中热流强度显著增大的部位。

（4）围护结构单元：围护结构的典型组成部分，由围护结构平壁及其周边梁、柱等节点共同组成。

（5）导热系数：在稳态条件和单位温差作用下，通过单位厚度，单位面积匀质材料的热流量。

（6）热阻：表征围护结构本身或其中某层材料阻抗传热能力的物理量。

（7）传热阻：表征围护结构本身加上两侧空气边界层作为一个整体的阻抗传热能力的物理量。

（8）传热系数：在稳态条件下，围护结构两侧空气为单位温差时，单位时间内通过单位面积传递的热量。传热系数与传热阻互为倒数。

（9）热惰性：受到波动热作用时，材料层抵抗温度波动的能力，用热惰性指标（D）来描述。

（10）露点温度：在大气压力一定、含湿量不变的条件下，未饱和空气因冷却而到达饱和时的温度。

（11）冷凝：围护结构内部存在空气或空气渗透过围护结构，当围护结构内部的温度达到或低于空气的露点温度时，空气中的水蒸气析出形成凝结水的现象。

（12）结露：围护结构表面温度低于附近空气露点温度时，空气中的水蒸气在围护结构表面析出形成凝结水的现象。

（13）建筑遮阳：在建筑门窗洞口室外侧与门窗洞口一体化设计的遮挡太阳辐射的构件。

（14）水平遮阳：位于建筑门窗洞口上部，水平伸出板状建筑遮阳构件。

（15）垂直遮阳：位于建筑门窗洞口两侧，垂直伸出的板状建筑遮阳构件。

（16）建筑遮阳系数：在照射时间内，同一窗口（或透光围护结构部件外表面）在有建筑外遮阳和没有建筑外遮阳的两种情况下，接收到的两个不同太阳辐射量的比值。

2. 建筑热工设计气候区

建筑热工设计气候区是根据建筑热工设计的实际需要，以及与现行有关标准、规范相协调，分区名称要直观贴切等要求制定的。由于目前建筑热工设计主要涉及冬季保温和夏季隔热，主要与冬季和夏季的温度状况有关。因此，用累年最冷月（即 1 月）和最热月（7 月）平均温度作为分区主要指标，累年日平均温度小于等于 5℃ 和大于等于 25℃ 的天数作为辅助指标，将全国划分为 5 个气候区，即严寒、寒冷、夏热冬冷、夏热冬暖和温和地区，并提出相应的设计要求。

3. 建筑节能热工计算

建筑节能热工计算，包括规定性指标和性能性指标。规定性指标指用数值明确给定的直接影响建筑物供暖、通风、空气调节、照明、动力等负荷或能耗的各项参数的限值，全部符合这些限值的建筑可以直接认定符合节能设计标准的要求；性能性指标指用于判断建筑整体综合能耗是否满足节能设计标准要求的判别参数，如建筑物耗热量指标、供暖空调耗电量指标等。

围护结构的热工性能是影响建筑能耗的主要因素之一。用于描述围护结构热工性能的物理量很多，可以将其统称为"围护结构热工参数"。

4. 建筑热工设计原则

建筑热工设计是指从建筑物室内外热湿作用对建筑围护结构和室内热环境的影响出发，通过改善建筑室内热环境，以满足人们工作和生活的需要或降低供暖、通风、空气调节等负荷而进行的专项设计。

5. 全国建筑热工设计分区的依据和意义

（1）依据

建筑热工设计分区是根据建筑热工设计的要求进行气候分区。所依据的气候要素是空气温度。以最冷月（即 1 月）和最热月（即 7 月）平均温度作为分区主要指标，以累年日平均温度不大于 5℃ 和不小于 25℃ 的天数作为辅助指标，将全国划分为 5 个区，即严寒、寒冷、夏热冬冷、夏热冬暖和温和地区。

（2）意义

建筑热工设计分区是为使民用建筑热工设计与地区气候相适应，保证室内基本的热环境要求，符合国家节约能源的方针，提高效益。

6. 河南省建筑热工设计分区

夏热冬冷地区：信阳市、驻马店市、周口市、漯河市、南阳市、平顶山市。

寒冷地区：郑州市、开封市、洛阳市、安阳市、鹤壁市、新乡市、焦作市、濮阳市、许昌市、三门峡市、商丘市、济源市。

# 1.3 节能建筑评价标准

## 1.3.1 基本要求

节能建筑评价应包括节能建筑设计评价和节能建筑工程评价两个阶段。节能建筑设计评价应在建筑设计图纸通过相关部门的节能审查并合格后进行；节能建筑工程评价应在建筑通过相关部门的节能工程竣工验收并运行一年后进行。温和地区节能建筑的评价宜根据最邻近的气候分区的相应条款进行。

1. 评价内容

节能建筑的评价应以单栋建筑或建筑小区为对象。

（1）评价单栋建筑时，凡涉及室外部分的指标，如绿地率、建筑密度等，应以该栋建筑所处的室外条件的评价结果为准。

（2）建筑小区的节能评价应在单栋建筑评价的基础上进行，建筑小区的节能等级应根据小区中全部单栋建筑均达到或超过的节能等级来确定。

2. 申请资料

1）节能建筑设计评价

（1）建筑节能技术措施，包括所采用的全部建筑节能技术和相关技术参数；

（2）规划与建筑设计文件，包括规划批文、规划设计说明、建筑设计说明和相应的建筑设计施工图等；

（3）规划与建筑节能设计文件，包括规划、建筑设计与建筑节能有关的设计图纸、建筑节能设计专篇、节能计算书等；

（4）建筑节能设计审查批复文件，即各地建设行政管理部门或建设行政管理部门委托的建筑节能管理机构进行的建筑节能设计审查批复文件。

2）节能建筑工程评价

申请节能建筑工程评价除应提供设计评价阶段的资料外，尚应提供下列资料：

（1）材料质量证明文件或检测报告；材料主要包括建筑中采用的设备、部品、施工材料等；

（2）需要提供完整的建筑节能工程竣工验收报告；

（3）检测报告、专项分析报告、运营管理制度文件、运营维护资料等相关的资料。主要包括与建筑节能评价有关的如检测报告、专项分析报告、运营管理制度文件、运营维护资料等资料。

## 1.3.2 评价与等级划分

1. 评价指标体系

节能建筑设计评价指标体系应由建筑规划、建筑围护结构、供暖通风与空气调节、给水排水、电气与照明、室内环境六类指标组成；节能建筑工程评价指标体系应由建筑规划、建筑围护结构、供暖通风与空气调节、给水排水、电气与照明、室内环境和运营管理七类指标组成。

每类指标应包括控制项、一般项和优选项。控制项为节能建筑的必备条件，全部满足《节能建筑评价标准》GB/T 50668中控制项要求的建筑，方可认为已经具备节能建筑评价的基本申请资格。一般项和优选项是划分节能建筑等级的可选条件。

2. 等级划分

节能建筑应满足《节能建筑评价标准》GB/T 50668规定的所有控制项的要求，并应按满足一般项数和优选项数的程度，划分为A、AA和AAA三个等级。

节能建筑细分为三个等级，目的是引导建筑节能性能的发展与提高，鼓励建造更高节能性能的建筑。

为了使每类指标得分均衡，使得节能建筑各个环节都能在建筑中体现，所以把得分项分成了一般项和优选项。对于一般项，不同等级的节能建筑都要满足最低的项数要求，而且不能互相借用一般项的分数。优选项是难度大、节能效果较好的可选项。

3. AAA节能建筑的要求

对于围护结构、暖通空调、电气与照明三类指标规定了需要满足的最少优选项数，主要是考虑到这三类指标是影响建筑节能最关键因素，对建筑节能的贡献率也最大，所以对围护结构、暖通空调、电气与照明这三类指标明确提出优选项数量的要求。

AAA节能建筑除应满足《节能建筑评价标准》GB/T 50668的规定外，尚应符合下列规定：

（1）在围护结构指标方面，居住建筑满足的优选项数不应少于2项，公共建筑满足的优选项数不应少于3项；

（2）在暖通空调指标方面，居住建筑满足的优选项数不应少于2项，公共建筑满足的优选项数不应少于4项；

（3）在电气与照明指标方面，居住建筑满足的优选项数不应少于1项，公共建筑满足的优选项数不应少于2项。

4. 不参与评价的情况

当《节能建筑评价标准》GB/T 50668中一般项和优选项中的某条文不适应建筑所在地区、气候、建筑类型和评价阶段等条件时，该条文可不参与评价，参评的总项数可相应减少，等级划分时对项数的要求应按原比例调整确定。对项数的要求按原比例调整后，每类指标满足的一般项数不得少于1条。

5. 评价结论

《节能建筑评价标准》GB/T 50668中各条款的评价结论应为通过或不通过；对有多项要求的条款，不满足各款的全部要求时评价结论不得为通过。对于定性条款，评价的结论只有两个，即"通过"或"不通过"；对于有多项要求的条款，则全部要求都满足方可认定本条的评价结论为"通过"，否则应认定为"不通过"。

# 第2章 建筑绝热材料检测方法

## 2.1 泡沫塑料及橡胶制品

### 2.1.1 状态调节和试验的标准环境

《塑料 试样状态调节和试验的标准环境》GB/T 2918，规定了塑料及其所有类型的试样在恒定环境条件下进行状态调节和试验的规范，适用于塑料及其所有类型的试样。该标准不包括用于某些特殊试验或材料或模拟某特定气候条件的专用环境。泡沫塑料是指整体内分布大量泡孔（互联或不互联）以降低密度的塑料的总称；泡沫橡胶是指以固态橡胶混合物制成的具有闭孔结构的多孔橡胶。

1. 方法概述

如果把试样暴露在规定的状态调节环境或温度中，试样与状态调节环境或温度之间即可达到可再现的温度或含湿量平衡的状态。该标准未指定测定湿度敏感的方法。一些材料可能需要特殊的状态调节条件，需要遵照相关的材料标准。

2. 标准环境

标准环境是指优先选用的，规定了空气温度和湿度且限制了大气压强和空气循环速度范围的恒定环境。该空气中不含明显的外加成分，且环境未受到任何明显的外加辐射影响。标准环境使样品或试样能够达到并保持规定的状态。标准环境相当于实验室的平均环境条件，并能建立在（环境可控制的）状态调节柜、箱或房中。

除非另有规定，使用表2.1.1-1所给的条件作为标准环境（表中的数值适用于大气压强86～106kPa的一般海拔高度及空气循环速率小于等于1m/s的场合）。

标准环境 表2.1.1-1

| 标准环境符号 | 空气温度（℃） | 相对湿度（RH）（％） | 备注* |
| --- | --- | --- | --- |
| 23/50 | 23 | 50 | 非热带地区 |
| 27/65 | 27 | 65 | 热带地区 |

\* 为获得具有可比性的聚合物数据，应使用标准环境23/50

3. 标准环境的等级

表2.1.1-2给出了标准环境的两种不同等级，对应于温度和相对湿度的不同允差水平。表中给出的允差适用于试验环境内或状态调节环境内试样所处的空间。1级环境室需要遵照生产商的建议缩短校正周期。1级环境室每年至少校正一次。

通常允差是配合成对的，即1级允差或2级允差都是相当于温度和相对湿度两者而言的。超出表中规定的温度和相对湿度允差不能被认为是标准恒定环境。

对于不同允差的标准环境等级 表 2.1.1-2

| 等级 | 温度允差(℃) | 相对湿度允差(%) | |
|------|------------|--------------|--------------|
| | | 23/50 | 27/65 |
| 1 | ±1 | ±5 | ±5 |
| 2 | ±2 | ±10 | ±10 |

4. 标准温度和室温

室温是指实验室中,没有温度和湿度控制的一般大气条件的环境。"在室温状态"指不考虑相对湿度、大气压力或空气循环速率时,处于空气温度在规定范围内的环境。空气温度一般指 18～28℃,表述为"18～28℃的室温状态"。

(1) 如果湿度对所测性能没有影响或影响可以忽略不计,则不必控制相对湿度。相应的两个环境称作"温度 23"和"温度 27"。

(2) 同样,如果温度和湿度对所测性能都没有任何显著影响,则温度和湿度都不必控制。在这种情况下,该环境称为"室温"。

5. 操作步骤

1) 状态调节

状态调节是指为使样品或试样达到温度和湿度的平衡状态所进行的一种或多种操作。状态调节程序是指状态调节环境和状态调节时间的结合。状态调节环境是指进行实验前保存样品或试样的恒定环境;试验环境是指样品或试样在检测过程中所处的恒定环境。

状态调节时间应在相关材料的标准中规定。当没有适用的标准规定其调节时间时,应按如下规定执行:

(1) 除非另有要求,对于标准环境 23/50 和 27/65,不少于 88h;

(2) 除非另有要求,对于 18～28℃的室温,不少于 4h。

对于塑料材料,其达到湿度平衡所需要的时间一般要长于达到温度平衡所需的时间。

如果样品按照 1) 调节不能达到湿度平衡,状态调节时间长于《塑料 吸水性的测定》GB/T 1034 中规定的 $t_{70}$($t_{70}$ 取决于厚度的二次方),达到平衡所需时间符合标准中有关"在状态调节环境中塑料达到湿度平衡"的要求。

对于特殊的试验和已知能够很快或很慢能达到温度和湿度平衡的塑料或试样,可以在相应的材料标准中规定一个较短或较长的状态调节时间符合有关"在状态调节环境中塑料达到湿度平衡"的要求。

2) 试验

除非另有规定,状态调节后的试样应在与状态调节相同的环境或温度下进行试验。在任何情况下,试验都应在将试样从状态调节环境内取出后立即进行。

6. 相关标准中有关"时效和状态调节"的规定

1)《绝热用模塑聚苯乙烯泡沫塑料》GB/T 10801.1 标准要求

型式检验的所有试验样品应去掉表皮并自生产之日起在自然条件下放置 28d 后进行测试。所有试验按《塑料 试样状态调节和试验的标准环境》GB/T 2918—1998 中 23/50 二级环境条件进行,样品在温度 23±2℃,相对湿度 45%～55%的条件下进行 16h 状态调节。

2）《绝热用挤塑聚苯乙烯泡沫塑料（XPS）》GB/T 10801.2 标准要求

绝热性能试验应将样品自生产之日起在自然条件下放置 90d 后进行，其他物理力学性能试验应将样品自生产之日起在自然条件下放置 45d 后进行。试验按《塑料　试样状态调节和试验的标准环境》GB/T 2918—1998 中 23/50 二级环境条件进行，样品应在此条件下进行不少于 16h 的状态调节。

3）《建筑绝热用硬质聚氨酯泡沫塑料》GB/T 21558 标准要求

按《塑料　试样状态调节和试验的标准环境》GB/T 2918—1998 中 23/50 二级环境条件进行，试样应在温度 $23\pm2℃$，相对湿度 $40\%\sim60\%$ 的条件下进行不少于 48h 的状态调节。

4）《柔性泡沫橡塑绝热制品》GB/T 17794 标准要求

试验环境和试样状态调节，除试验方法中有特殊规定外，按《塑料　试样状态调节和试验的标准环境》GB/T 2918 进行。

## 2.1.2　线性尺寸的测定

《泡沫塑料与橡胶　线性尺寸的测定》GB/T 6342 规定了测定软质和硬质泡沫材料片、块或其他形状试样的线性尺寸的量具的特性与选择以及测试的步骤，适用于泡沫塑料与橡胶线性尺寸的测定。线性尺寸是指泡沫材料试样的两特定点，两平行线或两个平行面之间由角、边或面确定的最短距离。

1. 仪器设备

测微计：测量面积约为 $10cm^2$，测量压力为 $100\pm10Pa$，读数精度为 0.05mm；千分尺：测量面最小直径为 5mm，但在任何情况下不得小于泡孔平均直径的 5 倍，允许读数精度为 0.05mm。千分尺仅适用于硬质泡沫材料；游标卡尺：允许读数精度为 0.1mm；金属直尺与金属卷尺：允许读数精度为 0.5mm。

2. 试验步骤

1）量具的选择

按照被测尺寸相应的精度选择量具，见表 2.1.2-1。

量具选择　（mm）　　　　表 2.1.2-1

| 尺寸范围 | 精度要求 | 推荐量具 | | 读数的中值精确度 |
| --- | --- | --- | --- | --- |
| | | 一般用法 | 若试样形状许可 | |
| <10 | 0.05 | 测微计或千分尺 | — | 0.1 |
| 10～100 | 0.1 | 游标卡尺 | 千分尺或测微计 | 0.2 |
| >100 | 0.5 | 金属直尺或金属卷尺 | 游标卡尺 | 1 |

当精度要求为 0.05mm 时，应使用测微计或千分尺。尺寸大于 10mm 的试样，通常不要求精确到 0.05mm；

当精度要求为 0.1mm 时，使用游标卡尺。尺寸大于 100mm 时，通常不要求精确到 0.1mm。在这种情况下，也可使用测微计或千分尺，但其精度不必高于游标卡尺；

当精度要求为 0.5mm 时，使用金属直尺或金属卷尺。在这种情况下，也可使用游标卡尺，但其精度不必高于金属直尺或金属卷尺。

2）测量的位置和次数

测量的位置取决于试样的形状和尺寸，但至少 5 点，为了得到一个可靠的平均值，测量点尽可能分散些。取每一点上 3 个读数的中值，并用 5 个或 5 个以上的中值计算平均值。

3）用测微计测量

通常，测试应在一块基板上进行，基板必须大于其所支撑的试样的最大尺寸。测量时试样必须平置在基板上。读数应修约到 0.1mm。

4）用千分尺测量

用千分尺测量时，千分尺的测量面要连续地靠拢直至恰好接触泡沫材料表面而又不使试样表面产生任何变形和损伤。将试样轻微地前后移动，感到轻微的阻力。在金属薄片或板上测量，可增大测量面的面积。读数应修约到 0.1mm。

5）用游标卡尺测量

测量各种材料时，应逐步将游标卡尺预先调节至较小尺寸，将其测量面对准试样，当游标卡尺的测量面恰好接触到试样表面而又不压缩或损伤试样时，调节完成。游标卡尺的读数应修约到 0.2mm。

6）金属直尺或金属卷尺测量

用金属直尺或金属卷尺测量，不应使泡沫材料变形或损伤。读数应修约到 1mm。

3. 试验报告

①国家标准号；②泡沫材料的种类和名称；③所用的量具；④尺寸（以 mm 为单位）；⑤试验方法与标准的规定有何差异。

4. 相关标准有关"尺寸测量"的规定

1）《绝热用模塑聚苯乙烯泡沫塑料》GB/T 10801.1 标准要求

按《泡沫塑料与橡胶 线性尺寸的测定》GB/T 6342 规定进行试验。

2）《绝热用挤塑聚苯乙烯泡沫塑料（XPS）》GB/T 10801.2 标准要求

按《泡沫塑料与橡胶 线性尺寸的测定》GB/T 6342—1996 规定进行试验。如试样带饰面，应去除后进行测量。取 3 块整板进行测量，长度、宽度和厚度分别取 6 个点测量结果的平均值，对角线差取 3 块板测量结果的平均值。

3）《建筑绝热用硬质聚氨酯泡沫塑料》GB/T 21558 标准要求

按《泡沫塑料与橡胶 线性尺寸的测定》GB/T 6342—1996 中的规定用最小分度值 1mm 的卷尺测量长度、宽度。长度、宽度各测 3 点；用最小分度值 1mm 的卷尺测量长宽面上的对角线，计算两对角线之差；用最小分度值 0.05mm 的卡尺测量厚度，在距边缘 30mm 处开始测量，测量点不少于 5 点，各测点之间间距应均匀。

4）《柔性泡沫橡塑绝热制品》GB/T 17794 标准要求

按《泡沫塑料与橡胶 线性尺寸的测定》GB/T 6342 进行；管的尺寸测量按《柔性泡沫橡塑绝热制品》GB/T 17794 的规定进行。

## 2.1.3 导热系数的测定

保温材料的导热系数是反映材料导热性能的物理量。导热系数不仅是评价材料热力学特性的依据，并且是材料在工程应用时的重要设计依据。目前，测定材料导热系数的方法一般分两类，即稳态法和非稳态法。稳态法包括防护热板法、热流计法、圆管法和圆球法。非稳态法包括准稳态法、热线法、热带法、常功率热源法和其他方法。

《绝热材料稳态热阻及有关特性的测定　防护热板法》GB/T 10294 规定了使用防护热板装置测定板状试件稳态传热性质的方法以及传热性质的计算。防护热板法是测量传热性质的绝对法和仲裁法，只需要测量尺寸、温度和电功率。符合试验方法的报告，试件的热阻不应小于 $0.1\text{m}^2 \cdot \text{K/W}$，且厚度不超过"试件最大厚度"的要求。试件的热阻下限可以低到 $0.02\text{m}^2 \cdot \text{K/W}$，但不一定在全部范围内达到"准确度和重复性"所述的准确度。如果试件满足"试件的平均导热系数"的要求，试验结果可表示被测试件的平均可测导热系数。如果试件满足"材料的导热系数、表观导热系数或热阻系数"的要求，试验结果可表示被测材料的导热系数或表观导热系数。

1. 定义

试件的平均导热系数是指由热匀质和各向同性（或具有垂直于表面的对称轴的各向异性）的、在测量的精度和测量时间内是热稳定的、且导热系数为常数（或与温度呈线性函数关系）的材料制成由两个平行的等温表面和与表面垂直的边缘形成的板状物体，在边缘绝热的边界条件下，在稳定状态下确定的传热性质；材料的表观导热系数是指表观导热系数表征绝热材料与传导和辐射复合传热的关系。表观导热系数可看作在传导和辐射复合传热情况下，传递系数在厚试件中达到的极限值，也常称为材料的等效或有效导热系数；室温是通用术语，指人在该环境的温度下感到舒适的测量平均试验温度；环境温度是通用术语，指试件边缘或整个装置周边的温度。对于封闭装置为箱内温度，不封闭的装置则为实验室温度。

2. 意义

1）影响传热性能的因素

试件的传热性质可能受到以下因素的影响：由于材料或其样品成分的改变而改变；受含湿量和其他因素的影响；随时间而改变；随平均温度而改变；取决于热经历。因此必须认识到，在特定应用下选用代表材料传热性质的典型数值时，应考虑以上影响因素，不应未作任何变化而应用到所有使用情况。例如，使用本试验方法得到的是经干燥处理试件的热性能，然而实际使用时可能是不现实的。更基本的是材料的传热性质与许多因素如平均温度和湿度差有关。这些关系应在典型的使用条件下测量或者试验。

2）取样

确定材料传热性质需有足够的数量的试验信息。只有样品能代表材料，且试件能代表样本时，才能以单次试验结果确定材料的传热性质。选择样品的步骤一般应在材料规范中规定。试样的选择也可在材料规范中做部分规定。当材料规范不包括取样时，应参考有关的文件。

3）准确度

评价防护热板法的准确度是复杂的，它与装置的设计、相关的测量仪器和被测试件的类型有关。然而按照防护热板法的标准建立装置和操作，当试验平均温度接近室温时，测量传热性质的准确度能达到 $\pm 2\%$。

3. 方法概述

(1) 装置原理：在稳态条件下，在具有平行表面的均匀板状试件内，建立类似于以两个平行的温度均匀的平面为界的无限大平板中存在的一维的均匀热流密度。

(2) 装置类型：根据原理可建造两种形式的防护热板装置：双试件式（和一个中间加热单元）、单试件式。

(3) 导热系数的计算：当满足"试件的平均导热系数"的条件，已测定试件的厚度，可计算出试件的平均导热系数。

(4) 试件的范围：防护热板法的应用亦受试件的形状、厚度和结构的均匀一致（当使用双试件装置时）、试件表面平整和平行度的限制。

4. 由于装置产生的限制

1) 试件最大厚度

(1) 任何一种构造形式的装置，由于受边缘绝热、辅助防护加热单元和环境温度的影响，试件边缘的边界条件将制约试件的最大厚度。

(2) 对于非匀质的、复合的或层状试件，每层的平均导热系数应小于其他任何层的 2 倍。

2) 试件最小厚度

(1) 试件的最小厚度受标准中指出的接触热阻的限制。

(2) 当要求测量导热系数、表观导热系数、热阻系数或传递系数时，还受到测厚仪表准确度的限制。

3) 装置尺寸

(1) 防护热板装置的总尺寸受试件尺寸的控制。试件的尺寸或直径通常为 $0.2\sim1m$。小于 $0.3m$ 的试件可能不代表整个材料的性质。当试件大于 $0.5m$ 时，要维持试件和金属板的表面平整度、温度均匀性、平衡时间以及装置的总造价在可接受的限度内都将发生困难。

(2) 为便于实验室之间比较和总体上改进合作测量，推荐的标准尺寸系列如下：直径或边长为 $0.3m$；直径或边长为 $0.5m$；直径或边长为 $0.2m$（仅用于测定均质材料）；直径或边长为 $1.0m$（用于测定厚度超过 $0.5m$ 装置允许厚度的试件）。

5. 试验步骤

1) 试件的选择和尺寸

(1) 根据装置的形式从每个样品中选取一或两个试件。当需要两块试件时，它们应该尽可能地一样，厚度差别应小于 $2\%$。除标准中叙述的特殊应用外，试件的尺寸应该完全覆盖加热单元的表面。试件的厚度应是实际使用的厚度或大于能给出被测材料热性质的最小厚度。

(2) 试件的制备和状态调节应按照被测材料的产品标准进行。

2) 试验方法

(1) 质量，在试件放入装置前测定试件质量，准确度 $\pm0.5\%$。

(2) 厚度，试件在测定状态的厚度（以及试验状态的容积）由加热单元和冷却单元位置确定或在开始测定时测得的试件的厚度。

(3) 温差选择，按照特定材料、产品或系统的技术规范的要求或者被测定的特定试件或样品的使用条件选择温差。

3）计算

导热系数按下式计算：

$$\lambda = \frac{\Phi \cdot d}{A(T_1 - T_2)}$$

(2.1.3-1)

式中　$\lambda$——导热系数［W/(m・K)］；

　　　$\Phi$——加热单元计量部分的平均加热功率（W）；

　　　$T_1$——试件热面温度平均值（K）；

　　　$T_2$——试件冷面温度平均值（K）；

　　　$d$——试件平均厚度（m）；

　　　$A$——计量面积（m$^2$）。

6. 试验报告

若以按照防护热板法得到的结果出报告，那么该标准方法所规定的相关要求都应全部满足。若某些条件未满足，应按标准中所要求的增加符合性的声明。

每一试验结果的报告应包括下列各项（报告的数值应代表试验的两块试件的平均值或是单试件装置的一个试件的值）。

① 材料的名称、标志及制造商提供的物理描述；②由操作人员提供的试件说明以及试件与样品的关系。如可应用时，满足材料产品标准。松散填充材料的试件制备方法。③试件的厚度，标明是由热板和冷板位置强制确定的，还是测量试件的厚度。确定强制厚度的方法。④状态调节的方法和温度。⑤经状态调节后的试件，测定时材料的密度。⑥在干燥和（或）调节过程中相对质量变化。⑦测定过程中质量的相对变化，测定过程中厚度（或体积）的变化。⑧试验时试件的平均温差及测定温差的方法。⑨试验时的平均温度。⑩试件的热阻或传热系数。可应用时，给出热阻系数、导热系数或材料的表观导热系数以及其已经测定的或已知可应用的厚度范围。⑪测定完成日期，整个试验的延续时间和其中稳态部分延续时间。⑫装置的形式（单或双试件）、取向（垂直、水平或其他方向）。单试件装置的试件不是垂直方向时，说明试件的热面位置（顶部、底部和其他任意位置）。⑬所用防护热板装置的形式，单或双试件。减少边缘损失的方法和测定过程中环绕防护热板组件的环境温度。⑭强烈建议给出所测热性质的最大预计误差。当该标准中某些要求不满足时，建议在报告中给出完整的测量误差的估算。⑮在情况或需要无法完全满足该标准中防护热板法所述测定过程时，可允许有例外，但必须在报告中特别说明。建议的写法是："本测定除……外符合《绝热材料稳态热阻及有关特性的测定　防护热板法》GB/T 10294 的要求，完整的例外清单如下"。

7. 相关标准有关"导热系数测定"的规定

1）《绝热用模塑聚苯乙烯泡沫塑料》GB/T 10801.1 标准要求

按《绝热材料稳态热阻及有关特性的测定　防护热板法》GB/T 10294 或《绝热材料稳态热阻及有关特性的测定　热流计法》GB/T 10295 的规定进行试验，试样厚度 25±1mm，温差 15～25℃，平均温度 25±2℃。防护热板法为仲裁方法。

2）《绝热用挤塑聚苯乙烯泡沫塑料（XPS）》GB/T 10801.2 标准要求

（1）导热系数的测定：按《绝热材料稳态热阻及有关特性的测定　防护热板法》GB/

T 10294—2008 或《绝热材料稳态热阻及有关特性的测定 热流计法》GB/T 10295—2008
进行试验，平均温度为 10℃和 25℃，试验温差为 15～25℃。防护热板法为仲裁方法。

（2）热阻值按下式计算：

$$R = \frac{H}{\lambda} \tag{2.1.3-2}$$

式中 $R$——热阻，$[(m^2 \cdot K)/W]$；

$H$——厚度（m）；

$\lambda$——导热系数，$[W/(m \cdot K)]$。

3）《建筑绝热用硬质聚氨酯泡沫塑料》GB/T 21558 标准要求

（1）初期导热系数：按《绝热材料稳态热阻及有关特性的测定 防护热板法》GB/T
10294—1988 或《绝热材料稳态热阻及有关特性的测定 热流计法》GB/T 10295—1988 的规定
进行。产品在大气中陈化应大于 28d。测试平均温度 23℃或 10℃，冷热板温差 23±2℃。

（2）长期热阻：样品在室温下陈化应大于 180d。冷热板温差为 23±5℃。

4）《柔性泡沫橡塑绝热制品》GB/T 17794 标准要求

按《绝热材料稳态热阻及有关特性的测定 防护热板法》GB/T 10294 的规定进行，
也可按《绝热材料稳态热阻及有关特性的测定 热流计法》GB/T 10295 或《绝热层稳态
传热性质的测定 圆管法》GB/T 10296 进行，测定平均温度为 −20℃、0℃ 、40℃下的
导热系数。仲裁时按《绝热材料稳态热阻及有关特性的测定 防护热板法》GB/T 10294
进行。

### 2.1.4 表观密度的测定

《泡沫塑料及橡胶 表观密度的测定》GB/T 6343 的试验方法，适用于模制或自由发
泡或挤出时形成表皮的材料表观总密度、表观芯密度的测试。"表观总密度"不适用于在
模制时未形成表皮的材料。对于不规则的产品应采用浮力法等方法进行测定。表观总密度
是指单位体积泡沫材料的质量，包括模制时形成的全部表皮；表观芯密度是指去除模制时
形成的全部表皮后，单位体积泡沫材料的质量。

1. 仪器设备

天平：称量精确度为 0.1%；量具：符合《泡沫塑料与橡胶 线性尺寸的测定》GB/
T 6342—1996 的规定。

2. 试样尺寸和数量

试样的形状应便于体积计算。切割时，应不改变其原始泡孔结构。试样总体积至少为
100cm³，在仪器允许及保持原始状态不变条件下，尺寸尽可能大。对于硬质材料，用从
大样品上切下的试样进行表观总密度的测定时，试样和大样品的表皮面积与体积之比应
相同。

至少测试 5 个试样。在测定样品的密度时会用到试样的总体积和总质量。试样应制成
体积可精确测量的规整几何体。

3. 状态调节

（1）测试用样品材料生产后，应至少放置 72h 才能进行制样。如果经验数据表明，材
料制成后放置 48h 或 16h 测出的密度与放置 72h 测出的密度相差小于 10%，放置时间可减

少至 48h 或 16h。

（2）样品应在标准环境或干燥环境（干燥器中）下至少放置 16h，这段状态调节时间可以是在材料制成后放置的 72h 中的一部分。

标准环境条件应符合《塑料　试样状态调节和试验的标准环境》GB/T 2918—1998：

1）$23\pm2\text{℃}$，$50\%\pm10\%$；

2）$23\pm5\text{℃}$，$(50^{+20}_{-10})\%$；

3）$27\pm5\text{℃}$，$(65^{+20}_{-10})\%$。

干燥环境：$23\pm2\text{℃}$ 或 $27\pm2\text{℃}$。

4. 试验步骤

（1）按《泡沫塑料与橡胶　线性尺寸的测定》GB/T 6342—1996 的规定测量试样尺寸，单位为毫米（mm）。每个尺寸至少测量 3 个位置，对于板状的硬质材料，在中部每个尺寸测量 5 个位置。分别计算每个尺寸平均值，并计算试样体积。

（2）称量试样，精确到 0.5%，单位为 g。

5. 结果计算

1）表观密度计算

表观密度计算按下式进行，取其平均值，精确至 $0.1\text{kg/m}^3$。

$$\rho=\frac{m}{V}\times10^6 \tag{2.1.4-1}$$

式中　$\rho$——表观密度（表观总密度或表观芯密度）（$\text{kg/m}^3$）；

　　　$m$——试样的质量（g）；

　　　$V$——试样的体积（$\text{mm}^3$）。

对于一些低密度闭孔材料（如密度小于 $15\text{kg/m}^3$ 的材料），空气浮力可能会导致测量结果产生误差，在这种情况下表观密度应用下式计算：

$$\rho_a=\frac{m+m_a}{V}\times10^6 \tag{2.1.4-2}$$

式中　$\rho_a$——表观密度（表观总密度或表观芯密度）（$\text{kg/m}^3$）；

　　　$m$——试样的质量（g）；

　　　$m_a$——排出空气的质量（g）；

　　　$V$——试样的体积（$\text{mm}^3$）。

说明：$m_a$ 指在常压和一定温度时的空气密度（$\text{g/mm}^3$）乘以试样体积（$\text{mm}^3$）。当温度为 23℃、大气压为 101325Pa（76mm 汞柱）时，空气密度为 $1.220\times10^{-6}\text{g/mm}^3$；当温度为 27℃、大气压为 101325Pa（76mm 汞柱）时，空气密度为 $1.195\,5\times10^{-6}\text{g/mm}^3$。

2）标准偏差估计值

标准偏差估计值按下式计算，取 2 位有效数字。

$$S=\sqrt{\frac{\sum x^2-n\overline{x}^2}{n-1}} \tag{2.1.4-3}$$

式中　$S$——标准偏差估计值；

　　　$x$——单个测试值；

$\overline{x}$——一组试样的算术平均值；

$n$——测定个数。

6. 试验报告

①采用标准编号；②试验材料的完整的标识；③状态调节的温度和相对湿度；④试样是否有表皮和表皮是否被除去；⑤有无僵块、条纹及其他缺陷；⑥各次试验结果，详述试样情况（形状、尺寸和取样位置）；⑦表观密度（表观总密度或表观芯密度）的平均值和标准偏差估计值；⑧是否对空气浮力进行补偿，如果已补偿，给出修正量，试验时的环境温度、相对湿度及大气压；⑨任何与标准规定步骤不符之处。

7. 相关标准有关"表观密度测定"的规定

1)《绝热用模塑聚苯乙烯泡沫塑料》GB/T 10801.1 标准要求

按《泡沫塑料与橡胶　表观密度的测定》GB/T 6343 的规定进行试验，试样尺寸（100±1)mm×(100±1)mm×(50±1)mm，试样数量为 3 个。

2)《建筑绝热用硬质聚氨酯泡沫塑料》GB/T 21558 标准要求

按《泡沫塑料及橡胶　表观密度的测定》GB/T 6343—1995 的规定进行试验。试样尺寸（100±1)mm×(100±1)mm×(50±1)mm，试样数量为 5 个。当材料表面带有面层、复合层或涂层时，应去除材料的面层、复合层或涂层后测其芯密度。

3)《柔性泡沫橡塑绝热制品》GB/T 17794 标准要求

按《泡沫塑料及橡胶　表观密度的测定》GB/T 6343 的规定进行，试样的状态调节环境要求为：温度 23±2℃，相对湿度 50%±5%。计算管的密度时，管体积的测定按《柔性泡沫橡塑绝热制品》GB/T 17794 的规定进行。

## 2.1.5　压缩性能的测定

《硬质泡沫塑料　压缩性能的测定》GB/T 8813 规定了测定如下参数的方法：压缩强度和相对形变；或 10% 相对形变时的压缩应力；和需要时硬质泡沫塑料的压缩模量。

其测定方法有两种：

(1) 方法 A。利用横梁位移来测定压缩性能。当需要测定 10% 相对形变时的压缩应力时，规定使用方法 A。

(2) 方法 B。利用固定在试样上的应变测量装置（接触式引伸计）或相似装置直接测量试样形变。当需要测定压缩模量时，规定使用方法 B。

方法 A 和方法 B 均可测定（在最大负荷时的）压缩强度。

其中，相对形变：试样厚度缩减量与其初始厚度之比（方法 A）或引伸计位移与其初始标距长度之比（方法 B）；压缩强度：相对形变 $\varepsilon < 10\%$ 时，最大压缩力 $F_m$ 除以试样的初始横截面面积；相对形变为 10% 时的压缩应力：相对形变为 10%（$\varepsilon_{10}$）时的压缩力 $F_{10}$ 与试样的初始横截面面积之比。

1. 方法概述

对试样表面垂直施加压缩力，可以计算出试样承受的最大应力。如果应力最大值对应的相对形变小于 10%，称其为"压缩强度"；如果应力最大值对应的相对形变达到或超过 10%，取相对形变为 10% 时的压缩应力为试验结果，称其为"相对形变为 10% 时的压缩应力"。

2. 仪器设备

压缩试验机：使用的压缩试验机力和位移的范围应满足《硬质泡沫塑料　压缩性能的测定》GB/T 8813 标准要求

位移和力的测量装置：

（1）位移的测量：

方法 A——压缩试验机应装有一个能够连续测量移动板位移的装置，准确度为±5% 或±0.1mm，如果后者准确度更高，则选后者。

方法 B——位移的测量结果应由固定在样品上的引伸计或相似的可以直接测量样品形变的装置获得，其准确度为±1%。

（2）力的测量：在压缩试验机的一块平板上安装一个力传感器，可连续测量试样对平板的反作用力，准确度为±1%。推荐使用可以同时记录力和位移的装置。

（3）校准：应定期检查压缩试验机力、位移的测量装置和图形记录装置（适用时）。该装置力值用一系列准确度高于±1%并符合试验力值范围的标准砝码校准，位移用准确度高于±0.5%或± 0.1mm 的量块校准。

测量试样尺寸的仪器：应符合《泡沫塑料与橡胶　线性尺寸的测定》ISO 1923 的规定。

3. 试样

1）尺寸

（1）试样厚度应为 50±1mm，若使用时需带有模塑表皮的制品，其试样应取整个制品的原厚，但厚度最小为 10mm，最大不得超过试样的宽度或直径。

（2）试样的受压面为正方形或圆形，最小面积为 25cm$^2$，最大面积为 230cm$^2$。首选使用受压面为（100±1)mm×(100±1)mm 的正四棱柱试样。

（3）试样两平面的平行度误差不应大于 1%。

（4）不准许几个试样叠加进行试验。

（5）不同几何形状和厚度的试样测得的结果不具可比性。

2）制备

（1）制取试样应使其受压面与制品使用时要承受压力的方向垂直。如需了解各向异性材料完整的特性或不知道各向异性材料的主要方向时，应制备多组试样。

（2）通常，各向异性体的特性用一个平面及它的正交面表示，因此考虑用两组试样。

（3）制取试样应不改变泡沫材料的结构，制品在使用中不保留模塑表皮的，应除去表皮。

3）数量

从硬质泡沫塑料制品的块状材料或厚板中制取试样时，取样方法和数量应参照有关泡沫塑料制品标准中的规定。在缺乏相关规定时，至少要取 5 个试样。

4）状态调节

按下列条件中的一个，至少调节 6h：

温度 23±2℃，相对湿度 50%±10%；

温度 23±5℃，相对湿度 $50^{+20}_{-10}$%；

温度 27±5℃，相对湿度 $65^{+20}_{-10}$%。

4. 试验步骤

(1) 试验条件应与试样状态调节条件相同。

(2) 按《泡沫塑料与橡胶　线性尺寸的测定》ISO 1923 的规定，测量每个试样的三维尺寸。将试样放置在压缩试验机的两块平行板之间的中心，尽可能以每分钟压缩试样初始厚度 10% 的速率压缩试样，直至测得压缩强度和/或 10% 相对形变时的压缩应力。采用方法 B 时，应变由引伸计标距长度计算得出。对于接触式引伸计，厚度 50mm 的试样可采用标距长度 25mm。

5. 结果表示

1) 压缩强度

压缩强度，按下式计算：

$$\sigma_{\mathrm{m}} = \frac{F_{\mathrm{m}}}{A_0} \tag{2.1.5-1}$$

式中　$\sigma_{\mathrm{m}}$——压缩强度（MPa）；

$F_{\mathrm{m}}$——相对形变 $\varepsilon < 10\%$ 时的最大压缩力（N）；

$A_0$——试样初始横截面面积（$\mathrm{mm}^2$）。

2) 相对形变

对于方法 A 用直尺将力—形变曲线上斜率最大的部分直线延伸至力零点线。测量从"形变零点"至此的整个位移来计算形变。如果力—形变曲线上无明显的直线部分或用这种方法获得的"形变零点"为负值，则不采用这种方法。此时，"形变零点"应取压缩应力为 $250 \pm 10\mathrm{Pa}$ 所对应的形变。

对于方法 B，不需要测定"形变零点"。

相对形变，按下式计算：

$$\varepsilon_{\mathrm{m}} = \frac{x_{\mathrm{m}}}{h_0} \times 100 \tag{2.1.5-2}$$

式中　$\varepsilon_{\mathrm{m}}$——相对形变（%）；

$x_{\mathrm{m}}$——达到最大压缩力时的位移（mm）；

$h_0$——试样初始厚度（方法 A）或初始标距长度（方法 B）（mm）。

3) 相对形变为 10% 的压缩应力

相对形变为 10% 的压缩应力，按下式计算：

$$\sigma_{10} = \frac{F_{10}}{A_0} \tag{2.1.5-3}$$

式中　$\sigma_{10}$——相对形变为 10% 的压缩应力（MPa）；

$F_{10}$——使试样产生 10% 相对形变的力（N）；

$A_0$——试样初始横截面面积（$\mathrm{mm}^2$）。

6. 试验报告

①采用标准编号；②完整识别试验样品的全部必要信息，包括生产日期；③若试样未采用受压面为（$100 \pm 1$）mm ×（$100 \pm 1$）mm，厚度为 $50 \pm 1$mm 的正四棱柱，则应注明试样尺寸；④施压方向与材料各向异性或制品几何形状的关系；⑤使用方法 A 或方法 B；⑥试验结果的平均值，保留 3 位有效数字；⑦如各个试验结果之间的偏差大于 10%，则给

出各个试验结果；⑧试验日期；⑨偏离该标准规定的操作。

7. 相关标准有关"压缩强度测定"的规定

1)《绝热用模塑聚苯乙烯泡沫塑料》GB/T 10801.1 标准要求

按《硬质泡沫塑料　压缩性能的测定》GB/T 8813 的规定进行试验，相对形变为10%时的压缩应力。试样尺寸（100±1）mm×（100±1）mm×（50±1）mm，试样数量为 5个，试验速度 5mm/min。

2)《绝热用挤塑聚苯乙烯泡沫塑料（XPS）》GB/T 10801.2 标准要求

按《硬质泡沫塑料　压缩性能的测定》GB/T 8813—2008 的规定进行试验。试样尺寸（100±1）mm×（100±1）mm×原厚，对于厚度大于 100mm 的制品，试件的长度和宽度应不低于制品厚度。加荷速度为试样厚度的 1/10（mm/min），例如厚度为 50mm 的制品，加荷速度为 5mm/min。压缩强度取 5 个试件试验结果的平均值。测量试样的最大压缩应力或相当于形变 10%时的压缩应力，哪一种情况先出现，结果取哪一种情况的应力。

3)《建筑绝热用硬质聚氨酯泡沫塑料》GB/T 21558 标准要求

（1）按《硬质泡沫塑料　压缩性能的测定》GB/T 8813—1988 的规定进行试验。试样尺寸（100±1）mm×（100±1）mm×（50±1）mm，试样数量为 5 个。试验速率 5mm/min。施加负荷的方向应平行于产品厚度。（泡沫起发）的方向。

（2）测量极限屈服应力或 10%形变时的压缩应力，哪一种情况先出现，结果取哪一种情况的应力。

（3）产品厚度小于 10mm 的样品不检验本项。

## 2.1.6　吸水率的测定

《硬质泡沫塑料吸水率的测定》GB/T 8810 规定了硬质泡沫塑料吸水率的测定方法，即通过测量浸没在水下 50mm、96h 后样品的浮力来测定；规定了样品体积变化的校正和样品切割表面泡孔的体积校正。

1. 方法概述

通过测量在蒸馏水中浸泡一定时间试样的浮力来测定材料吸水率。

2. 浸泡液

蒸馏后至少放置 48h 的蒸馏水。

3. 仪器设备

天平：能悬挂网笼，准确至 0.1g；网笼：由不锈钢材料制成，大小能容纳试样，底部附有能抵消试样浮力的重块，顶部有能挂到天平上的挂架；圆筒容器：直径至少为250mm，高为 250mm；低渗透塑料薄膜：如聚乙烯薄膜；切片器：应有切割样品薄片厚度为 0.1~0.4mm 的能力；载片：将两片幻灯玻璃片用胶布粘接成活叶状，中间放一张印有标准刻度（长度 30mm）的计算坐标的透明塑料薄片；投影仪：适用于 50mm×50mm标准幻灯片的通用型 35mm 幻灯片投影仪，或带有标准刻度的投影显微镜。

4. 试样

1）试样数量

不得少于 3 块。

2）尺寸

长度 150mm，宽度 150mm，体积不小于 500cm³。对带有自然或复合表皮的产品，试样厚度是产品厚度；对于厚度大于 75mm 且不带表皮的产品，试样应加工成 75mm 的厚度，两平行面之间的平行度公差不大于 1%。

3）试样制备和调节

采用机械切割方式制备试样，试样表面应光滑、平整和无粉末，常温下放在干燥器中，每隔 12h 称重一次，直至连续两次称重质量相差不大于平均值的 1%。

5. 试验方法

（1）按《塑料　试样状态调节和试验的标准环境》GB/T 2918 的规定调节试验环境为 23±2℃，相对湿度 50%±5%。

（2）称量干燥后试样质量，准确至 0.1g。

（3）按《泡沫塑料与橡胶　线性尺寸的测定》GB/T 6342 的规定测量试样线性尺寸用于计算试样初始体积，准确至 0.1cm³。

（4）在试验环境下将蒸馏水注入圆筒容器内。

（5）将网笼浸入水中，除去网笼表面气泡，挂在天平上，称其表观质量，准确至 0.1g。

（6）将试样装入网笼，重新浸入水中，并使试样顶面距水面约 50mm，用软毛刷或搅动除去网笼和样品表面气泡。

（7）用低渗透塑料薄膜覆盖在圆筒容器上。

（8）96±1h 或其他约定浸泡时间后，移去塑料薄膜，称量浸在水中装有试样的网笼的表观质量，准确至 0.1g。

（9）目测试样溶胀情况，确定溶胀和切割表面体积的校正。均匀溶胀用方法 A，不均匀溶胀用方法 B。

6. 溶胀和切割表面体积的校正

1）方法 A——均匀溶胀

（1）适用性：试样没有明显的非均匀溶胀。

（2）从水中取出试样，立即重新测量其尺寸，测量前用滤纸吸去表面水分。试样均匀溶胀体积校正系数按下列公式计算：

$$S_0 = \frac{V_1 - V_0}{V_0} \tag{2.1.6-1}$$

$$V_0 = \frac{d \times l \times b}{1000} \tag{2.1.6-2}$$

$$V_1 = \frac{d_1 \times l_1 \times b_1}{1000} \tag{2.1.6-3}$$

式中　$V_1$——试样浸泡后体积（cm³）；

$V_0$——试样初始体积（cm³）；

$d$——试样初始厚度（mm）；

$l$——试样初始长度（mm）；

$b$——试样初始宽度（mm）；

$d_1$——试样浸泡后厚度（mm）；

$l_1$——试样浸泡后长度（mm）；

$b_1$——试样浸泡后宽度（mm）。

（3）切割表面泡孔的体积校正。

遵照该标准规定的方法，从进行吸水试验的相同样品上切片，测量其平均泡孔直径，按下式计算切割表面泡孔体积。

有自然表皮或复合表皮的试样：

$$V_c = \frac{0.54D(l \times d + b \times d)}{500} \tag{2.1.6-4}$$

各表面均为切割面的试样：

$$V_c = \frac{0.54D(l \times d + l \times b + b \times d)}{500} \tag{2.1.6-5}$$

式中　$V_c$——试样切割表面泡孔体积（$cm^3$）；

$D$——平均泡孔直径（mm）。

若泡孔直径小于 0.50mm，且试样体积不小于 $500cm^3$，切割面泡孔的体积校正较小（小于 3.0%）可以被忽略。

2）方法 B——非均匀溶胀

（1）适用性：试样有明显的非均匀溶胀。

（2）合并校正溶胀和切割面泡孔的体积。

用一个带有一个溢流管的圆筒容器，注满蒸馏水直到蒸馏水从溢流管流出，当水平面稳定后，在溢流管下放一容积不小于 $600cm^3$ 带刻度的容器，此容器能用它测量溢出水体积，准确至 $0.5cm^3$（也可用称量法）。

从原始容器中取出试样和网笼，淌干表面水分（约 2min），小心地将装有试样的网笼浸入盛满水的容器，水平面稳定后测量排出水的体积，准确至 $0.5cm^3$。用网笼重复上述过程，并测量其体积，准确至 $0.5cm^3$。

溶胀和切割表面体积合并校正系数，按下式计算：

$$S_1 = \frac{V_2 - V_3 - V_0}{V_0} \tag{2.1.6-6}$$

式中　$V_2$——装有试样的网笼浸在水中排出水的体积（$cm^3$）；

$V_3$——网笼浸在水中排出水的体积（$cm^3$）；

$V_0$——试样初始体积（$cm^3$）。

7. 结果表示

1）吸水率的计算

（1）方法 A

$$WA_v = \frac{m_3 + V_1 \times \rho - (m_1 + m_2 + V_c \times \rho)}{V_0 \rho} \times 100\% \tag{2.1.6-7}$$

式中　$WA_v$——吸水率（%）；

$m_1$——试样质量（g）；

$m_2$——网笼浸在水中的表观质量（g）；

$m_3$——装有试样的网笼浸在水中的表观质量（g）；

$V_1$——试样浸渍后体积（$cm^3$）；

$V_c$——试样切割表面泡孔体积（$cm^3$）；

$V_0$——试样初始体积（$cm^3$）；

$\rho$——水的密度（等于 $1g/cm^3$）。

（2）方法 B

$$WA_v = \frac{m_3 + (V_2 - V_3)\rho - (m_1 + m_2)}{V_0\rho} \times 100\%  \tag{2.1.6-8}$$

式中　$WA_v$——吸水率（%）；

$m_1$——试样质量（g）；

$m_2$——网笼浸在水中的表观质量（g）；

$m_3$——装有试样的网笼浸在水中的表观质量（g）；

$V_2$——装有试样的网笼浸在水中排出水的体积（$cm^3$）；

$V_3$——网笼浸在水中排出水的体积（$cm^3$）；

$V_0$——试样初始体积（$cm^3$）；

$\rho$——水的密度（等于 $1g/cm^3$）。

2）平均值

取全部被测试试样吸水率的算术平均值。

8. 试验报告

①标准编号；②泡沫塑料的种类和名称；③测试材料的型号、标号；④试样是否有表皮；⑤试样数量和尺寸；⑥浸泡时间；⑦采用的校正方法（A 或 B），校正系数用体积分数（%）表示；⑧各经校正的吸水率结果及平均值用体积分数（%）表示；⑨各试样的平均泡孔直径以及所有被测试样平均泡孔直径的平均值，用毫米表示；⑩观察到的样品各向异性特征；⑪观察到的与材料使用性能有关的现象；⑫试验日期。

9. 相关标准有关"吸水率测定"的规定

1）《绝热用模塑聚苯乙烯泡沫塑料》GB/T 10801.1 标准要求

按《硬质泡沫塑料吸水率的测定》GB/T 8810 的规定进行试验，时间 96h。试样尺寸（100±1）mm×（100±1）mm×（50±1）mm，试样数量为 3 个。

2）《绝热用挤塑聚苯乙烯泡沫塑料（XPS）》GB/T 10801.2 标准要求

按《硬质泡沫塑料吸水率的测定》GB/T 8810—2005 的规定进行试验，水温为 23±2℃，浸水时间为 96h。试样尺寸（150±1）mm×（150±1）mm×原厚。吸水率取 3 个试样试验结果的平均值。

3）《建筑绝热用硬质聚氨酯泡沫塑料》GB/T 21558 标准要求

按《硬质泡沫塑料吸水率的测定》GB/T 8810—2005 中的规定进行试验。试样尺寸（150±2）mm×（150±2）×（25±1）mm，试样数量 3 个，水温为 23±2℃，浸水时间为 96h。

## 2.1.7　尺寸稳定性的测定

《硬质泡沫塑料　尺寸稳定性试验方法》GB/T 8811，规定了在特定温度和相对湿度条件下测定硬质泡沫塑料尺寸稳定性的方法，适用于硬质泡沫塑料尺寸稳定性的测定。尺寸稳定性，即试样在特定温度和相对湿度条件下放置一定时间后，互相垂直的三维方向上产生的不可逆尺寸变化。

1. 方法概述

将试样在规定的试验条件下放置一定的时间，并在标准环境下进行状态调节后，测定其线性尺寸发生的变化。

2. 仪器设备

恒温或恒温恒湿箱：满足标准规定的试验条件；量具：测量试样的线性尺寸的量具应符合《泡沫塑料与橡胶　线性尺寸的测定》GB/T 6342—1996 的规定。

3. 试样及其制备

1）试样制备

用锯切或其他机械加工方法从样品上切取试样，并保证试样表面平整而无裂纹，若无特殊规定，应除去泡沫塑料的表皮。

2）试样尺寸

试样为长方体，试样最小尺寸为 $(100\pm1)mm \times (100\pm1)mm \times (25\pm0.5)mm$。

3）试样数量

对选定的任一试验条件，每一样品至少测试 3 个试样。

4. 状态调节

试样按《塑料　试样状态调节和试验的标准环境》GB/T 2918—1998 的规定，在温度 $23\pm2℃$、相对湿度 $45\%\sim55\%$ 条件下进行状态调节。

5. 试验方法

1）试验条件

（1）从以下条件中选择试验条件：$-55\pm3℃$、$-25\pm3℃$、$-10\pm3℃$、$0\pm3℃$、$23\pm2℃$、$40\pm2℃$、$70\pm2℃$、$85\pm2℃$、$100\pm3℃$、$110\pm3℃$、$125\pm3℃$、$150\pm3℃$；当选择相对湿度 $90\%\sim100\%$ 时，使用如下温度条件：$40\pm2℃$、$70\pm2℃$

（2）经供需双方协商一致，可使用其他试验条件。

2）尺寸测量的位置

按《泡沫塑料与橡胶　线性尺寸的测定》GB/T 6342—1996 中规定的方法，测量每个试样 3 个不同位置的长度（$L_1$、$L_2$、$L_3$），宽度（$W_1$、$W_2$、$W_3$），及 5 个不同点的厚度（$T_1$、$T_2$、$T_3$、$T_4$、$T_5$），见图 2.1.7-1。

3）试验步骤

（1）按规定测量试样试验前的尺寸。

（2）调节试验箱内温度、湿度至选定的试验条件，将试样水平置于箱内金属网或多孔板上，试样间隔至少 25mm，鼓风以保持箱内空气循环。试

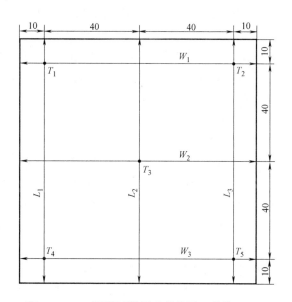

图 2.1.7-1　测量试样尺寸的位置（单位：mm）

39

样不应受加热元件的直接辐射。

（3）20±1h 后，取出试样。

（4）在温度 23±2℃ 、相对湿度 45%～55% 条件下放置 1～3h。

（5）按规定测量试样尺寸，并目测检查试样状态。

（6）再将试样置于选定的试验条件下。

（7）总时间 48±2h 后，重复（4）、（5）的操作。如果需要，可将总时间延长为 7d 或 28d，然后重复（4）、（5）的操作。

6. 结果表示

尺寸变化率按下列公式计算：

$$\varepsilon_L = \frac{L_t - L_0}{L_0} \times 100\% \tag{2.1.7-1}$$

$$\varepsilon_W = \frac{W_t - W_0}{W_0} \times 100\% \tag{2.1.7-2}$$

$$\varepsilon_T = \frac{T_t - T_0}{T_0} \times 100\% \tag{2.1.7-3}$$

式中：$\varepsilon_L$、$\varepsilon_W$、$\varepsilon_T$——分别为试样的长度、宽度及厚度的尺寸变化率（%）；

$L_t$、$W_t$、$T_t$——分别为试样试验后的平均长度、宽度及厚度（mm）；

$L_0$、$W_0$、$T_0$——分别为试样试验前的平均长度、宽度及厚度（mm）。

7. 试验报告

①标准编号；②完整识别样品的必要信息；③状态调节条件与时间；④试验条件；⑤每个试样长度、宽度和厚度的尺寸变化率；⑥每一样品长度、宽度和厚度的尺寸变化率的算术平均值或其绝对值的平均值；⑦每次试验后，试样的扭曲状况；⑧本标准未规定的任何步骤；⑨与标准的任何偏离，包括供需双方协商一致的或其他原因造成的偏离。

8. 相关标准有关"尺寸稳定性测定"的规定

1)《绝热用模塑聚苯乙烯泡沫塑料》GB/T 10801.1 标准要求

按《硬质泡沫塑料　尺寸稳定性试验方法》GB/T 8811 的规定进行试验，温度 70±2℃，时间 48h。试样尺寸（100±1)mm×(100±1)mm×(25±1)mm，试样数量为 3 个。

2)《绝热用挤塑聚苯乙烯泡沫塑料（XPS）》GB/T 10801.2 标准要求

按《硬质泡沫塑料　尺寸稳定性试验方法》GB/T 8811—2008 的规定进行试验，试验条件为温度 70±2℃，48h。试样尺寸为（100±1)mm×(100±1)mm×原厚。尺寸稳定性取 3 个试样试验结果绝对值的平均值。

3)《建筑绝热用硬质聚氨酯泡沫塑料》GB/T 21558 标准要求

按《硬质泡沫塑料　尺寸稳定性试验方法》GB/T 8811—1988 的规定进行试验，试样尺寸为（100±1)mm×(100±1)mm×(25±0.5)mm。每一试验条件的试样数量 3 个。高温尺寸稳定性：试验条件为温度 70±2℃、时间 48h；低温尺寸稳定性：试验条件为温度−30±2℃、时间 48h。

4)《柔性泡沫橡塑绝热制品》GB/T 17794 标准要求

按《硬质泡沫塑料　尺寸稳定性试验方法》GB/T 8811 规定进行试验。试验温度为 105±3℃，7d 后测量。测量结果取板状制品长、宽、厚三个方向平均值。管状制品取长度及壁厚的平均值。

# 2.2　无机硬质绝热制品

《无机硬质绝热制品试验方法》GB/T 5486 规定了无机硬质绝热制品几何尺寸、外观质量、抗压强度、抗折强度、密度、含水率、吸水率、匀温灼烧性能等项目的试验方法。该标准适用于硅酸钙绝热制品、泡沫玻璃绝热制品、膨胀珍珠岩及蛭石绝热制品等无机硬质绝热制品。

绝热制品是指绝热材料的最终形式，包括任何饰面和涂层。绝热材料是指用于减少热传递的一种功能材料，其绝热性能决定于化学成分和（或）物理结构。

## 2.2.1　抗压强度试验

1. 仪器设备

①试验机：压力试验机或万能试验机，相对示值误差应小于 1%。试验机应具有显示受压变形的装置；②电热鼓风干燥箱；③干燥器；④天平：称量 2kg，分度值 0.1g；⑤钢直尺：分度值 1mm；⑥游标卡尺：分度值为 0.05mm；⑦固含量 50% 的乳化沥青（或软化点 40~75℃ 的石油沥青），1mm 厚的沥青油纸，小漆刷或油漆刮刀，熔化沥青用坩埚等辅助器材。

2. 试件

随机抽取 4 块样品，每块制取一个受压面尺寸约为 100mm×100mm 的试件。平板（或块）在任一对角线方向距两对角边缘 5mm 处到中心位置切取，试件厚度为制品厚度，但不应大于其宽度。试件表面应平整，不应有裂纹。

3. 试验步骤

（1）将试件置于干燥箱内，按"缓慢升温至110±5℃（若粘结材料在该温度下发生变化，则应低于其变化温度10℃），烘干至恒定质量，然后移至干燥器中冷却至室温。恒定质量的判据为恒温 3h 两次称量试件质量的变化率小于 0.2%"的规定烘干至恒定质量。

（2）在试件上、下两受压面距棱边 10mm 处用钢直尺（尺寸小于 100mm 时用游标卡尺）测量长度和宽度，在厚度的两个对应面的中部用钢直尺测量试件的厚度。长度和宽度测量结果分别为 4 个测量值的算术平均值，精确至 1mm（尺寸小于 100mm 时精确至0.5mm），厚度测量结果为两个测量值的算术平均值，精确至 1mm。

（3）泡沫玻璃绝热制品在试验前应用漆刷或刮刀把乳化沥青或熔化沥青均匀涂在试件上、下两个受压面上，要求泡孔刚好涂平，然后将预先裁好的约 100mm×100mm 大小的沥青油纸覆盖在涂层上，并放置在干燥器中，至少干燥 24h。

（4）将试件置于试验机的承压板上，使试验机承压板的中心与试件中心重合。

（5）开动试验机，当上压板与试件接近时，调整球座，使试件受压面与承压板均匀接触。

（6）以（10±1）mm/min 的速度对试件加荷，直至试件破坏，同时记录压缩变形值。当试件在压缩变形 5% 时没有破坏，则试件压缩变形 5% 时的荷载为破坏荷载。记录破坏荷载，精确至 10N。

4. 试验结果

(1) 每个试件的抗压强度按下式计算，精确至 0.01MPa。

$$\sigma = \frac{P_1}{S} \qquad (2.2.1\text{-}1)$$

式中 $\sigma$——试件的抗压强度（MPa）；

$\quad\quad P_1$——试件的破坏荷载（N）；

$\quad\quad S$——试件的受压面积（$mm^2$）。

(2) 制品的抗压强度为 4 块试件抗压强度的算术平均值，精确至 0.01MPa。

### 2.2.2 密度和含水率试验

1. 仪器设备

电热鼓风干燥箱；天平：量程满足试样称量要求，分度值应小于称量值（试件质量）的万分之二；钢直尺：分度值 1mm；游标卡尺：分度值为 0.05mm。

2. 试件

随机抽取 3 块样品，各加工成一块满足试验设备要求的试件，试件的长、宽均不得小于 100mm，其厚度为制品的厚度。也可用整块制品作为试件。

3. 试验步骤

(1) 在天平上称量试件自然状态下的质量，保留 5 位有效数字。

(2) 将试件置于干燥箱内，缓慢升温至 110±5℃（若粘结材料在该温度下发生变化，则应低于其变化温度 10℃），烘干至恒定质量，然后移至干燥器中冷却至室温。恒定质量的判据为恒温 3h 两次称量试件质量的变化率小于 0.2%。

(3) 称量试件自然状态下的质量，保留 5 位有效数字。

(4) 按标准的规定测量试件的几何尺寸，并计算试件的体积。测量规定如下：

① 在制品相对两个大面上距两边 20mm 处，用钢直尺或钢卷尺分别测量制品的长度和宽度，精确至 1mm。测量结果为 4 个测量值的算术平均值。

② 在制品相对两个侧面，距端面 20mm 处和中间位置用游标卡尺测量制品的厚度，精确至 0.5mm。测量结果为 6 个测量值的算术平均值。

4. 试验结果

(1) 试件的密度按下式计算，精确至 $1kg/m^3$。

$$\rho = \frac{G}{V} \qquad (2.2.2\text{-}1)$$

式中 $\rho$——试件的密度（$kg/m^3$）；

$\quad\quad G$——试件烘干后的质量（kg）；

$\quad\quad V$——试件的体积（$m^3$）。

(2) 制品的密度为 3 个试件密度的算术平均值，精确至 $1kg/m^3$。

(3) 试件的含水率按下式计算，精确至 0.1%。

$$\omega = \frac{G_Z - G}{G} \times 100 \qquad (2.2.2\text{-}2)$$

式中 $\omega$——试件的含水率（%）；

$G_Z$——试件的自然状态下的质量（kg）;

$G$——试件烘干后的质量（kg）。

（4）制品的含水率为 3 个试件含水率的算术平均值，精确至 0.1%。

### 2.2.3　吸水率试验

**1. 仪器设备及材料**

不锈钢或镀锌板制作的水箱，大小应能浸泡 3 块试件；断面为 20mm×20mm 的木条制成的格栅；电热鼓风干燥箱；钢直尺：分度值 1mm；游标卡尺：分度值为 0.05mm；天平：称量 2kg，分度值 0.1g；毛巾；180mm×180mm×40mm 软质聚氨酯泡沫塑料（海绵）。

**2. 试件**

随机抽取 3 块样品，各制成长、宽约为 400mm×300mm、厚度为制品厚度的试件一块，共 3 块。

**3. 试验室环境条件**

温度 20±5℃，相对湿度 60%±10%。

**4. 试验步骤**

（1）将试件置于干燥箱内，缓慢升温至 110±5℃（若粘结材料在该温度下发生变化，则应低于其变化温度 10℃），烘干至恒定质量，然后移至干燥器中冷却至室温。恒定质量的判据为恒温 3h 两次称量试件质量的变化率小于 0.2%。

（2）称量烘干后的试件质量，精确至 0.1g。

（3）按规定的方法测量试件的几何尺寸，计算试件的体积。

（4）将试件放置在水箱底部木制的格栅上，试件距周边及试件间距不得小于 25mm。然后将另一木制格栅放置在试件上表面，加上重物。

（5）将温度为 20±5℃ 的自来水加入水箱中，水面应高出试件 25mm，浸泡时间为 2h。

（6）2h 后立即取出试件，将试件立放在拧干水分的毛巾上，排水 10min。用软质聚氨酯泡沫塑料（海绵）吸去试件表面吸附的残余水分，每一表面每次吸水 1min。吸水之前要用力挤出软质聚氨酯泡沫塑料（海绵）中的水，且每一表面至少吸水 2 次。

（7）待试件各表面残余水分吸干后，立即称量试件的湿质量，精确至 0.1g。

**5. 试验结果**

（1）每个试件的质量吸水率按下式计算，精确至 0.1%。

$$\omega_z = \frac{G_s - G_g}{G_g} \tag{2.2.3-1}$$

式中　$\omega_z$——试件的质量吸水率（%）;

$G_s$——试件浸水后的湿质量（kg）;

$G_g$——试件浸水前的干质量（kg）。

（2）每个试件的体积吸水率按下式计算，精确至 0.1%。

$$\omega_T = \frac{G_s - G_g}{V_2 \cdot \rho_w} \times 100 \tag{2.2.3-2}$$

式中　$\omega_T$——试件的体积吸水率（%）；

　　　$V_2$——试件的体积（$m^3$）；

　　　$\rho_w$——自来水的密度，取 $1000kg/m^3$。

（3）制品的吸水率为 3 个试件吸水率的算术平均值，精确至 0.1%。

### 2.2.4　垂直于表面抗拉强度试验

《建筑用绝热制品　垂直于表面抗拉强度的测定》GB/T 30804，规定了测定制品垂直于表面抗拉强度的设备和步骤，适用于绝热制品。在拉伸试验过程中记录的垂直于试样表面的最大拉伸荷载除以试样的截面积，称为垂直于表面抗拉强度。

1. 方法概述

将试样粘结在两刚性板或刚性块上，然后安装在试验机上，以恒定的速度进行拉伸试验直至破坏。记录最大拉伸荷载，计算试样的抗拉强度。

2. 仪器

任何能确保得到相同准确度试验结果的试验设备都可使用。

拉伸试验机：合适的荷载和位移量程，能以 $10\pm1mm/min$ 的恒定速度加载且荷载测量精度在 $\pm1\%$ 范围内；刚性板或刚性块：能自动调节对中，避免在试验过程中拉伸应力分布不均；粘结剂：用于将试样粘结在刚性板或刚性块之间，并满足以下要求：粘结剂对制品表面应不会产生增强或破坏作用；应避免使用对制品产生破坏的高温粘结剂；使用的任何溶剂应能与制品相容。

3. 试样尺寸

（1）试样厚度为制品原厚，应包括表皮，面层和/或涂层。

（2）试样应为正方形，推荐采用的试样尺寸为 50mm×50mm、100mm×100mm、150mm×150mm、200mm×200mm、300mm×300mm。

（3）试样尺寸应在相关产品标准中规定。

（4）在没有产品标准或技术规范时，试样尺寸由各相关方商定。

（5）试样线性尺寸依据《建筑用绝热制品　试样线性尺寸的测定》ISO 29768 进行测量，精度在 $\pm0.5\%$ 范围内。

4. 试样数量

试样数量应在相关产品标准中进行规定。如未规定试样数量，应至少 5 个试样。在没有产品标准或技术规范时，试样数量由各相关方商定。

5. 试样制备

（1）试样从制品上裁取，确保试样的底面就是制品在使用过程中施加拉伸荷载的面。

（2）试样的制备方法不应破坏制品原有的结构。任何表皮，面层和/或涂层都应保留。试样应具有代表性，为了避免因任何搬运引起的破坏的影响，最好不要在靠近制品边缘15mm 内裁取试样。制品表面不平整或表面不平行或包含有表皮，面层和/或涂层时，试样制备应符合相关产品标准的规定。

（3）试样两表面的平行度和平整度应不大于试样长度的 0.5%，最大允许偏差 0.5mm。

（4）在状态调节前，先将试样用合适的粘结剂粘结到两刚性板或刚性块上。

6. 试样状态调节

试样（包括两刚性板或刚性块）应在 23±5℃ 环境下至少放置 6h。有争议时，试样应在 23±2℃ 和 50％±5％ 的环境中放置产品标准规定的时间。若证明能获得相同的试验结果可采用其他环境进行状态调节。

7. 试验环境

试验应在 23±5℃ 下进行。有争议时，试验应在 23±2℃ 和 50％±5％ 的环境下进行。

8. 试验步骤

（1）依据《建筑用绝热制品　试样线性尺寸的测定》ISO 29768 测量试样截面面积。

（2）试样截面面积的测量最好在将试样粘结到两刚性板或刚性块之前进行。

（3）将试样安装到试验机夹具上，以恒定的速度 10±1mm/min 施加拉伸荷载直至试样破坏。记录最大荷载，用 kN 表示。

（4）记录破坏方式，材料破坏或表皮，面层和/或涂层破坏。

（5）当试样和刚性板或刚性块之间的粘结剂层发生整体或部分破坏时，舍弃该试样。

9. 试验结果

按下式计算垂直于表面抗拉强度，用 kPa 表示：

$$\sigma_{mt} = \frac{F_m}{A} = \frac{F_m}{l \times b} \tag{2.2.4-1}$$

式中　$F_m$——最大拉伸荷载（kN）；

　　　　$A$——试样截面面积（m$^2$）；

　　　　$l$，$b$——试样长度和宽度（m）。

以所有测量值的平均值作为试验结果，保存两位有效数字。采用不同尺寸的试样获得的试验结果可能是不同的。

10. 试验报告

试验报告应包含以下内容：

（1）说明所依据的试验标准；

（2）产品标识：①产品名称，企业名称，制造商或供应商；②产品代码；③产品规格；④包装；⑤制品到达实验室的状态；⑥其他相关信息（如标称厚度，标称密度）；

（3）试验步骤：①抽样（如抽样人员，抽样地点）；②试验环境；③与"试样"和"试验步骤"相关的任何偏差；④试验日期；⑤试样尺寸和数量；⑥与试验相关的其他信息（如粘结剂类型和破坏位置）；⑦任何可能影响试验结果的其他信息；

（4）试验结果：所有单值以及平均值。

# 2.3　矿物棉及其制品

《矿物棉及其制品试验方法》GB/T 5480 规定了矿物棉及其制品的垂直度、平整度、尺寸、体积密度、纤维平均直径、渣球含量、酸度系数、吸湿性、油含量、吸水性、有机物含量、热荷重收缩温度等试验方法的相关术语和定义、试验条件、试样的选取、试验方法以及试验记录。该标准适用于玻璃棉、岩棉、矿渣棉、硅酸铝棉及其制品各项性能的测定。其他绝热材料也可参照使用。其中，吸湿性试验仅适用于无覆面产品。

矿物棉板是指由施加了粘结剂的矿物棉制成的具有一定刚度的板状制品。矿物棉制品是指由矿物棉制成的具有一定形状的有贴面和无贴面毡、板、管壳、带、绳等制品。

### 2.3.1 试验条件

1. 试验环境

(1) 对试验室环境条件有特殊要求的试验项目，应在相应的试验方法中注明。未注明试验室环境条件的均可于试验室内的自然环境下进行。

(2) 推荐采用环境条件为室温 $16\sim28℃$，相对湿度 $30\%\sim80\%$。含水率、油含量和有机物含量的试验项目的试验环境应为：温度 $23\pm5℃$，相对湿度 $50\%\pm10\%$。

2. 样品的状态调节

吸湿性、吸水性、不燃性和导热系数等试验项目在试验前应对试样进行干燥预处理。含水率、油含量和有机物含量试验项目在试验时应记录试验室环境的温度和湿度。其他试验均可于样品抵达试验室后立即开始进行，样品无需在试验前进行状态调节。

### 2.3.2 试样选取

1. 各试验项目所需试样按其规定尺寸从大到小依次取整块产品或从中随机全厚度切取。

2. 试样规定尺寸较小的试验项目在切取试样时，可从其他试验项目取样剩余的部分上进行切取，试样切取应随机分布在所有的区域上，不可随意集中在同一范围内。

3. 除非试验项目对产品的特定性能不产生影响，否则不应用试验后的试样进行其他项目的试验。

### 2.3.3 尺寸和体积密度试验

1. 仪器及工具

天平：量程满足试样称量要求，分度值不大于被称质量的 $0.5\%$；针形厚度计：分度值为 1mm，压板压强 $50\pm1.5$Pa，压板尺寸为 200mm×200mm；金属尺：分度值不大于 1mm；精密直径围尺：分度值不大于 0.1mm；游标卡尺：测量范围不小于 $0\sim150$mm，分度值不大于 0.02mm；体积密度测量桶：外筒内径 150mm，内筒外径 149mm，质量 $8.8\pm0.1$kg，内外筒高度均为 150mm。

2. 板状制品尺寸的测量

1) 长度和宽度的测量

(1) 把试样小心地平放在平面上，用精度为 1mm 的量具测量长度，测量位置在距试样两边约 100mm 处，测量时要求与对应的边平行及与相邻的边垂直，每块试样测 2 次，以 2 次测量结果的算术平均值作为该试样的长度，结果精确到 1mm。对表面有贴面的制品，应按制品基材的长度进行测量。

(2) 试样宽度测量 3 次。测量位置在距试样两边约 100mm 及中间处，测量时要求与对应的边平行及与相邻的边垂直。以 3 次测量结果的算术平均值作为该试样的宽度，结果精确到 1mm。

(3) 长度和宽度的测量位置如图 2.3.3-1 虚线所示。

2) 厚度测量

(1) 厚度测量在经过长度、宽度测量的试样上进行。厚度测量位置按图 2.3.3-2 规

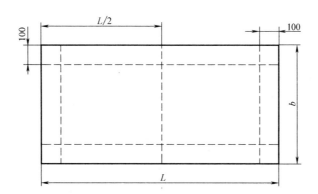

图 2.3.3-1　长度与宽度测量位置（单位：mm）

定。将针形厚度计的压板轻轻平放在试样上小心地将针插入试样。当测针与玻璃板接触 1min 后读数。在操作过程中应避免加外力于针形厚度计的压板上。对于厚度测量需包括贴面层的试样，应将贴面向下放置。但若是金属网贴面，则应将金属网除去后再测。

（2）如果试样的长度不大于 600mm，厚度测量应在两个位置进行；如果试样的长度大于 600mm 且不大于 1500mm，厚度测量应在 4 个位置进行；如果试样的长度大于 1500mm，每超过 500mm，厚度测量应增加 1 个位置。

（3）厚度测量点的位置如图 2.3.3-2 所示，以各测量值的算术平均值作为该试样的厚度，结果精确到 1mm。

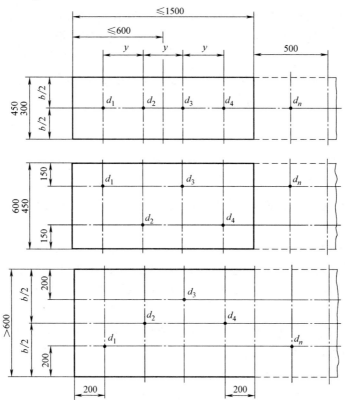

图 2.3.3-2　制品厚度测量点位置（单位：mm）

3. 试样质量的测量

称出试样的质量。对于有贴面的制品，应分别称出试样的总质量以及扣除贴面后的质量。

4. 制品体积密度的结果计算

对于板状制品，体积密度按实测厚度计算。板状制品的体积密度按下式计算：

$$\rho_1 = \frac{m_1 \times 10^9}{L \times b \times h} \tag{2.3.3-1}$$

式中　$\rho_1$——试样的体积密度（kg/m³）；

$\qquad m_1$——试样的质量（kg）；

$\qquad L$——试样的长度（mm）；

$\qquad b$——试样的宽度（mm）；

$\qquad h$——试样的厚度或标称厚度（mm）。

### 2.3.4　吸湿性试验

吸湿性是指材料在潮湿空气中吸收空气中水气的性能。

1. 仪器设备

天平：分度值不大于被称质量的 0.1%；电热鼓风干燥箱；调温调湿箱：温度波动不大于±2℃，相对湿度波动不大于±3%，箱内置样区域无凝露；干燥器；金属尺：分度值为 1mm；针形厚度计：分度值为 1mm，压板压强 50±1.5Pa；样品袋：由聚乙烯薄膜制成，其尺寸足以容纳被密封的试样；样品盒：由不吸水、无腐蚀的材料制成，带有可密封的盖子。样品盒尺寸约为 150mm×150mm×50mm，用于盛放松散状的试样。

2. 试样

按标准的规定选取试样。板状试样的尺寸应便于称重及在调温调湿箱内放置，并不得小于 150mm×150mm，厚度为原厚。试样表面应清洁，无机械损伤。试样数量 3 个，或按产品标准的规定。

3. 试验步骤

方法 A，适用于毡、板和管壳等矿物棉制品；方法 B，适用于松散状的矿物棉产品。本节仅介绍方法 A，试验步骤如下：

（1）用金属尺和针形厚度计测出制品的尺寸，如需要，体积可按标称厚度而不是实测厚度计算，但必须在报告中说明。

（2）将试样表面清洁干净，防止试验过程中产生质量损失。将试样放入温度为 105±5℃ 的电热鼓风干燥箱内烘干至恒重（连续两次称量之差不大于试样末次质量的 0.2%）。当试样中含有在此温度下易挥发或易变化的组分时，可在较低的温度下烘干至恒重。记下试样的质量及烘干温度。

（3）将试样再次放入电热鼓风干燥箱内，在温度不低于 60℃ 的环境中使其达到均匀温度，然后将试样放置在调温调湿箱内。在温度为 50±2℃、相对湿度为 95%±3%，并具有空气循环流动的调温调湿箱内保持 96±4h。

（4）取出后立即放入预称量的样品袋中，密封袋口，冷至室温后称量。扣除袋重后记下试样吸湿后的质量。

4. 试验结果

（1）质量吸湿率：

按下式计算：

$$w_1 = \frac{m_2 - m_1}{m_1} \times 100 \qquad (2.3.4\text{-}1)$$

式中　$w_1$——质量吸湿率（%）；

$\quad\quad m_1$——干燥试样的质量（kg）；

$\quad\quad m_2$——吸湿后试样的质量（kg）。

（2）体积吸湿率：

按下式计算：

$$w_2 = \frac{V_2}{V_1} \times 100 = \frac{(m_2 - m_1) \times 100}{1000 \times V_2} = \frac{w_1 \rho}{1000} \qquad (2.3.4\text{-}2)$$

式中　$w_2$——体积吸湿率（%）；

$\quad\quad V_1$——试样的体积（m³）；

$\quad\quad V_2$——试样中水分所占的体积（m³）；

$\quad\quad \rho$——试样的密度（kg/m³）；

$\quad\quad 1000$——水的密度（kg/m³）。

试验结果为所有试样的算术平均值。在报告体积吸湿率时，也应报出试样的质量吸湿率和体积密度。

### 2.3.5　吸水性试验

1. 方法概述

将规定尺寸的试样置于水中规定的位置，浸泡一定时间后，测量其吸水前后试样质量的变化，计算出试样中水分所占的体积比，以此来表示制品的体积吸水率。对全浸试验，可算出其单位体积的吸水量。对半浸试验，可算出其单位面积的吸水量。对毛细管渗透试验，则是以测量试样的毛细管渗透高度来表示制品的吸水性。

2. 仪器及工具

天平：分度值不大于 0.1g；钢直尺：测量范围为 0～300mm，分度值 1mm；针形测厚计：分度值为 1mm，压板压强 50±1.5Pa；鼓风干燥箱：控温精度±5℃；水箱：具有足够的容积，可将试样全部浸入水中，其顶面与水面的距离不小于 25mm，试样间及试样与水箱壁不应接触。水箱具有可控制流量的慢速进、出水口，可使水面控制在特定的位置，水位波动范围不大于±0.5mm。并配有合适的试样支撑物、刚性不锈筛网和压块；试验用水：自来水。

3. 试验条件

试验条件按本节"试验条件"的规定进行。

4. 试样

板状制品试样为方形，尺寸为 200mm×200mm，对于无法裁取 200mm×200mm 试样的产品，可裁取以样品短边长度为边长的方形试样，试样厚度为样品的原厚。管状制品取高度为 50mm 的圆环形试样。试样应在样品中部切取，其边缘距样品边缘至少 100mm，表面应清洁平整，无裂纹。应按产品标准中的要求制备足够数量的试样，若产品标准中没有试样数量的要求，则至少制备 4 块试样。

5. 全浸试验方法

(1) 测量试样的尺寸。对长方形试样，长度和宽度采用钢直尺测量。在试样的正、反面，各测两次，读数精确到 1mm。硬质制品采用钢直尺测量厚度，测量点位于样品 4 个侧面的中部，读数精确到 0.5mm。软质制品厚度的测量采用针形测厚计，每块试样测 4 点，位置均布，读数精确到 0.5mm。对圆形环状试样，内径、外径在试样的端面测量，每个端面测量 2 次，厚度沿圆周方向测量 4 点，4 点均匀分布在圆周上。内径、外径和厚度用钢直尺测量，内径和外径的读数精确到 1mm，厚度精确到 0.5mm。计算试样体积时取所量尺寸的平均值。

(2) 将试样放入电热鼓风干燥箱内，在 $105 \pm 5℃$ 的温度下干燥至恒重。当试样含有在此温度下易挥发或易变化组分时，可在 $60 \pm 5℃$ 或低于挥发温度 $5 \sim 10℃$ 的条件下干燥至恒重。称取试样的质量。

(3) 慢慢地将试样压入水中，使试样上表面或上端面距水面 25mm。加上压块使之固定。试样间及试样与水箱壁面无接触。保持上述状态 2h。慢慢地取出试样，将试样放在沥干架上，让其沥干 10min，立即称取试样的质量。

(4) 结果计算

1) 体积吸水率按下式计算：

$$w = \frac{V_1}{V} \times 100 = \frac{(m_2 - m_1)}{V \times \rho} \times 100 \qquad (2.3.5\text{-}1)$$

式中　$w$——体积吸水率（%）；

　　　$V_1$——吸入试样中的水的体积（$cm^3$）；

　　　$V$——试样的体积（$cm^3$）；

　　　$m_1$——干燥试样的质量（g）；

　　　$m_2$——吸水后试样的质量（g）；

　　　$\rho$——水的体积密度（$g/cm^3$）。

2) 单位体积吸水量按下式计算：

$$w_v = \frac{m_2 - m_1}{V} \times 10^3 \qquad (2.3.5\text{-}2)$$

式中　$w_v$——单位体积吸水量（$kg/m^3$）；

　　　$V$——试样的体积（$cm^3$）；

　　　$m_1$——干燥试样的质量（g）；

　　　$m_2$——吸水后试样的质量（g）。

试验结果为所有试样的算术平均值。

6. 部分浸入试验方法

(1) 按上述方法的规定测量试样尺寸及干燥试样并称取试样的质量，计算试样体积和浸水面的底面积。

(2) 用细金属丝按试样形状将其固定在不锈钢筛网上，慢慢地将试样底面压至水面下 10mm 处，加上压块使之固定。保持此状态 24h。取出试样，将试样放在沥干架上，让其沥 10min。立即称取试样的质量。

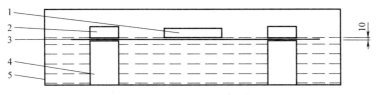

图 2.3.5-1　部分浸入试样示意图（单位：mm）

1—试样；2—压块；3—刚性筛网；4—支撑物；5—水箱

（3）结果计算

单位面积吸水量按下式计算。

$$w_S = \frac{m_2 - m_1}{S} \times 10 \qquad (2.3.5\text{-}3)$$

式中　$w_S$——单位面积吸水量（kg/m²）；

　　　$S$——试样浸水面的底面积（cm²）；

　　　$m_1$——干燥试样的质量（g）；

　　　$m_2$——吸水后试样的质量（g）。

试验结果为所有试样的算术平均值。

## 2.3.6　压缩性能的测定

《建筑用绝热制品　压缩性能的测定》GB/T 13480 规定了测定试样压缩性能的设备和步骤。该标准适用于绝热产品，可用于测定压缩蠕变试验和绝热材料在受短期负荷试验过程中的压缩应力。该方法可用于质量控制，也可用于获得参考值，用安全系数和参考值计算设计值。

相对变形是指试样在承受荷载方向上厚度的减小与原厚度的比，以百分比表示。压缩强度是指在屈服或破坏时的变形小于 10% 变形时，最大压缩荷载与试样初始截面积的比。10% 变形时的压缩应力是指试样在 10% 变形时未出现屈服或破坏，10% 变形即 $\varepsilon_{10}$ 时的压缩荷载与试样初始截面积的比。

1. 方法概述

在垂直于方形试样表面的方向上以恒定的速率施加压缩荷载，计算最大压缩应力。当最大压缩应力对应的变形小于 10% 时，以此作为压缩强度，并给出压缩变形。如 10% 变形前没有发生破坏，计算 10% 变形时的压缩应力，并在报告中给出 10% 变形时的压缩应力。

2. 仪器设备

压缩试验机：合适的荷载和位移量程；位移测量装置：测量精度为 ±5% 或 ±0.1mm（取较小者）；荷载测量装置：满足连续测量荷载的精度在 ±1% 范围内；记录装置：能够同时记录荷载和位移，给出荷载—位移曲线。

3. 试样

1）试样尺寸

（1）试样厚度应为制品原始厚度，试样宽度不小于厚度。在使用中保留表皮的制品在试验时也应保留表皮。不应将试样叠加来获得更大的厚度。

（2）试样应切割成方形，尺寸如下：50mm×50mm，或100mm×100mm，或150mm×150mm，或200mm×200mm，或300mm×300mm。

（3）试样尺寸范围应符合相关产品标准规定。

（4）在没有产品标准时，试样尺寸由各相关方商定。

（5）试样两表面的平行度和平整度应不大于试样边长的0.5%或0.5mm，取较小者。

（6）如果试样表面不平整，应将试样磨平或用涂层处理试样表面。在试验过程中涂层不应有明显的变形。

（7）如果试样的厚度小于20mm，试验结果的精度将降低。

2）试样制备

（1）试样在切割时应确保试样的底面就是制品在使用过程中受压的面。采用的试样切割方法应不改变产品原始的结构。选取试样的方法应符合相关产品标准的规定。

（2）若没有产品标准时，试样选取方法由各相关方商定。若需要，在相关的产品标准中给出特殊的制备方法。

（3）如需更完整地了解各向异性材料的特性或各向异性材料的主方向未确定时，应制备多组试样。

3）试样数量

试样数量应符合相关产品标准的规定。若无相应规定，应至少5个试样或由各相关方商定。

4）试样状态调节

试样应在23±5℃的环境中放置至少6h。有争议时，在23±2℃和50%±5%的环境中放置产品标准规定的时间。

4. 步骤

1）试验环境

试验应在23±5℃下进行，有争议时，试验应在23±2℃和50%±5%的环境下进行。

2）试验步骤

（1）依据《建筑用绝热制品　试样线性尺寸的测量》ISO 29768测量试样尺寸。

（2）将试样放在压缩试验机的两块压板正中央，预加载250±10Pa的压力。

（3）如在相关产品标准中有规定，当试样在250Pa的预压力下出现明显变形，可施加50Pa的预压力。在该种情况下，厚度应在相同压力下测定。

（4）以每分钟0.1$d$（±25%以内）的恒定速度压缩试样，$d$为试样厚度，单位为mm。

（5）连续压缩试样直至试样屈服得到压缩强度值，或压缩至10%变形时得到10%变形时的压缩应力。绘制荷载—位移曲线。

5. 试验结果

以所有测量值的平均值作为试验结果，保留三位有效数字。结果不能外推到其他厚度。

按下式计算压缩强度，单位为kPa：

$$\sigma_{\mathrm{m}} = 10^3 \times \frac{F_{\mathrm{m}}}{A_0} \qquad (2.3.6\text{-}1)$$

式中　$\sigma_m$——压缩强度（kPa）；

$\quad\quad F_m$——最大荷载（N）；

$\quad\quad A_0$——试样初始截面积（$mm^2$）。

6. 试验报告

①说明采用的试验标准。②产品标识：产品名称，企业名称，生产商或供应商；产品代码；产品规格；包装；产品到达试验室的状态；其他相关信息（如标称厚度，标称密度）。③试验步骤：抽样（如抽样地点和抽样人员）；状态调节；与规定的任何偏差；试验日期；试样尺寸和数量；表面处理方法（磨平或涂层）；与试验有关的信息；任何可能影响试验结果的信息。④试验结果：压缩强度和相应变形或 10% 变形时的压缩应力的单值，平均值。

# 2.4　燃 烧 性 能

建筑保温材料燃烧性能的检测，对于目前建筑节能工程来说是必备要求的检测项目。《建筑节能工程施工质量验收标准》GB 50411 的有关对下列材料"燃烧性能"的强制性条文规定：

（1）墙体节能工程使用的材料、产品进场时，应对保温隔热材料的燃烧性能（不燃材料除外）、复合保温板等墙体节能定型产品的燃烧性能（不燃材料除外）进行复验，复验应为见证取样检验。

（2）幕墙（含采光顶）节能工程使用的材料、构件进场时，应对保温隔热材料的燃烧性能（不燃材料除外）进行复验，复验应为见证取样检验。

（3）屋面节能工程使用的材料进场时，应对保温隔热材料的燃烧性能（不燃材料）进行复验，复验应为见证取样检验。

（4）地面节能工程使用的保温材料进场时，应对其燃烧性能（不燃材料除外）进行复验，复验应为见证取样检验。

近年来，由于外墙外保温系统工程接连不断引起的火灾，使得防火问题得到了政府部门高度的重视，公安部、住房和城乡建设部分别发布了规定或通知。在当前形势下，各种应用于外墙外保温系统的保温隔热材料都需要进行燃烧性能的检测，因此工作量非常之大。通过对保温隔热材料燃烧性能的检测，能够了解保温隔热材料在遭受到火灾时的安全性或危害性，判定其级别是否满足设计要求，保证材料应用的防火安全性。

1. 燃烧性能等级

建设工程中使用的建筑材料、装饰材料及制品等的燃烧性能分级和判定，应按《建筑材料及制品燃烧性能分级》GB 8624 的标准进行，其规定了建筑材料及制品的燃烧性能等级、燃烧性能等级判据、燃烧性能等级标识和检验报告等。该标准适用于建设工程中使用的建筑材料、装饰装修材料及制品等的燃烧性能分级和判定。

燃烧性能是指建筑材料燃烧或遇火时所发生的一切物理和化学变化，这项性能由材料表面的着火性和火焰传播性、发热、发烟、炭化、失重，以及毒性生成物的产生等特性来衡量。

建筑材料及制品的燃烧性能等级分为 A（不燃材料、制品）、$B_1$（难燃材料、制品）、

$B_2$（可燃材料、制品）和 $B_3$（易燃材料、制品）四个级别。

2. 平板状建筑材料及制品的燃烧性能等级及分级判据

平板状建筑材料及制品的燃烧性能等级和分级判据见表 2.4-1。表中满足 A1、A2 即为 A 级，满足 B 级、C 级即为 $B_1$，满足 D 级、E 级即为 $B_2$ 级。对墙面保温泡沫塑料，除应满足表 2.4-1 规定外，应同时满足《塑料　用氧指数法测定燃烧行为　第 2 部分：室温试验》GB/T 2406.2 的试验判据标准。

平板状建筑材料及制品的燃烧性能等级和分级判据　　　　　　　表 2.4-1

| 燃烧性能等级 | | 试验方法 | | 分级判据 |
|---|---|---|---|---|
| A | A1 | GB/T 5464[a] 且 | | 炉内温升 $\Delta T \leq 30℃$；<br>质量损失率 $\Delta m \leq 50\%$；<br>持续燃烧时间 $t_f = 0$ |
| | | GB/T 14402 | | 总热值 $PCS \leq 2.0MJ/kg^{a,b,c,e}$；<br>总热值 $PCS \leq 1.4MJ/m^{2d}$ |
| | A2 | GB/T 5464[a] 或 | 且 | 炉内温升 $\Delta T \leq 50℃$；<br>质量损失率 $\Delta m \leq 50\%$；<br>持续燃烧时间 $t_f \leq 20s$ |
| | | GB/T 14402 | | 总热值 $PCS \leq 3.0MJ/kg^{a,e}$；<br>总热值 $PCS \leq 4.0MJ/m^{2b,d}$ |
| | | GB/T 20284 | | 燃烧增长速率指数 $FIGRA_{0.2MJ} \leq 120W/s$；<br>火焰横向蔓延未到达试样长翼边缘；<br>600s 的总放热量 $THR_{600s} \leq 7.5MJ$ |
| $B_1$ | B | GB/T 20284 且 | | 燃烧增长速率指数 $FIGRA_{0.2MJ} \leq 120W/s$；<br>火焰横向蔓延未到达试样长翼边缘；<br>600s 的总放热量 $THR_{600s} \leq 7.5MJ$ |
| | | GB/T 8626<br>点火时间 30s | | 60s 内焰尖高度 $Fs \leq 150mm$；<br>60s 内无燃烧滴落物引燃滤纸现象 |
| | C | GB/T 20284 且 | | 燃烧增长速率指数 $FIGRA_{0.4MJ} \leq 250W/s$；<br>火焰横向蔓延未到达试样长翼边缘；<br>600s 的总放热量 $THR_{600s} \leq 15MJ$ |
| | | GB/T 8626<br>点火时间 30s | | 60s 内焰尖高度 $Fs \leq 150mm$；<br>60s 内无燃烧滴落物引燃滤纸现象 |
| $B_2$ | D | GB/T 20284 且 | | 燃烧增长速率指数 $FIGRA_{0.4MJ} \leq 750W/s$ |
| | | GB/T 8626<br>点火时间 30s | | 60s 内焰尖高度 $Fs \leq 150mm$；<br>60s 内无燃烧滴落物引燃滤纸现象 |
| | E | GB/T 8626<br>点火时间 15s | | 20s 内焰尖高度 $Fs \leq 150mm$；<br>20s 内无燃烧滴落物引燃滤纸现象 |
| $B_3$ | F | 无性能要求 | | |

[a] 匀质制品或非匀质制品的主要组分。

[b] 非匀质制品的外部次要组分。

[c] 当外部次要组分的 $PCS \leq 2.0MJ/m^2$ 时，若整体制品的 $FIGRA_{0.2MJ} \leq 20W/s$、$LFS <$ 试样边缘、$THR_{600s} \leq 4.0MJ$ 并达到 s1 和 d0 级，则达到 A1 级。

[d] 非匀质制品的任一内部次要组分。

[e] 整体制品。

3. 分级检验报告

1）分级检验报告的内容

（1）检验报告的编号和日期；

（2）检验报告的委托方；

（3）发布检验报告的机构；

（4）建筑材料及制品的名称和用途；

（5）建筑材料及制品的详尽描述，包括对相关组分和组装方法等的详细说明或图纸描述。

（6）试验方法及试验结果；

（7）分级方法；

（8）结论：建筑材料及制品的燃烧性能等级；

（9）检验报告相关说明；

（10）报告责任人和机构负责人的签名。

2）检验报告相关说明

（1）建筑材料及制品

试验安装由建筑材料及制品最终应用状态确定，制品的燃烧性能等级与实际应用状态相关，应根据制品的最终应用条件，确定试验的基材及安装方式。试验应选用标准基材，当采用实际使用或代表其实际使用的非标准基材时，应明确应用范围，即试验结果仅限于制品在实际应用中采用相同的基材。对于粘结于基材的制品，试验结果的应用由粘结方式来确定，粘结方式和胶粘剂的属性、用量由试验委托单位提供。

（2）试样厚度

对于在实际应用中有多种不同厚度的制品，当密度等可能影响燃烧性能的参数不变时，若最大厚度和最小厚度制品燃烧性能等级相同，则认为在中间厚度的制品也满足该燃烧性能等级，否则，应对每一厚度的制品进行判定。

（3）特别说明

对于混凝土、矿物棉、玻璃纤维、石灰、金属（铁、钢、铜）、石膏、无机混合物的灰泥、硅酸钙材料、天然石材、石板、玻璃、陶瓷，任何一种材料含有的均匀分散的有机物含量不超过 1%（质量和体积）时，可不通过试验即认为满足 A1 级的要求。对于由以上一种或多种材料分层复合的材料或制品，当胶水含量不超过 0.1%（质量和体积）时，认为该制品满足 A1 级的要求。

4. 方法的适用范围

1）《塑料　用氧指数法测定燃烧行为 第 1 部分：导则》GB/T 2406.1 标准要求

（1）用氧指数法测定燃烧行为的试验，用于材料的质量控制，尤其适用于研究改进受试材料的阻燃剂的检验。不适用于该方法以外的燃烧特性的评定及制定安全控制和消费者保护的法规。该试验提供了受控实验室条件下燃烧特性灵敏度。该结果取决于试样的大小、形状和取向。虽然有些限制，但氧指数试验仍广泛用于电缆及阻燃剂制造业，也广泛应用于聚合物制造业。

（2）高温试验给出了温度范围对氧指数值的影响信息。

（3）燃烧温度试验给出了在通常环境中评价材料特性氧指数值在 20.9 时测定温度的

方法。

（4）也可用于比较一组塑料材料的特有燃烧行为。材料的燃烧特性很复杂，而对评价材料特性只进行单次试验是不够的，应进行多次试验，以描述材料的所有的燃烧行为。

（5）这些小型试验室的试验仅作为材料试验，其主要用于材料的改进、一致性控制和/或材料的预选，但不能作为评价材料在使用中潜在的着火危险性的方法。

（6）由于不同行业的特殊要求，会发布一些类似的标准，但又不完全相同，这些标准常使用不同燃烧器和点燃方式。不同的燃烧器和点燃方式获得的试验结果不同，当用不同的标准试验时，应谨慎比对这些结果。

2）《塑料　用氧指数法测定燃烧行为 第 2 部分：室温试验》GB/T 2406.2 标准要求

（1）在规定试验条件下，在氧、碳混合气流中，刚好维持试样燃烧所需最低氧浓度的测定方法，其结果又定义为氧指数。

（2）适用于试样厚度小于 10.5mm 能直立自撑的条状或片状材料。也适用于表观密度大于 $100kg/m^3$ 的均质固体材料、层压材料或泡沫材料，以及某些表观密度小于 $100kg/m^3$ 的泡沫材料。并提供了能直立支撑的片状材料或薄膜的试验方法。

（3）为了比较，该标准还提供了某种材料的氧指数是否高于给定值的测定方法。

（4）该方法所获得的氧指数值，能够提供材料在某些受控实验室条件下燃烧特性的灵敏度尺度，可用于质量控制。所获得的结果依赖于试样的形状、取向和隔热以及着火条件。对于特殊材料或特殊用途，需规定不同的试验条件。不同厚度和不同点火方式获得的结果不可比，也与在其他着火条件下的燃烧行为不相关。

（5）该方法所获得的结果，不能用于描述或评定某种特定材料或特定形状在实际着火情况下材料所呈现的着火危险性，只能作为评价某种火灾危险性的一个要素。该评价考虑了材料在特定应用时着火危险性的评定。

（6）这些方法用于受热后呈现高收缩率的材料时不能获得满意结果。例如：高定向薄膜。

（7）评价密度小于 $100kg/m^3$ 的泡沫材料火焰传播特性参照《泡沫塑料燃烧性能试验方法　水平燃烧法》GB/T 8332。

3）《建筑材料不燃性试验方法》GB/T 5464 标准要求

在特定条件下匀质建筑制品和非匀质建筑制品主要组分的不燃性试验方法。

4）《建筑材料难燃性试验方法》GB/T 8625 标准要求

建筑材料难燃性试验的试验装置、试样制备、试验操作、试件燃烧后剩余长度的判断、判定条件及试验报告。该标准适用于建筑材料难燃性能的测定。

5）《建筑材料可燃性试验方法》GB/T 8626 标准要求

在没有外加辐射条件下，用小火焰直接冲击垂直放置的试样以测定建筑制品可燃性的方法。对于未被火焰点燃就熔化或收缩的制品，按该标准的"熔化收缩制品的试验程序"进行。

6）《建筑材料燃烧或分解的烟密度试验方法》GB/T 8627 标准要求

（1）测量建筑材料在燃烧或分解的试验条件下的静态产烟量的试验方法。该试验方法是在标准试验条件下，通过测试试验烟箱中光通量的损失来进行烟密度测试。该试验设备可以在试验期间观察到火焰和烟气等现象。

（2）用来测量和描述在可控制的实验室条件下材料、制品、组件对热和火焰的反应，但不能够用来描述和评价材料、制品、组件在真实火灾条件下的火灾毒性和危险性。当考虑到与特定的最终使用时火灾危险性评价相关的所有因素时，测试的结果可以用做火灾危险性评估的参数。

7）《建筑材料及制品的燃烧性能 燃烧热值的测定》GB/T 14402 标准要求

在恒定热容量的氧弹量热仪中，测定建筑材料燃烧热值的试验方法以及测定总燃烧热值的方法和计算净燃烧热值的方法。

8）《建筑材料或制品的单体燃烧试验》GB/T 20284 标准要求

用以确定建筑材料或制品在单体燃烧试验中的对火反应性能的方法。用以确定平板式建筑制品的对火反应性能。对某些制品，如线性制品（套管、管道、电缆等）则需采用特殊的规定，其中管状隔热材料采用"管状隔热材料的标准化安装及固定条件"的方法。

9）《建筑外墙外保温系统的防火性能试验方法》GB/T 29416 标准要求

适用于安装在建筑外墙上的非承重外保温系统的防火性能试验，不适用于安装在建筑外墙上的呼吸式玻璃幕墙结构外保温系统的防火性能试验。

5. 相关标准有关"燃烧性能"的规定

1）《绝热用模塑聚苯乙烯泡沫塑料》GB/T 10801.1 标准要求

（1）氧指数的测定：按《塑料 用氧指数法测定燃烧行为 第 2 部分：室温试验》GB/T 2406.2 的规定进行试验，样品陈化 28d。试样尺寸（150±1）mm×（12.5±1）mm×（12.5±1）mm。

（2）燃烧分级的测定：按《建筑材料及制品燃烧性能分级》GB 8624 的规定进行试验。

2）《绝热用挤塑聚苯乙烯泡沫塑料（XPS）》GB/T 10801.2 标准要求

按《建筑材料及制品燃烧性能分级》GB 8624 的规定进行试验。

3）《建筑绝热用硬质聚氨酯泡沫塑料》GB/T 21558 标准要求

按《建筑材料及制品燃烧性能分级》GB 8624—2006 的规定及相关法规和规范规定进行试验。

4）《模塑聚苯板薄抹灰外墙外保温系统材料》GB/T 29906 标准要求

按《建筑材料及制品燃烧性能分级》GB 8624—2012 规定的方法进行试验。

5）《挤塑聚苯板（XPS）薄抹灰外墙外保温系统材料》GB/T 30595 标准要求

按《建筑材料及制品燃烧性能分级》GB 8624 的规定进行试验。

## 2.4.1 建筑材料不燃性试验

《建筑材料不燃性试验方法》GB/T 5464 规定了在特定条件下匀质建筑制品和非匀质建筑制品主要组分的不燃性试验方法。

建筑制品是指包括安装、构造、组成等相关信息的建筑材料、构件或组件；建筑材料是指单一物质或若干物质均匀散布的混合物，例如金属、石材、木材、混凝土、含均匀分布胶合剂或聚合物的矿物棉等；松散填充材料是指形状不固定的材料；匀质制品是指由单一材料组成的制品或整个制品内部具有均匀的密度和组分；非匀质制品是指不满足匀质制品定义的制品，由一种或多种主要和/或次要组分组成；主要组分是指构成非匀质制品一个显著部分的材料，单层面密度大于等于 $1.0 kg/m^2$ 或厚度大于 $1.0 mm$ 的一层材料可视作主要组分。

1. 试验装置

试验装置不应设在风口，也不应受到任何形式的强烈日照或人工光照，以利于对炉内火焰的观察。试验过程中室温变化不应超过＋5℃。

加热炉、支架和气流罩；试样架和插入装置；热电偶；接触式热电偶；观察镜；天平：称量精度为 0.01g；稳压器；调压变压器；电气仪表；功率控制器；温度记录仪；计时器；干燥皿。

2. 试样

1）概要

试样应从代表制品的足够大的样品上制取。试样为圆柱形，体积 $76\pm8cm^3$，直径 $(45^{0}_{-2})mm$，高度 $50\pm3mm$。

2）试样制备

（1）若材料厚度不满足 $50\pm3mm$，可通过叠加该材料的层数和/或调整材料厚度来达到 $50\pm3mm$ 的试样高度。

（2）每层材料均应在试样架中水平放置，并用两根直径不超过 0.5mm 的铁丝将各层捆扎在一起，以排除各层间的气隙，但不应施加显著的压力。松散填充材料的试样应代表实际使用的外观和密度等特性。

（3）如果试样是由材料多层叠加组成，则试样密度宜尽可能与生产商提供的制品密度一致。

3）试样数量

一共测试 5 组试样（若分级体系标准有其他要求可增加试样数量）。

3. 状态调节

试验前，试样应按《建筑制品对火反应试验　状态条件程序和基本材料选择的一般规则》EN13238 的有关规定进行状态调节。然后将试样放入＋60±5℃的通风干燥箱内调节 20～24h，然后将试样置于干燥皿中冷却至室温。试验前应称量每组试样的质量，精确至 0.01g。

4. 试验步骤

1）试验环境

试验装置不应设在风口，也不应受到任何形式的强烈日照或人工光照，以利于对炉内火焰的观察。试验过程中室温变化不应超过＋5℃。

2）试验前准备程序

试样架；热电偶；电源；炉内温度的平衡。

3）校准程序

炉壁温度；炉内温度；校准周期。

4）标准试验步骤

（1）按"炉内温度的平衡"规定使加热炉温度平衡，如果温度记录仪不能进行实时计算，最后应检查温度是否平衡。若不能满足"炉内温度的平衡"规定的条件，应重新试验。

（2）试验前应确保整台装置处于良好的工作状态，如空气稳流器整洁畅通、插入装置能平稳滑动、试验架能准确位于炉内规定位置。

（3）将一个按规定制备并经过状态调节的试样放入试样架内，试样架悬挂在支撑件上。

（4）将试样架插入炉内规定位置，该操作时间不应超过 5s。

（5）当试样位于炉内规定位置时，立即启动计时器。

（6）记录试验过程中炉内热电偶测量的温度，如要求测量试样表面温度和中心温度，对应温度也应记录。

（7）进行 30min 的试验

① 如果炉内温度在 30min 时达到了最终温度平衡，即由热电偶测量的温度在 10min 内漂移（线性回归）不超过 2℃，则可停止试验。如果 30min 内未达到温度平衡，应继续进行试验，同时每隔 5min 检查是否达到最终温度平衡，当炉内温度达到最终温度平衡或试验时间达到 60min 时，应结束试验。记录试验的持续时间，然后从加热炉内取出试样架，试验的结束时间为最后一个 5min 的结束时刻或 60min。

② 若温度记录仪不能实时记录，试验后检查试验结束时的温度记录。若不能满足上述要求，则应重新试验。

③ 若试验使用了附加热电偶，则应在所有热电偶均达到最终温度平衡时或当试验时间为 60min 时结束试验。

（8）收集试验时和试验后试样破裂或掉落的所有碳化物、灰或其他残屑，同试样一起放入干燥皿中冷却至环境温度后，称量试样的残留物质。

（9）按（1）～（8）的规定共测 5 组试样。

5）试验期间的观察

（1）按"标准试验步骤"的规定，试验前和试验后分别记录每组试样的质量并观察记录试验期间试样的燃烧行为。

（2）记录发生的持续火焰和持续时间，精确到秒。试样可见表面上产生持续 5s 或更长时间的连续火焰应视为持续火焰。

（3）记录以下炉内热电偶的测量温度，单位为℃：

① 炉内初始温度 $T_1$，"炉内温度的平衡"规定的炉内温度平衡期的最后 10min 的温度平均值；炉内最高温度 $T_m$，整个试验期间最高温度的离散值；炉内最终温度 $T_t$，"进行 30min 的试验"的试验过程最后 1min 的温度平均值。

② 若使用了附加热电偶，按标准的规定记录温度数据。

5. 试验结果表述

1）质量损失：

计算并记录按上述"试验期间的观察（1）"所规定测量的各组试样的质量损失，以试样初始质量的百分数表示。

2）火焰：

计算并记录按上述"试验期间的观察（2）"所规定测量的每组试样持续火焰时间的总和，以秒为单位。

3）温升：

计算并记录按上述"试验期间的观察（3）"所规定的试样的热电偶温升，$\Delta T = T_m -$

$T_t$，以摄氏度为单位。

6. 试验报告

①试验所依据的标准的说明；②试验方法的偏差；③试验室的名称和地址；④报告的发布日期及编号；⑤委托试验单位的名称和地址；⑥已知生产商/供应商的名称和地址；⑦到样日期；⑧制品标识；⑨有关抽样程序的说明；⑩制品的一般说明，包括密度、面密度、厚度及结构信息；⑪状态调节信息；⑫试验日期；⑬按"炉壁温度""炉内温度"规定表述的校准结果；⑭若使用了附加热电偶，按"试验结果表述""附加热电偶 试验结果的表述"规定表述的试验结果；⑮试验中观察到的现象；⑯以下陈述："试验结果与特定试验条件下试样的性能有关；试验结果不能作为评价制品在实际使用条件下潜在火灾危险性的唯一依据"。

## 2.4.2　建筑材料及制品热值试验

《建筑材料及制品的燃烧性能　燃烧热值的测定》GB/T 14402 规定了在恒定热容量的氧弹量热仪中，测定建筑材料燃烧热值的试验方法以及测定总燃烧热值（PCS）的方法。

热值，是指单位质量的材料燃烧所产生的热量，以 J/kg 表示；总热值（PCS），是指单位质量的材料完全燃烧，并当其燃烧产物中的水（包括材料中所含水分生成的水蒸气和材料组成中所含的氢燃烧时生成的水蒸气）均凝结为液体时放出的热量，被定义为该材料的总燃烧热值，单位为 MJ/kg；净热值，是指单位质量的材料完全燃烧，其燃烧产物中的水（包括材料中所含水分生成的水蒸气和材料组成中所含的氢燃烧时生成的水蒸气）仍以气态形式存在时放出的热量，被定义为该材料的燃烧热值。它在数值上等于总热值减去材料燃烧后所生成的水蒸气在氧弹内凝结为水时所释放出的汽化潜热的差值，单位为 MJ/kg；汽化潜热，是指将水由液体转为气态所需的热量，单位为 MJ/kg。

1. 方法概述

热值试验规定了在标准条件下，将特定质量的试样置于一个体积恒定的氧弹量热仪中，测试试样燃烧热值的试验方法。氧弹量热仪需用标准苯甲酸进行校准。在标准条件下，试验以测试温升为基础，在考虑所有热损失及汽化潜热的条件下，计算试样的燃烧热值。

需注意热值的试验方法是用于测量制品燃烧的绝对热值，与制品的形态无关。

2. 仪器设备

量热弹；量热仪；温度测量装置，分辨率为 0.005K；坩埚；计时器，精度为 1s/h；电源；压力表和针阀，精确到 0.1MPa；天平：分析天平，精度 0.1mg；普通天平，精度 0.1g；制备"香烟"装置；制丸装置；试剂。

3. 试样

1）概述

应对制品的每个组分进行评价，包括次要组分。如果非匀质制品不能分层，则需要单独提供制品的各组分。如果制品可以分层，那么分层时，制品的每个组分应与其他组分完全剥离，相互不能粘附有其他成分。

2）制样

（1）概述

样品应具有代表性，对匀质制品或非匀质制品的被测组分，应任意截取至少 5 个试块作为试样。若被测组分为匀质制品或非匀质制品的主要成分，则样块最小质量为 50g。若被测组分为非匀质制品的次要成分，则样块最小质量为 10g。

（2）松散填充材料

从制品上任意截取最小质量为 50g 的样块作为试样。

（3）含水产品

将制品干燥后，任意截取其最小质量为 10g 的样块作为试样。

3）表观密度测量

如果有要求，应在最小面积为 250mm×250mm 的试样上对制品的每个组分进行面密度测试，精度为 ±0.5%。如为含水制品，则需对干燥后的制品质量进行测试。

4）研磨

将样品逐次研磨得到粉末状的试样。在研磨的时候不能有热分解发生。样品要采用交错研磨的方式进行研磨。如果样品不能研磨，则可采用其他方式将样品制成小颗粒或片材。

5）试样类型

通过研磨得到细粉末样品，应以坩埚法制备试样。如果通过研磨不能得到细粉末样品，或以坩埚试验时试件不能完全燃烧，则应采用"香烟"法制备试样。

6）试样数量

按"标准试验程序"的规定，应对 3 个试样进行试验。如果试验结果不能满足有效性的要求（试验结果的有效性），则需对另外 2 个试样进行试验。按分级体系的要求，可以进行多于 3 个试样的试验。

7）质量测定

称取下述样品，精确到 0.1mg：被测材料 0.5g；苯甲酸 0.5g；必要时，应称取点火丝、棉线和"香烟纸"。

8）坩埚试验

试验步骤如下：将已称量的试样和苯甲酸的混合物放入坩埚中；将已称量的点火丝连接到两个电极上；调节点火丝的位置，使之与坩埚中的试样良好的接触。

9）香烟试验

试验步骤如下：

（1）调节已称量的点火丝下垂到心轴的中心。

（2）用已称量的"香烟纸"将心轴包裹，并将其边缘重叠处用胶水粘结。如果"香烟纸"已粘结，则不需要再次粘结。两端留出足够的纸，使其和点火丝拧在一起。

（3）将纸和心轴下端的点火丝拧在一起放入模具中，点火丝要穿出模具的底部。

（4）移出心轴。

（5）将已称量的试样和苯甲酸的混合物放入"香烟纸"。

（6）从模具中拿出装有试样和苯甲酸混合物的"香烟纸"，分别将"香烟纸"两端扭在一起。

（7）称量"香烟"状样品，确保总重和组成成分的质量之差不能超过 10mg。

（8）将"香烟"状样品放入坩埚。

4. 状态调节

试验前，应将粉末试样、苯甲酸和"香烟纸"按照《建筑制品对火反应试验　状态调节条件和基本材料选择的一般规则》EN 13238 的要求进行状态调节。

5. 测定步骤

1) 概述

试验应在标准试验条件下进行，试验室内温度要保持稳定。对于手动装置，房间内的温度和量热筒内水温的差异不能超过±2 K。

2) 校准步骤

(1) 水当量的测定

量热仪、氧弹及其附件的水当量可通过对 5 组质量为 0.4～1.0g 的标准苯甲酸样品进行总热值测定来进行标定。标定步骤如下：

① 压缩已称量的苯甲酸粉末，用制丸装置将其组成小丸片，或使用预制的小丸片。预制的苯甲酸小丸片的燃烧热值同试验时采用的标准苯甲酸粉末燃烧热值一致时，才能将预制小丸片用于试验。

② 称量小丸片，精确到 0.1mg。

③ 将小丸片放入坩埚。

④ 将点火丝连接到两个电极。

⑤ 将已称量的点火丝接触到小丸片。

按"标准试验程序"的规定进行试验。水当量应为 5 次标定结果的平均值，以 MJ/K 表示。每次标定结果与水当量的偏差不能超过 0.2%。

(2) 重复标定的条件

在规定周期内，或不超过 2 个月，或系统部件发生了显著变化时，应按上述"水当量的测定"的规定进行标定。

3) 标准试验程序

(1) 检查两个电极和点火丝，确保其接触良好，在氧弹中倒入 10mL 的蒸馏水，用来吸收试验过程中产生的酸性气体。

(2) 拧紧氧弹密封盖，连接氧弹和氧气瓶阀门，小心开启氧气瓶，给氧弹充氧至压力达到 3.0～3.5MPa。

(3) 将氧弹放入量热仪内筒。

(4) 在量热仪内筒中注入一定量的蒸馏水，使其能够淹没氧弹，并对其称量。所用水量应和校准过程中所用的水量相同，精确到 1g。

(5) 检查并确保氧弹没有泄漏（没有气泡）。

(6) 将量热仪内筒放入外筒。

(7) 步骤如下：

① 安装温度测定装置，开启搅拌器和计时器。

② 调节内筒水温，使其和外筒水温基本相同。每隔 1min 应记录一次内筒水温，调节内筒水温，直到 10min 内的连续读数偏差不超过±0.01K。将此时的温度作为起始温度。

③ 接通电流回路，点燃样品。

④ 对绝热量热仪来说：在量热仪内筒快速升温阶段，外筒的水温应与内筒水温尽量保持一致；其最高温度相差不能超过±0.01K。每隔 1min 应记录一次内筒水温，直到

10min 内的连续读数偏差不超过±0.01K。将此时的温度作为最高温度。

（8）从量热仪中取出氧弹，放置 10min 后缓慢泄压。打开氧弹。如氧弹中无煤烟状沉淀物且坩埚上无残留碳，便可确定试样发生了完全燃烧。清洗并干燥氧弹。

（9）如果采用坩埚法进行试验时，试样不能完全燃烧，则采用"香烟"法重新进行试验。如果采用"香烟"法进行试验，试样同样不能完全燃烧，则继续采用"香烟"法重复试验。

6. 试验结果表述

1）手动测试设备的修正

按照温度计的校准证书，根据温度计的伸入长度，对测试的所有温度进行修正。

2）等温量热仪的修正

因为同外界有热交换，因此有必要对温度进行修正。如果使用了绝热护套，那么温度修正值为 0；如果采用自动装置，且自动进行修正，那么温度修正值为 0；《建筑材料及制品的燃烧性能　燃烧热值的测定》GB/T 14402 附录 C 给出了用于计算的制图法。

按如下公式进行修正：

$$c = (t - t_1) \times T_2 - t_1 \times T_1 \qquad (2.4.2\text{-}1)$$

式中　$t$——从初期采样开始到出现最高温度时的一段时间，最高温度出现的时间是指温度停止升高并开始下降的时间的平均值（min 或 s）；

　　　$t_1$——从初期采样开始到温度达到总温升值（$T_m - T_1$）6/10 时刻的这段时间，这些时刻的计算是在相互两个最相近的读数之间通过插值获得的（min 或 s）；

　　　$T_2$——末期采样阶段温度每分钟下降的平均值；

　　　$T_1$——初期采样阶段温度每分钟增长的平均值；

需要注意的是，差异通常与量热仪过热有关。

3）试样燃烧总热值的计算

计算试样燃烧的总热值时，应在恒容的条件下进行，由下列公式计算得出，以 MJ/kg 表示。对于自动测试仪，燃烧总热值可以直接获得，并作为试验结果。

$$PCS = \frac{E(T_m - T_i + c) - b}{m} \qquad (2.4.2\text{-}2)$$

式中　$PCS$——总热值（MJ/kg）；

　　　$E$——量热仪、氧弹及其附件以及氧弹中充入水的水当量（MJ/K）；

　　　$T_i$——起始温度（K）；

　　　$T_m$——最高温度（K）；

　　　$b$——试验中所用助燃物的燃烧热值的修正值（MJ），如点火丝、棉线、"香烟纸"、苯甲酸或其他助燃物。除非棉线、"香烟纸"或其他助燃物的燃烧热值是已知的，否则都应测定。按照"坩埚试验"的规定来制备试样，并按照"标准试验程序"的规定进行试验。各种点火丝的热值如下：镍铬合金点火丝：1.403MJ/kg；

　　　　　　　　　　　　铂金点火丝：0.419MJ/kg；

　　　　　　　　　　　　纯铁点火丝：7.490MJ/kg；

　　　　　$c$——与外部进行热交换的温度修正值（K），见等温量热仪的修正。使用了绝热护套的修正值为 0；

　　　　　$m$——试样的质量（kg）。

7. 产品燃烧总热值的计算

1）概述

对于燃烧发生吸热反应的制品或组件，得到的 $PCS$ 值可能会是负值。

采用以下步骤计算制品的 $PCS$ 值：

（1）首先确定非匀质制品的单个成分的 $PCS$ 值或匀质材料的 $PCS$ 值。如果 3 组试验结果均为负，则应在试验结果中注明，并给出实际结果的平均值。

例如：－0.3，－0.4，＋0.1，平均值为－0.2。

（2）对于匀质制品，以这个平均值作为制品的 $PCS$ 值；对于非匀质制品，应考虑每个组分的 $PCS$ 平均值。若某一组分的热值为负值，在计算试样总热值时可将该热值设为 0。金属成分不需要测试，计算时将其热值设为 0。

如 4 个成分的热值各为：－0.2，15.6，6.3，－1.8。

负值设为 0，即为：0，15.6，6.3，0。

由这些值计算制品的 $PCS$ 值。

2）匀质制品

（1）对于一个单独的样品，应进行 3 次试验。如果单个值的离散符合"试验结果的有效性"的判据要求，则试验有效，该制品的热值为这 3 次测试结果的平均值。

（2）如果这 3 次试验的测试值偏差不在"试验结果的有效性"的规定值范围内，则需要对同一制品的两个备用样品进行测试。在这 5 个试验结果中，去除最大值和最小值，用余下的 3 个值按上述（1）的规定计算试样的总热值。

（3）如果测试结果的有效性不满足上述（1）规定要求，则应重新制作试样，并重新进行试验。

（4）如果分级试验中需要对 2 个备用试样（已做完 3 组试样）进行试验时，则应按上述（2）的规定准备 2 个备用试样，即是说对同一制品，最多对 5 个试样进行试验。

3）非匀质制品

非匀质制品的总热值试验步骤如下：

（1）对于非匀质制品，应计算每个单独组分的总热值，总热值以 MJ/kg 表示，或以组分的面密度将总热值表示为 MJ/$m^2$。

（2）用单个组分的总热值和面密度计算非匀质产品的总热值。

对于非匀质制品的燃烧热值的计算可参见《建筑材料及制品的燃烧性能　燃烧热值的测定》GB/T 14402 附录 D。

8. 试验报告

试验报告至少应包括下列内容：①试验标准；②任何与试验方法的偏离；③试验室的名称和地址；④报告编号；⑤送检单位的名称和地址；⑥生产单位的名称和地址；⑦到样日期；⑧产品信息；⑨相关的抽样程序；⑩样品的总体描述（包括：密度、面密度、厚度、产品的构造）；⑪状态调节；⑫试验日期；⑬测定的水当量；⑭按"试验结果表述"的要求表述测试结果；⑮试验现象；⑯注明"本试验结果只与制品的试样在特定试验条件下的性能相关，不能将其作为评价该制品在实际使用中潜在火灾危险性的唯一依据"。

9. 试验结果的有效性

只有符合下列判据要求时（表 2.4.2-1），试验结果有效。

试验结果有效的标准　　　　　　　　　　　　　　　　表 2.4.2-1

| 总燃烧热值 | 3 组试验的最大和最小值偏差 | 有效范围 |
|---|---|---|
| $PCS$ | $\leqslant 0.2\mathrm{MJ/kg}$ | $0\sim3.2\mathrm{MJ/kg}$ |
| $PCS^{a}$ | $\leqslant 0.1\mathrm{MJ/m^2}$ | $0\sim4.1\mathrm{MJ/m^2}$ |
| a　仅适用于非匀质材料 | | |

### 2.4.3　建筑材料难燃性试验

《建筑材料难燃性试验方法》GB/T 8625 规定了建筑材料难燃性试验的试验装置、试件制备、试验操作、试件燃烧后剩余长度的判断、判定条件及试验报告。该标准适用于建筑材料难燃性能的测定。

1. 试验装置

试验装置主要包括燃烧竖炉及测试设备两部分。

燃烧竖炉包括燃烧室、燃烧器、试件支架、空气稳流层及烟道、供气等部分组成，其外形尺寸为 1020mm×1020mm×3930mm；燃烧竖炉的测试设备包括流量计、热电偶、温度记录仪、温度显示仪表及炉内压力测试仪表等。

燃烧竖炉中各组件的校正试验包括热荷载的均匀性试验（该试验必须每 3 个月进行一次。）、空气的均匀性试验（该项试验必须每半年进行 1 次）和烟气温度热电偶的检查（每月至少应进行 1 次）。

2. 试件制备

1）试件数目、规格及要求

（1）每次试验以 4 个试样为一组，每块试样均以材料实际使用厚度制作。其表面规格为 $(1000^{\ 0}_{-5})\mathrm{mm}\times(190^{\ 0}_{-5})\mathrm{mm}$，材料实际使用厚度超过 80mm 时，试样制作厚度应取 $80\pm5\mathrm{mm}$，其表面和内层材料应具有代表性。

（2）均向性材料制作 3 组试件，对薄膜、织物及非均向性材料制作 4 组试件，其中每 2 组试件应分别从材料的纵向和横向取样制作。

（3）对于非对称性材料，应从试样正、反两面各制 2 组试件。若只需从一侧划分燃烧性能等级，可对该侧面制取 3 组试件。

2）状态调节

在试验进行之前，试件必须在温度 $23\pm2℃$、相对湿度 $50\%\pm5\%$ 的条件下调节至质量恒定。其判定条件为间隔 24h，前后两次称量的质量变化率不大于 $0.1\%$。如果通过称量不能确定达到平衡状态，在试验前应在上述温、湿度条件下存放 28d。

3. 试验操作

1）试验在燃烧竖炉内进行。

2）将 4 个经状态调节已达到"状态调节"要求的试样垂直固定在试件支架上，组成垂直方形烟道，试样相对距离为 $250\pm2\mathrm{mm}$。

3）保持炉内压力为$-15\pm10$Pa。

4）试件放入燃烧室之前，应将竖炉内炉壁温度预热至50℃。

5）将试件放入燃烧室内规定位置，关闭炉门。

6）当炉壁温度降至$40\pm5$℃时，在点燃燃烧器的同时，揿动计时器按钮，开始试验。试验过程中竖炉内应维持流量为$10\pm1$m³/min、温度为$23\pm2$℃的空气流。燃烧器所用的燃气为甲烷和空气的混合气；甲烷流量为$35\pm0.5$L/min，其纯度大于95%；空气流量为$17.5\pm0.2$L/min。以上两种气体流量均按标准状态计算。

气体标准状态的计算公式：

$$\frac{P_0V_0}{T_0}=\frac{P_tV_t}{T_t} \tag{2.4.3-1}$$

式中　$P_0$——标准大气压，$P_0=101325$Pa；

$\quad\quad V_0$——甲烷气35L/min，空气17.5L/min；

$\quad\quad T_0$——标准工况温度，$T_0=273$℃；

$\quad\quad P_t$——环境大气压+燃气进入流量计的进口压力（Pa）；

$\quad\quad V_t$——甲烷气或空气的流量（L/min）；

$\quad\quad T_t$——甲烷气和空气的温度（℃）。

试验中的现象应注意观察并记录。

7）试验时间为10min，当试件上的可见燃烧确已结束或5支热电偶所测得的平均烟气温度最大值超过200℃时，试验用火焰可提前中断。

**4. 试件燃烧后剩余长度的判断**

1）试件燃烧后剩余长度为试件既不在表面燃烧，也不在内部燃烧形成炭化部分的长度（明显变黑色为炭化）。

试件在试验中产生变色，被烟熏黑及外观结构发生弯曲、起皱、鼓泡、熔化、烧结、滴落、脱落等变化均不作为燃烧判断依据。如果滴落和脱落物在筛底继续燃烧20s以上，应在试验报告中注明。

2）采用防火涂层保护的试件，如木材及木制品，其表面涂层的炭化可不考虑。在确定被保护材料的燃烧后剩余长度时，其保护层应除去。

**5. 判定条件**

1）按照"试件制备""试验操作""试件燃烧后剩余长度的判断"的规定程序，同时符合下列条件可认定为燃烧竖炉试验合格：

（1）试件燃烧的剩余长度平均值应大于等于150mm，其中没有一个试件的燃烧剩余长度为零。

（2）每组试验的由5支热电偶所测得的平均烟气温度不超过200℃。

2）凡是燃烧竖炉试验合格，并能符合《建筑材料及制品燃烧性能分级》GB 8624—1997对可燃性试验（《建筑材料可燃性试验方法》GB/T 8626—1988、烟密度试验（《建筑材料燃烧或分解的烟密度试验方法》GB/T 8627—1999）规定要求的材料可定为难燃性建筑材料。

**6. 试验报告**

①试验依据的标准；②建筑材料名称、型号规格、生产单位名称及地址、生产日期；③对使用了阻燃剂的木材和织物，应说明涂刷阻燃剂后的试件外观，注明所用防火剂干、

湿涂刷量（g/kg 或 g/m²）；④试样的概述，包括商标（或标志）、试样的结构形式；⑤试件燃烧后的最小剩余长度及试件燃烧后的平均剩余长度；⑥试件平均烟气温度的最大值；⑦现象观察：包括试样着火情况、试样的阴燃及滴落物在筛网上的持续燃烧等；⑧试验日期。

### 2.4.4　建筑材料可燃性试验

安全警告：

（1）所有试验管理和操作人员应注意：燃烧试验可能存在危险性，试验过程中可能会产生有毒和/或有害烟气，在对试样的测试和试样残余物的处理过程中也可能存在操作危险。

（2）必须对影响人体健康的所有潜在危害和危险进行评估和建立安全保障措施，并制定安全指南和对有关人员进行相关培训，确保实验室人员始终遵守安全指南。

（3）应配备足够的灭火工具以扑灭试样火焰，某些试样在试验中可能会产生猛烈火焰。应有可直接对准燃烧区域的手动水喷头或加压氮气以及其他灭火工具，如灭火器等。

（4）对于某些很难被完全扑灭的闷燃试样，可将试样浸入水中。

《建筑材料可燃法试验方法》GB/T 8626 规定了在没有外加辐射条件下，用小火焰直接冲击垂直放置的试样以测定建筑制品可燃性的方法。对于未被火焰点燃就熔化或收缩的制品，《建筑材料可燃法试验方法》GB/T 8626—2007 附录 A 给出了附加试验程序，即熔化收缩制品的试验程序。

建筑制品，是指要求给出相关信息的建筑材料、构件或其组件。

基本平整制品，是指制品应具有以下某一个特征：①平整受火面；②如果制品表面不规则，但整个受火面均匀体现这种不规则特性，只要满足以下规定要求，可视为平整受火面：在 250mm×250mm 的代表区域表面上，至少应有 50％的表面与受火面最高点所处平面的垂直距离不超过 6mm；或对于有缝隙、裂纹或孔洞的表面，缝隙、裂纹或孔洞的宽度不应超过 6.5mm，且深度不应超过 10mm，其表面积也不应超过受火面 250mm×250mm 代表区域的 30％。

燃烧滴落物，是指在燃烧试验过程中，脱离试样并继续燃烧的材料。将试样下方的滤纸被引燃作为燃烧滴落物的判据。持续燃烧，是指持续时间超过 3s 的火焰。着火，是指出现持续燃烧的现象。

1. 试验装置

①试验室：环境温度为 23±5℃，相对湿度为 50％±20％的房间；②燃烧箱：燃烧箱由不锈钢钢板制作，并安装有耐热玻璃门。燃烧箱应放置在合适的抽风罩下方；③燃烧器：燃烧器应安装在水平钢板上，并可沿燃烧箱中心线方向前后平稳移动。燃烧器应安装有一个微调阀，以调节火焰高度；④燃气：纯度大于等于 95％的商用丙烷，燃气压力应在 10～50kPa 范围内；⑤试样夹：试样夹由两个 U 形不锈钢框架构成；⑥挂杆：挂杆固定在垂直立柱（支座）上，以使试样夹能垂直悬挂，燃烧器火焰能作用于试样；⑦计时器：精度小于等于 1s/h；⑧试样模板：两块金属板，其中一块长 $250_{-1}^{0}$mm，宽 $90_{-1}^{0}$mm；另一块长 $250_{-1}^{0}$mm，宽 $180_{-1}^{0}$mm；⑨火焰检查装置；⑩风速仪：精度为±0.1m/s；⑪滤纸和收集盘。

2. 试样

1）试样制备

使用上述试验装置中规定的"试样模板"在代表制品的试验样品上切割试样。

2）试样尺寸

（1）试样尺寸为：长 $250_{-1}^{0}$ mm，宽 $90_{-1}^{0}$ mm。

（2）名义厚度不超过 60mm 的试样应按其实际厚度进行试验。名义厚度大于 60mm 的试样，应从其背火面将厚度削减至 60mm，按 60mm 厚度进行试验。若需要采用这种方式削减试样尺寸，该切削面不应作为受火面。对于通常生产尺寸小于试样尺寸的制品，应制作适当尺寸的样品专门用于试验。

3）非平整制品

对于非平整制品，试样可按其最终应用条件进行试验（如隔热导管）。应提供完整制品或长 250mm 的试样。

4）试样数量

（1）对于每种点火方式，至少应测试 6 块具有代表性的制品试样，并应分别在样品的纵向和横向上切制 3 块试样。

（2）若试验用的制品厚度不对称，在实际应用中两个表面均可能受火，则应对试样的两个表面分别进行试验。

（3）若制品的几个表面区域明显不同，但每个表面区域均符合规定的表面特性，则应再附加一组试验来评估该制品。

（4）如果制品在安装过程中四周封边，但仍可以在未加边缘保护的情况下使用，应对封边的试样和未封边的试样分别试验。

5）基材

（1）若制品在最终应用条件下是安装在基材上，则试样应能代表最终应用状况。且应根据《建筑制品对火反应试验　状态条件程序及基本材料选择的一般规则》EN13238 选取基材。

（2）对于应用在基材上且采用底部边缘点火方式的材料，在试样制备过程中应注意：由于在实际应用中基材可能伸出材料底部，基材边缘本身不受火，因此试样的制作应能反映实际应用状况，如基材类型，基材的固定件等。

3. 状态调节

试样和滤纸应根据《建筑制品对火反应试验　状态条件程序及基本材料选择的一般规则》EN 13238 进行状态调节。

4. 试验程序

1）概述

有 2 种点火时间供委托方选择，15s 或 30s。试验开始时间就是点火的开始时间。

2）试验准备

（1）确认燃烧箱烟道内的空气流速符合要求。

（2）将 6 个试样从状态调节室中取出，并在 30min 内完成试验。若有必要，也可将试样从状态调节室取出，放置于密闭箱体中的试验装置内。

（3）将试样置于试样夹中，这样试样的两个边缘和上端边缘被试样夹封闭，受火端距离试样夹底端 30mm。操作员可在试样框架上做标记以确保试样底部边缘处于正确位置。

（4）将燃烧器角度调整至 45°角，使用"用于边缘点火的点火定位器"和"用于表面点火的点火定位器"的定位器，来确认燃烧器与试样的距离。

（5）在试样下方的铝箔收集盘内放两张滤纸，这一操作应在试验前的 3min 内完成。

3）试验步骤

（1）点燃位于垂直方向的燃烧器，待火焰稳定。调节燃烧器微调阀，并采用"火焰高度测量工具"规定的测量器具测量火焰高度，火焰高度应为 20±1mm。应在远离燃烧器的预设位置上进行该操作，以避免试样意外着火。在每次对试样点火前应测量火焰高度。光线较暗的环境有助于测量火焰高度。

（2）沿燃烧器的垂直轴线将燃烧器倾斜 45°，水平向前推进，直至火焰抵达预设的试样接触点。当火焰接触到试样时开始计时。按照委托方要求，点火时间为 15s 或 30s。然后平稳地撤回燃烧器。

（3）点火方式

① 试样可能需要采用表面点火方式或边缘点火方式，或这两种点火方式都要采用。建议的点火方式可能在相关的产品标准中给出。

② 表面点火：对所有的基本平整制品，火焰应施加在试样的中心线位置，底部边缘上方 40mm 处。应分别对实际应用中可能受火的每种不同表面进行试验。

③ 边缘点火：对于总厚度不超过 3mm 的单层或多层的基本平整制品，火焰应施加在试样底面中心位置处；对于总厚度大于 3mm 的单层或多层的基本平整制品，火焰应施加在试样底边中心且距受火表面 1.5mm 的底面位置处；对于所有厚度大于 10mm 的多层制品，应增加试验，将试样沿其垂直轴线旋转 90°，火焰施加在每层材料底部中线所在的边缘处。

（4）对于非基本平整制品和按实际应用条件进行测试的制品，应按照"表面点火"和"边缘点火"的规定进行点火，并应在试验报告中详尽阐述使用的点火方式。

① 试验装置和/或试验程序可能需要修改，但对于多数非平面制品，通常只需要改变试样框架。然而在某些情况下，燃烧器的安装方式可能不适用，这时需要手动操作燃烧器。

② 在最终应用条件下，制品可能自支撑或采用框架固定，这种固定框架可能和试验室用的夹持框架一样，也可能需要更结实的特制框架等。

（5）如果在对第一块试样施加火焰期间，试样并未着火就熔化或收缩，则按照"熔化收缩制品的试验程序"的规定进行试验。

4）试验时间

如果点火时间为 15s，总试验时间是 20s，从开始点火计算；如果点火时间为 30s，总试验时间是 60s，从开始点火计算。

5. 试验结果

（1）记录点火位置。

（2）对于每块试样，记录以下现象：①试样是否被引燃；②火焰尖端是否到达距点火点 150mm 处，并记录该现象发生时间；③是否发生滤纸被引燃；④观察试样的物理行为。

6. 试验报告

①试验依据标准；②试验方法偏差；③试验室名称和地址；④试验报告日期和编号；⑤委托方名称和地址；⑥制造商/代理方名称和地址；⑦到样日期；⑧制品标识；⑨相关抽样程序描述；⑩试验制品的一般说明，包括密度、面密度、厚度及试样的结构形状等；⑪状态调节说明；⑫使用基材和安装方法说明；⑬试验日期；⑭若采用附加试验程序，按照规定描述试验结果；⑮点火时间；⑯试验期间的试验现象；⑰关于建筑制品的应用目的信息；⑱注明"本试验结果只与制品的试样在特定试验条件下的性能相关，不能将其作为评价该制品在实际使用中潜在火灾危险性的唯一依据"。

### 2.4.5　单体燃烧试验

《建筑材料或制品的单体燃烧试验》GB/T 20284 规定了用以确定建筑材料或制品在单体燃烧试验（SBI）中的对火反应性能的方法。该标准的制定是用以确定平板式建筑制品的对火反应性能。对某些制品，如线性制品（套管、管道、电缆等）则需采用特殊的规定，其中管状隔热材料采用"管状隔热材料的标准化安装及固定条件"规定的方法。

背板是指用以支撑试样的硅酸钙板，既可安装于自撑试样的背面与其直接接触，亦可与其有一定距离；试样是指用于试验的制品（可包括实际应用中采用的安装技术，亦可包括适当的空气间隙和/或基材）；基材是指紧贴在制品下面的材料，需提供与其有关的信息；持续燃烧是指火焰在试样表面或其上方持续至少一段时间的燃烧。

1. 试验装置

单体燃烧试验装置包括燃烧室、试验设备（小推车、框架、燃烧器、集气罩、收集器和导管）、排烟系统和常规测量装置。需注意的是，从小推车下方进入燃烧室的空气应为新鲜的洁净空气。

2. 试验试样

1）试样尺寸

（1）板式制品尺寸如下：短翼：（495±5）mm×（1500±5）mm；长翼：（1000±5）mm×（1500±5）mm。

（2）除非在制品说明中有规定，否则若试样厚度超过 200mm，则应将试样的非受火面切除掉以使试样厚度为 $200_{-10}^{0}$ mm。

（3）应在长翼的受火面距试样的夹角最远端的边缘、且距试样底边高度分别为 500±3mm 和 1000±3mm 处画两条水平线，以观察火焰在这两个高度边缘的横向传播情况。所画横线的宽度值小于等于 3mm。

2）试样的安装

（1）实际应用安装方法

对样品进行试验时，若采用制品要求的实际应用方法进行安装，则试验结果仅对该应用方式有效。

（2）标准安装方法

采用标准安装方法对制品进行试验时，试验结果除了对以该方式进行实际应用的情况有效外，对更广范围内的多种实际应用方式也有效。采用的标准安装方法及其有效性范围应符合相关的制品规范以及下述规定：

① 在对实际应用中自立无需支撑的板进行试验时，板应自立于距背板至少 80mm 处。对在实际应用中其后有通风间隙的板进行试验时，其通风间隙的宽度应至少为 40mm。对于这两种板，离试样角最远端的间隙的侧面应敞开，并去掉标准中所述的活动盖板，且两个试样翼后的间隙应为开敞式连接。对于其他类型的板，离角最远的间隙的侧面应封闭，规定所述的盖板应保持原位且两个试样翼后的间隙不应为开敞式连接。

② 对于在实际应用中以机械方式固定于基材上的板，应采用适当的紧固件将板固定于相同基材上进行试验。对于延伸出试样表面的紧固件，其安装方法应使得试样翼能与底部的 U 形卡槽相靠并能与其侧面的另一试样翼完全相靠。

③ 对于在实际应用中以机械方式固定于基材且其后有间隙的板，试验时应将其与基材和背板及间隙一道进行试验。基材与背板之间的距离至少应为 40mm。

④ 对于在实际应用中粘接于基材上的制品，应将其粘接在基材上后再进行试验。

⑤ 所试验制品有水平接缝的，试验时水平接缝设置在样品的长翼上，且距样品底边 500mm；所试验制品有垂直接缝的，试验时垂直接缝在样品长翼上，且距夹角棱线 200mm，试样两翼安装好后进行试验时测量上述距离。

⑥ 有空气槽的多层制品，试验时空气槽应为垂直方向。

⑦ 标准基材应符合《建筑制品对火反应试验　状态条件程序及基本材料选择的一般规则》EN 13238 的要求。基材的尺寸应与试样的尺寸一致。

⑧ 对表面不平整的制品进行试验时，受火面中 250mm$^2$ 具有代表性的面上最多只有 30% 的面与 U 形卡槽后侧所在的垂直面相距 10mm 以上。可通过改变表面不平整的样品的形状和/或使样品延伸出 U 形卡槽至燃烧器的一侧来满足该要求。样品不应延伸出燃烧器（即延伸出 U 形卡槽的最长距离为 40mm）。

3）试样翼在小推车中的安装

（1）试样翼在小推车中的安装要求

① 试样短翼和背板安装于小推车上，背板的延伸部分在主燃烧器的侧面且试样的底边与小推车底板上的短 U 形卡槽相靠。

② 试样长翼和背板安装于小推车上，背板的一端边缘与短翼背板的延伸部分相靠且试样的底边与小推车底板上的长 U 形卡槽相靠。

③ 试样双翼在顶部和底部均应用固定件夹紧。

④ 为确保背板的交角棱线在试验过程中不至于变宽，应符合以下其中一条规定：长度为 1500mm 的 L 形金属角条应放于长翼背板的后侧边缘处，并与短翼背板在交角处靠紧。采用紧固件以 250mm 的最大间距将 L 形角条与背板相连；或钢质背网应安装在背板背面。

（2）试验样品的暴露边缘和交角处的接缝可用一种附加材料加以保护，而这种保护要与该制品在实际中的使用相吻合。若使用了附加材料，则两翼边的宽度包含该附加材料在内应符合规定的要求。

（3）将试样安装在小推车上，应从以下几个方面进行拍照：

① 长翼受火面的整体镜头：长翼的中心点应在视景的中心处。照相机的镜头视角与长翼的表面垂直。

② 距小推车底板 500mm 高度处长翼的垂直外边的特写镜头：照相机的镜头视角应水

平并与翼的垂直面约成 45°角。

③ 若按相关规定使用了附加材料，则应拍摄使用这种材料处的边缘和接缝的特写镜头。

4）试样数量

应根据"试验步骤"用三组试样（三组长翼加短翼）进行试验。

3. 状态调节

(1) 状态调节应根据《建筑制品对火反应试验　状态条件程序及基本材料选择的一般规则》EN 13238 以及下述（2）中规定的要求进行。

(2) 组成试样的部件既可分开也可固定在一起进行状态调节。但是，对于胶合在基材上进行试验的试样，应在状态调节前将试样胶合在基材上（对于固定在一起的试样，状态调节需要更长的时间才能达到质量恒定）。

4. 方法概述

(1) 由两个成直角的垂直翼组成的试样暴露于直角底部的主燃烧器产生的火焰中，火焰由丙烷气体燃烧产生，丙烷气体通过砂盒燃烧器并产生 $30.7\pm2.0kW$ 的热输出。

(2) 试样的燃烧性能通过 20min 的试验过程来进行评估。性能参数包括：热释放、产烟量、火焰横向传播和燃烧滴落物及颗粒物。

(3) 在点燃主燃烧器前，应利用离试样较远的辅助燃烧器对燃烧器自身的热输出和产烟量进行短时间的测量。

(4) 一些参数测量可自动进行，另一些则可通过目测法得出。排烟管道配有用以测量温度、光衰减、$O_2$ 和 $CO_2$ 的摩尔分数以及管道中引起压力差的气流的传感器。这些数值是自动记录的并用以计算体积流速、热释放速率和产烟率。

(5) 对火焰的横向传播和燃烧滴落物及颗粒物可采用目测法进行测量。

5. 试验步骤

1）概要

将试样安装在小推车上，主燃烧器已位于集气罩下的框架内，按规定步骤依次进行试验，直至试验结束。整个试验步骤应在试样从状态调节室中取出后的 2h 内完成。

2）试验操作

(1) 将排烟管道的体积流速设为 $0.60\pm0.05m^3/s$。在整个试验期间，该体积流速应控制在 $0.50\sim0.65m^3/s$ 的范围内［在试验过程中，因热输出的变化，需对一些排烟系统（尤其是设有局部通风机的排烟系统）进行人工或自动重调，以满足规定的要求］。

(2) 记录排烟管道中热电偶 $T_1$、$T_2$ 和 $T_3$ 的温度以及环境温度且记录时间至少应达 300s。环境温度应在 $20\pm10℃$ 内，管道中的温度与环境温度相差不应超过 4℃。

(3) 点燃两个燃烧器的引燃火焰（如使用了引燃火焰）。试验过程中引燃火焰的燃气供应速度变化不应超过 5mg/s。

(4) 记录试验前的情况。需记录的数据见下述的"试验前的情况"。

(5) 采用精密计时器开始计时并自动记录数据。开始的时间 $t$ 为 0s。需记录的数据见下述的"数据采集"。

(6) 在 $t$ 为 $120\pm5s$ 时：点燃辅助燃烧器并将丙烷气体的质量流量调至 $647\pm10mg/s$，此调整应在 $t$ 为 150s 前进行。整个试验期间丙烷气质量流量应在此范围内（在 $210s<t<$

270s这一时间段是测量热释放速率的基准时段）。

（7）在 $t$ 为300±5s时：丙烷气体从辅助燃烧器切换到主燃烧器。观察并记录主燃烧器被引燃的时间。

（8）观察试样的燃烧行为，观察时间为1260s并在记录单上记录数据。需记录的数据见下文的"火焰在长翼上的横向传播""燃烧颗粒物或滴落物"。试样暴露于主燃烧器火焰下的时间规定为1260s。在1200s内对试样进行性能评估。

（9）在 $t \geqslant 1560$s 时：停止向燃烧器供应燃气；停止数据的自动记录。

（10）当试样的残余燃烧完全熄灭至少1min后，应在记录单上记录试验结束时的情况。应记录的数据见下文的"试验结束时的情况"。应在无残余燃烧影响的情况下记录试验结束时的现象。若试样很难彻底熄灭，则需将小推车移出。

3）目测法和数据的人工记录

（1）概要

数值应采用目测法观察得出并按规定格式记录。应向观察者提供安装有记录仪的精密计时器。得到的观察结果应记录在记录单上。

（2）试验前的情况

应记录以下数值：环境大气压力（Pa）；环境相对湿度（%）。

（3）火焰在长翼上的横向传播

在试验开始后的1500s内，在500～1000mm的任何高度，持续火焰到达试样长翼远边缘处时，火焰的横向传播应予以记录。火焰在试样表面边缘处至少持续5s为该现象的判据。当试样安装于小推车中时，是看不见试样的底边缘的。安装好试样后，试样在小推车的U形卡槽顶部位置的高度约为20mm。

（4）燃烧颗粒物或滴落物

① 仅在开始受火后的600s内及仅当燃烧滴落物/颗粒物滴落到燃烧器区域外的小推车底板（试样的低边缘水平面内）上时，才记录燃烧滴落物/颗粒物的滴落现象。燃烧器区域定义为试样翼前侧的小推车底板区，与试样翼之间的交角线的距离小于0.3m。应记录以下现象：在给定的时间间隔和区域里，滴落后仍在燃烧但燃烧时间不超过10s的燃烧滴落物/颗粒物的滴落情况；在给定的时间间隔和区域里，滴落后仍在燃烧但燃烧时间超过10s的燃烧滴落物/颗粒物的滴落情况。

② 需在小推车的底板上画一1/4圆，以标记燃烧器区域的边界。画线的宽度应小于3mm。

③ 注意事项：接触到燃烧器区域外的小推车底板上且仍在燃烧的试样部分应视为滴落物，即使这些部分与试样仍为一个整体（如强度较弱的制品的弯曲）。为防止熔化的材料从燃烧器区域里流到燃烧器区域外，需在燃烧器区域边界处两个长、短翼的U形卡槽上各安装一块挡片。

（5）试验结束时的情况

应记录以下数值：排烟管道中"综合测量区"的透光率（%）；排烟管道中"综合测量区"的 $O_2$ 摩尔分数；排烟管道中"综合测量区"的 $CO_2$ 的摩尔分数。

（6）现象记录

应记录以下现象：表面的闪燃现象；试验过程中，试样生成的烟气没被吸进集气罩而从小推车溢出并流进旁边的燃烧室；部分试样发生脱落；夹角缝隙的扩展（背板间相互固定的失效）；根据"试验的提前结束"的规定可用以判断试验提前结束的一种或多种情况；试样的变形或垮塌；对正确解释试验结果或对制品应用领域具有重要性的所有其他情况。

4）数据采集

（1）在"试验操作"中规定的时间段内，应每 3s 便自动测量和记录规定的数值，并储存这些数值以作进一步处理。

（2）时间（s）；定义开始记录数据时，$t=0$。

（3）供应给燃烧器的丙烷气体的质量流量（mg/s）。

（4）在排烟管道的综合测量区，双向探头所测试的压力差（Pa）。

（5）在排烟管道的综合测量区，从光接收器中发出的白光系统信号（%）。

（6）排烟管道气流中的 $O_2$ 摩尔分数，在排烟管道的综合测量区中的气体取样探头处取样。仅在排烟管道中测量 $O_2$ 和 $CO_2$ 的浓度；假设进入燃烧室的空气里的两种气体的浓度均恒定。但应注意从耗氧（如通过燃烧试验耗氧）空间里来的空气不能满足这一假设。

（7）排烟道气流中的 $CO_2$ 摩尔分数，在排烟管道的综合测量区中的气体取样探头处取样。

（8）小推车底部空气入口处的环境温度（K）。

（9）排烟管道综合测量区中的三支热电偶的温度值（K）。

5）试验的提前结束

若发生以下任一种情况，则可在规定的受火时间结束前关闭主燃烧器：

（1）一旦试样的热释速率超过 350kW，或 30s 期间的平均值超过 280kW。

（2）一旦排烟管道温度超过 400℃，或 30s 期间的平均值超过 300℃。

（3）滴落在燃烧器砂床上的滴落物明显干扰了燃烧器的火焰或火焰因燃烧器被堵塞而熄灭。若滴落物堵塞了一半的燃烧器，则可认为燃烧器受到实质性干扰。

（4）记录停止向燃烧器供气时的时间以及停止供气的原因。

（5）若试验提前结束，则分级试验结果无效。

6. 试验结果

（1）每次试验中，样品的燃烧性能应采用平均热释放速率 $HRR_{av}(t)$、总热释放量 $THR(t)$ 和 $1000 \times HRR_{av}(t)/(t-300)$ 的曲线图表示，试验时间为 $0 \leqslant t \leqslant 1500s$。还可以根据规定所计算出的燃烧增长速率指数 $FIGRA_{0.2MJ}$ 和 $FIGRA_{0.4MJ}$ 以及在 600s 内的总热释放量 $THR_{600s}$ 的值以及根据"试验结束时的情况"判定是否发生了火焰横向传播至试样边缘处的这一现象来表示。

（2）每次试验中，样品的产烟性能应采用 $SPR_{av}(t)$、生成的总产烟量 $TSP(t)$ 和 $10000 \times SPR_{av}(t)/(t-300)$ 的曲线图表示，试验时间为 $0 \leqslant t \leqslant 1500s$。还可以采用根据规定所计算出的烟气生成速率指数 $SMOGRA$ 的值和 600s 内生成的总产烟量 $TSP_{600s}$ 的值来表示。

（3）每次试验中，关于制品的燃烧滴落物和颗粒物生成的燃烧行为，应分别按照规定进行判定，以是否有燃烧滴落物和颗粒物这两种产物生成或只有其中一种产物生成来表示。

7. 试验报告

①试验所依据的标准；②试验方法产生的偏差；③试验室的名称及地址；④报告的日期和编号；⑤委托试验单位的名称及地址；⑥生产厂家的厂名及地址（若知道）；⑦到样

日期；⑧制品标识；⑨有关抽样步骤的说明；⑩试验制品的一般说明，包括密度、面密度、厚度以及试样结构形状；⑪有关基材及其紧固件（若使用）的说明；⑫状态调节的详情；⑬试验日期；⑭试验结果；⑮符合规定的照片资料；⑯试验中观察到的现象；⑰下列陈述："在特定的试验条件下，试验结果与试样的性能有关；试验结果不能作为评估制品在实际使用条件下潜在火灾危险性的唯一依据"。

### 2.4.6 氧指数测定（室温试验）

《塑料 用氧指数法测定燃烧行为 第 2 部分：室温试验》GB/T 2406.2 描述了在规定试验条件下，在氧、氮混合气流中，刚好维持试样燃烧所需最低氧浓度的测定方法，其结果定义为氧指数。氧指数是指通入 $23\pm2℃$ 的氧、氮混合气体时，刚好维持材料燃烧的最小氧浓度，以体积分数表示。

1. 方法概述

将一个试样垂直固定在向上流动的氧、氮混合气体的透明燃烧筒里，点燃试样顶端，并观察试样的燃烧特性，把试样连续燃烧时间或试样燃烧长度与给定的判据相比较，通过在不同氧浓度下的一系列试验，估算氧浓度的最小值。

为了与规定的最小氧指数值进行比较，试验 3 个试样，根据判据判定至少 2 个试样熄灭。

2. 仪器设备

设备由试验燃烧筒、试样夹、气源、气体测量和控制装置、点火器、计时器、排烟系统和制备薄膜卷筒的工具组成。

3. 设备的校准

为了符合试验方法的要求，应定期按照该标准的规定对设备进行校准，再次校准和使用之间的最大时间间隔应符合标准的规定。

4. 试样制备

1）取样

应按材料标准进行取样，所取样品至少能制备 15 根试样。对已知氧指数在 $\pm2$ 以内波动的材料，需 15 根试样；对于未知氧指数的材料，或显示不稳定燃烧特性的材料，需 $15\sim30$ 根试样。

2）试样尺寸和制备

依照适宜的材料标准或规定的步骤制备试样，模塑和切割试样最适宜的样条形状在表 2.4.6-1 中给出。确保试样表面清洁，且无影响燃烧行为的缺陷，如模塑飞边或机加工的毛刺。

3）试样的标线

为了观察试样燃烧距离，可根据试样的类型和所用的点火方式在一个或多个面上画标线。自撑试样至少在两相邻表面画标线。如使用墨水，在点燃前应使标线干燥。

① 顶面点燃试验标线：按照方法 A 试验Ⅰ、Ⅱ、Ⅲ、Ⅳ或Ⅵ型试样时，应在离点燃端 50mm 处画标线。

② 扩散点燃试验标线：试验Ⅴ型试样时，标线画在支撑框架上。在试验稳定性材料时，为了方便，在离点燃端 20mm 和 100mm 处画标线。

如Ⅰ、Ⅱ、Ⅲ、Ⅳ或Ⅵ型试样用方法 B 试验时，在离点燃端 10mm 和 60mm 处画标线。

试样尺寸　　　　　　　　　　　表 2.4.6-1

| 试样形状a | 尺　寸 | | | 用　途 |
|---|---|---|---|---|
| | 长度(mm) | 宽度(mm) | 厚度(mm) | |
| Ⅰ | 80～150 | 10±0.5 | 4±0.25 | 用于模塑材料 |
| Ⅱ | 80～150 | 10±0.5 | 10±0.5 | 用于泡沫材料 |
| Ⅲb | 80～150 | 10±0.5 | ≤10.5 | 用于片材"接收状态" |
| Ⅳ | 70～150 | 6.5±0.5 | 3±0.25 | 电器用自撑模塑材料或板材 |
| Ⅴb | $140_{-5}^{\ 0}$ | 52±0.5 | ≤10.5 | 用于软膜或软片 |
| Ⅵc | 140～200 | 20 | 0.02～0.10d | 用于能用规定的杆d缠绕"接收状态"的薄膜 |

注：

a. Ⅰ、Ⅱ、Ⅲ和Ⅳ型试样适用于自撑材料。Ⅴ型试样适用于非自撑材料。

b. Ⅲ和Ⅴ型试样所获得的结果，仅用于同样形状和厚度的试样的比较。假定这些材料厚度的变化量是受到其他标准控制的。

c. Ⅳ型试样适用于缠绕后能自撑的薄膜。表中的尺寸是缠绕前原始薄膜的形状。

d. 限于厚度能用规定的棒缠绕的薄膜

4）状态调节

除非另有规定，否则每个试样试验前应在 23±2℃、湿度 50%±5% 条件下至少调节 88h。

说明：含有易挥发可燃物的泡沫材料试样，在 23±2℃、50%±5%状态调节前，应在鼓风烘箱内处理 168h，以除去这些物质。体积较大的这类材料，需要较长的预处理时间。切割含有易挥发可燃物泡沫材料试样的设施需考虑与之相适应的危险性。

5. 测定氧指数的步骤

当不需要测定材料的准确氧指数，只是为了与规定的最小氧指数值相比较时，则使用简化的步骤。

1）设备和试样的安装

（1）试验装置应放置在 23±2℃ 的环境中。必要时将试样放置在 23±2℃、50%±5% 的密闭容器中，当需要时从容器中取出。

（2）如需要，将重新校准设备。

（3）选择起始氧浓度，可根据类似材料的结果选取。另外，可观察试样在空气中的点燃情况，如果试样迅速燃烧，选择起始氧浓度约在 18%（体积分数）；如果试样缓慢燃烧或不稳定燃烧，选择起始氧浓度约在 21%（体积分数）；如果试样在空气中不连续燃烧，选择的起始氧浓度至少为 25%（体积分数），这取决于点燃的难易程度或熄灭前燃烧时间的长短。

（4）确保燃烧筒处于垂直状态。将试样垂直安装在燃烧筒的中心位置，使试样的顶端低于燃烧筒顶口至少 100mm，同时试样的最低点的暴露部分要高于燃烧筒基座的气体分散装置的顶面 100mm。

（5）调整气体混合器和流量计，使氧/氮气体在 23±2℃ 下混合，氧浓度达到设定值，并以 40±2mm/s 的流速通过燃烧筒。在点燃试样前至少用混合气体冲洗燃烧筒 30s。确保点燃及试样燃烧期间气体流速不变。

（6）记录氧浓度，按以下公式计算所用的氧浓度，以体积分数表示。

$$c_O = \frac{100V_O}{V_O + V_N} \tag{2.4.6-1}$$

式中　$c_O$——氧浓度，以体积分数表示；

　　　$V_O$——23℃ 时，混合气体中每单位体积的氧的体积；

　　　$V_N$——23℃ 时，混合气体中每单位体积的氮的体积。

如使用氧分析仪，则氧浓度应在具体使用的仪器上读取。

2）点燃试样

（1）概述

根据试样的形状，按下述要求任选一种点燃方法：Ⅰ、Ⅱ、Ⅲ、Ⅳ或Ⅵ型试样，使用方法 A（顶面点燃）；Ⅴ型试样，使用方法 B（扩散点燃）。在《塑料　用氧指数法测定燃烧行为　第 2 部分：室温试阶》GB/T 2406.2 中，点燃是指有焰燃烧。

说明：

① 试验的氧浓度在等于或接近材料氧指数值表现稳态燃烧和燃烧扩散时，或厚度≤3mm 的自撑试样，发现方法 B 比方法 A 给出的结果更一致，因此方法 B 可用于Ⅰ、Ⅱ、Ⅲ、Ⅳ和Ⅵ型试样。

② 某些材料可能表现为无焰燃烧（例如灼烧燃烧）而不是有焰燃烧，或在低于要求的氧浓度时不是有焰燃烧。当试验这种材料时，必须鉴别所测氧指数的燃烧类型。

（2）方法 A——顶面点燃法

① 顶面点燃是在试样顶面使用点火器点燃。

② 将火焰的最低部分施加于试样的顶面，如需要，可覆盖整个顶面，但不能使火焰对着试样的垂直面或棱，施加火焰 30s，每隔 5s 移开一次，移开时恰好有足够时间观察试样的整个顶面是否处于燃烧状态。在每增加 5s 后，观察到整个试样顶面持续燃烧，立即移开点火器，此时试样被点燃并开始记录燃烧时间和观察燃烧长度。

（3）方法 B——扩散点燃法

① 扩散点燃法是使点火器产生的火焰通过顶面下移到试样的垂直面。

② 下移点火器把可见火焰施加于试样顶面并下移到垂直面近 6mm。连续施加火焰 30s，包括每 5s 检查试样的燃烧中断情况，直到垂直面处于稳态燃烧或可见燃烧部分达到支撑框架的上标线为止。如果使用Ⅰ、Ⅱ、Ⅲ、Ⅳ和Ⅵ型试样，则燃烧部分达到试样的上标线为止。

③ 为了测量燃烧时间和燃烧的长度，当燃烧部分（包括沿着试样表面滴落的任何燃烧滴落物）达到上标线时，就认为试样被点燃。

3）单个试样燃烧行为的评价

（1）当试样按照方法 A 和方法 B 点燃时，开始记录燃烧时间，观察燃烧行为。如果燃烧终止，但在 1s 内又自发再燃，则继续观察计时。

（2）如果试样的燃烧时间和燃烧长度均未超过表 2.4.6-2 规定的相关值，记作"○"反应。如果燃烧时间和燃烧长度两者任何一个超过表 2.4.6-2 规定的相关值，记下燃烧行为和火焰的熄灭情况，此时记作"×"反应。

注意材料的燃烧状况，如滴落、焦糊、不稳定燃烧、灼热燃烧或余辉。

（3）移出试样，清洁燃烧筒及点火器。使燃烧筒温度回到23±2℃，或用另一个燃烧筒代替。

**氧指数测量的判据**　　　　　　　　　　　　　　表2.4.6-2

| 试验类型 | 点燃方法 | 判据(二选其一)[a] | |
|---|---|---|---|
| | | 点燃后的燃烧时间(s) | 燃烧长度[b] |
| Ⅰ、Ⅱ、Ⅲ、Ⅳ和Ⅳ | A 顶面点燃 | 180 | 试样顶端以下50mm |
| | B 扩散点燃 | 180 | 上标线以下50mm |
| Ⅴ | B 扩散点燃 | 180 | 上标线(框架上)以下80mm |

a. 不同形状的试样或不同点燃方式及试验过程,不能产生等效的氧指数效果。

b. 当试样上任何可见的燃烧部分,包括垂直表面流淌的燃烧滴落物,通过规定的标线时,认为超过了燃烧范围。

4）逐步选择氧浓度

"初始氧浓度的确定"和"氧浓度的改变"所述的方法是基于"少量样品升-降法"，利用 $N_T - N_L = 5$ 的特定条件，以任意步长使氧浓度进行一定的变化。

试验过程中，按下述步骤选择氧浓度：

（1）如果前一个试样燃烧行为是"×"反应，则降低氧浓度，或

（2）如果前一个试样燃烧行为是"○"反应，则增加氧浓度。

按"初始氧浓度的确定"和"氧浓度的改变"选择氧浓度的变化步长。

5）初始氧浓度的确定

采取任意合适的步长，重复上述步骤，直到氧浓度（体积分数）之差≤1.0%，且一次是"○"反应，另一次是"×"反应为止。将这组氧浓度中的"○"反应，记作初始氧浓度，然后按"氧浓度的改变"进行。

氧浓度之差≤1.0%的两个相反结果，不一定从连续试验的试样中得到。给出的"○"反应的氧浓度不一定比给出"×"反应的氧浓度低。使用表格记录本条和"试验结果记录单"所述的各条要求的信息。

6）氧浓度的改变

（1）再次利用初始氧浓度，重复上述步骤试验一个试样，记录所用的氧浓度和"×"反应或"○"反应，作为 $N_L$ 和 $N_T$ 的第一个值。

（2）按"逐步选择氧浓度"改变氧浓度，并按上述步骤试验其他试样，氧浓度（体积分数）的改变量为总混合气体的0.2%，记录氧浓度值及相应的反应，直到按上述（1）获得的相应反应不同为止。

由（1）获得的结果及（2）类似反应的结果构成 $N_L$ 系列。

（3）保持 $d = 0.2\%$，按照上述步骤试验4个以上的试样，并记录每个试样的氧浓度和反应类型，最后一个试样的氧浓度记为 $c_f$。

这四个结果连同由（2）获得的最后结果（与（1）获得的反应不同的结果）构成 $N_T$ 系列的其余结果，即：$N_T = N_L + 5$

（4）按照"氧浓度测量的标准偏差"由 $N_T$ 系列（包括 $c_f$）最后的六个反应计算氧浓度的标准偏差，如果满足条件：

$$\frac{2\bar{\sigma}}{3} < d < 1.5\bar{\sigma}$$

按照式（2.4.6-2）计算氧指数。另外，

① 如果 $d < \dfrac{2\bar{\sigma}}{3}$，增加 $d$ 值，重复上述（2）～（4）的步骤直到满足条件，或

② 如果 $d > 1.5\bar{\sigma}$，减小 $d$ 值，直到满足条件。除非相关材料标准有要求，$d$ 不能低于 0.2。

6. 结果的计算与表示

1）氧指数

氧指数，以体积分数表示，由下式计算：

$$OI = c_{\mathrm{f}} + kd \tag{2.4.6-2}$$

式中　$c_{\mathrm{f}}$——按测量及记录的 $N_{\mathrm{T}}$ 系列中最后氧浓度值，以体积分数表示（%），取一位小数；

　　　$d$——按使用和控制的氧浓度的差值，以体积分数表示（%），取一位小数；

　　　$k$——按规定由标准获得的系数；

按规定计算氧浓度的标准偏差 $\bar{\sigma}$ 时，氧指数值取两位小数。

报告氧指数值时，精确至 0.1，不修约。

2）$k$ 值的确定

$k$ 值和符号取决于按"氧浓度的改变"试验的试样反应类型，可由表 2.4.6-3 按下述的方法确定：

由 Dixon's "升-降法" 进行测定时用于计算氧指数浓度的 $k$ 值　　　表 2.4.6-3

| 1 | 2 | 3 | 4 | 5 | 6 |
|---|---|---|---|---|---|
| 最后五次测定的反应 | $N_{\mathrm{L}}$ 前几次测量反应如下时的 $k$ 值 | | | | |
|  | a)　○ | ○○ | ○○○ | ○○○○ |  |
| 10　×○○○○ | −0.55 | −0.55 | −0.55 | −0.55 | ○×××× |
| ×○○○× | −1.25 | −1.25 | −1.25 | −1.25 | ○×××○ |
| ×○○×○ | 0.37 | 0.38 | 0.38 | 0.38 | ○××○× |
| ×○○×× | −0.17 | −0.14 | −0.14 | −0.14 | ○××○○ |
| ×○×○○ | 0.02 | 0.04 | 0.04 | 0.04 | ○×○×× |
| ×○×○× | −0.50 | −0.46 | −0.45 | −0.45 | ○×○×○ |
| ×○××○ | 1.17 | 1.24 | 1.25 | 1.25 | ○×○○× |
| ×○××× | 0.61 | 0.73 | 0.76 | 0.76 | ○×○○○ |
| ××○○○ | −0.30 | −0.27 | −0.26 | −0.26 | ○○××× |
| ××○○× | −0.83 | −0.76 | −0.75 | −0.75 | ○○××○ |
| ××○×○ | 0.83 | 0.94 | 0.95 | 0.95 | ○○×○× |
| ××○×× | 0.30 | 0.46 | 0.50 | 0.50 | ○○×○○ |
| ×××○○ | 0.50 | 0.65 | 0.68 | 0.68 | ○○○×× |
| ×××○× | −0.04 | 0.19 | 0.24 | 0.25 | ○○○×○ |
| ××××○ | 1.60 | 1.92 | 2.00 | 2.01 | ○○○○× |
| ××××× | 0.89 | 1.33 | 1.47 | 1.50 | ○○○○○ |
|  | $N_{\mathrm{L}}$ 前几次反应如下时的 $k$ 值 | | | | 最后 5 次测定的反应 |
|  | b)　× | ×× | ××× | ×××× |  |
|  | 对应第 6 栏的反应上表给出的 $k$ 值，但符号相反，即：$OI = c_{\mathrm{f}} - kd$ | | | | |

（1）若按"氧浓度的改变（1）"的试样是"○"反应，则第一个相反的反应"氧浓度的改变（2）"是"×"反应；当按"氧浓度的改变（3）"试验时，在表 2.4.6-3 的第 1 栏，找出与最后 4 个反应符号相对应的那一行，找出 $N_L$ 系列（按"氧浓度的改变（1）、（2）"获得）中"○"反应的数目，作为该表 a）行中"○"的数目，$k$ 值和符号在第 2、3、4 或 5 栏中给出。

（2）若按"氧浓度的改变（1）"的试样是"×"反应，则第一个相反的反应是"○"反应，当按"氧浓度的改变（3）"试验时，在表 2.4.6-3 的第 6 栏，找出与最后 4 个反应符号相对应的那一行，找出 $N_L$ 系列（"氧浓度的改变（1）、（2）"获得）中"×"反应的数目，作为该表 b）行中"×"的数目，$k$ 值在第 2、3、4 或 5 栏中给出，但符号相反，查表 2.4.6-3 的负号变成正号，反之亦然。

3）氧浓度测量的标准偏差

氧浓度测量的标准偏差由下式计算：

$$\bar{\sigma} = \left[ \frac{\sum_{i=1}^{n} (c_i - OI)^2}{n-1} \right]^{1/2} \tag{2.4.6-3}$$

式中　$c_i$——$N_T$ 系列测量中最后 6 个反应每个所用的百分浓度；

　　　$OI$——按式（2.4.6-2）计算的氧指数值；

　　　$n$——构成 $\sum(c_i-OI)^2$ 氧浓度测量次数。

7. 方法 C——与规定的最小氧指数值比较（简捷方法）

当不需要测定材料的准确氧指数，只是为了与规定的最小氧指数值相比较时，则使用简化的步骤。若有争议或需要实际氧指数时，应用以上"测定氧指数的步骤"。

（1）除了按前述选择规定的最小氧浓度外，应按规定安装设备和试样。

（2）按规定点燃试样。

（3）试验 3 个试样，按规定评价每个试样的燃烧行为。

如果 3 个试样至少有 2 个在超过表 2.4.6-2 相关判据以前火焰熄灭，记录的是"○"反应，则材料的氧指数不低于指定值；相反，材料的氧指数低于指定值。或按前述试验方法测定氧指数。

8. 试验报告

①试验注明采用的标准编号；②声明本试验结果仅与本试验条件下试样的行为有关，不能用于评价其他形式或其他条件下材料着火的危险性；③注明受试材料完整鉴别，包括材料的类型、密度、材料或样品原有的不均匀性相关的各向异性；④试样类型和尺寸；⑤点燃方法；⑥氧指数值或采用方法 C 时规定的最小氧指数值，并报告是否高于规定的氧指数；⑦任何相关特性和行为的描述，如烧焦、滴落、严重的收缩、不稳定燃烧或余辉；⑧任何偏离标准要求的情况。

9. 相关标准有关"氧指数测定"的规定

《绝热用模塑聚苯乙烯泡沫塑料》GB/T 10801.1 标准要求，按《塑料　用氧指数法测定燃烧行为》GB/T 2406 规定进行试验，样品陈化 28d。试样尺寸（150±1）mm×（12.5±1）mm×（12.5±1）mm。

# 第3章 建筑绝热材料及配套产品检测

## 3.1 有机保温材料

### 3.1.1 钢丝网架模塑聚苯乙烯板

《外墙外保温系统用钢丝网架模塑聚苯乙烯板》GB/T 26540 试验方法，适用于以工厂自动化设备生产的双面或单面钢丝网架为骨架，EPS 为绝热材料，用于现浇混凝土建筑、砌体建筑及既有建筑外墙外保温系统的钢丝网架 EPS 板。其他种类的绝热材料钢丝网架板可参照执行。

腹丝是指穿入绝热材料与网片焊接的钢丝；非穿透型单面钢丝网架 EPS 板是指以单面钢丝网片和焊接其上的未穿透 EPS 板的腹丝为骨架，以阻燃型 EPS 板为绝热材料构成的网架板；穿透型单面钢丝网架 EPS 板是指以单面钢丝网片和焊接其上的穿透 EPS 板的腹丝为骨架，以阻燃型 EPS 板为绝热材料构成的网架板；穿透型双面钢丝网架 EPS 板是指以之字条型腹丝或斜插腹丝和焊接其上的双面钢丝网片为骨架，以阻燃型 EPS 板为绝热材料构成的网架板；界面处理剂是指由水泥、高分子材料组成喷涂于钢丝网架 EPS 板表面的，可提高钢丝网架板与找平层粘结性和 EPS 板的阻燃性的材料。

1. 分类

按腹丝的穿透形式分为：FCT—非穿透型单面钢丝网架 EPS 板、CT—穿透型单面钢丝网架 EPS 板和 Z—穿透型双面钢丝网架 EPS 板。

2. 外观质量

1）外观

界面处理剂涂覆均匀，不得有漏涂或漏喷，与钢丝和 EPS 板附着牢固，干擦不掉粉；表面平整，不得有明显翘曲、变形；EPS 板不得有掉角、破损；焊点区以外的钢丝不允许有锈点。

2）EPS 板对接

板长 3000mm 范围内 EPS 板对接不得多于两处，且对接处需要用胶粘剂粘牢。

3. 性能

性能指标包括热阻、焊点抗拉力、网片焊点漏焊率、腹丝与网片漏焊率、EPS 板密度、燃烧性能。

4. 组批与抽样

以同一原材料、同一生产工艺、同一规格、稳定连续生产的产品为一个检验批。

外观质量、规格与尺寸偏差按《外墙外保温系统用钢丝网架模塑聚苯乙烯板》GB/T 26540 的规定。性能从外观质量、规格与尺寸偏差检验合格的试件中分别抽取。

5. 试验方法

1）规格尺寸和允许偏差

（1）量具：

钢卷尺：精度 1mm；钢直尺：精度 0.5mm；游标卡尺：精度 0.05mm；外卡钳：精度 0.02mm；千分尺：精度 0.01mm；游标万能角度尺：读数值 5′。

（2）试件：在放置至少 24h 的产品中抽取试件。

（3）长度、宽度：将试件放置在至少有 3 个相等间距，具有硬质平滑表面的支撑物上。按图 3.1.1-1 所示用钢卷尺和直尺测量其长度、宽度。取 3 个测量值的算术平均值为测定结果，修约至 1mm。

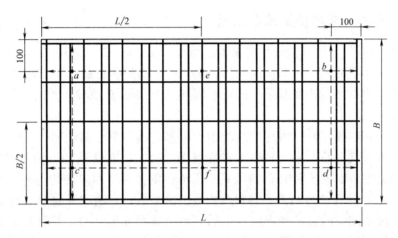

图 3.1.1-1　长度（$L$）、宽度（$B$）和厚度测量位置（单位：mm）

（4）厚度

网架板厚度：按图 3.1.1-1 所示，在 $a$、$b$、$c$、$d$、$e$、$f$ 点，用钢直尺和外卡钳配合或用游标卡尺按图 3.1.1-2 所示测量网架板厚度。取 6 个测量值的算术平均值为测定结果，修约至 1mm。

EPS 板厚度：按图 3.1.1-1 所示，在 $a$、$b$、$c$、$d$、$e$、$f$ 点，用钢直尺和外卡钳配合或用游标卡尺按图 3.1.1-2 所示测量 EPS 板厚度。取 6 个测量值的算术平均值为测定结果，修约至 1mm。

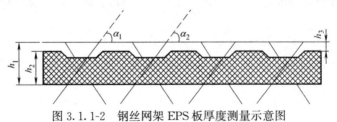

图 3.1.1-2　钢丝网架 EPS 板厚度测量示意图

$h_1$—网架板厚度；$h_2$—EPS 板厚度；$h_3$—钢丝外缘至 EPS 板凸面的距离

2）热阻

沿板材长度方向截取 1 块原厚度的试件，将试件上钢丝网尽量压至与板面紧密接触，然后在有网的一面抹约 10mm 厚的水泥砂浆（普通硅酸盐水泥与砂的重量比为 1∶2.5），样品的另一面将斜插丝头剪至 5mm 以下，再抹约 10mm 厚同样的水泥砂浆（两面砂浆总厚为 20mm），待成型后，放入养护室至规定的龄期，取出测量其热阻值，按《绝热　稳态传热性质的测定　标定和防护热箱法》GB/T 13475 进行试验。

3）焊点抗拉力

按《镀锌电焊网》QB/T 3897 进行试验。

4）EPS 板密度

在试件距板边 100mm 的部位切取 100mm×100mm×原板厚的样块 3 件，拔出样块中腹丝，按《泡沫塑料及橡胶　表观密度的测定》GB/T 6343 标准检测。

5）燃烧性能

按《建筑材料及制品燃烧性能分级》GB 8624—1997 的规定截取试样，将试件的 6 个面分别用 10～15mm 厚的水泥砂浆覆盖，达到养护期后，按照上述标准进行试验。

### 3.1.2　柔性泡沫橡塑绝热制品

《柔性泡沫橡塑绝热制品》GB/T 17794 试验方法，适用于使用温度在 -40～105℃ 的柔性泡沫橡塑绝热制品。柔性泡沫橡塑绝热制品是指以天然或合成橡胶和其他有机高分子材料的共混体为基材，加各种添加剂如抗老化剂、阻燃剂、稳定剂、硫化促进剂等，经混炼、挤出、发泡和冷却定型，加工而成的具有闭孔结构的柔性绝热制品；表观密度是指单位体积的泡沫材料在规定温度和相对湿度时的质量。

1. 分类

按制品燃烧性能分为Ⅰ类和Ⅱ类；按制品形状分为板和管。

2. 外观质量

1）表皮

除去工厂机械切割出的断面外，所有表面均应有自然的表皮，板材可根据用户要求提供一面没有自然表皮的产品。

2）表面

产品表面平整，允许有细微、均匀的折皱，但不应有明显的起泡、裂口等可见缺陷。

3. 物理性能

主要包括：表观密度、燃烧性能、导热系数（平均温度 -20℃、0℃、40℃）、透湿性能（湿透系数、湿阻因子）、真空吸水率、尺寸稳定性（105±3℃，7d）、压缩回弹率（压缩率 50%，压缩时间 72h）和抗老化性（150h）。

4. 抽样

尺寸、外观的抽样方案及判定规则按《柔性泡沫橡塑绝热制品》GB/T 17794 的规定。表观密度、真空吸水率、尺寸稳定性、压缩回弹率的检验在尺寸、外观合格的样品中随机抽取 3 块（条）样品，按《柔性泡沫橡塑绝热制品》GB/T 17794 规定的试验方法进行检验，检验结果应符合规定。

5. 试验方法

1）状态调节

试验环境和试样状态调节，除试验方法中有特殊规定外，按《塑料　试样状态调节和试验的标准环境》GB/T 2918 进行。

2）试件制备

应以供货形态制备试件。当管由于其形式不适宜进行试验或制备试件时，应以同一配方、同一工艺、同期生产的板代替。

3）尺寸测量

尺寸测量试验按《泡沫塑料与橡胶　线性尺寸的测定》GB/T 6342 进行。

4）表观密度

按《泡沫塑料及橡胶　表观密度的测定》GB/T 6343 规定进行，试样的状态调节环境要求为：温度 23±2℃，相对湿度 50％±5％。计算管的密度时，管体积的测定按《柔性泡沫橡塑绝热制品》GB/T 17794 的规定进行。

5）燃烧性能

（1）氧指数按《塑料　用氧指数法测定燃烧行为》GB/T 2406 的方法进行检测、烟密度按《建筑材料燃烧或分解的烟密度试验方法》GB/T 8627 的方法进行检测。

（2）当制品用于建筑领域时，按《建筑材料及制品燃烧性能分级》GB 8624—2006 规定的方法试验并判定燃烧性能等级。

6）导热系数

按《绝热材料稳态热阻及有关特性的测定　防护热板法》GB/T 10294 的规定进行，也可按《绝热材料稳态热阻及有关特性的测定　热流计法》GB/T 10295 或《绝热层稳态传热性质的测定　圆管法》GB/T 10296 进行，测定平均温度−20℃、0℃、40℃下的导热系数。防护热板法为仲裁方法。

7）尺寸稳定性

按《硬质泡沫塑料　尺寸稳定性试验方法》GB/T 8811 进行。试验温度分别为 105±3℃，7d 后测量。测量结果取板状制品长、宽、厚三个方向平均值；管状制品取长度及壁厚的平均值。

8）真空吸水率

（1）方法概述

闭孔材料指闭孔率达 90％的材料。因此，将其浸泡在水中时，只是在表面被切开的气孔里和少部分开孔里积水，由于气孔微小，水不易充满孔隙，而在一定的真空度下，水可迅速进入孔隙，从而达到快速、准确测量的目的。

（2）仪器设备

感量为 0.01g 的天平；真空容器；真空泵；蒸馏水；秒表；试样架。

（3）试样

在温度为 23±2℃，相对湿度为 50％±5％的标准环境下，预置试样 24h。在试样上切取两块试件。板的试件尺寸为 100mm×100mm×原厚；管的试件尺寸为 100mm 长。

（4）试验步骤

① 称量试件，精确到 0.01g，得到初始质量。

② 在真空容器中注入适当高度的蒸馏水。

③ 将试件放在试样架上，并完全浸入水中，盖上真空容器盖，打开真空泵，盖上防护罩，当真空度达到 85kPa 时，开始计时，保持 85kPa 真空度 3min，3min 后关闭真空泵，打开真空容器的进气孔，3min 后取出试件，用吸水纸除去试件表面（包括管内壁和两端）上的水。轻轻抹去表面水分，除去管内壁的水时，可将吸水纸卷成棒状探入管内，

此项操作应在 1min 内完成。

④ 称量试件，精确到 0.01g，得到最终质量。

（5）试验结果

真空吸水率按下式计算：

$$\rho = \frac{M_2 - M_1}{M_1} \times 100 \qquad (3.1.2\text{-}1)$$

式中　$\rho$——真空吸水率（%）；

　　　$M_1$——试件初始质量（g）；

　　　$M_2$——试件最终质量（g）。

计算结果修约至整数。

（6）试验报告

试验报告应包括以下内容：

①采用的标准；②试样的名称或代号；③试验的真空度；④试样浸泡在水中的时间；⑤真空吸水率。

# 3.2　无机保温材料

## 3.2.1　岩棉制品

《建筑外墙外保温用岩棉制品》GB/T 25975 试验方法，适用于薄抹灰外墙外保温系统用岩棉板和岩棉条。岩棉条是指将岩棉板以一定的间距切割成条状翻转 90°使用的制品，该制品的厚度为切割间距，宽度为原岩棉板的厚度。岩棉是指以熔融火成岩为主要原料制成的一种矿物棉，常用的火成岩有玄武岩、辉长岩等。

1. 分类

产品按产品形式分为岩棉板和岩棉条。产品按垂直于表面的抗拉强度水平分为岩棉条 TR100 和岩棉板 TR15、TR10、TR7.5。

2. 外观

表面平整，不应有妨碍使用的伤痕、污迹、破损。

3. 要求

外观、纤维平均直径和渣球含量、尺寸允许偏差和密度允许偏差、酸度系数、氧化钾和氧化钠含量、尺寸稳定性、质量吸湿率、憎水率、短期吸水量（部分浸入）、体积吸水率（全浸）、导热系数、垂直于表面的抗拉强度、压缩强度、剪切强度、剪切模量、燃烧性能和特殊要求。特殊要求包括：有水蒸气透过性能要求时的湿阻因子；有长期吸水量（部分浸入）时的规定指标；有要求时，湿热条件下垂直于表面的抗拉强度保留率应不小于 50%。

4. 抽样

样品的抽取：单位产品应从检查批中随机抽取，样本可以由一个或多个单位产品构成。所有的单位产品被认为是质量相同的，所需的试样可以从单位产品上切取。

抽样方案：型式检验和出厂检验的批量大小和样本大小的二次抽样方案按《建筑外墙外保温用岩棉制品》GB/T 25975 的规定。

5. 试验方法

1）状态调节

试验环境和试验状态的调节，除有特殊规定外，按《矿物棉及其制品试验方法》GB/T 5480 的规定进行。

2）尺寸和密度

按《矿物棉及其制品试验方法》GB/T 5480 的规定进行试验。

3）尺寸稳定性

按《建筑用绝热制品 在指定温度湿度条件下尺寸稳定性的测试方法》GB/T 30806 的规定进行试验。试验条件：温度 70±2℃，时间 48h，试样尺寸（200±1）mm×（200±1）mm，当岩棉条的宽度小于 200mm 时，试样尺寸为以岩棉条宽度为边长的正方形，厚度为样品原厚，试样数量 3 块。

4）质量吸湿率

按《矿物棉及其制品试验方法》GB/T 5480 进行试验。

5）憎水率

按《绝热材料憎水性试验方法》GB/T 10299 进行试验。

6）短期吸水量（部分浸入）

按《建筑用绝热制品 部分浸入法测定短期吸水量》GB/T 30805 的规定进行。试样尺寸（200±1）mm×（200±1）mm，当岩棉条的宽度小于 200mm 时，试样尺寸为以岩棉条宽度为边长的正方形，厚度为样品原厚，试样数量 4 块。

7）导热系数

按《绝热材料稳态热阻及有关特性的测定 防护热板法》GB/T 10294 或《绝热材料稳态热阻及有关特性的测定 热流计法》GB/T 10295 进行试验，防护热板法为仲裁方法。

8）垂直于表面的抗拉强度

按《建筑用绝热制品 垂直于表面抗拉强度的测定 》GB/T 30804 的规定进行试验。试样尺寸（200±1）mm×（200±1）mm，当岩棉条的宽度小于 200mm 时，试样尺寸为以岩棉条宽度为边长的正方形，厚度为样品原厚，试样数量 5 块。

9）压缩强度

按《建筑用绝热制品 压缩性能的测定》GB/T 13480 的规定进行试验。试样尺寸（200±1）mm×（200±1）mm，当岩棉条的宽度小于 200mm 时，试样尺寸为以岩棉条宽度为边长的正方形，厚度为样品原厚，试样数量 5 块。

10）燃烧性能

按《建筑材料及制品燃烧性能分级》GB 8624—2012 的规定进行试验。

### 3.2.2 玻璃棉制品

《建筑绝热用玻璃棉制品》GB/T 17795 试验方法，适用于建筑围护结构绝热和通风管道用玻璃棉制品。玻璃棉板是指将玻璃棉施加热固性粘结剂制成的具有一定刚度的，可自支撑的板状制品；玻璃棉条是指将玻璃板切成一定宽度的板条，旋转 90°制成的制品；无甲醛玻璃棉制品是指采用不含甲醛的粘结剂（如丙烯酸树脂粘结剂、淀粉类粘结剂等）制成的玻璃棉制品；抗水蒸气渗透外覆层是指具有阻隔水蒸气渗透功能的外覆层材料，如铝箔、聚丙烯等。

1. 分类

按粘结剂种类分为普通玻璃棉制品、无甲醛玻璃棉制品；按使用用途划分为内保温用、幕墙用、钢结构用、金属面夹芯板用、通风管道用玻璃棉制品；按形态划分为玻璃棉板（包含用于制作风管的复合玻璃棉板）、玻璃棉毡和玻璃棉条；按外覆层划分为无外覆层制品、有外覆层制品（抗水蒸气渗透外覆层，如铝箔、聚丙烯等；非抗水蒸气渗透外覆层，如玻璃布、无纺布等）。其中，通风管道用玻璃棉制品按使用用途分为通风管道外保温用、风管衬里用、用于制作风管的复合玻璃棉板。

2. 外观质量

产品表面应平整，不应有妨碍使用的伤痕、污迹、破损。有外覆层的制品，外覆层与基材的粘结应平整、牢固。

3. 技术要求

（1）通用要求

外观、尺寸及密度允许偏差、渣球含量、含水率、质量吸湿率、施工性能、导热系数及热阻。

（2）内保温用

纤维平均直径、密度、憎水率、燃烧性能等级、甲醛释放量、TVOC 释放量。

（3）幕墙用

纤维平均直径、密度、憎水率、对金属的腐蚀性、燃烧性能等级。

（4）钢结构用

纤维平均直径、密度、燃烧性能等级。

（5）金属面夹芯板用玻璃棉条

纤维平均直径、密度、压缩强度、燃烧性能等级。

（6）通风管道用

憎水率、甲醛释放量、TVOC 释放量、对金属的腐蚀性、其他性能要求（标称密度、纤维平均直径、燃烧性能、降噪性能、抗霉菌性能）。

（7）选做性能

降噪系数、对金属的腐蚀性、透湿率。

4. 组批与抽样

以同一原料、同一生产工艺、同一品种、同一规格、稳定连续生产的产品为一个检查批，同一批被检制品的生产时限应不超过一星期。

样本抽取：样本可以由一个或几个单位产品构成，每个单位产品就是一个包装箱或一卷，样本应从检查批中随机抽取。对于同一个单位产品中的每个单件产品都被认为是质量相同的。对于检验时所需要的试样可从单位产品中随机抽取。

抽样方案：采用接受质量限 AQL＝15，抽样方案和判定规则按《建筑绝热用玻璃棉制品》GB/T 17795 的规定进行。

5. 试验方法

当进行密度、纤维平均直径、渣球含量、含水率、质量吸湿率、导热系数及热阻、憎水率试验时，如制品带有外覆层，应去除后进行试验，其他项目以制品原形态进行试验。

（1）尺寸及密度

按《矿物棉及其制品试验方法》GB/T 5480 的规定进行。压缩包装的卷毡，在松包并经翻转放置 4h 后进行测试。在计算密度时，应除去外覆层。毡类制品实测厚度小于标称厚度，则按实测厚度计算；如实测厚度大于标称厚度，则按标称厚度计算。计算板的密度时，厚度以实测值计算。测试时毡类试样面积应不小于 $1m^2$；板和条尺寸选取原规格。

（2）含水率

按《建筑材料及制品的湿热性能　含湿率的测定烘干法》GB/T 20313 的规定进行。干燥温度 105±2℃，称取 3 组试样，每组质量为 10±2g。

（3）质量吸湿率

按《矿物棉及其制品试验方法》GB/T 5480 的规定进行试验。

（4）导热系数及热阻

按《绝热材料稳态热阻及有关特性的测定　热流计法》GB/T 10295 或《绝热材料稳态热阻及有关特性的测定　防护热板法》GB/T 10294 的规定进行，防护热板法为仲裁方法。玻璃棉条的导热系数测试时，按玻璃棉条的形态进行检测，宽度不够时可拼接至满足试验要求。

（5）纤维平均直径

按《矿物棉及其制品试验方法》GB/T 5480 的规定进行。

（6）燃烧性能

按《建筑材料及制品燃烧性能分级》GB 8624—2012 的规定进行试验。

（7）甲醛释放量

按《矿物棉及其制品甲醛释放量的测定》GB/T 32379—2015 规定的 $1m^3$ 气候箱法进行。

（8）TVOC 释放量

按照《人造板及其制品中挥发性有机化合物释放量试验方法　小型释放舱法》GB/T 29899 的规定进行，使用 $1m^3$ 小型释放舱，温度 23±0.5℃，相对湿度 50％±3％，产品负载率为 1，单面不封边，空气交换率为 1 次/h。

（9）压缩强度

按《建筑用绝热制品　压缩性能的测定》GB/T 13480 的规定进行。试样尺寸应为 100mm×100mm。若样品宽度不足 100mm 时，试样尺寸以玻璃棉条宽度为边长的正方形，厚度为样品的厚度，然后进行试验。采用 50Pa 预压力，连续压缩试样直至屈服得到压缩强度值。

（10）透湿率

按照《建筑材料及其制品水蒸气透过性能试验方法》GB/T 17146 的规定进行。试验条件为 23±0.5℃，相对湿度 75％±3％，外覆层朝向湿度较高的一面。当制品厚度超过 30mm 时，可裁至 30mm 进行试验，但不应破坏外覆层。

### 3.2.3　膨胀珍珠岩绝热制品

《膨胀珍珠岩绝热制品》GB/T 10303 试验方法，适用于以膨胀珍珠岩为主要成分制成的绝热制品。膨胀珍珠岩绝热制品是指以膨胀珍珠岩为主要成分，掺加适量的粘结剂制成的绝热制品。憎水型膨胀珍珠岩绝热制品是指产品中添加憎水剂，降低了亲水性能的膨胀珍珠岩绝热制品。

1. 分类

按产品密度分为 200 号、250 号；按产品有无憎水性分为普通型和憎水型；按产品用途分为建筑物用膨胀珍珠岩绝热制品和设备及管道、工业窑炉用膨胀珍珠岩绝热制品；按制品外形分为平板、弧形板和管壳。

2. 外观质量

外观质量包括垂直度偏差、合缝间隙、弯曲、裂纹、缺棱掉角。

3. 物理性能

密度、导热系数 25±2℃、S 类产品：350±5℃、抗压强度、抗折强度、质量含水率。

4. 组批与抽样

以相同原材料、相同工艺制成的膨胀珍珠岩绝热制品按形状、品种、尺寸分批验收，每 10000 块为一检查批量，不足 10000 块也视为一批。

从每批产品中随机抽取 80 块制品作为检验样本，进行外观质量与尺寸允许偏差检验。外观质量与尺寸允许偏差检验合格的样品用于其他项目的检验。

5. 试验方法

1）尺寸允许偏差

按《无机硬质绝热制品试验方法》GB/T 5486—2008 的规定进行试验。尺寸偏差是同一试件同一方向测量尺寸的算术平均值减去其公称尺寸的差值。

2）密度、质量含水率、抗压强度、抗折强度

按《无机硬质绝热制品试验方法》GB/T 5486—2008 的规定试验。

3）导热系数

按《绝热材料稳态热阻及有关特性的测定　防护热板法》GB/T 10294、《绝热材料稳态热阻及有关特性的测定　热流计法》GB/T 10295、《绝热层稳态传热性质的测定　圆管法》GB/T 10296 的规定进行试验，350℃的导热系数也可按《非金属固体材料导热系数的测定》GB/T 10297 的规定。防护热板法为仲裁方法。

4）燃烧性能

按《建筑材料不燃性试验方法》GB/T 5464 和《建筑材料及制品的燃烧性能　燃烧热值的测定》GB/T 14402 的规定进行试验。

### 3.2.4　泡沫玻璃

《泡沫玻璃绝热制品》JC/T 647 试验方法，适用于工业绝热、建筑绝热等领域使用的具有封闭气孔结构的泡沫玻璃绝热制品，其使用温度范围为 73～673K（－200～400℃）。耐酸性是指制品抵抗酸腐蚀的能力，以试验前后试样质量比值表示；耐碱性是指制品抵抗碱腐蚀的能力，以单位面积质量变化表示；抗热震性是指制品对温度急剧变化所产生破损的抵抗能力。

1. 分类

按制品的密度分为Ⅰ型、Ⅱ型、Ⅲ型和Ⅳ型四个型号；按制品的外形分为平板、管壳和弧形板；按制品的用途分为工业用泡沫玻璃绝热制品、建筑用泡沫玻璃绝热制品。

2. 外观质量

外观质量包括垂直度偏差、弯曲和外观缺陷（缺棱、缺角、裂纹、孔洞）。

3. 物理性能

（1）工业用泡沫玻璃制品的物理性能：密度、导热系数（平均温度 $150\pm3℃$、$25\pm2℃$、$10\pm2℃$、$-40\pm2℃$）、抗压强度、抗折强度、体积吸水率、透湿系数。

（2）建筑用泡沫玻璃制品的物理性能：密度、导热系数（平均温度 $25\pm2℃$）、抗压强度、抗折强度、透湿系数、垂直于板面方向的抗拉强度、尺寸稳定性（$70\pm2℃$，48h）、吸水量、耐碱性（外墙外保温时有此要求）。

4. 特定要求

腐蚀性、最高使用温度、耐酸性、抗热震性、抗冻性、燃烧性能。

5. 组批与抽样

以同一原料、配方、同一生产工艺稳定连续生产的同一品种产品为一批，每批数量以 $200m^3$ 为限，同一批被检产品的生产时限不应超过 7d。

样本抽取：尺寸、外观质量和密度检验按《泡沫玻璃绝热制品》JC/T 647 的规定确定样本大小。以每个独立包装作为一个样本单位，每个样本单位全部制品视为质量完全相同的材料，从样本单位中随机抽取一块作为试样。

抽样方案：型式检验和出厂检验的批量大小和样本大小的二次抽样方案按《泡沫玻璃绝热制品》JC/T 647 的规定进行。

6. 试验方法

1）试样制备

（1）试样在试验前应放置在温度为 $23\pm5℃$，相对湿度为 30％～70％的环境中进行状态调节，放置时间不少于 24h。

（2）以供货形态制备试样，如果管壳或弧形板由于其形状不适宜制备物理性能用试样时，可用同一工艺、同一配方、同一类型、同期生产的平板制品代替。

2）尺寸及其允许偏差

按《无机硬质绝热制品试验方法》GB/T 5486—2008 中的规定进行试验。

3）密度允许偏差

按《无机硬质绝热制品试验方法》GB/T 5486—2008 中的规定进行试验。

4）抗压强度

（1）仪器设备

试验机：压力试验机或万能试验机，相对示值误差应不大于 1％；游标卡尺：分度值为 0.02mm；钢直尺：分度值为 1mm；电子天平：分度值为 0.01g；恒温恒湿室：能将温度控制在 $23\pm2℃$，相对湿度为 50％±5％的房间或箱体；辅助材料：固含量 50％的乳化沥青（或软化点 40～75℃石油沥青）、1mm 厚的石油沥青浸渍纸或者轻质牛皮纸、刮刀、熔化沥青用坩埚等辅助器具。

（2）试样尺寸和数量

①应从外观质量检验合格的制品中选取 3 块作为抗压强度试验的样品。分别在每块样品中制备长度和宽度为 200mm×200mm 的试样 2 块，试样的厚度应为制品的厚度且试样最小厚度为 50mm。

② 试样的数量为6块。若有特殊要求的，可由供需双方协商决定。

（3）试样制备

① 将制备好的试样放置在温度为23±2℃，相对湿度为50％±5％的恒温室进行状态调节，放置时间不少于24h。

② 将状态调节好的试样取出，试样两受压面涂刷乳化沥青或熔化的石油沥青。具体方法如下：用刮刀将乳化沥青或石油沥青涂刮到试样受压面，使受压面表面微孔全部填满，每个受压面的涂布量为1.0±0.25kg/m²。然后立即将预先裁制好的与试样受压面尺寸相同的石油沥青浸渍纸或者轻质牛皮纸覆盖在试样的受压面上。随后将试样放置在温度为23±2℃，相对湿度为50％±5％的恒温恒湿室，放置时间至少为24h，使沥青在试验前硬化。

（4）试验步骤

①在试样两受压面距棱边10mm处用钢直尺测量试样的长度和宽度，精确至1mm，用游标卡尺测量试样两相对面的厚度，精确至0.05mm。长度和宽度的测量结果分别为4个测量值的算术平均值，厚度的测量结果为2个测量值的算术平均值。

② 将试样放置在试验机的压板上，使试样的中心与试验机压板的中心相重合。

③ 开动试验机，当上压板与试样相接近时，调整球座，使试样受压面与压板均匀接触。

④ 对于液压试验机，采用2200N/s的速度对试样施加荷载；对于螺杆传动的试验机，采用0.1$d$ mm/min（$d$为试样的厚度）的速度对试样施加荷载至试样破坏，或者在30～90s时间内对试样施加荷载直至破坏。记录试样破坏时或有明显屈服点时的荷载，精确至1％。

（5）试验结果

① 每个试样的抗压强度按下式计算，精确至0.01MPa。

$$\sigma = \frac{F}{A} \qquad (3.2.4\text{-}1)$$

式中　$\sigma$——试样的抗压强度（MPa）；

　　　$F$——试样破坏时或有明显屈服点时的荷载（N）；

　　　$A$——试样的受压面积（mm²）。

② 制品的抗压强度为6个试样抗压强度的算术平均值，精确至0.01MPa。若单块试样的抗压强度值偏离超过制品抗压强度算术平均值的20％及以上，则该数据无效，应重新制备试样进行试验。

5）抗折强度

（1）仪器设备

抗折试验机：相对示值误差应不大于1％；游标卡尺：分度值为0.02mm；钢直尺：分度值为1mm；恒温恒湿室：能将温度控制在23±2℃，相对湿度为50％±5％的房间或箱体。

（2）试样尺寸和数量

①应从外观质量检验合格的制品中选取4块作为抗折强度的样品。②从每块样品上制

91

备长度为 300mm，宽度为 100mm，厚度为 25mm 的试样 1 块，共 4 块。③若有特殊要求的，试样数量可由供需双方按协商决定。

（3）状态调节

将制备好的试样放置在温度为 23±2℃，相对湿度为 50%±5% 的恒温室进行状态调节，放置时间不少于 24h。

（4）试验步骤

① 用游标卡尺测量试样中心部位的宽度和厚度，精确至 0.1mm。宽度和厚度分别测量 3 次，取 3 次测量值的算术平均值作为试样的宽度和厚度。

② 调整两支座辊轴间的距离为 250mm，且加压辊轴位于两支座辊轴间。用钢直尺测量两支座辊轴间的距离以及加压辊轴与支座辊轴间的距离，误差应小于 1%。

③ 将试样对称地放在两支座辊轴间，试样的边缘距支座辊轴中心线的距离为 25mm。

④ 调整加荷速度，使加压辊轴以 4mm/min 的速度对试样施加荷载至试样破坏，记录破坏时的最大荷载，精确至 1N。

（5）试验结果

① 每个试样的抗折强度按下式计算，精确至 0.01MPa。

$$R=\frac{3PL}{2bd^2}$$ （3.2.4-2）

式中　$R$——试样的抗折强度（MPa）；

　　　$P$——试样破坏时的荷载（N）；

　　　$L$——两支座辊轴间的距离（mm）；

　　　$b$——试样的宽度（mm）；

　　　$d$——试验的厚度（mm）。

② 制品的抗折强度为 4 个试样抗折强度的算术平均值，精确至 0.01MPa。

6）体积吸水率

（1）仪器设备

天平：分度值为 0.1g；游标卡尺：分度值为 0.02mm；钢直尺：分度值为 1mm；水箱：不锈钢、镀锌板或塑料材质的水箱，其尺寸应能浸泡试样；擦拭工具：毛巾和软聚氨酯泡沫塑料（海绵）。软聚氨酯泡沫塑料的尺寸为 100mm×180mm×40mm，应预先浸润并拧去水分；木条：用于搁置试样的木条，断面约为 20mm×20mm；恒温恒湿室：能将温度控制在 23±2℃，相对湿度为 50%±5% 的房间或箱体。

（2）试样尺寸和数量

随机抽取 3 块制品，在每块制品上制备尺寸为 450mm×300mm×50mm 的试样 1 块，共 3 块试样。

（3）状态调节

将制备好的试样放置在温度为 23±2℃，相对湿度为 50%±5% 的恒温室进行状态调节，放置时间不少于 24h。

（4）试验步骤

① 在天平上称取试样质量，精确至 0.1g。

②　按《无机硬质绝热制品试验方法》GB/T 5486—2008 中的规定测量试样的尺寸，并且计算试样的体积。

③　将试样水平放置在温度为 23±2℃蒸馏水中，试样距水箱四周及底部距离不应少于 25mm。木条搁在试样上表面并用重物压在木条上，使试样保持并完全浸没在蒸馏水中。

④　在蒸馏水中放置 2h 后，从水中取出试样，将试样竖立放置在拧干水分的毛巾上，排水 10min 后，用潮湿的软质聚氨酯泡沫塑料吸去试样表面吸附的残余水分，试样上下表面各吸水 1min，4 个侧面吸水共 1min。每次吸水之前要用力挤出软质聚氨酯泡沫塑料中的水分，且每一表面至少吸水两次。用软质聚氨酯泡沫塑料均匀地吸附试样各表面的水分，吸水时应充分地挤压软质聚氨酯泡沫塑料至其 50%的厚度使其充分的吸附试样表面的水分。

⑤　吸水后立即称取试样的质量，精确至 0.1g。

（5）试验结果

①　每个试样的体积吸水率按下式计算，精确至 0.1%。

$$W = \frac{G_1 - G_0}{V \times \rho_w} \times 100\%$$ (3.2.4-3)

式中　$W$——试样的体积吸水率（%）；

　　　$G_1$——试样浸水后的质量（kg）；

　　　$G_0$——试样浸水前的质量（kg）；

　　　$V$——试样的体积（$m^3$）；

　　　$\rho_w$——蒸馏水的密度，取值 1000kg/$m^3$。

②　制品的体积吸水率取 3 块试样体积吸水率的算术平均值，精确至 0.1%。

7）导热系数

按《绝热材料稳态热阻及有关特性的测定　防护热板法》GB/T 10294 或《绝热材料稳态热阻及有关特性的测定　热流计法》GB/T 10295 的规定进行试验。防护热板法为仲裁方法。

8）尺寸稳定性

按《硬质泡沫塑料　尺寸稳定性试验方法》GB/T 8811 中的规定进行试验。试样尺寸为 200mm×200mm×制品厚度，试样数量为 3 块。

9）燃烧性能

按《建筑材料及制品燃烧性能分级》GB 8624—2012 中的规定进行试验。

### 3.2.5　水泥基泡沫保温板

《水泥基泡沫保温板》JC/T 2200 试验方法，适用于建筑绝热用保温板。在严寒和寒冷地区使用时，按上述标准的规定进行。水泥基泡沫保温板是指以水泥、发泡剂、掺合料、增强纤维及外加剂等为原料经化学发泡方式制成的轻质多孔水泥板材，又称发泡水泥板、泡沫水泥保温板、泡沫混凝土保温板。

1. 分类

按表观密度分为Ⅰ型和Ⅱ型，主要用于墙体保温工程。

2. 外观质量

产品表面要平整，无裂缝，无明显缺棱掉角，不允许层裂和表面油污。

3. 物理性能

表观密度、抗压强度、导热系数（平均温度 25±2℃）、干燥收缩值（浸水 24h）、垂直于板面的抗拉强度、燃烧性能等级、软化系数、体积吸水率、碳化系数、放射性。

4. 组批与抽样

保温板以 100m³ 为一批，不足 100m³ 亦按一批计且每天至少为一批。

应在同一配方、同一工艺、同一规格和同一类型生产的产品中抽样。外观质量、尺寸偏差按《水泥基泡沫保温板》JC/T 2200 规定的抽样方案执行，其他项目抽样在外观、尺寸偏差合格批中随机抽取。

5. 试验方法

1）试验环境

试验室环境温度 23±2℃，相对湿度 50％±10％，试样应在试验室放置 3d 后进行试验。

2）尺寸偏差

长度、宽度、厚度偏差按《无机硬质绝热制品试验方法》GB/T 5486 进行试验。

3）表观密度

按《无机硬质绝热制品试验方法》GB/T 5486 进行试验。烘箱温度为 65±2℃。

4）抗压强度

按《无机硬质绝热制品试验方法》GB/T 5486 进行试验。试样应在试验室条件下放置 3d 后直接进行试验。

5）导热系数

按《绝热材料稳态热阻及有关特性的测定　防护热板法》GB/T 10294 或《绝热材料稳态热阻及有关特性的测定　热流计法》GB/T 10295 进行试验，测试平均温度为 25±2℃。试样应在 65±2℃烘干至恒重，且升温及降温速度控制在 10℃/h 以内。防护热板法为仲裁方法。

6）垂直于板面的抗拉强度

按《膨胀聚苯板薄抹灰外墙外保温系统》JG 149—2003 中的规定进行。说明，此标准已过期，但标准中"规范性引用文件"中规定"凡注明日期的引用文件，仅注日期的版本适用于本文件"。

7）燃烧性能等级

按《建筑材料及制品燃烧性能分级》GB 8624 进行试验。

8）体积吸水率

按《无机硬质绝热制品试验方法》GB/T 5486 进行试验。

9）放射性

按《建筑材料放射性核素限量》GB 6566 进行试验。

# 3.3　保温砂浆

## 3.3.1　建筑保温砂浆

《建筑保温砂浆》GB/T 20473 试验方法，适用于建筑物墙体保温隔热层用的建筑保温砂浆。建筑保温砂浆是指以膨胀珍珠岩或膨胀蛭石、胶凝材料为主要成分，掺加其他功能组分制成的用于建筑物墙体绝热的干拌混合物。使用时需加适当面层。

1. 分类

产品按其干密度分为Ⅰ型和Ⅱ型。

2. 外观质量

外观应为均匀、干燥无结块的颗粒状混合物。

3. 硬化后的物理力学性能

干密度、抗压强度、导热系数（平均温度为 25℃）、线性收缩率、压剪粘结强度、燃烧性能级别。

4. 组批与抽样

以相同原料、相同生产工艺、同一类型、稳定连续生产的产品 300m³ 为一个检验批。稳定连续生产 3 天产量不足 300m³ 亦为一个检验批。

抽样应有代表性，可连续取样，也可从 20 个以上不同堆放部位的包装袋中取等量样品并混匀，总量不少于 40L。

5. 试验方法

1）拌合物的制备

（1）仪器设备

电子天平：量程为 5kg，分度值 0.1g；圆盘强制搅拌机：额定容量 30L，转速 27r/min，搅拌叶片工作间隙 3～5mm，搅拌筒内径 750mm；砂浆稠度仪：应符合《建筑砂浆基本性能试验方法》JGJ 70—1990 的规定。

（2）拌合物的制备

① 拌制拌合物时，拌合用的材料应提前 24h 放入试验室内，拌合时试验室的温度应保持在 20±5℃，搅拌时间为 2min。也可采用人工搅拌。

② 将建筑保温砂浆与水拌合进行试配，确定拌合物稠度为 50±5mm 时的水料比，稠度的检测方法按《建筑砂浆基本性能试验方法标准》JGJ 70—1990 的规定进行。

③ 按确定的水料比或生产商推荐的水料比混合搅拌制备拌合物。

2）干密度

（1）仪器设备

试模：70.7mm×70.7mm×70.7mm 钢质有底试模，应具有足够的刚度并拆装方便；捣棒：直径 10mm，长 350mm 的钢棒，端部应磨圆；油灰刀。

（2）试件的制备

① 试模内壁涂刷薄层脱模剂。

② 将制备的拌合物一次注满试模，并略高于其上表面，用捣棒均匀由外向里按螺旋方向轻轻插捣 25 次，插捣时用力不应过大，尽量不破坏其保温骨料。为防止可能留下孔洞，允许用油灰刀沿模壁插捣数次或用橡皮锤轻轻敲击试模四周，直至插捣棒留下的空洞消失，最后将高出部分的拌合物沿试模顶面削去抹平。至少成型 6 个三联试模，18 块试件。

③ 试件制作后用聚乙薄膜覆盖，在 20±5℃温度环境下静停 48±4h，然后编号拆模。拆模后应立即在 20±3℃、相对湿度 60%～80% 的条件下养护至 28d（自成型时算起），或

按生产商规定的养护条件及时间，生产商规定的养护时间自成型时算起不得多于 28d。

④ 养护结束后将试件从养护室取出并在 105±5℃ 或生产商推荐的温度下烘至恒重，放入干燥器中备用。恒重的判据为恒温 3h 两次称量试件的质量变化率小于 0.2%。

（3）干密度

从制备的试件中取 6 块试件，按《无机硬质绝热制品试验方法　密度、含水率及吸水率》GB/T 5486.3—2001 的规定进行干密度的测定，试验结果以 6 块试件检测值的算术平均值表示。

3）分层度

按规定制备拌合物，按《建筑砂浆基本性能试验方法》JGJ 70—1990 的规定进行试验。

4）抗压强度

检验干密度后的 6 个试件，按《无机硬质绝热制品试验方法　力学性能》GB/T 5486.2—2001 的规定进行抗压强度试验。以 6 个试件检测值的算术平均值作为抗压强度值。

5）导热系数

按"拌合物的制备"制备拌合物，然后制备符合导热系数测定仪要求尺寸的试件。导热系数试验按《绝热材料稳态热阻及有关特性的测定　防护热板法》GB/T 10294 的规定进行，允许按《绝热材料稳态热阻及有关特性的测定　热流计法》GB/T 10295、《非金属固体材料导热系数的测试　热线法》GB/T 10297 规定进行。防护热板法为仲裁方法。

6）压剪粘结强度

按《硅酸盐复合绝热涂料》GB/T 17371—1998 的规定进行。用"拌合物的制备"制备的拌合物制作试件，在 20±3℃、相对湿度 60%～80% 的条件下养护至 28d（自成型时算起），或按生产商规定的养护条件及时间，生产商规定的养护时间自成型时算起不得多于 28d。

7）燃烧性能级别

按《建筑材料不燃性试验方法》GB/T 5464 的规定进行试验。

### 3.3.2　抹面胶浆

《外墙外保温用膨胀聚苯乙烯板抹面胶浆》JC/T 993 试验方法，适用于工业与民用建筑采用粘贴膨胀聚苯乙烯板的薄抹灰外墙外保温系统用抹面胶浆。其他类型的外墙外保温系统抹面材料可参照执行。

抹面胶浆是以水泥基胶凝材料、高分子聚合物材料以及填料和添加剂等组成，具有一定变形能力和良好粘结性能，与玻璃纤维布共同组成抹面层的聚合物水泥砂浆或非水泥基聚合物砂浆。具有粘结强度高、柔性好、抗渗、不透水、抗裂、易施工优点。广泛应用于墙体和发泡水泥板、聚苯板及模塑板等的抹面抹灰。

1. 分类

按形态分为干粉型和胶液型。干粉型，由聚合物胶粉、水泥等胶结材料和添加剂、填料等组成；胶液型，由液状或膏状聚合物胶液和水泥或干粉料等组成。

2. 要求

pH 值、含固量、烧失量、拉伸粘结强度、可操作时间、压折比、抗冲击性、吸水量。

3. 抽样

1）接受质量限

按《计数抽样检验程序　第 1 部分：按接收质量限（AQL）检索的逐批检验抽样计划》GB/T 2828.1 的规定，接收质量限为 1.5。

2）检验水平

按《计数抽样检验程序　第 1 部分：按接收质量限（AQL）检索的逐批检验抽样计划》GB/T 2828.1 的规定，检验水平为 Ⅱ 水平。

3）检验批

抹面胶浆应成批检验，每批由同一配方、同一批原料、同一工艺制造的抹面胶浆组成。干粉型抹面胶浆每批质量不大于 30t，胶液型抹面胶浆固体每批质量不大于 30t。

4）正常、加严和放宽检验

遵照《计数抽样检验程序　第 1 部分：按接收质量限（AQL）检索的逐批检验抽样计划》GB/T 2828.1 的规定进行。

5）抽样方案

按《外墙外保温用膨胀聚苯乙烯板抹面胶浆》JC/T 993 规定的一次抽样方案。应按简单随机抽样从批中抽取作为样本的产品。样本可在批生产出来以后或在批生产期间抽取。

4. 试验方法

1）标准试验条件

试验室标准试验条件为温度 23±2℃、相对湿度 50%±10%。

2）试验时间

试样制备、养护及测定时的试验时间精度为 ±2%。

3）固含量

（1）试验步骤

① 将 2 块干燥洁净可以互相吻合的表面皿在 120±5℃ 干燥箱内烘 30min，取出放入干燥器中冷却至室温后称量。

② 将试样放在一块表面皿上，另一块凸面向上盖在上面，在天平上准确称取约 5g，然后将盖的表面皿反过来，使二块表面皿互相吻合，轻轻压下，再将表面皿分开，使试样面朝上，放入 120±5℃ 干燥箱中干燥至恒重，在干燥器中冷却至室温后称量，全部称量精确至 0.01g。所谓恒重，是指 30min 内前后两次称量，两次质量相差不超过 0.01g。

（2）试验结果

试验结果为试样干燥后质量占干燥前质量的百分比，取三次试验算术平均值，精确至 0.1%。

4）拉伸粘结强度

（1）方法概述

试验方法是采用抹面胶浆与聚苯板的粘结体作为试样，测定在正向拉力作用下与聚苯板脱落过程中所承受的最大拉应力，确定抹面胶浆与聚苯板的拉伸粘结强度。

（2）试验材料

聚苯板试板：尺寸70mm×70mm×20mm，表观密度18.0±0.2kg/m³，垂直于板面方向的抗拉强度不小于0.10MPa，其他性能指标应符合《绝热用模塑聚苯乙烯泡沫塑料》GB/T 10801.1规定的要求；高强度粘结剂：树脂胶粘剂，标准试验条件下固化时间不得大于24h。

（3）仪器设备

材料拉力试验机：电子拉力试验机，试验荷载为量程的20%～80%；试样成型框：材料为金属或硬质塑料，尺寸如图3.3.2-1所示；拉伸专用夹具，见图3.3.2-2。

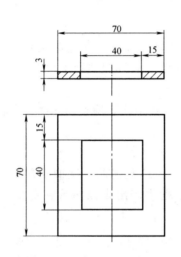

图3.3.2-1　成型框（单位：mm）

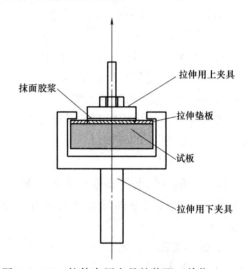

图3.3.2-2　拉伸专用夹具的装配（单位：mm）

（4）试样制备

① 料浆制备：按生产商使用说明书要求配制抹面胶浆。抹面胶浆配制后，放置15min使用。

② 成型：将成型框放在试板上，将配制好的抹面胶浆搅拌均匀后填满成型框，用抹灰刀抹平表面，轻轻除去成型框。每组试样5个。

③ 养护：试样在标准试验条件下养护13d，用高强度粘结剂将上夹具与试样抹面胶浆层粘贴在一起，在标准试验条件下继续养护1d。

④ 试样处理：将试样按下述条件进行处理：原强度：无附加条件；耐水：在23±2℃的水中浸泡7d，试样抹面胶浆层向下，浸入水中的深度为2～10mm，到期试样从水中取出并擦拭表面水分；耐冻融：试样按下述条件进行循环10次，完成循环后试样在标准试验条件下放置到室温：在23±2℃的水中浸泡8h，试样抹面胶浆层向下，浸入水中的深度为2～10mm；在−20±2℃的条件下冷冻16h。当试样处理过程需中断时，试样应存放在−20±2℃条件下。

（5）试验步骤

将拉伸专用夹具及试样安装到试验机上，进行强度测定，拉伸速度5±1mm/min，加荷载至试样破坏，记录试样破坏时的荷载值。

（6）试验结果

拉伸粘结强度按下式计算。试验结果为 5 个试样的算术平均值，精确至 0.01MPa。

$$R = \frac{F}{A}$$

(3.3.2-1)

式中　$R$——试样拉伸粘结强度（MPa）；

$F$——试样破坏荷载值（N）；

$A$——粘结面积（$mm^2$），取 $1600mm^2$。

5）可操作时间

（1）试验步骤

抹面胶装配制后，从胶料混合时计时，1.5h 后按"拉伸粘结强度试验"的规定成型、养护并测定拉伸粘结强度原强度。抹面胶浆胶料混合后也可按生产商要求的时间进行测定，生产商要求的时间不得小于 1.5h。

（2）试验结果

若符合规定要求，试验结果为 1.5h 或生产商要求的时间；若不符合规定的要求，试验结果为小于 1.5h 或小于生产商要求的时间。

6）压折比试验

按生产商使用说明书要求配制抹面胶浆胶料，抗压强度、抗折强度测定按《水泥胶砂强度检验方法（ISO 法）》GB/T 17671 规定的进行，试验养护条件为在标准试验条件下放置 28d。

压折比应按下式计算，结果精确至 0.1。

$$T = \frac{R_c}{R_f}$$

(3.3.2-2)

式中　$T$——压折比；

$R_c$——抗压强度（MPa）；

$R_f$——抗折强度（MPa）。

### 3.3.3　玻化微珠保温隔热砂浆

《膨胀玻化微珠保温隔热砂浆》GB/T 26000 试验方法，适用于工业与民用建筑墙体、地面及屋面保温隔热用膨胀玻化微珠保温隔热砂浆。玻化微珠保温隔热砂浆是一种无机绝热保温隔热材料，具有导热系数低、无毒、无污染、防火、成本低、施工简便等特点。可广泛应用于新建建筑保温隔热节能工程及既有建筑节能改造工程，能有效改善室内热冷环境、节约建筑能耗、提高能源利用效率。

玻化微珠是指由玻璃质火山熔岩矿砂经过高温焙烧膨胀、玻化冷却制成表面玻化封闭、内部多孔的不规则球状体颗粒，不包普通膨胀珍珠岩、湿法改性后的憎水型普通膨胀珍珠岩、膨胀蛭石、海泡石等。膨胀玻化微珠是指由玻璃质火山熔岩矿砂经膨胀、玻化等工艺制成，表面玻化封闭、呈不规则球状，内部为多孔空腔结构的无机颗粒材料。膨胀玻化微珠保温隔热砂浆是指以膨胀玻化微珠、无机胶凝材料、添加剂、填料等混合而成的干混料，用于建筑物墙体、地面及屋面保温隔热，现场搅拌后可直接施工。

1. 分类

按使用部位分为：墙体用膨胀玻化微珠保温隔热砂浆；地面及屋面用膨胀玻化微珠保

温隔热砂浆。

2. 性能

堆积密度、干密度、导热系数、蓄热系数、线性收缩率、压剪粘结强度（与水泥砂浆块）、抗拉强度、抗压强度、软化系数、燃烧性能、放射性。

当使用部位无耐水要求时，耐水压剪粘结强度、软化系数可不做要求；当用于室外时，放射性不做要求。

3. 复验项目

《玻化微珠保温隔热砂浆应用技术规程》JC/T 2164 规定了玻化微珠保温隔热砂浆系统主要组成材料的复验项目，复验为见证取样送检，随机取样。复验项目及检验参数如下：

（1）玻化微珠保温隔热砂浆：干表观密度、抗压强度、导热系数。

（2）耐碱网布：单位面积质量、拉伸断裂强力、耐碱断裂强力保留率、断裂伸长率。

（3）热镀锌钢丝网：丝径、网孔大小、焊点拉结力、热镀锌质量。

（4）抗裂砂浆：原拉伸粘结强度、浸水拉伸粘结强度。

（5）界面砂浆：原拉伸粘结强度、浸水拉伸粘结强度。

4. 组批与抽样

同一原料、同一生产工艺、同一类型的产品，每 50t 为一批，不足时也为一批计。从每批的不同位置随机抽取，进行型式检验时的样品数量不少于 20kg。

5. 试验方法

1）干密度

（1）仪器设备

搅拌机：单轴卧式搅拌机，容量 60L；试模：70.7mm×70.7mm×70.7mm 钢质有底试模；捣棒：直径 10mm 的钢棒，端部磨圆。

（2）浆料配制

① 砂浆搅拌量为搅拌机容量的 40％～80％，搅拌过程中不应破坏膨胀玻化微珠。

② 按规定配合比先加入水，再加入粉料，搅拌 2～3min，停止搅拌并清理搅拌机内壁及搅拌机叶片上的砂浆。

③ 再搅拌 1～2min，放置 10～15min 后使用。

（3）试样制备

① 试样数量 6 个。

② 在试模内填满砂浆，并略高于其上表面，用捣棒均匀由外向内按螺旋方向轻轻插捣 25 次，插捣时用力不应过大，不应破坏膨胀玻化微珠。为方便脱模，模内壁可适当涂刷薄层脱模剂。

③ 放置 5～10min 将高出试模部分的砂浆沿试模顶面削去抹平。

④ 带模试样在温度 23±2℃，相对湿度 50％±10％条件下养护，并应使用塑料薄膜覆盖，3 天后脱模。试样取出后继续养护至 28d。

（4）试验步骤

① 将试样在 105±5℃温度下烘至恒重，放入干燥器中冷却备用。恒重的判定依据为恒温 3h 两次称量试样的质量变化率小于 0.2％。

② 按《无机硬质绝热制品试验方法　密度、含水率和吸水率》GB/T 5486.3—2001 的规定进行干密度的测定。

（5）试验结果

以 6 个试样测试值的算术平均值表示，精确至 1kg/m³。

2）导热系数

按《绝热材料稳态热阻及有关特性的测定　防护热板法》GB/T 10294 或《绝热材料稳态热阻及有关特性的测定　热流计法》GB/T 10295 进行，平均温度 25±2℃，防护热板法为仲裁方法。

3）抗压强度

取干密度测定后的 3 个试样按《无机硬质绝热制品试验方法　力学性能》GB/T 5486.2—2001 的规定进行抗压强度的测定，试验结果以 3 个试样的算术平均值表示，精确至 0.1MPa。

4）压剪粘结强度

（1）仪器设备

电子试验机：应使最大破坏荷载位于试验机量程的 20％～80％ 范围内，精度为 1％；压剪夹具：钢质，尺寸构造符合《陶瓷墙地砖胶粘剂》JC/T 547—2005 要求。

（2）试样制备

① 试样数量每组 6 个。

② 按规定配制砂浆，涂抹于尺寸 100mm×110mm×10mm 的两块水泥砂浆板之间，涂抹厚度为 10mm，面积 100mm×100mm，应错位涂抹，试样两端未涂抹砂浆的水泥砂浆板长度均为 10mm。可根据工艺要求对水泥砂浆板进行界面处理。

③ 试样应水平放置，并在温度 23±2℃、相对湿度 50％±10％ 条件下养护 28d。

（3）试验步骤

① 将试样在 105±5℃ 烘箱中烘至恒重，然后取出放入干燥器，冷却至室温。

② 将试样按下述条件进行处理：原强度：无附加条件；耐水：在水中浸泡 48h，没入水中的深度为 2～10mm，到期试样从水中取出并擦拭表面水分，在温度 23±2℃、相对湿度 50％±10％ 条件下放置 7d。

③ 将试样安到压剪夹具并置于试验机上进行压剪试验，以 5mm/min 速度加荷至试样破坏，记录试样破坏时的荷载值，精确至 1N。

（4）试验结果

压剪粘结强度原强度、耐水强度分别按下式计算，试验结果取 6 个试样测试值中间 4 个的算术平均值，精确至 0.001MPa。

$$R_1 = \frac{F_1}{A_1} \tag{3.3.3-1}$$

式中　$R_1$——压剪粘结强度（MPa）；

　　　$F_1$——试样破坏时的荷载（N）；

　　　$A_1$——压剪粘结面积，取 100mm×100mm。

5）燃烧性能

按《建筑材料不燃性试验方法》GB/T 5464 的规定进行试验，按《建筑材料及制品燃烧性能分级》GB/T 8624 的规定进行判定。

# 3.4　辅 助 材 料

## 3.4.1　墙体保温用胶粘剂

《墙体保温用膨胀聚苯乙烯板胶粘剂》JC/T 992 试验方法，适用于工业与民用建筑中采用粘贴膨胀聚苯乙烯板的墙体保温系统用聚苯板胶粘剂。

1. 分类

聚苯板胶粘剂按形态分为：干粉型和胶液型。干粉型：由聚合物胶粉、水泥等胶结材料和添加剂、填料等组成；胶液型：由液状或膏状聚合物胶液和水泥或干粉料等组成。

2. 要求

固含量、烧失量、与聚苯板的相容性、初粘性、拉伸粘结强度、可操作性、抗裂性。

3. 抽样

1）接受质量限

按《计数抽样检验程序　第 1 部分：按接受质量限（AQL）检索的逐批检验抽样计划》GB/T 2828.1 的规定，接受质量限为 1.5。

2）检验水平

按《计数抽样检验程序　第 1 部分：按接受质量限（AQL）检索的逐批检验抽样计划》GB/T 2828.1 的规定，检验水平为 Ⅱ 水平。

3）检验批

聚苯板胶粘剂应成批检验，每批由同一配方、同一批原料、同一工艺制造的聚苯板胶粘剂组成。干粉型聚苯板胶粘剂每批质量不大于 30t，胶液型聚苯板胶粘剂固体每批质量不大于 30t。

4）正常、加严和放宽检验

遵照《计数抽样检验程序　第 1 部分：按接收质量限（AQL）检索的逐批检验抽样计划》GB/T 2828.1 的规定进行。

5）抽样方案

按《墙体保温用膨胀聚苯乙烯板胶粘剂》JC/T 992 规定的一次抽样方案。应按简单随机抽样从批中抽取作为样本的产品。样本可在批生产出来以后或在批生产期间抽取。

4. 试验方法

1）标准试验条件

试验室标准试验条件为：温度 23±2℃，相对湿度 50％±10％。

2）试验时间

试样制备、养护及测定时的试验时间精度为±2％。

3）固含量

（1）试验步骤

① 将两块干燥洁净可以互相吻合的表面皿在 120±5℃ 干燥箱内烘 30min，取出放入干燥器中冷却至室温后称量。

② 将试样放在一块表面皿上，另一块凸面向上盖在上面，在天平上准确称取约 5g，然后将盖的表面皿反过来，使二块表面皿互相吻合，轻轻压下，再将表面皿分开，使试样面朝上，放入 120±5℃ 干燥箱中干燥至恒重，在干燥器中冷却至室温后称量，全部称量精确至 0.01g。所谓恒重，是指 30min 内前后两次称量，两次质量相差不超过 0.01g。

（2）试验结果

试验结果为试样干燥后质量占干燥前质量的百分比，取 3 次试验算术平均值，精确至 0.1%。

4）与聚苯板的相容性

（1）试验步骤

① 采用适宜的卡规测量尺寸 125mm×125mm×25mm，表观密度 18.0±0.2kg/m³ 的聚苯板试样中心部位厚度，用配制的聚苯板胶粘剂涂抹在聚苯板表面，厚度 3.0±0.5mm，涂抹后立即用另一块聚苯板压在一起，直到四周出现聚苯板胶粘剂。将试样在温度为 38℃ 的干燥箱中放置 48h，然后在试验环境中放置 24h。

② 沿试样的对角线至粘结面裁去半块被测试样，测量初测位置的试样厚度。

（2）试验结果

剥蚀厚度按下式计算，试验结果为 3 个试样的算术平均值，精确至 0.1mm。

$$H = H_0 - H_1 \tag{3.4.1-1}$$

式中　$H$——剥蚀厚度（mm）；

　　　$H_0$——试样的初始厚度（mm）；

　　　$H_1$——试样的最后厚度（mm）。

5）初粘性

（1）试验步骤

① 采用适宜的工具，将聚苯板胶粘剂涂抹到尺寸 1200mm×600mm×50mm、表观密度 18.0±0.2kg/m³ 的聚苯板上，涂抹点对称分布，涂抹点直径 50mm，厚度 6mm，数量 15 个。

② 立即将聚苯板粘贴在垂直的混凝土基层上，均匀施加压力，以保证聚苯板胶粘剂厚度为 3.0±0.1mm，沿聚苯板顶部划一条铅笔线。

③ 2h 后测量聚苯板的位置变化。

（2）试验结果

试验结果为聚苯板两端滑移量的算术平均值，精确到 1mm。

6）拉伸粘结强度

（1）方法概述

拉伸粘结强度试验方法是采用聚苯板胶粘剂与聚苯板或水泥砂浆板的粘结体作为试样，测定在正向拉力作用下与试板脱落过程中所承受的最大拉应力，确定聚苯板胶粘剂与聚苯板或水泥砂装板的拉伸粘结强度。

（2）试验材料

① 聚苯板试板：尺寸 70mm×70mm×20mm，表观密度 18.0±0.2kg/m³，垂直于板面方向的抗拉强度不小于 0.10MPa，其他性能指标应符合《绝热用模塑聚苯乙烯泡沫塑料》GB/T 10801.1 规定的要求。

② 水泥砂浆试板：尺寸 70mm×70mm×20mm，普通硅酸盐水泥强度等级 42.5，水泥与中砂质量比为 1∶3，水灰比为 0.5。试板应在成型后 20～24h 之间脱模，脱模后在 20±2℃水中养护 6d，再在试验环境下空气中养护 21d。水泥砂浆试板的成型面应用砂纸磨平。

③ 高强度胶粘剂：树脂胶粘剂，标准试验条件下固化时间不得大于 24h。

（3）试验仪器

①材料拉力试验机：电子拉力试验机，试验荷载为量程的 20%～80%；②试样成型框：材料为金属或硬质塑料，尺寸如图 3.4.1-1 所示；③拉伸专用夹具：拉伸专用夹具装配按图 3.4.1-2 所示进行。

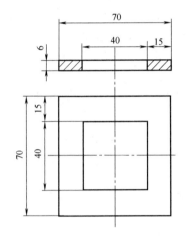

图 3.4.1-1　成型框（单位：mm）

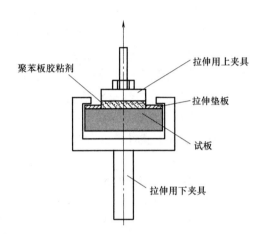

图 3.4.1-2　拉伸专用夹具的装配

（4）试样制备

① 料浆制备：按生产商使用说明书要求配制聚苯板胶粘剂。聚苯板胶粘剂配制后，放置 15min 使用。

② 成型：根据试验项目确定试板为聚苯板试板或水泥砂浆试板，将成型框放在试板上，将配制好的聚苯板胶粘剂搅拌均匀后填满成型框，用抹灰刀抹平表面，轻轻除去成型框。放置 30min 后，在聚苯板胶粘剂表面盖上聚苯板。每组试样 5 个。

③ 养护：试样在标准试验条件下养护 13d，拿去盖着的聚苯板，用高强度粘结剂将上夹具与试样聚苯板胶粘剂层粘贴在一起，在标准试验条件下继续养护 1d。

④ 试样处理：

原强度：无附加条件。

耐水：在 23±2℃的水中浸泡 7d，试样聚苯板胶粘剂层向下，浸入水中的深度为 2～10mm，到期试样从水中取出并擦拭表面水分。

耐冻融：试样按下述条件进行循环 10 次，完成循环后试样在标准试验条件下放置到室温。在 23±2℃的水中浸泡 8h，试样聚苯板胶粘剂层向下，浸入水中的深度为 2～10mm；在 -20±2℃的条件下冷冻 16h。当试样处理过程需中断时，试样应存放在 -20±2℃条件下。

（5）试验步骤

将拉伸专用夹具及试样安装到试验机上，进行强度测定，拉伸速度 5±1mm/min，加荷载至试样破坏，记录试样破坏时的荷载值。

（6）试验结果

拉伸粘结强度按下式计算，试验结果为 5 个试样的算术平均值，精确至 0.01MPa。

$$R = \frac{F}{A} \tag{3.4.1-2}$$

式中　$R$——试样拉伸粘结强度（MPa）；

$\quad\quad\ F$——试样破坏荷载值（N）；

$\quad\quad\ A$——粘结面积（mm$^2$），取 1600mm$^2$。

7）可操作时间

（1）试验步骤

① 聚苯板胶粘剂配制后，从胶料混合时计时，1.5h 后按"拉伸粘结强度试验方法"的规定成型、养护并测定与聚苯板的拉伸粘结强度原强度。

② 聚苯板胶粘剂胶料混合后也可按生产商要求的时间进行测定，生产商要求的时间不得小于 1.5h。

（2）试验结果

若符合要求的规定，试验结果为 1.5h 或生产商要求的时间；若不符合要求的规定，试验结果为小于 1.5h 或小于生产商要求的时间。

8）抗裂性试验

（1）试验材料和仪器

①混凝土试板：尺寸 175mm×70mm×40mm，强度等级 C25；②试模：材料为金属或硬质塑料，内腔尺寸 160mm×40mm，厚度沿 160mm 方向在 0～10mm 内连续变化。

（2）试验步骤

① 将试模放在混凝土试板上，使用配制好的聚苯板胶粘剂填满试模，用抹灰刀压实并抹平表面，立即轻轻除去试模。每组试样 3 个。

② 试样在标准试验条件下放置 28d，目测检查试样有无裂纹。

（3）试验结果

若试样没有出现裂纹，试验结果为无裂纹。若试样出现裂纹，试验结果为裂纹处聚苯板胶粘剂的最大厚度，精确至 1mm。

## 3.4.2　水泥界面剂和填缝剂

《外墙外保温系统用水泥基界面剂和填缝剂》JC/T 2242 试验方法，适用于建筑外墙外保温系统用水泥基界面剂和填缝剂。外墙外保温系统用水泥基界面剂是指用于外墙外保温系统中模塑聚苯板、挤塑聚苯板、聚氨酯保温板、酚醛保温板和岩棉保温板的表面处理，以提高与上述保温板材界面粘接强度的材料；外墙外保温系统用水泥基填缝剂是指对外墙外保温系统陶瓷砖饰面系统的砖缝进行填缝处理的材料；单组分材料是指在施工现场可以直接使用的液体材料，或按规定比例加水拌合即可使用的干混拌合物；双组分材料是指由干混拌合物和配套液体组成，在施工现场按规定比例直接拌合后使用的材料。

1. 分类

1) 界面剂

根据保温材料种类，可分为模塑聚苯板用界面剂，挤塑聚苯板用界面剂，聚氨酯保温板用界面剂、酚醛保温板用界面剂和岩棉板用界面剂；按组分形态分为单组分和双组分两种。

2) 填缝剂

填缝剂按组分形态分为单组分和双组分两种。

2. 技术要求

1) 界面剂性能指标

拉伸粘结强度（原强度、耐水强度、耐冻融强度）、与保温材料的相容性。

2) 填缝剂性能指标

抗折强度、吸水率、拉伸粘结强度、压折比、收缩值、抗泛碱性。

3. 组批与抽样

连续生产，同一配料工艺条件制得的产品为一批，界面剂每10t为一批，不足10t亦为一批；填缝剂每50t为一批，不足50t亦为一批。

每批产品随机抽样，界面剂抽取5kg样品，填缝剂抽取12kg样品，充分混匀，取样后，将样品一分为二，一份检验，一份留样复验。

4. 试验方法

1) 试验环境条件

试验环境条件：环境温度23±2℃，相对湿度50%±10%。

2) 试样拌合步骤

砂浆所需的拌合配比应根据生产厂商的使用说明书确定。若提供的是配比的比值范围，应当采用其平均值。至少应准备2kg的样品。采用符合《行星式水泥胶砂搅拌机》JC/T 681规定的行星式搅拌机，按下列步骤搅拌：

①将水或液体倒入搅拌锅中，再倒入干粉料，把锅放在固定架上，上升至固定位置。②然后立即开动机器，低速搅拌60s后，把机器调整至高速再拌30s。③停拌90s，并在15s内用刮刀将叶片和锅壁上的砂浆刮入锅中间。④在高速下继续搅拌60s。各个搅拌阶段，时间误差应在±1s以内。⑤如果生产厂商有特殊要求，按其规定进行搅拌。

3) 界面剂拉伸粘结强度

(1) 试件成型

① 选择符合表3.4.2-1要求的保温板，按产品说明书的规定，在保温板上涂抹配套的界面剂，粉体界面剂和双组分界面剂的涂刷厚度控制在1～2mm，1h后按照《外墙外保温用膨胀聚苯乙烯板抹面胶浆》JC/T 993—2006的方法在其上成型聚合物抹面砂浆。对于液体界面剂，要涂刷均匀，不得有漏刷，15min后在其上成型聚合物抹面砂浆。

② 对于聚合物抹面砂浆的成型规格，除岩棉板为100mm×100mm×3mm外，其余保温板材的抹面砂浆规格均为40mm×40mm×3mm。抹面砂浆成型时注意用刮刀刮平表面，每组成型10个试件。

界面剂板材要求　　　　　　　　表 3. 4. 2-1

| 性能 | 指　标 | | | | |
|---|---|---|---|---|---|
| | 模塑聚苯板 | 挤塑聚苯板 | 聚氨酯保温板 | 酚醛保温板 | 岩棉板 |
| 尺寸 | 70mm×70mm×原厚[a] | | | | 100mm×100mm ×原厚[a] |
| 表观密度（kg/m³） | 18～22 | 28～35 | 32～60 | 45～65 | ≥140 |
| 表面抗拉强度（kPa） | ≥100 | ≥200 | ≥100 | ≥80 | ≥7.5 |

[a] 应不小于 20mm

（2）养护条件：

试样养护条件要求如表 3. 4. 2-2 所示。

试样养护条件要求　　　　　　　　表 3. 4. 2-2

| 性能 | 要　求 |
|---|---|
| 原强度 | 标准试验条件下养护 13d±6h，用适宜的高强胶粘剂将拉拔接头粘在试样的成型面上。将试件放在标准条件下继续养护 24±0.5h，测定拉伸粘结强度 |
| 耐水强度 | 标准试验条件下养护 7d±3h，然后完全浸没于 23±2℃的水中，6d±3h 后将试件从水中取出并用布擦干表面水渍，7h 后用适宜的高强度胶粘剂粘拉拔接头，再过 17h 后将试件浸没在 23±2℃的水中，泡水 24±0.5h 将试件取出，擦干表面水渍，测拉伸粘结强度 |
| 耐冻融强度 | 标准试验条件下养护 7d±3h，然后将试件浸没于 23±2℃的水中，24±0.5h 后将试件取出，进行 25 次冻融循环，冻融循环步骤按照《混凝土界面处理剂》JC/T 907—2002 中 5.4.6 规定进行。冻融循环结束后，将试件在标准试验条件下放置 4h，再用适宜的高强度胶粘剂粘贴拉拔接头，24±0.5h 后测定拉伸粘结强度 |

（3）试验步骤

拉伸粘结强度按《外墙外保温用膨胀聚苯乙烯板抹面胶浆》JC/T 993—2006 规定的方法进行。

（4）试验结果

拉伸粘结强度按下式计算：

$$\sigma = \frac{F_t}{A_t} \tag{3.4.2-1}$$

式中　$\sigma$——拉伸粘结强度（MPa）；

　　　$F_t$——试样破坏荷载（N）；

　　　$A_t$——粘结面积（mm²）。

单个试件的拉伸粘结强度值精确至 0.01MPa（酚醛板作为基层时拉伸粘结强度值精确至 0.001MPa，岩棉板作为基层时拉伸粘结强度值精确至 0.0001MPa）。如单个试件的强度值与平均值之差大于 20%，则逐次剔除偏差最大的试验值，直至各试验值与平均值之差不超过 20%。如剩余数据不少于 5 个，则结果以剩余数据的平均值表示，精确至 0.01MPa（酚醛板作为基层时拉伸粘结强度值精确至 0.001MPa，岩棉板作为基层时拉伸粘结强度值精确至 0.0001MPa）；如剩余数据少于 5 个，则本次试验结果无效，应重新制备试件进行试验。

4）界面剂与保温材料的相容性

与保温材料的相容性按《外墙外保温用膨胀聚苯乙烯板抹面胶浆》JC/T 993—2006 规定的方法进行试验。

5) 填缝剂抗折强度

(1) 试件成型：按上述"试验拌和步骤"的规定拌和填缝剂，按《水泥胶砂强度检验方法 (ISO 法)》GB/T 17671—1999 规定成型试件。从振实台上轻轻拿起试模，用扁平镘刀刮去多余的材料并抹平表面。擦掉留在试模周围的填缝剂。把尺寸为 210mm×185mm、厚度为 6mm 的平板玻璃放在试模上。亦可以用尺寸类似的钢板或其他不能渗透的材料。把试模编号后，水平放在标准试验条件下养护。24±0.5h 后，小心地脱模，每个填缝剂成型 3 个试件。

(2) 标准试验条件下的抗折强度：脱模后的试件在标准试验条件下养护 27d±12h，应保持试件间的间距不小于 25mm。养护完毕，按《水泥胶砂强度检验方法 (ISO 法)》GB/T 17671—1999 规定的方法进行抗折强度的测定。取 3 个试件测定值的算术平均值为试验结果，精确到 0.1MPa。

(3) 标准试验条件下的抗压强度：按《水泥胶砂强度检验方法 (ISO 法)》GB/T 17671—1999 规定的方法将抗折试验后的试件进行抗压强度测定。取 6 个试件测定值的算术平均值为试验结果，精确到 0.1MPa。

(4) 冻融循环后的抗折强度：根据标准的规定成型试件，按《陶瓷墙地砖填缝剂》JC/T 1004—2006 的规定进行测定。

6) 填缝剂吸水率

按《陶瓷墙地砖填缝剂》JC/T 1004—2006 的规定进行测定。

7) 填缝剂拉伸粘结强度

(1) 试件成型

按上述"试验拌和程序"的规定拌和填缝剂，用抹刀将填缝剂满涂于饰面砖（吸水率为 0.1%～0.2%，其余性能满足《陶瓷墙地砖胶粘剂》JC/T 547—2005 的要求）背面，然后贴在标准混凝土板上，随即在每块陶瓷砖上加载 2.00±0.015kg 的压块并保持 30s，粘结层厚度控制在 2～3mm，每组成型 10 个试件。

(2) 拉伸粘结原强度

按《陶瓷墙地砖胶粘剂》JC/T 547—2005 的规定进行试件养护及拉伸粘结强度测定，数据取舍按照《陶瓷墙地砖胶粘剂》JC/T 547—2005 的规定进行处理。

(3) 耐水拉伸粘结强度

按《陶瓷墙地砖胶粘剂》JC/T 547—2005 的规定进行养护及拉伸粘结强度测定，数据舍取按照《陶瓷墙地砖胶粘剂》JC/T 547—2005 的规定进行处理。

(4) 压折比

根据上述测出的抗压数值和抗折数值进行比值，得出的比值即为压折比，数值精确到 0.1。

### 3.4.3　耐碱玻纤网布

玻璃纤维网格布在外保温体系中起到应力分散的作用，与抹面胶浆一起共同组成外保温体系的防护面层，抵抗自然界温、湿度变化及意外撞击所引起的面层开裂。玻璃纤维网格布的性能如何，与抹面胶浆的相容性如何，也是外保温体系抗开裂所必须考虑到的。

《耐碱玻璃纤维网布》JC/T 841 试验方法，适用于采用耐碱玻璃纤维纱织造，并经有机材料涂覆处理的网布，主要用于水泥基制品的增强材料，如隔墙板、网架板、外墙保温工程用材料等，也可用作聚合物及石膏、沥青等基体的增强材料。

1. 外观

外观疵点有断经、断纬、缺经、缺纬；袋状变形凸凹状、切口或撕裂；网眼不清；纬斜；污渍；接头痕迹轧梭痕迹；折痕；卷边不齐；杂物。

2. 理化性能

氧化锆含量、氧化钛含量、经纬密度、单位面积质量、拉伸断裂强力和断裂伸长率、可燃物含量、耐碱性。

3. 检查批与抽样

同一品种、同一规格、同一生产工艺，稳定连续生产的一定数量的单位产品为一个检查批。

外观质量采取抽取计数检验抽样方案，按《耐碱玻璃纤维网布》JC/T 841 的规定从检查批中随机抽取检验用样本。理化性能采取计量检验抽样方案，按《耐碱玻璃纤维网布》JC/T 841 的规定从检查批中随机抽取检验用样本。

4. 试验方法

1）氧化锆、氧化钛含量

剪取适量耐碱网布试样，在 625℃下灼烧 30min，除去有机物后缩分并用玛瑙研钵研磨至全部通过 80μm 孔径筛，质量不少于 3g，然后按《玻璃纤维工业用玻璃球》JC/T 935—2004 的规定进行测试。

2）单位面积质量的测定

单位面积质量是指规定尺寸的毡或织物的质量（质量包括了原丝，也包括捆绑或粘结原丝或纱线的任何其他材料）和它的面积之比。玻璃纤维、碳纤维、芳纶纤维制品单位面积质量的测定方法，应按《增强制品试验方法　第 3 部分：单位面积质量的测定》GB/T 9914.3 的规定进行，其测定方法也适用于毡（短切原丝毡、连续原丝毡）和织物。

（1）方法概述

称量已知面积的试样质量，计算单位面积质量。

（2）仪器设备

抛光金属模板：面积为 100cm$^2$ 的正方形或圆形用于织物。裁取的试样面积的允许误差应小于 1%。经利益相关方同意，也可以使用更大的试样，在这种情况下应在试验报告中注明试样的形状和尺寸。金属模板的正反两面光滑且平整；合适的裁刀工具：如刀、剪刀、盘式刀或冲压装置；试验皿：由耐热材料制成，能使试样表面空气流通良好，不会损失试样。可以是由不锈钢丝制成的网篮；天平：具有表 3.4.3-1 所列的特性。如果取更大

| 天平的特性 | | | 表 3.4.3-1 |
|---|---|---|---|
| 材料 | 测量范围 | 容许误差限 | 分辨率 |
| 毡，所有规格 | 0～150g | 0.5g | 0.1g |
| 织物，≥200g/m$^2$ | 0～150g | 10mg | 1mg |
| 织物，<200g/m$^2$ | 0～150g | 1mg | 0.1mg |

尺寸的试样，应使用相当精度的天平；通风烘箱：空气置换率为每小时 20～50 次，温度能控制在 105±3℃ 内；干燥器：内装合适的干燥剂（如硅胶、氧化钙或五氧化二磷）；不锈钢钳：用于夹持试样和试样皿。

（3）试样

① 除非利益相关方另有商定，对于织物每 50cm 宽度 1 个 100cm² 的试样。任何情况下，最少应取 2 个试样。

② 对于织物裁取试样的推荐方法：试样应分开取，最好包括不同的纬纱。试样应离开边/织边至少 5cm。如需要，要给操作者提供特别的说明，以保证裁取的试样面积在方法允许的范围内。对于宽度小于 25cm 的机织物，试样的形状和尺寸由各方商定。

（4）调湿和试验环境

除非产品规范或测试委托方另有要求，试样不需要调湿。如果需要调湿，推荐《塑料　试样状态调节和试验的标准环境》GB/T 2918—1998 规定的温度为 23±2℃，相对湿度 50%±10% 的标准环境下进行。

（5）试验步骤

① 切取一条整幅宽度的至少 35cm 宽的织物试样作为实验室样本。

② 在一个清洁的工作台面上，用裁切工具和模板切取规定的试样数。如果试样可能有纤维掉落，应采用试样皿。如需要可将试样折叠，以保证试样上原丝或纱线的完整性。

③ 除非利益相关方另有要求，当织物含水率超过 0.2%（或含水率未知）时，应将试样置于 105±3℃ 的通风烘箱中干燥 1h，然后放入干燥器中冷却至室温。从干燥器中取出试样后，立即进行试验。

④ 称取每个试样的质量并记录结果。如果使用试样皿，则应扣除其质量。质量的数值与天平的分辨率一致。

（6）试验结果

① 试样的单位面积质量按下式计算：

$$\rho_A = \frac{m_A}{A} \times 10^4 \qquad (3.4.3\text{-}1)$$

式中　$\rho_A$——试样的单位面积质量（g/m²）；

$m_A$——试样质量（g）；

$A$——试样面积（m²）。

② 结果表示

以织物整个幅宽上所有试样的测试结果的平均值作为单位面积质量的报告值。对于单位面积质量大于或等于 200g/m² 的织物，结果精确至 1g；对于单位面积质量小于 200g/m² 的织物，结果精确至 0.1g。有时，产品规范或测试委托方要求报出每个测试单值时，这些数据可体现出材料在宽度方向上的质量分布情况。

（7）试验报告

①依据标准；②识别所测织物的必要详情；③织物的单位面积质量（有时或有要求，也可报告每个测试单值）；④标准未规定的任何操作细节和可能影响测试结果的任何情况（如试样数量、试样是否经过干燥处理，是否使用与规定不同的试样）；⑤试验日期。

3）断裂强力和断裂伸长的测定

《增强材料　机织物试验方法 第 5 部分：玻璃纤维拉伸断裂强力和断裂伸长的测定》GB/T 7689.5，适用于未浸渍的和用浆料或硬化剂浸渍的织物，不适用于涂覆橡胶或塑料的织物。

（1）方法概述

用合适的仪器将机织物条样拉伸至断裂，并指示断裂强力和断裂伸长。断裂强力或断裂伸长可直接在仪器的指示装置上读出，也可以通过自动记录的力值—伸长曲线得出。

测定方法规定了两种不同类型的试样：Ⅰ型：适用于硬挺织物（例如，线密度大于或等于 300tex 的粗纱织成的网格布，或经处理剂或硬化剂处理的纱线织成的织物）；Ⅱ型：适用于较柔软的织物，以便于操作，减少试验误差。

（2）仪器

一对合适的夹具：夹具的宽度应大于拆边的试样宽度；拉伸试验机：推荐使用等速伸长（CRE）试验机，对于试样的拉伸速度应满足：Ⅰ型试样为 $100\pm5$mm/min，Ⅱ型试样为 $50\pm3$mm/min。也可采用其他类型的试验机；指示或记录施加到试样上力值的装置，示值最大误差不超过 $1\%$；指示或记录试样伸长值的装置，精度应优于 $1\%$；模板：用于从试验室样本上裁取过渡试样，对于Ⅰ型试样尺寸为 350mm×370mm，对于Ⅱ型试样尺寸为 250mm×270mm。模板应有两个槽口用于标记试样中间部分（有效长度）；合适的裁切工具：如刀、剪刀或切割轮。

（3）取样

除非产品规范或利益相关方另有规定，去除可能有损伤的布卷最外层（至少去掉 1m），裁取长约 1m 的布段为试验室样本。

（4）试样尺寸

① Ⅰ型试样：试样长度应为 350mm 以使试样的有效长度为 $200\pm2$mm。试样宽度，不包括毛边（试样的拆边部分）应为 50mm。

② Ⅱ型试样：试样长度应为 250mm 以使试样的有效长度为 $100\pm1$mm。试样宽度，不包括毛边（试样的拆边部分）应为 25mm。

③ 备选宽度：当织物的经、纬密度非常小时（如低于 3 根/cm），Ⅰ型的试样宽度可大于 50mm，Ⅱ型的试样宽度可大于 25mm。

不同尺寸试样和不同拉伸速度的测试结果不相同，多数情况下没有可比性。

（5）试样制备

为防止试样端部被试验机夹具损坏，有必要对试样进行特殊制备，应采用以下的步骤处理：

① 裁取一片硬纸或纸板，其尺寸应大于或等于模板尺寸。

② 将织物完全平铺在硬纸或纸板上，确保经纱和纬纱笔直无弯曲并相互垂直。

③ 将模板放在织物上，并使整个模板处于硬纸或纸板上，用裁切工具沿着模板的外边缘同时切取一片织物和硬纸或纸板作为过渡试样。对于经向试样，模板上有效长度的边应平行于经纱；对于纬向试样，模板上有效长度的边应平行于纬纱。

④ 用软铅笔沿着模板上的两个槽口的内侧边画线，移开模板。画线时注意不要损伤纱线。

⑤ 在织物两端长度各为 75mm 的端部区域内涂覆合适的胶粘剂，使织物的两端与背

衬的硬纸或纸板粘在一起，中间两条铅笔线之间部分不涂覆。推荐使用以下材料涂覆试样的端部：天然橡胶或氯丁橡胶溶液；聚甲基丙烯酸丁酯的二甲苯溶液；聚甲基丙烯酸甲酯的二乙酮或甲乙酮溶液；环氧树脂（尤其适用于高强度材料）。

也可采用这样的方法涂覆试样：将样品端部夹在两片聚乙烯醇缩丁醛片之间，留出样品的中间部分，然后再在两片聚乙烯醇缩丁醛片表面铺上硬纸或纸板，并用电熨斗将聚乙烯醇缩丁醛片熨软，使其渗入织物。

⑥ 将过渡试样烘干后，沿垂直于两条铅笔线的方向裁切成条状试样。对于 Ⅰ 型试样宽度为 65mm，制成尺寸为 350mm×65mm 的试样；对于 Ⅱ 型试样宽度为 40mm，制成尺寸为 250mm×40mm 的试样。

每个试样包括了长度为 200mm（Ⅰ型试样）或 100mm（Ⅱ型试样）无涂覆的中间部分，和两端各为 75mm 的涂覆部分。

⑦ 细心地拆去试样两边的纵向纱线，两边拆去的纱线根数应大致相同，直到试样宽度为 50mm（Ⅰ型试样）或 25mm（Ⅱ型试样），或尽可能接近。

对于纱线线密度大于或等于 300tex 的织物（无捻粗纱布）和稀松组织织物而言，应拆去整数根纱线，并确保试样宽度尽可能接近但不小于 50mm 或 25mm，或符合备选宽度。在这种情形下，同一织物的所有试样的纱线根数应相同，应测量每一个试样的实际宽度，计算 5 个试样宽度的算术平均值，精确至 1mm，并列入测试报告中。

（6）调湿和试验环境

① 调湿环境：在《塑料 试样状态调节和试验的标准环境》GB/T 2918—1998 规定的温度为 23±2℃、相对湿度为 50%±10% 的标准环境下进行调湿，调湿时间为 16h 或由利益相关方商定。

② 试验环境：在与调湿环境相同的环境下进行试验。

（7）试验步骤

① 调整夹具间距，Ⅰ 型试样的间距为 200±2mm，Ⅱ 型试样的间距为 100±1mm。确保夹具相互对准并平行。使试样的纵轴贯穿两个夹具前边缘的中点，夹紧其中一个夹具。在夹紧另一夹具前，从试样的中部与试样纵轴相垂直的方向切断备衬纸板，并在整个试样宽度方向上均匀地施加预张力，预张力大小为预期强力的 1%±0.25%，然后夹紧另一个夹具。如果强力机配有记录仪或计算机，可以通过移动活动夹具施加预张力。应从断裂荷载中减去预张力值。

② 在与不同类型的试验机和不同类型的试样相适应的条件下，启动活动夹具，拉伸试样至断裂。

③ 记录最终断裂强力。除非另有商定，当织物分为两个或以上阶段断裂时，如双层或更复杂的织物，记录第一组纱断裂时的最大强力，并将其作为织物的拉伸断裂强力。

④ 记录断裂伸长，精确至 1mm。

⑤ 如果有试样断裂在两个夹具中任一夹具的接触线 10mm 以内，则在报告中记录实际情况，但计算结果时舍去该断裂强力和断裂伸长，并用新试样重新试验。

有 3 种因素导致试样在夹具内或夹具附近断裂：织物存在薄弱点（随机分布）；夹具附近应力集中；由夹具导致试样受损。

问题是如何区分由夹具引起的破坏还是由其他两种因素引起的破坏。实际上，要区分开来是不太可能的，最好的办法是舍弃低测试值。虽然有统计方法用于剔除异常测试值，但是在常规试验中几乎不适用。

（8）试验结果

① 断裂强力

计算每个方向（经向和纬向）断裂强力的算术平均值，分别作为织物经向和纬向的断裂强力测定值，用牛顿表示，保留小数点后两位。如果实际宽度不是 50mm 或 25mm，将按规定所记录的断裂强力换算成宽度为 50mm 或 25mm 的强力。

② 断裂伸长

计算织物每个方向（经向和纬向）断裂伸长的算术平均值，以断裂伸长增量与初始有效长度的百分比表示，保留两位有效数字，分别作为织物经向和纬向的断裂伸长。

（9）试验报告

①说明依据标准；②识别被测织物的必要详情；③不同于标准中所述的取样方法；④调湿和试验环境；⑤若调湿时间不是 16h，应注明调湿时间，用小时（h）表示；⑥若经向或纬向的试样数量低于标准规定的最小试样数量，应注明试样数量；⑦试样类型；⑧若试样宽度与标准规定宽度不同，应注明试样宽度；⑨胶粘剂的类型和选用施加的方法，以及所用的干燥和/或固化制度；⑩每个方向（经向或纬向）上断裂强力，以及各有效单值；⑪每个方向（经向或纬向）上断裂伸长，以及各有效单值；⑫试验过程中剔除的试样数量；⑬所用的试验机和夹具类型，若采用 CRL 和 CRT 试验机则给出断裂时间；⑭任何本测定方法中没有规定的操作细节和可能影响试验结果的情况。

4）耐碱性试验（氢氧化钠溶液浸泡法）

《玻璃纤维网布耐碱性试验方法 氢氧化钠溶液浸泡法》GB/T 20102，规定了玻璃纤维网布经碱溶液浸泡处理后拉伸断裂强力的测定方法，适用于聚合物基外墙外保温饰面系统（以下简称 EIFS）中使用的玻璃纤维网布，该系统含有硅酸盐水泥作为一种组分。

耐碱性可以用玻璃纤维网布单位宽度上的断裂强力表示，也可以用碱溶液浸泡后与浸泡前断裂强力的百分率表示。标准的使用者有责任建立适当的安全和健康准则，并在使用前确定是否适用于某些规章的限项。

（1）方法概要

分别测试经过处理和未经处理的试样拉伸断裂强力。处理条件为 5% 的氢氧化钠溶液浸泡 28d。拉伸断裂强力被定义为规定尺寸的试样在拉伸试验机上拉伸至断裂时所施加的力。

（2）意义和用途

① 用于增强外墙外保温饰面系统（简称 EIFS）的玻璃纤维网布，被埋入含有硅酸盐水泥的抹面基层中，玻璃纤维可能会受到碱性的侵蚀而降低强度。按该方法测定碱溶液浸泡后玻璃纤维网布的拉伸断裂强力，是实验室中近似地评估玻璃纤维网布抵抗 EIFS 碱侵蚀能力的一个指标。

② 该试验方法不支持模拟实际使用中遇到的情况。EIFS 系统是一个多因素的函数，例如：合理的安装、支撑结构的刚性、EIFS 对其他原因造成退化的抵抗能力。

（3）仪器和试剂

拉伸试验机：等速伸长型，应符合《增强材料 机织物试验方法　第 5 部分：玻璃纤维拉伸断裂强力和断裂伸长的测定》GB/T 7689.5—2001 的规定；带盖容器：应由不与碱溶液发生化学反应的材料制成，尺寸大小应能使玻璃纤维网布试样平直地放置在内，并且保证碱溶液的液面高于试样至少 25mm。容器的盖应密封，以防止碱溶液中的水分蒸发浓度增大；蒸馏水；氢氧化钠，化学纯。

（4）试样

① 实验室样本：从卷装上裁取 30 个宽度为 50±3mm，长度为 600±13mm 的试样条。其中 15 个试样条的长边平行于玻璃纤维网布的经向（称为经向试样），15 个试样条的长边平行于玻璃纤维网布的纬向（称为纬向试样）。

② 每个试样条应包括相等的纱线根数，并且宽度不超过允许的偏差范围（±3mm），纱线的根数应在报告中注明。

③ 经向试样应在玻璃纤维网布整个宽度上裁取，确保代表了不同的经纱；纬向试样应在样品卷装上较宽的长度范围内裁取。

（5）试样制备

分别在每个试样条的两端编号，然后将试样条沿横向从中间一分为二，一半用于测定未经碱溶液浸泡的拉伸断裂强力，另一半用于测定碱溶液浸泡后的拉伸断裂强力。这样可以保证未经碱溶液浸泡的试样与碱溶液浸泡试样的直接可比性。

（6）试样的处理

① 记录每个试样的编号和位置，确保得到的一对未经碱溶液浸泡的试样和经碱溶液浸泡的试样的拉伸断裂强力值是来自于同一试样条。

② 配制浓度为 50g/L（5%）的氢氧化钠溶液置于带盖容器内，确保溶液液面浸没试样至少 25mm。保持溶液的温度在 23±2℃。

③ 将用于碱溶液浸泡处理的试样放入配制好的氢氧化钠溶液中，试样应平整地放置，如果试样有卷曲的倾向，可用陶瓷片等小的重物压在试样两端。在容器内表面对液面位置进行标记，加盖并密封。若取出试样时发现液面高度发生变化，则应重新取样进行试验。

④ 试样在氢氧化钠溶液中浸泡 28d。

⑤ 取出试样后，用蒸馏水将试样上残留的碱溶液冲洗干净，置于温度 23±2℃，相对湿度 50%±5% 的条件下放置 7d。

⑥ 未经碱溶液浸泡的试样在温度 23±2℃，相对湿度 50%±5% 的试验室内同时放置。

（7）拉伸试验机的准备

按《增强材料　机织物试验方法　第 5 部分：玻璃纤维拉伸断裂强力和断裂伸长的测定》GB/T 7689.5—2001 的规定准备试验机。

（8）试验步骤

① 按《增强材料　机织物试验方法　第 5 部分：玻璃纤维拉伸断裂强力和断裂伸长的测定》GB/T 7689.5—2001 的规定在试样两端涂覆树脂形成加强边，以防止试样在夹具内打滑或断裂。

② 将试样固定在夹具内，使中间有效部位的长度为 200mm。

③ 以 100mm/min 的速度拉伸试样至断裂。

④ 记录试样断裂时的力值（N/50mm）。

⑤ 如果试样在夹具内打滑或断裂，或试样沿夹具边缘断裂，应废弃这个结果，重新

用另一个试样测试，直至每种试样得到 5 个有效的测试结果：未经碱溶液浸泡处理的经向试样；经碱溶液浸泡处理的经向试样；未经碱溶液浸泡处理的纬向试样；经碱溶液浸泡处理的纬向试样。

当试样存在自身缺陷或在试验过程中受到损伤，会产生明显的脆性和测试值出现较大的变异，这样的试样的测试结果应废弃。

（9）结果计算

分别计算所述的四种状态下 5 个有效试样的拉伸断裂强力平均值。分别按下式计算经向拉伸断裂强力的保留率和纬向拉伸断裂强力的保留率。

$$\rho_t(\rho_w) = \frac{\dfrac{C_1}{U_1} + \dfrac{C_2}{U_2} + \dfrac{C_3}{U_3} + \dfrac{C_4}{U_4} + \dfrac{C_5}{U_5}}{5} \times 100\% \qquad (3.4.3\text{-}2)$$

式中　$\rho_t(\rho_w)$——经向（纬向）拉伸断裂强力保留率（%）；

　　　$C_1 \sim C_5$——分别为 5 个碱溶液浸泡处理后试样拉伸断裂强力（N）；

　　　$U_1 \sim U_5$——分别为 5 个未经浸泡处理的试样拉伸断裂强力（N）。

（10）试验报告

①测试和报告的日期。②样品的制造商标记或注册商标等标识。③每个试样中纱线的根数。④碱溶液处理前玻璃纤维网布的单位面积质量（$g/m^2$）。⑤以下四种试样的平均断裂强力（N/50mm）：未经碱溶液浸泡处理的经向试样；经碱溶液浸泡处理的经向试样；未经碱溶液浸泡处理的纬向试样；经碱溶液浸泡处理的纬向试样。⑥经向试样拉伸断裂强力保留率。⑦纬向试样拉伸断裂强力保留率。⑧说明按标准进行试验，或不同于该方法的细节的完整描述。

### 3.4.4　镀锌电焊网

《镀锌电焊网》GB/T 33281 试验方法，适用于建筑、种植、养殖、机器防护罩、围栏、家禽笼、盛蛋筐及交通运输采矿等用途的电焊网。

1. 镀锌电焊网形式

镀锌电焊网形式按图 3.4.4-1 的规定。

2. 外观

电焊网网面平整、网孔均匀，色泽一致，无露镀、露铁缺陷。电焊网网面锌粒数不超过网孔数的 5%，最大锌粒不超过丝径的 10%。

3. 要求

电焊网弧形边缘波幅，电焊网经、纬线垂直度，电焊网断丝和脱焊，电焊网焊点抗拉力，电焊网网面双丝及断目、网孔偏差、表面镀层、拼卷率。

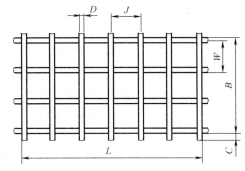

图 3.4.1-1　镀锌电焊网形式

$C$—网边露头长；$D$—丝径；$J$—经向网孔长；$W$—纬向网孔长；

$B$—网宽；$L$—网长

4. 试验方法

1）电焊网尺寸、网孔偏差、拼卷率

①电焊网网长、网宽：将网展置于一平面上，用示值为 1mm 的钢卷尺测量；

②网孔偏差：将网展开置于一平面上，按 305mm 内网孔构成数目，用示值为 1mm 的钢尺测量。有争议时，可用示值为 0.02mm 的游标卡尺测量；③丝径：用示值为 0.01mm 的千分尺，任取经、纬丝各 3 根测量（锌粒处除外），取其平均值；④网边露头长：用示值 0.02mm 的游标卡尺测量。

2）电焊网弧形边缘波幅

将网展置于一平面上，用示值为 1mm 的钢卷尺测量网边两个最高轮廓峰的连线与网边轮廓谷之间最大垂直距离，应符合标准的要求。

3）电焊网经、纬线垂直度

以任意纬丝为基准取 914mm 网长，用示值为 1mm 的钢卷尺测量两边缘纬丝间最大对角线之差。

4）电焊网断丝和脱焊、电焊网网面双丝及断目

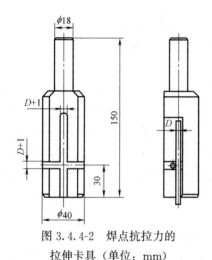

图 3.4.4-2　焊点抗拉力的
拉伸卡具（单位：mm）

对断丝、脱焊、双丝等缺陷，采用目测计数检验。

5）电焊网焊点抗拉力

对焊点抗拉力检测，焊点抗拉力的拉伸卡具如图 3.4.4-2 所示，在网上任取 3 个焊点，按图 3.4.4-1 进行拉伸，拉伸试验机速度 5mm/min，拉断时的拉力值计算平均值。

6）表面镀层

镀锌层质量按《钢产品镀锌层质量试验方法》GB/T 1839—2008 的相关规定进行试验。镀锌层硫酸铜试验按《镀锌钢丝锌层硫酸铜试验方法》GB/T 2972 的相关规定进行。本节仅介绍镀锌层质量的试验方法。

钢产品镀锌层质量试验方法，适用于面积易于测定的热镀锌和电镀锌等钢产品。镀锌层包括纯镀锌层、锌铁合金和锌铝合金镀层（例如：锌-5％铝合金镀层、55％铝-锌合金镀层）。镀锌钢板也可采用《钢产品镀锌层质量试验方法》GB/T 1839—2008 附录 A 的方法进行镀锌层质量试验。

（1）方法概述

将已知表面积上的镀锌层溶解于具有缓蚀作用的试验溶液中，称量试样在镀层溶解前后的质量，按称量的差值和试样面积计算出单位面积上的镀锌层质量。

（2）试验溶液

①清洗液：化学纯无水乙醇。②试验溶液配制：将 3.5g 化学纯六次甲基四胺（$C_6H_{12}N_4$）溶解于 500mL 浓盐酸（$\rho = 1.19g/mL$）中，用蒸馏水或去离子水稀释至 1000mL。试验溶液在能溶解镀锌层的条件下，可反复使用。

（3）试样

①取样部位和数量按产品标准或双方协议的规定执行。②根据镀锌层的厚度，选择试验面积，保证符合试样称量准确度的要求。③在切取试样时，应注意避免表面损伤。不得使用局部有明显损伤的试样。④钢丝试样长度的切取，按表 3.4.4-1 规定切取。

**切取钢丝试样长度（单位：mm）**　　　　　表 3.4.4-1

| 钢丝直径 | 试样长度 |
|---|---|
| ≥0.15～0.80 | 600 |
| >0.80～1.50 | 500 |
| >1.50 | 300 |

（4）试验步骤

① 用清洗液将试样表面的油污、粉尘、水迹等清洗干净，然后充分烘干。

② 用天平称量试样，其称量准确度应优于试样镀层质量预期的 1%。当试样镀层质量不小于 0.1g 时，称量应准确到 0.001g。

③ 将试样浸没在试验溶液中，试验溶液的用量通常为每平方厘米试样表面积不少于 10mL。

④ 在室温条件下，试样完全浸没与试验溶液中，可翻动试样，直到镀层完全溶解，以氢气析出（剧烈冒泡）的明显停止作为溶解过程结束的判定。然后取出试样在流水中冲洗，必要时可用尼龙刷刷去可能吸附在试样表面的疏松附着物。最后用乙醇清洗，迅速干燥，也可用吸水纸将水分吸除，用热风快速吹干。

⑤ 用天平称量试样，其称量准确度应优于试样镀层质量预期的 1%。当试样镀层质量不小于 0.1g 时，称量应准确到 0.001g。

⑥ 称重后，测定试样锌层溶解后暴露的表面积，准确度应达到 1%。钢丝直径的测量应在同一圆周上相互垂直的部位各测一次，取平均值，测量准确到 0.01mm。

（5）结果计算

镀锌钢丝单位面积上的镀锌量按下式计算，计算结果按《数值修约规则与极限数值的表示和判定》GB/T 8170 规定修约，保留数位应与产品标准中标示的数位一致。

$$M = \frac{m_1 - m_2}{m_2} \times D \times 1960 \qquad (3.4.4-1)$$

式中　$M$——单位面积上的镀锌层质量（g/m²）；

　　　$m_1$——试样镀锌层溶解前的质量（g）；

　　　$m_2$——试样镀锌层溶解后的质量（g）。

　　　$D$——试样镀锌层溶解后的直径（mm）；

　　　1960——常数。

（6）再现性

用不同的仪器在不同的操作条件下，由不同的试验人员测定时，该方法的再现性约为平均值的 ±5%。

（7）试验报告

①产品名称；②标准编号和试验方法；③试样形状、尺寸；④试验结果；⑤试验日期和试验人员；⑥其他内容。

### 3.4.5 锚栓

《外墙保温用锚栓》JG/T 366 试验方法，适用于固定在混凝土、砌体基层墙体上，以粘结为主、机械锚固为辅的外墙外保温系统附加锚固所用的锚栓。外墙保温用锚栓是指由膨胀件和膨胀套管组成，或仅由膨胀套管构成，依靠膨胀产生的摩擦力或机械锁定作用连接保温系统与基层墙体的机械固定件，简称锚栓。

1. 分类

按照锚栓构造方式分为圆盘锚栓和凸缘的锚栓；按照锚栓安装方式分为旋入式锚栓和敲击式锚栓；按照锚栓的承载机理分为仅通过摩擦承载的锚栓和通过摩擦和机械锁定承载的锚栓；按照锚栓的膨胀件和膨胀套管材料分为碳钢、塑料、不锈钢。

2. 锚栓的应用

锚栓可用于下列类别的基层墙体：普通混凝土基层墙体；实心砌体基层墙体，包括烧结普通砖、蒸压灰砂砖、蒸压粉煤灰砖砌体以及轻骨料混凝土墙体；多孔砖砌体基层墙体，包括烧结多孔砖、蒸压灰砂多孔砖砌体墙体；空心砌块基层墙体，包括普通混凝土小型空心砌块、轻集料混凝土小型空心砌块墙体；蒸压加气混凝土基层墙体。

3. 要求

尺寸及公差、锚栓抗拉承载力标准值、锚栓圆盘抗拔力标准值、钻头磨损对锚栓抗拉承载力标准值的影响、锚栓的松弛性能、环境温度对锚栓承载力标准值的影响、旋入式锚栓的破坏扭矩。

4. 试验方法

1）标准试验条件

①标准试验环境为空气温度 23±5℃，相对湿度为 50％±10％。②基层墙体试块的尺寸应满足标准中锚栓安装的相关要求。③试验中所用钻头直径应符合标准的要求。

2）数字修约

在判定测定值或其计算值是否符合标准要求时，应将测试所得的测试值或计算值与标准规定的极限数值作比较，比较的方法采用《数值修约规则与极限数值的表示和判定》GB/T 8170—2008 的修约值比较法。

3）锚栓抗拉承载力标准值试验

（1）试验用基层墙体试块强度等级要求

①混凝土，强度等级 C25。②烧结普通砖，应符合《烧结普通砖》GB/T 5101—2003，强度等级 MU15。③蒸压灰砂砖，应符合《蒸压灰砂砖》GB 11945—1999，强度等级 MU15。④粉煤灰砖，应符合《粉煤灰砖》JC/T 239—2001，强度等级 MU15。⑤轻骨料混凝土砖，应符合《轻集料混凝土技术规程》JGJ 51—2002，强度等级 LC15。⑥烧结多孔砖，应符合《烧结多孔砖》GB/T 13544—2000，强度等级 MU15。⑦蒸压灰砂空心砖，应符合《蒸压灰砂多孔砖》JC/T 637—1996，强度等级 15。⑧普通混凝土小型空心砌块，应符合《普通混凝土小型空心砌块》GB 8239—1997，强度等级 MU10。⑨轻骨料混凝土小型空心砌块，应符合《轻集料混凝土小型空心砌块》GB/T 15229—2002，强度等级 10。⑩烧结空心砖和空心砌块，应符合《烧结空心砖和空心砌块》GB/T 13545—2003，强度等级 MU10。⑪蒸压加气混凝土砌块，应符合《蒸压加气混凝土砌块》GB/T 11968—2006，强度等级 A2.0。

（2）试验步骤

① 在基层墙体试块上按生产商提供的安装方法，钻头直径、有效锚固深度不应小于

25mm，试件数量 10 个。

② 使用拉拔仪进行试验，拉拔仪支脚中心轴线与锚栓试件中心轴线之间距离不应小于有效锚固深度的 2 倍。均匀稳定加载，荷载方向垂直于基层墙体试块表面，加载至锚栓试件破坏，记录破坏荷载值和破坏状态。

（3）试验结果

锚栓抗拉承载力标准值按下式计算：

$$F = \overline{F} \cdot (1 - K \cdot V) \tag{3.4.5-1}$$

式中　$F$——锚栓抗拉承载力标准值（5％分位数），kN。标准试验条件下，锚栓抗拉承载力标准值表述为 $F_k$，圆盘抗拉力标准值表述为 $F_{Rk}$；

$\overline{F}$——锚栓试件破坏荷载的算术平均值（kN）；

$K$——系数，锚栓数为 5 个时取 3.4，10 个时取 2.6；

$V$——变异系数，为锚栓试件测定值标准偏差与算术平均值之比。

如果试验中破坏荷载的变异系数大于 20％时，确定抗拉承载力标准值时应乘以一个附加系数 $a$，$a$ 按下式计算：

$$a = \frac{1}{1 + (V(\%) - 20) \times 0.03} \tag{3.4.5-2}$$

4）锚栓圆盘抗拔承载力标准值试验

（1）试验步骤

为了确定锚栓圆盘的破坏试验荷载，应不少于进行 5 次试验。试验时，将锚栓圆盘支撑在一个内径为 30mm 坚固的圆环上，拉力荷载通过锚栓轴在支撑圆环的内侧施加，加载速度为 1 kN/min。加载至锚栓破坏，记录破坏荷载。

（2）试验结果

锚栓圆盘抗拔力标准值上述式 3.4.5-1 计算。

（3）试验报告

试验报告中应注明圆盘的抗拔力标准值，圆盘的直径等数据。

5）锚栓承载性能现场测试方法

（1）一般要求

① 当实际工程中的基层墙体在材料类型、强度等级、孔洞形状和位置、肋的数量和厚度等方面与《外墙保温用锚栓》JG/T 366—2012 附录 C 中规定的试验用基层墙体试块不同或者无法明确判定时，可通过在实际使用的基层墙体上进行现场拉拔试验来确定锚栓的抗拉承载力标准值。

② 在实际工程现场的基层墙体上，应进行不少于 15 次拉拔试验，来确定锚栓的实际抗拉承载力标准值。试验时，拉力荷载应同轴作用在锚栓上。试验也可在试验室中同样材料的基层墙体试块上进行。

③ 试验中锚栓的数量和位置应考虑实际工程的相关特殊条件，必要时应增加拉拔试验次数，保证试验数据的准确性。试验应按实际施工中的最不利条件进行。

（2）安装

① 试验时，锚栓的安装（如钻孔的准备、使用的钻机，钻头）和分布（如锚栓的边距、间距等），应与实际工程的使用情况相同。

② 钻孔宜采用新钻头。

（3）试验步骤

采用连续平稳加载的拉拔仪，荷载应垂直于基层墙体表面。反作用力应在距锚栓不少于 150mm 处传递给基层墙体。连续平稳加载，约 1min 后达到破坏荷载并记录。

（4）试验结果

试验报告应包括下列所有锚栓抗拉承载性能的基本资料：

①项目名称、送检单位、试验的时间和地点、气温、被固定的外墙保温系统类型；②基层墙体的详细情况（墙体材料类型和强度等级，块材尺寸及砂浆类型和强度等级）；③基层墙体的目视评估（砌筑缝状况、平整度等）；④锚栓型号、钻头直径；⑤试验装置、试验结果；⑥试验操作和监督人员签字。

（5）试验报告

锚栓现场测试抗拉承载力标准值应按下式计算：

$$N_{\mathrm{Rk1}} = 0.6 N_1 \qquad\qquad (3.4.5-3)$$

式中　$N_1$——破坏荷载中 5 个最小测量值的平均值；

　　　　$N_{\mathrm{Rk1}}$——超过 1.5kN 的值按 1.5kN 取。

# 第4章 外墙外保温工程及系统材料检测

## 4.1 外墙外保温工程

### 4.1.1 概述

外墙外保温工程是指将外保温系统通过施工或安装，固定在外墙外表面上所形成的建筑构造实体，简称外保温工程。外保温工程在欧洲已有40多年的历史，使用最多的是EPS板薄抹面外保温系统。我国20世纪80年代中期开始进行外保温工程试点，首先用于工程的也是EPS板薄抹面外保温系统。随着北美和欧洲公司的进入，尤其是第一套外墙外保温国家标准图的出版发行，对外保温的发展起了很大的促进作用。由于外保温在建筑节能和室内环境舒适等方面的诸多优点，建设部已把外保温作为重点发展项目。

外保温复合墙体是指由基层墙体和外保温系统组合而成的墙体；界面砂浆是指由水泥、砂、高分子聚合物材料以及添加剂为主要材料配置而成，用以改善基层墙体或保温层表面粘结性能的聚合物水泥砂浆；锚栓是指由膨胀件和膨胀套管组成，依靠膨胀产生的摩擦力或机械锁定作用连接基层墙体的机械固定件。

1. 墙体节能工程

根据《建筑节能工程施工质量验收标准》GB 50411规定，建筑外围护结构墙体节能工程包括采用板材、浆料、块材及预制复合墙板等墙体保温材料或构件的建筑墙体节能工程。采用其他节能材料的墙体也应遵照执行。

1）检验批划分

采用相同材料、工艺和施工做法的墙面，扣除门窗洞口后的保温墙面面积每 $1000m^2$ 划分为一个检验批。检验批的划分也可根据与施工流程相一致且方便施工与验收的原则，由施工单位与监理单位双方协商确定。

当按计数方法抽样检验时，其抽样数量应符合《建筑节能工程施工质量验收标准》GB 50411中"最小抽样数量"的规定。

2）复验项目、检验方法和数量

进场复验是对进入施工现场的材料、设备等在进场验收合格的基础上，按照有关规定从施工现场随机抽样，送至试验室进行部分或全部性能参数的检验。同时应见证取样检验，即施工单位在监理单位或建设单位代表的见证下，按照有关规定从施工现场随机抽样，送至有相应资质的检测机构进行检测，并应形成相应的复验报告。

（1）检验项目

墙体节能工程使用的材料、产品进场时，应对其下列性能进行复验，复验应为见证取样检验：

① 保温隔热材料的导热系数或热阻、密度、压缩强度或抗压强度、垂直于板面方向的抗拉强度、吸水率、燃烧性能（不燃材料除外）；

② 复合保温板等墙体节能定型产品的传热系数或热阻、单位面积质量、拉伸粘结强度、燃烧性能（不燃材料除外）；

③ 保温砌块等墙体节能定型产品的传热系数或热阻、抗压强度、吸水率；

④ 反射隔热材料的太阳光反射比、半球发射率；

⑤ 粘结材料的拉伸粘结强度；

⑥ 抹面材料的拉伸粘结强度、压折比；

⑦ 增强网的力学性能、抗腐蚀性能。

（2）检验方法

核查质量证明文件；随机抽样检验，核查复验报告，其中：导热系数（传热系数）或热阻、密度或单位面积质量、燃烧性能必须在同一报告中。

（3）检查数量

同厂家、同品种产品，按照扣除门窗洞口后的保温墙面面积所使用的材料用量，在 $5000\mathrm{m}^2$ 以内时应复验 1 次；面积每增加 $5000\mathrm{m}^2$ 应增加 1 次。同工程项目、同施工单位且同期施工的多个单位工程，可合并计算抽检面积。当符合《建筑节能工程施工质量验收标准》GB 50411 中的"材料、构件和设备进场验收"规定时，检验批容量可以扩大一倍。

（4）其他要求

标准具体给出了墙体节能工程进场复验的项目、参数和抽样数量。试验方法应遵守相应产品的试验方法标准。复验指标是否合格应依据设计要求和产品标准判定。

① 复合保温板在进场验收时应提供芯材的导热系数、密度、压缩强度或抗拉强度、垂直于板面方向的抗拉强度、吸水率、燃烧性能（不燃材料除外）的质量证明文件。

② 保温材料的密度与导热系数（传热系数）和燃烧性能有很大关系，而且密度或单位面积质量偏差过大，保温隔热材料的性能也发生很大的变化，所以三者必须在同一报告中。

③ 各种进场材料的复验项目均按照扣除门窗洞口后的保温墙面面积的材料用量抽查，最小抽样基数为 $5000\mathrm{m}^2$；然后按照保温墙面面积递增逐步增加抽查次数。具体为：保温墙面面积 $5000\mathrm{m}^2$ 应至少抽查 1 次；超过时，燃烧性能按照每增加 $10000\mathrm{m}^2$ 应至少增加抽查 1 次；除燃烧性能以外的其他各项参数，按照每增加 $5000\mathrm{m}^2$ 应至少增加抽查 1 次。增加的面积不足规定数量时也应增加抽查 1 次。

④ 同一个工程项目、同一个施工单位且同施工期施工的多个单位工程（群体建筑），可合并计算保温墙面抽检面积。

⑤ 当获得建筑节能产品认证、具有节能标识或连续三次见证取样检验均一次检验合格时，其检验批的容量可扩大一倍，其每 $5000\mathrm{m}^2$ 为一个检验批，检验批的容量扩大一倍，即 $5000\mathrm{m}^2$ 变为 $10000\mathrm{m}^2$，复验 1 次。

3）预制构件、定型产品或成套技术

墙体节能工程的基本技术要求：应采用预制构件、定型产品或成套技术，并应由供应方配套提供组成材料。防止采用不成熟的工艺或质量不稳定的材料和产品。预制构件、定型产品为工业化工厂生产，质量较为稳定；成套技术则经过验证，可保证工程的质量和节能效果。

（1）检验项目

外墙外保温工程应采用预制构件、定型产品或成套技术，并应由同一供应商提供配套的组成材料和型式检验报告。型式检验报告中应包括耐候性和抗风压检验项目以及配套组成材料的名称、生产单位、规格型号及主要性能参数。

（2）检验方法：核查质量证明文件和型式检验报告。

4）严寒、寒冷地区的抹面材料

（1）检验项目

严寒和寒冷地区外保温使用的抹面材料，其冻融试验结果应符合该地区最低气温环境的使用要求。由于严寒、寒冷地区处在较为严酷的条件下，容易因长期反复冻融出现抗裂、脱落，所以对其增加了冻融试验要求。

（2）冻融试验

进行的冻融试验不是进场复验，而是指由材料生产厂家或供应商提供的检验报告。这些试验应按照有关产品标准进行，其结果应符合产品标准的规定。冻融试验可由生产厂家或供应商委托具有产品检验资质的检验机构进行试验并提供报告。

（3）检查方法：核查质量证明文件。

（4）检查数量：全部检查。

5）施工质量检测

（1）检验项目

① 保温隔热材料的厚度不得低于设计要求。

② 保温板材与基层之间及各构造层之间的粘结或连接必须牢固。保温板材与基层的连接方式、拉伸粘结强度和粘结面积比应符合设计要求。保温板材与基层之间的拉伸粘结强度应进行现场拉拔试验，且不得在界面破坏。粘结面积比应进行剥离检验。

③ 当采用保温浆料做外保温时，厚度大于 20mm 的保温浆料应分层施工。保温浆料与基层之间及各层之间的粘结必须牢固，不应脱层、空鼓和开裂。

④ 当保温层采用锚固件固定时，锚固件数量、位置、锚固深度、胶结材料性能和锚固拉拔力应符合设计和施工方案的要求。保温装饰板的锚固件应使其装饰面板可靠固定；锚固力应做现场拉拔试验。

（2）检验方法

保温材料厚度采用现场钢针插入或剖开后尺量检查。拉伸粘结强度，粘结面积比，按照《建筑节能工程施工质量验收标准》GB 50411 的规定进行现场检验。锚固力检验，应按《保温装饰板外墙外保温系统材料》JG/T 287 的试验方法进行。锚栓拉拔力，检验应按《外墙外保温用锚栓》JG/T 366 的试验方法进行。

（3）检查数量：每个检验批应抽查 3 处。

（4）其他要求

以上对墙体节能工程施工提出的基本要求，这些要求主要关系到安全和节能效果，十分重要。拉伸粘结强度试验、锚固力试验应委托具备见证资质的检测机构进行试验。没有包括的其他构造做法的试验方法（例如自保温砌块、干挂幕墙内置保温、自保温预制墙板、真空绝热板等非匀质保温构造），可以选择现行行业标准、地方标准和相关试验方法，也可在合同中约定。

6）保温浆料

（1）检验项目

外墙采用保温浆料做保温层时，应在施工中制作同条件试件，检测其导热系数、干密度和抗压强度。保温浆料的试件应见证取样检验。

（2）检验方法

按《建筑节能工程施工质量验收标准》GB 50411 中"保温浆料干密度、导热系数、抗压强度检验方法"进行。

（3）检查数量

同厂家、同品种产品，按照扣除门窗洞口后的保温墙面面积，在 5000m$^2$ 以内时应检验 1 次；面积每增加 5000m$^2$ 应增加 1 次。同工程项目、同施工单位且同期施工的多个单位工程，可合并计算抽检面积。

（4）其他要求

外墙保温层采用保温浆料做法时，由于施工现场的条件限制，保温浆料的配制与施工质量不宜控制。为了检验浆料保温层的实际保温效果，规定了应在施工中制作同条件试件检测其导热系数、干密度和抗压强度等参数。

7）外墙饰面砖

（1）检验项目

外墙外保温工程不宜采用粘贴饰面砖做饰面层；当采用时，其安全性和耐久性必须符合设计要求。饰面砖应做粘结强度拉拔试验，试验结果应符合设计和相关标准的规定。

（2）检验方法

按《建筑工程饰面砖粘结强度检验标准》JGJ/T 110 的有关规定进行检验。

（3）检查数量

按《建筑工程饰面砖粘结强度检验标准》JGJ/T 110 的有关规定进行抽样。

（4）其他要求

当建筑外墙外保温采用粘贴饰面砖时，则必须提供单独进行的型式检验报告和方案论证报告，其安全性与耐久性必须符合设计要求。耐候性检验中应包含耐冻融周期试验；此外，饰面砖还应做粘结强度拉拔试验。

8）保温砌块墙体

（1）检验项目

保温砌块砌筑的墙体，应采用配套砂浆砌筑。砂浆的强度等级及导热系数应符合设计要求。砌体灰缝饱满度不应低于 80%。

（2）检验方法

核查砂浆强度及导热系数试验报告。

（3）检查数量

砂浆强度试验报告全数核查。

2. 外墙外保温系统的划分

外墙外保温系统是指由保温层、保护层和固定材料构成，并固定在外墙外表面的非承重保温构造的总称，简称外保温系统。保温层是指由保温材料组成，在外保温系统中起保温作用的构造层。外墙外保温系统从设计观点来看，可按保温材料与基层墙体连接的施工方法划分如下：

1）粘贴保温板外保温系统

系统可采用条式粘结或点框粘结、必要时可辅以机械固定，但荷载完全由粘结层承受，机械固定在胶粘剂干燥前起稳定作用并作为临时连接以防止系统脱落。例如，粘贴保温板薄抹灰外保温系统、胶粉聚苯颗粒浆料贴砌 EPS 板外保温系统。

2）现场成型外保温系统

包括现场抹灰成型外保温系统和现场喷涂外保温系统。其中，现场抹灰成型外保温系统指保温材料采用现场抹灰成型的施工方式固定在基层墙体上；现场喷涂外保温系统指保温材料通过机械喷涂方式固定于基层墙体上。例如，胶粉聚苯颗粒保温浆料外保温系统、现场喷涂硬泡聚氨酯外保温系统。

3）模板内置保温板系统

保温板置于模板内侧，现场浇筑混凝土基层墙体后，保温板通过混凝土的粘结力以及部分连接件与基层墙体牢固固定。外保温系统中的固定材料主要包括胶粘剂、锚固件等。例如，EPS 板现浇混凝土外保温系统、EPS 钢丝网架板现浇混凝土外保温系统。

3. 外墙外保温系统的构成

1）粘贴保温板薄抹灰外保温系统

系统由粘结层、保温层、抹面层和饰面层构成。粘结层材料应为胶粘剂；保温层材料可为 EPS 板、XPS 板、PUR 板或 PIR 板；抹面层材料应为抹面胶浆，抹面胶浆中满铺玻纤网；饰面层可为涂料或饰面砂浆。抹面层是指抹在保温层上，中间夹有玻璃纤维网布，保护保温层并起防裂、防水、抗冲击和防火作用的构造层。防护层是指抹面层和饰面层的总称。

2）胶粉聚苯颗粒保温浆料外保温系统

系统由界面层、保温层、抹面层和饰面层构成。界面层材料应为界面砂浆；保温层材料应为胶粉聚苯颗粒保温浆料，经现场拌合均匀后抹在基层墙体上；抹面层材料应为抹面胶浆，抹面胶浆中满铺玻纤网；饰面层可为涂料或饰面砂浆。

3）EPS 板现浇混凝土外保温系统

系统以现浇混凝土外墙作为基层墙体，EPS 板为保温层，EPS 板内表面（与现浇混凝土接触的表面）开有凹槽，内表面均应满涂界面砂浆。施工时应将 EPS 板置于外模板的内侧，并安装辅助固定件。EPS 板表面应做抹面胶浆抹面层，抹面层中满铺玻纤网。饰面层可为涂料或饰面砂浆。

4）EPS 钢丝网架板现浇混凝土外保温系统

系统以现浇混凝土外墙作为基层墙体，EPS 钢丝网架板为保温层，钢丝网架板中的EPS 板外侧开有凹槽。施工时应将钢丝网架板置于外墙外模板的内侧，并在 EPS 板上安装辅助固定件。钢丝网架板表面应涂抹掺外加剂的水泥砂浆抹面层，外表可做饰面层。EPS 钢丝网架板是指由 EPS 板内插腹丝，单面外侧焊接钢丝网构成的三维空间网架芯板。

5）胶粉聚苯颗粒浆料贴砌 EPS 板外保温系统

系统由界面砂浆层、胶粉聚苯颗粒贴砌浆料层、EPS 板保温层、胶粉聚苯颗粒贴砌浆料层、抹面层和饰面层构成。抹面层中满铺玻纤网；饰面层可为涂料或饰面砂浆。

6）现场喷涂硬泡聚氨酯外保温系统

系统由界面层、现场喷涂硬泡聚氨酯保温层、界面砂浆层、找平层、抹面层和饰面层构成。抹面层中满铺玻纤网；饰面层可为涂料或饰面砂浆。

4. 外保温系统的基本要求

在得到正常维护的情况下，在一个经济上合理的使用寿命期内，外保温工程必须满足以下基本要求：耐力学作用和稳定性；火灾情况下的安全性；卫生、健康和环境；使用安全性；隔声；节能和保温；系统耐久性、部件耐久性。

在正确使用和正常维护的条件下，外保温工程的使用年限不应少于 25 年。使用年限的含义是，当预期使用年限到期后，外保温工程性能仍能符合标准的规定。也就是说，外保温工程仍然是完好的。正常维护包括局部修补和防护层维修。对局部破坏应及时修补。对于不可触及的墙面、防护层正常维修周期一般不小于 5 年。

5. 检测数据

采用《数值修约规则与极限数值的表示和判定》GB/T 8170 中规定的修约值比较法。

### 4.1.2　系统性能复验项目

1. 外保温系统性能要求

耐候性、拉伸粘结强度、抗冲击性、吸水量、热阻、抹面层不透水性、防水层水蒸气渗透阻、抗风荷载性能（需要检验时）。

2. 系统材料性能要求

1）材料性能要求

胶粘剂（原强度、耐水强度）、抹面胶浆（原强度、耐水强度、耐冻融强度）、玻纤网（单位面积质量、经向和纬向耐碱断裂强力、经向和纬向耐碱断裂强力保留率、经向和纬向断裂伸长率）。

2）保温材料性能要求

EPS 板、XPS 板、PUR 板（导热系数、表观密度、垂直于板面方向的抗拉强度、尺寸稳定性、吸水率、燃烧性能等级）。

3）胶粉聚苯颗粒保温浆料和贴砌浆料性能要求

导热系数、干表观密度、抗压强度、抗拉强度、软化系数、线性收缩率、燃烧性能等级（保温浆料不低于 B1 级，贴砌浆料 A 级）、拉伸粘结强度（与带界面砂浆的水泥砂浆、与带界面砂浆的 EPS 板）。

### 4.1.3　系统材料复验项目

1. 检验批划分

（1）采用相同材料、工艺和施工做法的墙面，扣除门窗洞口后的保温墙面面积每 $1000m^2$ 划分为一个检验批。

（2）检验批的划分也可根据与施工流程相一致且方便施工与验收的原则，由施工单位与监理单位双方协商确定。

（3）当按计数方法抽样检验时，其抽样数量应符合《建筑节能工程施工质量验收标准》GB/T 50411 中检验批最小抽样数量的规定。

2. 系统主要组成材料复检项目

外保温系统主要组成材料复检项目应按表 4.1.3-1 的规定进行现场见证取样复验，检验方法和检查数量应符合《建筑节能工程施工质量验收标准》GB/T 50411 的规定。注意以下复验项目的检测要求：

①胶粘剂、抹面胶浆、界面砂浆制样后养护 14d 进行拉伸粘结强度检验。发生争议时，以养护 28d 为准。②玻纤网按《外墙外保温工程技术标准》JGJ 144—2019 附录 B 的规定检验。发生争议时，以《玻璃纤维网布耐碱性试验方法　氢氧化钠溶液浸泡法》GB/T 20102 规定的方法为准。

**外保温系统主要组成材料复检项目**　　　　　　　　　表 4.1.3-1

| 组成材料 | 复验项目 |
|---|---|
| EPS 板、XPS 板、PUR 板 | 导热系数、表观密度、垂直于板面方向的抗拉强度、燃烧性能 |
| 胶粉聚苯颗粒保温浆料<br>胶粉聚苯颗粒贴砌浆料 | 导热系数、干表观密度、抗压强度、燃烧性能 |
| EPS 钢丝网架板 | 热阻、燃烧性能 |
| 现场喷涂 PUR 硬泡体 | 导热系数、表观密度、抗拉强度、燃烧性能 |
| 胶粘剂、抹面胶浆、界面砂浆 | 养护 14d 和浸水 48h 拉伸粘结强度 |
| 玻纤网 | 单位面积质量、耐碱断裂强力、耐碱断裂强力保留率、断裂伸长率 |
| 腹丝 | 镀锌层质量、焊点质量 |
| 防火隔离带保温板 | 导热系数、表观密度、垂直于板面方向的抗拉强度、燃烧性能 |

## 4.1.4　系统性能试验方法

1. 试样制备、养护和状态调节

（1）试样

外保温系统试样应按照说明书规定的系统构造和施工方法进行制备。材料试样应按产品说明书规定进行配制。

（2）养护和状态调节

耐候性试验试样养护环境条件应为：温度 10～30℃，相对湿度不应低于 50%。其他试验试样标准养护条件和状态调节环境条件应为温度 23±2℃，相对湿度 50%±5%。

（3）养护

以水泥为主要粘结基料的试样，养护时间应为 28d。其他试样应按生产厂家说明书的规定进行养护。

2. 系统耐候性试验方法

外墙外保温系统经耐候性试验后，不得出现饰面层起泡或剥落、保护层空鼓或脱落等破坏，不得产生渗水裂缝。

耐候性试验模拟夏季墙面经高温日晒后突降暴雨和冬季昼夜温度的反复作用，是对大尺寸的外保温墙体进行的加速气候老化试验，是检验和评价外保温系统质量的最重要的试验项目。耐候性试验与实际工程有着很好的相关性，能很好地反映实际外保温工程的耐候性能。为了确保外保温系统在规定使用年限内的可靠性，耐候性试验是十分必要的。

外保温系统耐候性要求包括外观和粘结强度两个方面。

1) 试验墙板制备

（1）试验墙板应由基层墙体和被测外保温系统构成，试验墙板宽度不应小于 3.0m，高度不应小于 2.0m，面积不应小于 6m² （图 4.1.4-1）。

（2）带防火隔离带的试验墙板应由基层墙体、水平防火隔离带和被测外保温系统构成，试验墙板宽度不应小于 3.0m，高度不应小于 2.0m，面积不应小于 6m² （图 4.1.4-2）。

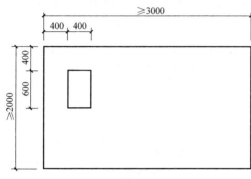

图 4.1.4-1　试验墙板

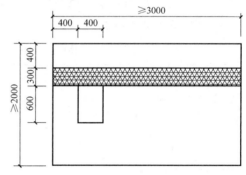

图 4.1.4-2　带防火隔离带试验墙板

（3）被测外保温系统中应预留一个宽 0.4m、高 0.6m 的洞口，洞口距离边缘 0.4m （图 4.1.4-1），洞口可预留在基层墙体中，也可由保温材料围合而成。

（4）外保温系统应包住基层墙体和洞口的侧边，侧边保温材料最大厚度为 20mm；试验时应检查和记录外保温系统在试验墙板上的安装细节，且应包括材料用量、板缝位置、固定装置等。

2) 对试验墙板要求

（1）当几种外保温构造系统仅保温材料不同时，可在同一试验墙板上做两种保温产品，应从试验墙板中心竖向方向划分，并可在试验墙板上设置两个对称的洞口，洞口可由保温材料围合而成。

（2）当外保温系统构造仅保温材料的固定方法不同时，可在试验墙板边缘采用粘结方法固定，墙体中部可采用机械固定装置。

（3）在同一试验墙板上，应只有一种抹面层，并不应做超过四种饰面涂层。墙板下部不应做饰面层。

（4）对于 EPS 板现浇混凝土外保温系统，应采用满粘方式将 EPS 板粘贴在基层墙体上，在试验墙板高度方向中部应设置一条水平方向的保温板拼接缝，并使拼接缝上面的保温板高于下面，拼接缝高差不应小于 5mm。抹面层及饰面层应按系统供应商的施工方案施工，试验室应将施工方案与试验原始记录一起存档。

（5）对于 EPS 钢丝网架板板现浇混凝土外保温系统，应将 EPS 钢丝网架板钢丝网的纵向或横向钢丝压入 EPS 板直至与 EPS 板表面齐平，并应剪断穿透 EPS 板的腹丝，使腹丝凸出 EPS 板表面部分不大于 5mm。应采用满粘方式将 EPS 钢丝网架板粘贴在基层墙体上，在试验墙板高度方向中部应设置一条水平方向的保温板拼接缝，并使拼接缝上面的保温板高于下面，拼接缝高差不应小于 5mm。抹面层及饰面层应按系统供应商的施工方案施工，试验室应记录抹面层材料种类，并将施工方案与试验原始记录一起存档。

3）试验步骤

（1）泡沫塑料保温板薄抹灰外保温系统

① 第一阶段：高温—淋水循环 80 次，每次应为 6h。首先，升温 3h，使试验墙板表面升温至 70℃并恒温在 70±5℃，升温时间为 1h；然后，向试验墙板表面淋水 1h，水温应为 15±5℃，水量 1.0～1.5L/（m² · min）；静置 2h。

② 第二阶段：状态调节且应持续至少 48h。

③ 第三阶段：加热—冷冻循环 5 次，每次 24h。升温 8h，使试验墙板表面升温至 50℃并恒温在 50±5℃，升温时间应为 1h；然后降温 16h，试验墙板表面降温至 -20℃并恒温在 -20±5℃，降温时间 2h。

（2）厚抹灰外保温系统、保温浆料的薄抹灰外保温系统

① 第一阶段：高温—淋水循环 80 次，每次应为 6h。首先升温 3h，使试验墙板表面升温至 70℃并恒温在 70±5℃，恒温时间不应小于 1h；然后向试验墙板表面淋水 1h，水温 15±5℃，水量 1.0～1.5L/（m² · min）；静置 2h。

② 第二阶段：状态调节且应持续至少 48h。

③ 第三阶段：加热—冷冻循环 5 次，每次 24h。首先升温 8h，使试验墙板表面升温至 50℃并恒温在 50±5℃，恒温时间不应小于 5h；然后降温 16h，使试验墙板表面降温至 -20℃并恒温在 -20±5℃，恒温时间不应小于 12h。

（3）观察、记录和检验的要求

① 每 4 次高温—淋水循环和每次加热—冷冻循环后，观察试验墙板出现裂缝、空鼓、脱落等情况并做记录。

② 试验结束后，状态调节 7d，且应符合《建筑工程饰面砖粘结强度检验标准》JGJ/T 110 规定的试验方法，并按下列规定检验拉伸粘结强度：对于粘贴保温板薄抹灰外保温系统，试样切割尺寸应为 100mm×100mm，断缝应切割至保温层表层；对于胶粉聚苯颗粒保温浆料外保温系统和现场喷涂硬泡聚氨酯外保温系统及胶粉聚苯颗粒浆料贴砌 EPS 板外保温系统等复合保温层的薄抹灰外保温系统，试样切割尺寸应为 100mm×100mm，断缝应切割至基层墙体。

4）试验报告

①外保温系统构造示意图；②外保温系统主要组成材料规格、类型和主要性能参数；③外保温系统在试验墙板上的安装细节；④试验墙板裂缝、空鼓、脱落等情况；⑤拉伸粘结强度或系统抗拉强度；⑥试验前试验墙板全身正面照片；⑦试验后试验墙板全身正面照片。

3. 系统耐冻融性能试验方法

1）试样制备

（1）当采用以纯聚合物为粘结基料的材料做饰面涂层时，应对以下两种试样进行试验：一种是由保温层和不包含饰面层的抹面层构成的试样；另一种是由保温层和包含饰面层的防护层构成的试样。

（2）当饰面层材料不是以纯聚合物为粘结基料的材料时，试样应包含饰面层。当使用多种饰面材料时，应按不同种类的饰面材料分别制样。当仅颗粒大小不同时，可视为同种类材料。

（3）试样尺寸为 500mm×500mm，试样数量为 3 件。

（4）试样周边应涂密封材料密封。

2）试验步骤

（1）冻融循环 30 次，每次 24h。

① 在 20±2℃自来水中浸泡 8h。试样浸入水中时，应使抹面层或防护层朝下，使抹面层浸入水中，并排除试样表面气泡。

② 在 −20±2℃ 冰箱中冷冻 16h。试验期间如需中断试验，试样应置于冰箱中在 −20±2℃下存放。

（2）每 3 次循环后观察试样出现裂缝、空鼓、脱落等情况，并做记录。

（3）试验结束后，状态调节 7d，按《外墙外保温工程技术标准》JGJ 144 的规定检验拉伸粘结强度。

4. 系统抗冲击性试验方法

1）试样制备

（1）试样由保温层和防护层构成。

（2）试样尺寸宜大于 600mm×400mm，玻纤网不得有搭接缝。

（3）每一抗冲击级别试样数量应为 1 个。

（4）试样在标准养护条件下应养护 14d 后在室温水中浸泡 7d，饰面层向下，浸入水中的深度应为 3～10mm。当试样从水中取出后，在试验环境下状态调节应为 7d。

2）试验方法

（1）将试样保护层向上平放于光滑的刚性底板上，使试样紧贴底板。

（2）试验分为 3J 和 10J 两级，每级试验冲击 10 个点。

3J 级冲击试验使用质量为 500g 的钢球，在距离试样上表面 0.61m 高度自由降落冲击试样；10J 级冲击试验使用质量为 1000g 的钢球，在距离试样上表面 1.02m 高度自由降落冲击试样。冲击点应离开试样边缘至少 100mm，冲击点间距不得小于 100mm。以冲击点及其周围开裂作为破坏的判定标准。

3）结果判定

试验结果判定时，10J 级试验 10 个冲击点中破坏点不超过 4 个时，判定为 10J 级；10J 级试验 10 个冲击点中破坏点超过 4 个，3J 级试验 10 个冲击点中破坏点不超过 4 个时，判定为 3J 级。试验报告中应写明抹灰层和饰面层厚度以及玻纤网类型和层数。

5. 系统吸水量试验方法

1）试样制备

（1）试样分为两种，一种由保温层和抹面层构成，另一种由保温层和防护层构成。

（2）试样尺寸为 200mm×200mm，保温层厚度为 50mm，抹面层和防护层厚度应符合受检外保温系统构造规定。每种试样数量各为 3 件。

（3）试样在标准养护条件下养护 7d 后，应将包括保温材料在内的试样周边做密封防水处理。

2）试验预处理

（1）将试样进行 3 次循环：试样抹面层或防护层朝下浸入水中并使表面完全湿润，浸入深度应为 3～10mm，浸泡时间为 24h；在 50±5℃条件下干燥 24h。

（2）完成循环后，应进行至少 24h 状态调节。

3）试验步骤

（1）测量试样面积。

（2）使试样抹面层或防护层朝下浸入水中并使表面完全湿润，浸入深度应为 3～10mm，浸泡 3min 后取出用天平称取试样初始质量。然后再次浸入水中，且 24h 后取出，并用湿毛巾迅速擦去试样表面明水，测定浸水后试样质量。

4）试验结果

系统吸水量应按下式进行计算，试验结果以 3 个试验数据的算术平均值表示，并应精确至 1g/m²。

$$M = \frac{m - m_0}{A} \tag{4.1.4-1}$$

式中　$M$——吸水量（g/m²）；

$m$——试样浸水后的质量（g）；

$m_0$——试样初始质量（g）；

$A$——试样面积（m²）。

### 4.1.5　组成材料试验方法

1. 保温板抗拉强度试验方法

1）试样制备

试样应在保温板上切割而成，试样尺寸应为 100mm×100mm，厚度应为保温板产品厚度。试样数量应为 5 个。

2）试验步骤

（1）采用适当的胶粘剂将试样上下表面分别与尺寸为 100mm×100mm 的金属试验板粘结；

（2）试验应在干燥状态下进行，且应通过万向接头将试样安装在拉力试验机上，拉伸速度为 5mm/min，应拉伸至试样破坏并记录破坏时的拉力及破坏部位。破坏部位在试验板粘结界面时试验数据应记为无效。

3）试验结果

抗拉强度按下式进行计算，试验结果以 5 个试验数据的算术平均值表示：

$$\sigma_t = \frac{P_t}{A} \tag{4.1.5-1}$$

式中　$\sigma_t$——抗拉强度（MPa）；

$P_t$——破坏荷载（N）；

$A$——试样面积（mm²）。

2. 拉伸粘结强度试验方法

1）胶粘剂拉伸粘结强度试验

（1）水泥砂浆底板抗拉强度应不小于 1.5MPa。

（2）保温板应按外保温系统配套材料要求提供。

（3）试样尺寸应为 50mm×50mm 或直径 50mm，与水泥砂浆粘结和与保温板粘结的试样数量应为5个。

（4）按使用说明配制胶粘剂，将胶粘剂涂抹于厚度不宜小于40mm的保温板或厚度不宜小于20mm的水泥砂浆板上，涂抹厚度为3～5mm，当保温板需做界面处理时，应在界面处理后涂胶粘剂，并应在试验报告中注明。试样应在标准养护条件下养护28d。

（5）以合适的胶粘剂将试样粘贴在两个刚性平板或金属板上。

（6）试验应在三种试样状态下进行：①干燥状态；②水中浸泡48h，取出后应在温度23±2℃、相对湿度50%±5%条件下干燥2h；③水中浸泡48h，取出后应在温度23±2℃、相对湿度50%±5%条件下干燥7d。

（7）将试样安装于拉力试验机上，拉伸速度为5mm/min，拉伸至破坏并记录破坏时的拉力及破坏部位。

2）抹面材料与保温材料拉伸粘结强度试验方法

（1）试样尺寸应为50mm×50mm或直径50mm，保温板厚度应为50mm，试样数量应为5个。

（2）保温材料为保温板时，将抹面材料抹在保温板一个表面上，厚度为3±1mm，当保温板需做界面处理时，应在界面处理后涂胶粘剂，并应在试验报告中注明。经过养护后，两面应采用适当的胶粘剂粘结尺寸为50mm×50mm的钢底板。

（3）保温材料为胶粉聚苯颗粒保温浆料时，将抹面胶浆抹在胶粉聚苯颗粒保温浆料一个表面上，厚度为3±1mm。经过养护后，两面采用适当的胶粘剂粘结尺寸为50mm×50mm的钢底板。

（4）试验应在以下四种试样状态下进行：①干燥状态；②水中浸泡48h，取出后应在温度23±2℃、相对湿度50%±5%条件下干燥2h；③水中浸泡48h，取出后应在温度23±2℃、相对湿度50%±5%条件下干燥7d；④冻融试验后。

（5）将试样安装于拉力试验机上，拉伸速度为5mm/min，拉伸至破坏并记录破坏时的拉力及破坏部位。

3）试验结果

拉伸粘结强度应按下式进行计算，试验结果以5个试验数据的算术平均值表示：

$$\sigma_b = \frac{P_b}{A} \tag{4.1.5-2}$$

式中　$\sigma_b$——拉伸粘结强度（MPa）；

　　　$P_b$——破坏荷载（N）；

　　　$A$——试样面积（mm$^2$）。

3. 系统热阻试验方法

1）试验方法

按《绝热　稳态传热性质的测定　标定和防护热箱法》GB/T 13475的规定进行。制样时EPS板拼缝缝隙宽度、单位面积内辅助固定件的数量应符合受检外保温系统构造规定。

2）试样制备

腹丝穿透型 EPS 钢丝网架板试样应两面各抹 30mm 厚水泥砂浆；胶粉聚苯颗粒浆料贴砌 EPS 外保温系统应在粘结浆料和保温浆料表面各抹 10mm 厚水泥砂浆。

4. 抹面层不透水性试验方法

1）试样制备

试样应由保温层和抹面层构成，试样尺寸为 200mm×200mm，保温层厚度应为 60mm，试样数量为 2 个。将试样中心部位的保温层除去并刮干净，直至刮到抹面层的背面，刮除部分的尺寸为 100mm×100mm。

2）试验步骤

将试样周边密封，使抹面层朝下浸入水槽中。应使试样浮在水槽中，底面所受压强为 500 Pa。浸水时间达到 2h 时，观察水透过抹面层的情况。

3）试验结果

2 个试样浸水 2h 时均不透水时，判定为不透水。

5. 防护层水蒸气渗透性能试验方法

1）试样制备

（1）将防护层做在保温层上，经过养护后除去保温层，并应切割成规定尺寸大小。

（2）采用以纯聚合物为粘结基料的材料作饰面涂层时，按不同种类的饰面材料分别制样。当仅颗粒大小不同时，可视为同类材料；当采用其他材料作饰面涂层时，应对具有最厚饰面涂层的防护层进行试验。

2）试验方法

按《建筑材料及其制品水蒸气透过性能试验方法》GB/T 17146 中干燥剂法的规定。试验箱内温度应为 23±2℃，相对湿度可为 50%±2% 或 85%±2%。

6. 玻纤网耐碱性快速试验方法

1）试样处理

（1）将未经碱溶液浸泡的试样置于 60±2℃ 的烘箱内干燥 55～65min，取出后应在温度 23±2℃、相对湿度 50%±5% 环境中放置 24h 以上。

（2）经碱溶液浸泡的试样处理规定

① 碱溶液配制：每升蒸馏水中应含有 Ca(OH)$_2$ 0.5g，NaOH 1g，KOH 4g，1L 碱溶液浸泡 30～35g 的玻纤网试样，并应根据试样的质量，配制适量的碱溶液；②应将配制好的碱溶液置于恒温水浴中，碱溶液的温度应控制在 60±2℃；③应将试样平整地放入碱溶液中，加盖密封，试验过程中碱溶液浓度不应发生变化；④试样应在 60±2℃ 的碱溶液中浸泡 24h±10min。当取出试样时，应用流动水反复清洗后，并放置于 0.5% 的盐酸溶液中 1h，再用流动的清水反复清洗。应置于 60±2℃ 的烘箱中干燥 60±5min，取出后应在温度 23±2℃、相对湿度 50%±5% 的环境中放置 24h 以上。

2）试验方法

应符合《玻璃纤维网布耐碱性试验方法　氢氧化钠溶液浸泡法》GB/T 20102 的规定。

## 4.1.6　现场试验方法

1. 基层墙体与胶粘剂的拉伸粘结强度检验方法

1）取样

（1）在每种类型的基层墙体表面上取 5 处有代表性的位置，分别涂胶粘剂或界面砂浆，面积应为 $300\sim400cm^2$，厚度应为 $5\sim8mm$。干燥后应按《建筑工程饰面砖粘结强度检验标准》JGJ/T 110 的规定进行试验，断缝应从胶粘剂或界面砂浆表面切割至基层墙体表面。

（2）当基层墙体表面有找平层时，应切断找平层。

2）试验方法

宜使用采用电动加载方式的数显式粘结强度检测仪，拉伸速度应为 $5\pm1mm/min$。

3）试验结果

每组试样粘结强度平均值不应小于《外墙外保温工程技术标准》JGJ 144 的规定值。每组可有一个试样的粘结强度小于上述标准的规定值，但不应小于规定值的 75%。

2. 系统抗冲击性试验方法

外保温系统抗冲击性检验应在保护层施工完成 28d 后进行。根据抹面层和饰面层性能的不同而选取冲击点，且不应选在局部增强区域和玻纤网搭接部位。

1）试验方法

采用摆动冲击，摆动中心固定在冲击点的垂线上，摆长至少为 1.50m。规定的落差为钢球从静止开始下落的位置与冲击点之间的高差。10J 级钢球质量为 1000g，落差应为 1.02m；3J 级钢球质量为 500g，落差应为 0.61m。

2）试验结果

试验结果判定时，10J 级试验 10 个冲击点中破坏点不超过 4 个时，应判定为 10J 级；10J 级试验 10 个冲击点中破坏点超过 4 个，3J 级试验 10 个冲击点中破坏点不超过 4 个时，判定为 3J 级。试验报告中应写明抹面层和饰面层厚度以及玻纤网类型和层数。

3. 系统拉伸粘结强度试验方法

1）试样尺寸及检测仪器

应按《建筑工程饰面砖粘结强度检验标准》JGJ/T 110 的规定进行试验，试样尺寸应为 100mm×100mm。试验宜使用采用电动加载方式的数显式粘结强度检测仪，拉伸速度应为 $5\pm1mm/min$。

2）试样断缝要求

（1）测试保温层与基层墙体拉伸粘结强度时，断缝应切割至基层墙体。切割宜选在保温材料与基层墙体之间充满胶粘剂的部位，否则应按实际粘贴面积进行换算。

（2）测试抹面层与保温层拉伸粘结强度时，断缝应切割至保温层，保温层切割深度不应大于 10mm。

（3）测试胶粉聚苯颗粒保温浆料外保温系统拉伸粘结强度时，断缝应从防护层切割至基层墙体。

（4）EPS 板现浇混凝土外保温系统中的 EPS 板与基层墙体拉伸粘结强度检验应在混凝土养护 28d 后进行，断缝应切割至基层墙体。测点应按一次浇筑深度分上、中、下 3 部分各选 1 点。上部测点应距顶边 200mm，下部测点应距底边 200mm，中部测点应居中。

3）试验结果

每组试样粘结强度平均值不应小于现行行业标准《外墙外保温工程技术标准》JGJ

144 的规定值。每组可有一个试样的粘结强度小于上述标准的规定值，但不应小于规定值的 75%。

# 4.2　模塑聚苯板薄抹灰外墙外保温系统材料

## 4.2.1　概述

模塑聚苯板薄抹灰外墙外保温系统是指置于建筑物外墙外侧，与基层墙体采用粘结方式固定的保温系统。系统由模塑聚苯板、胶粘剂、厚度为 3~6mm 的抹面胶浆、玻璃纤维网布及饰面材料等组成，系统还包括必要时采用的锚栓、护角、托架等配件以及防火构造措施。

《模塑聚苯板薄抹灰外墙外保温系统材料》GB/T 29906 试验方法，适用于民用建筑采用的模塑聚苯板薄抹灰外墙外保温系统材料。模塑板外保温系统的各种组成材料应配套供应。所采用的所有配件，应与模塑板外保温系统性能相容，并应符合国家现行相关标准的规定。模塑板外保温系统的防火构造措施应符合国家现行相关标准或规定的要求。

1. 系统基本构造

模塑板外保温系统的基本构造为基层墙体（混凝土墙体、各种砌体墙体）、粘结层（粘结剂或工程设计使用锚栓固定）、保温层（模塑版）、抹面层（抹面胶浆、复合玻纤网）和饰面层（涂装材料）。其中，抹面层和饰面层合称防护层。

模塑板出厂前应在自然条件下陈化不少于 42d，或在温度 60±5℃ 环境中陈化 5d。模塑板外保温系统的基本构造见表 4.2.1-1。

模塑板外保温系统基本构造　　　　　　　　　　表 4.2.1-1

| 基层墙体<br>① | 系统基本构造 | | | | 构造示意图 |
| | 粘结层<br>② | 保温层<br>③ | 防护层 | | |
| | | | 抹面层<br>④ | 饰面层<br>⑤ | |
| 混凝土墙体<br>各种砌体墙体 | 胶粘剂<br>（锚栓[a]） | 模塑板 | 抹面胶浆<br>复合<br>玻纤网 | 涂装材料 | |

[a] 当工程设计有要求时，可使用锚栓作为模塑板的辅助固定件

2. 系统性能指标

系统性能指标有耐候性（外观、拉伸粘结强度）、吸水量、抗冲击性（二层以上、首层）、水蒸气透过湿流密度、耐冻融（外观、拉伸粘结强度）。

3. 系统组成材料检验项目及批量

系统组成材料检验项目及检验批量见表 4.2.1-2。

系统组成材料检验项目及检验批量　　　　　　　　表 4.2.1-2

| 材料名称 | 检验项目 | 检验批量 |
|---|---|---|
| 模塑板 | 导热系数、表观密度、垂直于板面方向的抗拉强度、尺寸稳定性、弯曲变形、水蒸气渗透系数、吸水率（体积分数）、燃烧性能等级 | 同一材料、同一工艺、同一规格每 500m³ 为一批，不足 500m³ 时也为一批 |
| 胶粘剂 | 拉伸粘结强度（与水泥砂浆）：原强度、耐水强度；拉伸粘结强度（与模塑版）：原强度、耐水强度；可操作时间 | 同一材料、同一工艺、同一规格每 100t 为一批，不足 100t 时也为一批 |
| 抹面胶浆 | 拉伸粘结强度（与模塑版）：原强度、耐水强度、耐冻融强度；柔韧性［压折比（水泥基）；开裂应变（非水泥基）］；抗冲击性、吸水量、不透水性、可操作时间（水泥基） | 同一材料、同一工艺、同一规格每 100t 为一批，不足 100t 时也为一批 |
| 玻纤网 | 单位面积质量、耐碱断裂强力（经向、纬向）、耐碱断裂强力保留率（经向、纬向）、断裂伸长率（经向、纬向） | 同一材料、同一工艺、同一规格每 20000m² 为一批，不足 20000m² 时也为一批 |

4. 养护条件和试验环境

标准养护条件为空气温度 $23\pm2℃$，相对湿度 $50\%\pm5\%$。试验环境为空气温度 $23\pm5℃$，相对湿度 $50\%\pm10\%$。

5. 数值修约

在判定测定值或其计算值是否符合标准要求时，应将测试所得的测定值或其计算值与标准规定的极限数值作比较，比较的方法采用《数值修约规则与极限数值的表示和判定》 GB/T 8170—2008 中规定的修约值比较法。修约值比较法如下：

（1）将测定值或其计算值进行修约，修约数位应与规定的极限数值数位一致。当测试或计算精度允许时，应先将获得的数值按指定的修约数位多一位或几位报出，然后按进舍规则的程序修约至规定的数位。

（2）将修约后的数值与规定的极限数值进行比较，只要超出极限数值规定的范围（不论超出程度大小），都判定为不符合要求。

## 4.2.2　胶粘剂

胶粘剂是指由水泥基胶凝材料、高分子聚合物材料以及填料和添加剂等组成，专用于将模塑聚苯板粘贴在基层墙体上的粘结材料。胶粘剂的产品形式主要有两种：一种是在工厂生产的液状胶粘剂，在施工现场按使用说明加入一定比例的水泥或由厂商提供的干粉料，搅拌均匀即可使用；另一种是在工厂里预混合好的干粉状胶粘剂，在施工现场只需按使用说明与一定比例的拌和用水混合，搅拌均匀即可使用。

1. 拉伸粘结强度

1）试样要求

（1）试样尺寸 50mm×50mm 或直径 50mm，与水泥砂浆粘结和与模塑板粘结试样数量各 6 个。

（2）按生产商使用说明配制胶粘剂，将胶粘剂涂抹于模塑板（厚度不宜小于 40mm）或水泥砂浆板（厚度不宜小于 20mm）基材上，涂抹厚度为 3～5mm，可操作时间结束时用模塑板覆盖。

（3）试样在标准养护条件下养护 28d。

2）试验步骤

（1）以合适的胶粘剂将试样粘贴在两个刚性平板或金属板上，胶粘剂应与产品相容，固化后将试样按下述条件进行处理：①原强度：无附加条件。②耐水强度：浸水 48h，到期试样从水中取出并擦拭表面水分，在标准养护条件下干燥 2h。③耐水强度：浸水 48h，到期试样从水中取出并擦拭表面水分，在标准养护条件下干燥 7d。

（2）将试样安装到适宜的拉力机上，进行拉伸粘结强度测定，拉伸速度为 5±1mm/min。记录每个试样破坏时的拉力值，基材为模塑板时还应记录破坏状态。破坏面在刚性平板或金属板胶结面时，测试数据无效。

3）试验结果

拉伸粘结强度试验结果为 6 个试验数据中 4 个中间值的算术平均值，精确至 0.01MPa。模塑板内部或表层破坏面积在 50% 以上时，破坏状态为破坏发生在模塑板中，否则破坏状态为界面破坏。

2. 可操作时间试验

（1）试验过程

胶粘剂配制后，按生产商提供的可操作时间放置，生产商未提供可操作时间时，按 1.5h 放置，然后按上述"拉伸粘结强度"规定测定拉伸粘结强度原强度。

（2）试验结果

拉伸粘结强度原强度符合标准要求时，放置时间即为可操作时间。

### 4.2.3　模塑板

模塑聚苯板是指绝热用阻燃型模塑聚苯乙烯泡沫塑料制作的保温板材。

1. 垂直于板面方向的抗拉强度

（1）试样要求

试样尺寸 100mm×100mm，数量 5 个。试样在模塑板上切割制成，其基面应与受力方向垂直，切割时应离模塑板边缘 15mm 以上。试样在试验环境下放置 24h 以上。

（2）试验步骤

以合适的胶粘剂将试样两面粘贴在刚性平板或金属板上，胶粘剂应与产品相容。将试样装入拉力机上，以 5±1mm/min 的恒定速度加荷，直至试样破坏。破坏面在刚性平板或金属板胶结面时，测试数据无效。

（3）试验结果

垂直于板面方向的抗拉强度按下式计算，试验结果为 5 个试验数据的算术平均值，精确至 0.01MPa。

$$\sigma = \frac{F}{A} \tag{4.2.3-1}$$

式中　$\sigma$——垂直于板面方向的抗拉强度（MPa）；

　　　$F$——试样破坏拉力（N）；

　　　$A$——试样的横截面面积（mm$^2$）。

2. 燃烧性能等级

按《建筑材料及制品燃烧性能分级》GB 8624—2012 规定的方法进行试验。

3. 其他性能

按《绝热用模塑聚苯乙烯泡沫塑料》GB/T 10801.1 规定的方法进行试验。

4. 尺寸允许偏差

按《泡沫塑料与橡胶　线性尺寸的测定》GB/T 6342 的规定进行。厚度、长度、宽度尺寸允许偏差为测量值与规定值之差。对角线尺寸允许偏差为两对角线差值。板面平整度、板边平直度使用长度为 1m 的靠尺进行测量，板材尺寸小于 1m 的按实际尺寸测量，以板面或板边凹处最大数值为板面平整度、板边平直度。

### 4.2.4　抹面胶浆

抹面胶浆是指由水泥基胶凝材料、高分子聚合物材料以及填料和添加剂等组成，具有一定变形能力和良好粘结性能的抹面材料。水泥基抹面胶浆的产品形式同胶粘剂，非水泥基抹面胶浆的产品形式主要为膏状。

1. 拉伸粘结强度

试样由模塑板和抹面胶浆组成，抹面胶浆厚度为 3mm，试样养护期间不需覆盖模塑板。原强度、耐水强度按上述"胶粘剂的拉伸粘结强度试验"的规定进行测定，耐冻融强度按"模塑板外保温系统的耐冻融"的规定进行测定。

2. 压折比

按生产商使用说明配制抹面胶浆，按《水泥胶砂强度检验方法（ISO 法）》GB/T 17671 的规定制样，试样在标准养护条件下养护 28d 后，按上述标准的规定测定抗压强度、抗折强度，并按下式计算压折比，精确至 0.1。

$$T = \frac{R_c}{R_f} \tag{4.2.4-1}$$

式中　$T$——压折比；

　　　　$R_c$——抗压强度（MPa）；

　　　　$R_f$——抗折强度（MPa）。

3. 可操作时间

试样由系统用模塑板和抹面胶浆组成，抹面胶浆厚度为 3mm。按上述"胶粘剂的可操作时间"的规定进行测定，拉伸粘结强度原强度符合要求时，放置时间即为可操作时间。

4. 开裂应变

1）试验仪器

应变仪：长度为 150mm，精密度等级 0.1 级；小型拉力试验机。

2）试样要求

（1）纬向、经向试样数量各 6 条。

（2）抹面胶浆按照产品说明配制搅拌均匀后使用，将抹面胶浆满抹在 600mm×100mm 模塑板上，贴上标准玻纤网，玻纤网两端应伸出抹面胶浆 100mm，再按受检方规定的厚度刮抹面胶浆。玻纤网伸出部分反包在抹面胶浆表面，试验时把两条试条对称地互相粘贴在一起，玻纤网反包的一面向外，用环氧树脂粘贴在拉力机的金属夹板之间。

（3）将试样放置在室温条件下养护 28d，将模塑板剥掉。

3）试验步骤

（1）将两个对称粘贴的试条安装在试验机的夹具上，应变仪应安装在试样中部，两端距金属夹板尖端不应少于 75mm。

（2）加荷速度应为 0.5mm/min，加荷至 50% 预期裂纹拉力，之后卸载。如此反复进行 10 次。加荷和卸载持续时间应为 1～2min。

（3）如果在 10 次加荷过程中试样没有破坏，则第 11 次加荷直至试条出现裂缝并最终断裂。在应变值分别达到 0.3%、0.5%、0.8%、1.5% 和 2.0% 时停顿，观察试样表面是否开裂，并记录裂缝状态。

4）试验结果

观察试样表面裂缝的数量，并测量和记录裂纹的数量和宽度，记录试样出现第一条裂缝时的应变值（开裂应变）。试验结束后，测量和记录试样的宽度和厚度。

## 4.2.5　玻纤网

玻纤网是指表面经高分子材料涂覆处理的、具有耐碱功能的玻璃纤维网布，作为增强材料内置于抹面胶浆中，用以提高抹面层的抗裂性。

1. 单位面积质量

按《增强制品试验方法　第 3 部分：单位面积质量的测定》GB/T 9914.3—2001 规定的方法进行测定。

2. 耐碱断裂强力及耐碱断裂强力保留率

按《玻璃纤维网布耐碱性试验方法　氢氧化钠溶液浸泡法》GB/T 20102—2006 规定的方法进行测定。当需要进行快速测定时，可按下述"玻纤网耐碱快速试验方法"的规定进行。《玻璃纤维网布耐碱性试验方法　氢氧化钠溶液浸泡法》GB/T 20102—2006 规定的方法为仲裁试验方法。

3. 玻纤网耐碱快速试验方法

1）设备和材料

拉伸试验机符合《增强材料　机织物试验方法　第 5 部分：玻璃纤维拉伸断裂强力和断裂伸长的测定》GB/T 7689.5 的规定；恒温烘箱：温度能控制在 60±2℃；恒温水浴：温度能控制在 60±2℃，内壁及加热管均应由不与碱性溶液发生反应的材料制成（例如不锈钢材料），尺寸大小应使玻纤网试样能够平直地放入，保证所有的试样都浸没于碱溶液中，并有密封的盖子；化学试剂：氢氧化钠，氢氧化钙，氢氧化钾，盐酸。

2）试样

（1）从卷装上裁取 20 个宽度为 50±3mm，长度为 600±13mm 的试样条。其中 10 个试样条的长边平行于玻纤网的经向（称为经向试样），10 个试样条的长边平行于玻纤网的纬向（称为纬向试样）。每种试样条中纱线的根数应相等。

（2）经向试样应在玻纤网整个宽度裁取，确保代表了所有的经纱，纬向试样应从尽可能宽的长度范围内裁取。

（3）给每个试样条编号，在试样条的两端分别作上标记。应确保标记清晰，不被碱溶液破坏。将试样沿横向从中间一分为二，一半用于测定干态拉伸断裂强力，另一半用于测定耐碱断裂强力，保证干态试样与碱溶液处理试样的一一对应关系。

3）试样处理

（1）干态试样的处理

将用于测定干态拉伸断裂强力的试样置于 $60\pm2℃$ 的烘箱内干燥 $55\sim65min$，取出后应在温度 $23\pm2℃$、相对湿度 $50\%\pm5\%$ 的环境中放置 24h 以上。

（2）碱溶液浸泡试样的处理

① 碱溶液配制：每升蒸馏水中含有 $Ca(OH)_2$ 0.5g，NaOH 1g，KOH 4g，1L 碱溶液浸泡 $30\sim35g$ 的玻纤网试样，根据试样的质量，配制适量的碱溶液。②将配制好的碱溶液置于恒温水浴中，碱溶液的温度控制在 $60\pm2℃$。③将试样平整地放入碱溶液中，加盖密封，确保试验过程中碱溶液浓度不发生变化。④试样在 $60\pm2℃$ 的碱溶液中浸泡 $24h\pm10min$。取出试样，用流动水反复清洗后，放置于 0.5% 的盐酸溶液中 1h，再用流动的清水反复清洗。置于 $60\pm2℃$ 的烘箱内干燥 $60\pm5min$，取出后应在温度 $23\pm2℃$、相对湿度 $50\%\pm5\%$ 的环境中放 24h 以上。

4）试验步骤

按《增强材料　机织物试验方法　第5部分：玻璃纤维拉伸断裂强力和断裂伸长的测定》GB/T 7689.5—2001 的规定分别测定经向和纬向试样的干态和耐碱拉伸断裂强力，每种试样得到的有效试验数据不应少于5个。

5）试验结果

分别计算经向、纬向试样耐碱和干态断裂强力，断裂强力为5个试验数据的算术平均值，精确至 1N/50mm。

经向、纬向拉伸断裂强力保留率分别按下式计算，精确至1%。

$$R=\frac{F_1}{F_0} \tag{4.2.5-1}$$

式中　$R$——耐碱断裂强力保留率（%）；

　　　$F_1$——试样耐碱断裂强力（N）；

　　　$F_0$——试样干态断裂强力（N）。

4. 断裂伸长率试验

按《增强材料　机织物试验方法　第5部分：玻璃纤维拉伸断裂强力和断裂伸长的测定》GB/T 7689.5—2001 规定的方法进行测定。

# 4.3　挤塑聚苯板薄抹灰外墙外保温系统材料

## 4.3.1　概述

挤塑聚苯板（XPS）薄抹灰外墙外保温系统是指以经表面处理的挤塑聚苯板（XPS）为保温层材料，通过粘结并辅以锚固方式固定在基层墙体外侧，采用复合有玻纤网布的抹面胶浆为薄抹灰面层，以涂装材料为饰面层，并具有防火构造措施的一种建筑物的非承重保温构造。简称挤塑板外保温系统。

《挤塑聚苯板（XPS）薄抹灰外墙外保温系统材料》GB/T 30595 试验方法，适用于民用建筑采用的挤塑聚苯板（XPS）薄抹灰外墙外保温系统材料。挤塑板外保温系统的各种组成材料应由系统供应商配套提供。采用的所有配件，应与挤塑板外保温系统相容，并应符合国家相关标准的要求。挤塑板外保温系统的防火构造措施应符合国家现行相关标准或规定的要求。

**1. 系统基本构造**

挤塑板外保温系统由粘结层、保温层、抹面层和饰面层构成，其基本构造为基层墙体（混凝土墙体及各种砌体墙体）、粘结层（胶粘剂）、保温层（界面处理剂＋挤塑板＋界面处理剂＋锚栓）、防护层（抹面层：抹面胶浆＋玻纤网布；饰面层：涂装材料）。挤塑板出厂前应在自然条件下陈化不少于 28d。

**2. 系统性能指标**

系统性能指标有耐候性（外观、抹面层与挤塑板拉伸粘结强度）、吸水量、抗冲击性（二层以上、首层）、水蒸气透过湿流密度、耐冻融性（外观、抹面层与挤塑板拉伸粘结强度）、抹面层不透水性、热阻。

**3. 系统组成材料检验项目及批量**

系统组成材料检验项目及检验批量见表 4.3.1-1。抽样规定，在检验批中随机抽取，抽样数量应满足检验项目所需样品数量。

**系统组成材料检验项目及检验批量**　　　　　　　　　　　表 4.3.1-1

| 材料名称 | 检验项目 | 检验批量 |
|---|---|---|
| 挤塑板 | 表观密度、导热系数、垂直于板面方向的抗拉强度、压缩强度、弯曲变形、尺寸稳定性、吸水率、水蒸气透湿系数、氧指数、燃烧性能等级 | 同一材料、同一工艺、同一规格每 $500m^3$ 为一批，不足 $500m^3$ 时也为一批 |
| 界面处理剂 | 容器中状态、冻融稳定性（3 次）、储存稳定性、最低成膜温度、不挥发物含量 | 同一材料、同一工艺、同一规格每 30t 为一批，不足 30t 时也为一批 |
| 胶粘剂 | 拉伸粘结强度（与水泥砂浆）：原强度、耐水强度；拉伸粘结强度（与挤塑板）：原强度、耐水强度；可操作时间 | 同一材料、同一工艺、同一规格每 100t 为一批，不足 100t 时也为一批 |
| 抹面胶浆 | 拉伸粘结强度（与挤塑板）：原强度、耐水强度、耐冻融强度；压折比、抗冲击性、吸水量、可操作时间 | 同一材料、同一工艺、同一规格每 100t 为一批，不足 100t 时也为一批 |
| 玻纤网布 | 单位面积质量、耐碱断裂强力（经向、纬向）、耐碱断裂强力保留率（经向、纬向）、断裂伸长率（经向、纬向） | 同一材料、同一工艺、同一规格每 $20000m^2$ 为一批，不足 $20000m^2$ 时也为一批 |

**4. 养护环境和试验条件**

标准养护条件为空气温度 23±2℃，相对湿度 50%±5%。标准试验环境为空气温度 23±5℃，相对湿度 50%±10%。

**5. 数值修约**

在判定测定值或其计算值是否符合标准要求时，应将测试所得的测定值或其计算值与标准规定的极限数值作比较，比较的方法采用《数值修约规则与极限数值的表示和判定》

GB/T 8170 中规定的修约值比较法。

### 4.3.2 挤塑板

挤塑聚苯板是指以聚苯乙烯树脂或其共聚物为主要成分，添加少量添加剂，通过加热挤塑成型而制得的具有闭孔结构的硬质泡沫塑料制品，简称挤塑板。挤塑板应为阻燃型，且应为不掺加非本厂挤塑板产品回收料的不带表皮的毛面板或带表皮的开槽板。

1. 表观密度

按《泡沫塑料及橡胶 表观密度的测定》GB/T 6343 的规定进行试验。

2. 垂直于板面方向的抗拉强度

（1）试样要求

试样尺寸为 100mm×100mm，数量 5 个。试样在挤塑板上切割制成，其基面应与受力方向垂直，切割时需离挤塑板边缘 15mm 以上。试样在试验环境下放置 24h 以上。

（2）试验步骤

用合适的胶粘剂将试样两面粘贴在刚性平板或金属板上，胶粘剂应与产品相容。将试样装入拉力机上，以 5±1mm/min 的恒定速度加荷，直至试样破坏。破坏面在刚性平板或金属板胶结面时，测试数据无效。

（3）试验结果

垂直于板面方向的抗拉强度按下式计算，试验结果为 5 个试验数据的算术平均值，精确至 0.01MPa。

$$\sigma = \frac{F}{A} \tag{4.3.2-1}$$

式中 $\sigma$——垂直于板面方向的抗拉强度（MPa）；

$F$——试样破坏拉力（N）；

$A$——试样的横截面积（mm$^2$）。

3. 氧指数

按《塑料 用氧指数法测定燃烧行为 第 2 部分：室温试验》GB/T 2406.2 的规定进行试验。

4. 燃烧性能等级

按《建筑材料及制品燃烧性能分级》GB 8624 的规定进行试验。

5. 其他性能

按《绝热用挤塑聚苯乙烯泡沫塑料（XPS）》GB/T 10801.2 规定的方法进行试验。压缩强度的 5 个试件应沿生产机械的横断面方向等距离截取，即从大块试样的宽度方向距样品边缘 20mm 处开始截取 5 个试件。

6. 尺寸允许偏差

按《泡沫塑料与橡胶 线性尺寸的测定》GB/T 6342 的规定进行测量。厚度、长度、宽度尺寸允许偏差为测量值与规定值之差。对角线尺寸允许偏差为两对角线差值。板面平整度、板边平直度使用长度为 1m 的靠尺进行测量，板材尺寸小于 1m 的按实际尺寸测量，以板面或板边凹处最大数值为板面平整度、板边平直度。

### 4.3.3　界面处理剂

挤塑板界面处理剂是指专用于挤塑板界面处理的乳液，用以改善挤塑板与胶粘剂以及与抹面胶浆的粘结性，简称界面处理剂。

1. 容器中状态

按《建筑涂料用乳液》GB/T 20623—2006 中"4.2 容器中状态"的规定进行。即：打开包装容器，目视观察有无分层，借助搅棒搅拌观察有无沉淀，用搅棒将混合后的试样在清洁的玻璃板上涂布成均匀的薄层后观察有无机械杂质。

2. 不挥发物含量

按《建筑涂料用乳液》GB/T 20623—2006 的规定进行。即：

（1）在 $150\pm2℃$ 的鼓风烘箱内焙烘平底圆盘（直径约 75mm）15min，在干燥器内使其冷却至室温，称量，准确至 1mg。

（2）以同样的精度在盘内称入受试样品约 1g，并确保样品均匀地分散在盘面上。如果样品黏度太高，可以用水对称量后的样品进行适当稀释并搅匀。

（3）将称好试样的圆盘放入已预热到 $150\pm2℃$ 的鼓风烘箱内，保持 15min。

（4）将盘移入干燥器内，冷却至室温后称量，精确到 1mg。

（5）不挥发物含量按下式计算：

$$w_{NV}=\frac{m_2-m_0}{m_1}\times100 \tag{4.3.3-1}$$

式中　$w_{NV}$——乳液中不挥发物的质量分数（％）；

$\qquad$ $m_2$——加热后试样和圆盘的质量（g）；

$\qquad$ $m_0$——圆盘的质量（g）；

$\qquad$ $m_1$——加热前试样的质量（g）。

平行测定两次，两次试验结果之差应不大于 1％。试验结果以两次测定值的平均值表示，精确到小数点后一位。

### 4.3.4　胶粘剂

胶粘剂是指由水泥基胶凝材料、高分子聚合物材料以及填料和添加剂等组成，用于将挤塑板与基层墙体的粘结材料。

1. 拉伸粘结强度

1) 试样

（1）试样尺寸 50mm×50mm 或直径 50mm，与水泥砂浆粘结和与挤塑板粘结试样数量各 6 个。

（2）按生产商使用说明配制胶粘剂，将胶粘剂涂抹于水泥砂浆板（厚度不宜小于 20mm）或挤塑板（厚度不宜小于 40mm，并且成型面已经涂刷界面处理剂）基材上，涂抹厚度为 3～5mm，可操作时间结束时用挤塑板覆盖。

（3）试样在标准养护条件下养护 28d。

2) 试验步骤

（1）在养护到规定龄期前 1d，取出试样，以合适的高强粘合剂将试样粘贴在刚性平板或金属板上，高强粘合剂应与产品相容，固化后将试样按下述条件进行处理：①原强度：无附加条件。②耐水强度：浸水 48h，到期试样从水中取出并擦拭表面水分，在标准养护条件下干燥 2h。③耐水强度：浸水 48h，到期试样从水中取出并擦拭表面水分，在标准养护条件下干燥 7d。

（2）将试样安装到适宜的拉力机上，进行拉伸粘结强度测定，拉伸速度为 5±1mm/min。记录每个试样破坏时的拉力值。破坏面在刚性平板或金属板胶结面时，测试数据无效。

3）试验结果

拉伸粘结强度试验结果为 6 个试验数据中 4 个中间值的算术平均值，精确至 0.01MPa。

2. 可操作时间

（1）试验步骤

胶粘剂配制后，按生产商提供的可操作时间放置在搅拌锅中，表面用湿布覆盖，生产商未提供可操作时间时，按 1.5h 放置，然后按标准规定进行养护、测定拉伸粘结强度原强度。

（2）试验结果

拉伸粘结强度原强度符合要求时，放置时间即为可操作时间。

### 4.3.5　抹面胶浆

抹面胶浆是指由高分子聚合物、添加剂和填料、硅酸盐水泥或其他无机胶凝材料组成的具有一定柔性的水泥基聚合物砂浆。薄抹在经表面处理的挤塑板外表面，与玻纤网布共同组成抹面层的材料。

1. 拉伸粘结强度

试样由挤塑板和抹面胶浆组成，抹面胶浆厚度为 3mm，制备方法参照"胶粘剂试样要求"的规定，但是试样养护期间不需覆盖挤塑板。原强度、耐水强度按上述"胶粘剂的拉伸粘结强度试验"的规定进行测定，耐冻融强度按"挤塑板外保温系统的耐冻融"的规定进行测定。挤塑板与抹面胶浆的接触面应事先涂刷界面处理剂并经过晾干后使用。

2. 压折比

按生产商使用说明配制抹面胶浆，按《水泥胶砂强度检验方法（ISO 法）》GB/T 17671 规定制样，试样在标准养护条件下养护 28d 后，按《水泥胶砂强度检验方法（ISO 法）》GB/T 17671 的规定测定抗压强度、抗折强度，并按下式计算压折比，精确至 0.1。

$$T = \frac{R_c}{R_f} \qquad (4.3.5\text{-}1)$$

式中　$T$——压折比；

　　　$R_c$——抗压强度（MPa）；

　　　$R_f$——抗折强度（MPa）。

3. 可操作时间

试样由系统用挤塑板和抹面胶浆组成，抹面胶浆厚度为 3mm。按上述"胶粘剂的可操作时间"的规定进行测定，养护时不覆盖挤塑板。拉伸粘结强度原强度符合标准要求时，放置时间即为可操作时间。

### 4.3.6 玻纤网布

玻纤网布是指表面经高分子材料涂覆处理的具有耐碱功能的玻璃纤维网格布，内置于抹面层中的增强抗裂材料。

1. 单位面积质量

按《增强制品试验方法 第 3 部分：单位面积质量的测定》GB/T 9914.3 的规定进行试验。

2. 耐碱断裂强力及耐碱断裂强力保留率

按《玻璃纤维网布耐碱性试验方法 氢氧化钠溶液浸泡法》GB/T 20102 规定的方法进行测定。当需要进行快速测定时，可按上述标准中"玻纤网耐碱快速试验方法"的规定进行。氢氧化钠溶液浸泡法为仲裁方法。

3. 断裂伸长率

按《增强材料 机织物试验方法 第 5 部分：玻璃纤维拉伸断裂强力和断裂伸长的测定》GB/T 7689.5 的规定进行试验。

## 4.4 胶粉聚苯颗粒外墙外保温系统材料

### 4.4.1 概述

胶粉聚苯颗粒外墙外保温系统是指设置在外墙外侧，由界面层、胶粉聚苯颗粒保温浆料保温层（或胶粉聚苯颗粒贴砌浆料复合聚苯板保温层）、抗裂层和饰面层构成，起保温隔热、防护和装饰作用的构造系统。

《胶粉聚苯颗粒外墙外保温系统材料》JG/T 158 试验方法，适用于民用建筑采用胶粉聚苯颗粒外墙外保温系统的产品。采用的所有配件应与胶粉聚苯颗粒外墙外保温系统性能相容，并应符合国家相关标准的规定。

1. 分类

胶粉聚苯颗粒外墙外保温系统按保温层材料的不同构成分为两类：抹灰系统、贴砌系统。

（1）胶粉聚苯颗粒保温浆料抹灰外墙外保温系统是指以抹灰成型的胶粉聚苯颗粒保温浆料为保温层的外墙外保温系统，简称抹灰系统。其中，胶粉聚苯颗粒保温浆料，是指可直接作为保温层材料的胶粉聚苯颗粒浆料，简称保温浆料。

（2）胶粉聚苯颗粒贴砌浆料复合聚苯板外墙外保温系统是指由胶粉聚苯颗粒贴砌浆料粘贴、砌筑聚苯板构成复合保温层的外墙外保温系统，简称贴砌系统。贴砌系统按聚苯板的不同类型分为两类：贴砌 EPS 板系统、贴砌 XPS 板系统。其中，胶粉聚苯颗粒贴砌浆料，是指用于粘贴、砌筑和找平聚苯板的胶粉聚苯颗粒浆料，简称贴砌浆料。

2. 要求

1）安全与环保

胶粉聚苯颗粒外墙外保温系统产品及各种组成材料不应对人体、生物与环境造成有害的影响，所涉及使用的有关安全与环保要求，应符合我国相关国家标准和规范的规定，系统的各种组成材料应配套供应。

2）构造

（1）抹灰系统基本构造应符合表4.4.1-1的规定。

（2）贴砌EPS板系统基本构造应符合表4.4.1-2的规定。

（3）贴砌XPS板系统基本构造应符合表4.4.1-3的规定。

**抹灰系统基本构造**　　　　　　表4.4.1-1

| 饰面类型 | 构造层 | 组成材料 | 构造示意图 |
|---|---|---|---|
| 涂料饰面 | 基层墙体① | 混凝土或砌体墙 | |
| | 界面层② | 基层界面砂浆 | |
| | 保温层③ | 保温浆料 | |
| | 抗裂层④ | 抗裂砂浆复合耐碱玻纤网＋弹性底涂 | |
| | 饰面层⑤ | 柔性耐水腻子(必要时)＋涂料 | |
| 面砖饰面 | 基层墙体① | 混凝土或砌体墙 | |
| | 界面层② | 基层界面砂浆 | |
| | 保温层③ | 保温浆料 | |
| | 抗裂层④ | 抗裂砂浆＋热镀锌电焊网或加强型耐碱玻纤网(用锚栓⑥固定)＋抗裂砂浆 | |
| | 饰面层⑤ | 面砖粘结砂浆＋面砖＋勾缝料 | |

**贴砌EPS板系统基本构造**　　　　　　表4.4.1-2

| 饰面类型 | 构造层 | 组成材料 | 构造示意图 |
|---|---|---|---|
| 涂料饰面 | 基层墙体① | 混凝土或砌体墙 | |
| | 界面层② | 基层界面砂浆 | |
| | 保温层③ | 贴砌浆料＋EPS板＋贴砌浆料 | |
| | 抗裂层④ | 抗裂砂浆复合耐碱玻纤网＋弹性底涂 | |
| | 饰面层⑤ | 柔性耐水腻子(必要时)＋涂料 | |

**贴砌 XPS 板系统基本构造**　　　　　　　　　　　表 4.4.1-3

| 饰面类型 | 构造层 | 组成材料 | 构造示意图 |
|---|---|---|---|
| 涂料饰面 | 基层墙体① | 混凝土墙或砌体墙 | ① ② ③ ④ ⑤ |
| | 界面层② | 基层界面砂浆 | |
| | 保温层③ | 贴砌浆料＋XPS 板＋贴砌浆料 | |
| | 抗裂层④ | 抗裂砂浆复合耐碱玻纤网＋弹性底涂 | |
| | 饰面层⑤ | 柔性耐水腻子(必要时)＋涂料 | |

3. 系统性能指标

（1）一般性能

一般性能指标有耐候性（外观、系统拉伸粘结强度、面砖与抗裂层拉伸粘结强度）、吸水量、抗冲击性（二层及以上、首层）、水蒸气透过湿流密度、耐冻融（外观、抗裂层与保温层拉伸粘结强度、面砖与抗裂层拉伸粘结强度）、不透水性。

（2）对火反应性能指标

对火反应性能指标有锥形量热计试验、燃烧竖炉试验、窗口火试验。窗口火试验是指一种模拟房间内发生轰燃后火焰从窗口或洞口溢出而对外墙外保温系统进行攻击的大型试验。

4. 系统组成材料检验项目及批量

系统组成材料的检验项目和检验批量见表 4.4.1-4。

**系统组成材料检验项目及检验批量**　　　　　　　　表 4.4.1-4

| 材料名称 | 检验项目 | 检验批量 |
|---|---|---|
| 胶粉聚苯颗粒浆料 | 干表观密度、抗压强度、软化系数、导热系数、线性收缩率、抗拉强度、拉伸粘结强度（与水泥砂浆）：标准状态、浸水处理；拉伸粘结强度（与聚苯板）：标准状态、浸水处理；燃烧性能等级 | （1）粉状材料：以同种产品、同一级别、同一规格产品 30t 为一批，不足一批任以一批计；从每批任抽 10 袋，从每袋中分别取试样不应少于 500g，混合均匀，按四分法缩取出比试验所需量大 1.5 倍的试样为检验样。 |
| 聚苯板 | 导热系数、表观密度、垂直于板面方向的抗拉强度、尺寸稳定性、弯曲变形、压缩强度、吸水率、氧指数、燃烧性能等级 | （2）液态剂类材料：以同种产品、同一级别、同一规格产品 10t 为一批，不足一批任以一批计；取样方法按《色漆、清漆和色漆与清漆用原材料　取样》GB/T 3186 的规定进行。 |
| 界面砂浆 | 拉伸粘结强度（与水泥砂浆）：标准状态、浸水处理；拉伸粘结强度（与聚苯板）：标准状态、浸水处理；涂覆在聚苯板上后的可燃性（表面点火 60s） | （3）聚苯板：同一规格的产品 500m³ 为一批，不足一批任以一批计。每批随机抽取 5 块作为检验试样。 |
| 抗裂砂浆 | 拉伸粘结强度（与水泥砂浆）：标准状态、浸水处理、冻融循环处理；拉伸粘结强度（与胶粉聚颗粒浆料）：标准状态、浸水处理；可操作时间、压折比 | （4）耐碱玻纤网：按《耐碱玻璃纤维网布》JC/T 841 的规定进行。 |
| 耐碱玻纤网 | 单位面积质量、耐碱断裂强力（经向、纬向）、耐碱断裂强力保留率（经向、纬向）、断裂伸长率（经向、纬向）、玻璃成分（$ZrO_2$ 和 $TiO_2$ 总含量、$ZrO_2$ 含量） | （5）热镀锌电焊网：按《镀锌电焊网》QB/T 3897 的规定进行。 |
| 热镀锌电焊网 | 丝径、网孔尺寸、焊点抗拉力、网面镀锌层质量 | （6）面砖：按《陶瓷砖试验方法　第 1 部分：抽样和接收条件》GB/T 3810.1 的规定进行 |
| 弹性底涂 | 干燥时间（表干时间、实干时间）、断裂伸长率、表面憎水率 | |
| 柔性止水砂浆 | 抗压强度（3d）、抗折强度（3d）、拉伸粘结强度（7d）、涂层抗渗压力（7d）、试件抗渗压力（7d）、压折比 | |
| 面砖 | 尺寸（单块面积、边长、厚度）、单位面积质量、吸水率、抗冻性 | |
| 面砖粘结砂浆 | 拉伸粘结强度（标准状态、浸水处理、热老化处理、冻融循环处理、晾置 20min 后）、横向变形 | |
| 勾缝料 | 收缩值、抗折强度（标准状态、冻融循环处理）透水性（24h）、压折比 | |

5. 试验条件

标准试验条件为：空气温度 23±2℃，相对湿度 65％±15％。在非标准试验条件下试验时，应记录温度和相对湿度。

### 4.4.2　胶粉聚苯颗粒浆料

胶粉聚苯颗粒浆料是指由可再分散胶粉、无机胶凝材料、外加剂等制成的胶粉料与作为主要骨料的聚苯颗粒复合而成的保温灰浆。

1. 干表观密度

1）仪器设备

试模：100mm×100mm×100mm 钢质有底三联试模，应具有足够的刚度并拆装方便；油灰刀，抹子；标准捣棒：直径 10mm，长 350mm 的钢棒。

2）试件制备

（1）在试模内壁涂脱模剂。

（2）将拌合好的胶粉聚苯颗粒浆料一次性注入试模并略高于其上表面，用标准捣棒由外向里按螺旋方向轻轻插捣 25 次，插捣时用力不宜过大，尽量不破坏其轻骨料。允许用油灰刀沿试模内壁插捣数次或用橡皮锤轻轻敲击试模四周，直至孔洞消失。最后将高出部分的胶粉聚苯颗粒浆料用抹子沿试模顶面刮去抹平。应成型 4 个三联试模，试件数量为 12 个。

（3）试件制作好后立即用聚乙烯薄膜封闭试模，在标准试验条件下 5d 后拆模。拆模后在标准试验条件下继续用聚乙烯薄膜封闭试件 2d，去除聚乙烯薄膜后，再在标准试验条件下养护 21d。

（4）养护结束后将试件在 65±2℃温度下烘至恒重，放入干燥器中备用。恒重的判据为恒温 3h 两次称重试件的质量变化率应小于 0.2％。

3）试验步骤

从制备的试件中取出 6 块，按《无机硬质绝热制品试验方法》GB/T 5486—2008 的规定进行干表观密度的测定，试验结果取 6 块试件检测值的算术平均值。

2. 抗压强度

检验干表观密度后的 6 块试件，按《无机硬质绝热制品试验方法》GB/T 5486—2008 的规定进行抗压强度的测定，试验结果取 6 块试件检测值的算术平均值作为抗压强度值。

3. 导热系数

用符合导热系数测定仪要求尺寸的试模按规定的方法制备试件。按《绝热材料稳态热阻及有关特性的测定　防护热板法》GB/T 10294 的规定进行，允许按《绝热材料稳态热阻及有关特性的测定　热流计法》GB/T 10295 的规定进行。如有异议，以《绝热材料稳态热阻及有关特性的测定　防护热板法》GB/T 10294 作为仲裁检验方法。

4. 拉伸粘结强度

1）试样制备

（1）在水泥砂浆试块（70mm×70mm×20mm）或聚苯板试块（70mm×70mm×20mm）中央涂抹 10mm 厚胶粉聚苯颗粒浆料，胶粉聚苯颗粒浆料尺寸为 40mm×40mm×10mm。试件数量各 6 个。水泥砂浆试块粘结面须预先涂刷符合规定的基层界面砂浆，聚苯板试块粘结面须预先涂刷符合规定的聚苯板界面砂浆，两种试块均应在标准试验条件下养护 24h 以上。

（2）试件制好后用聚乙烯薄膜封闭，在标准试验条件下养护 7d，去除聚乙烯薄膜，在标准试验条件下继续养护 21d。

2）试验步骤

（1）将相应尺寸的金属块用高强度树脂胶粘剂粘合在胶粉聚苯颗粒浆料上表面，树脂胶粘剂固化后，将试件按下列条件分别进行处理：

① 标准状态：无附件条件。

② 浸水处理：浸水 48h，到期试件从水中取出并擦拭表面水分，在标准试验条件下干燥 14d。

（2）将试件安装在适宜的拉力试验机上，进行拉伸粘结强度测定，拉伸速度为 5±1mm/min。记录每个试件破坏时的拉力值。如抗拉用钢质上夹具与胶粘剂脱开，测试值无效。

3）试验结果

拉伸粘结强度从 6 个试验数据中取 4 个中间值的算术平均值，保温浆料精确至 0.1MPa，贴砌浆料精确至 0.01MPa。

5. 燃烧性能等级

按《建筑材料及制品燃烧性能分级》GB 8624 的规定进行。

### 4.4.3　聚苯板

聚苯板是指以聚苯乙烯树脂或其共聚物为主要成分的泡沫塑料板材。模塑聚苯板是指由可发性聚苯乙烯珠粒经加热预发泡后在模具中加热加压制得的具有闭孔结构的聚苯乙烯泡沫塑料板材，简称 EPS 板；挤塑聚苯板是指以聚苯乙烯树脂或其共聚物为主要成分，添加少量添加剂，通过加热挤塑成型的具有闭孔结构的硬质泡沫塑料板材，简称 XPS 板。

1. 垂直于板面方向的抗拉强度

1）仪器设备

拉力试验机：选用合适的量程和行程，精度 1%；试验板：互相平行的一组刚性平板或金属板，100mm×100mm。

2）试件制备

在厚 50mm 的聚苯板上切割下 5 块 100mm×100mm 试件，其基面应与受力方向垂直。切割时需离聚苯板边缘 15mm 以上，试件的两个受检面的平行度和平整度的偏差不应大于 0.5mm。试件在试验环境下放置 24h 以上。

3）试验步骤

（1）用相容的胶粘剂将试验板粘贴在试件的上下两个受检面上。

（2）将试件安装在拉力试验机上，沿试件表面垂直方向以 5±1mm/min 拉伸速度，测定最大破坏荷载。破坏面如在试件与两个试验板之间的粘胶层中，则该试件测试数据无效。

4）试验结果

垂直于板面方向的抗拉强度按下式计算，试验结果为 5 个试验数据的算术平均值，精确至 0.01MPa。

$$\sigma_{mt} = \frac{F_{mt}}{A}$$ (4.4.3-1)

式中　$\sigma_{mt}$——抗拉强度（MPa）；

　　　$F_{mt}$——最大破坏荷载（N）；

　　　$A$——试块的横断面面积（mm$^2$）。

2. 燃烧性能等级

按《建筑材料及制品燃烧性能分级》GB 8624 的规定进行。

3. 其他性能

EPS 板的表观密度、导热系数、尺寸稳定性、弯曲变形、压缩强度、吸水率、氧指数应按《绝热用模塑聚苯乙烯泡沫塑料》GB/T 10801.1 规定的方法进行；XPS 板的表观密度、导热系数、尺寸稳定性、弯曲变形、压缩强度、吸水率、氧指数应按《绝热用挤塑聚苯乙烯泡沫塑料（XPS）》GB/T 10801.2 规定的方法进行。

### 4.4.4　界面砂浆

界面砂浆是指用以改善基层墙体或聚苯板表面粘结性能的聚合物水泥砂浆，分为基层界面砂浆和聚苯板界面砂浆（包括 EPS 板界面砂浆和 XPS 板界面砂浆）。

1. 拉伸粘结强度

按《混凝土界面处理剂》JC/T 907—2002 的规定进行，界面砂浆涂覆厚度 1mm，与聚苯板的拉伸粘结强度制备试件时将 40mm×40mm×10mm 的砂浆替换成 40mm×40mm×20mm 的 18kg/m$^3$ 的 EPS 板或 28kg/m$^3$ 的 40mm×40mm×20mm 的 XPS 板试块，粘胶后不应在试件上加荷载。

2. 涂覆在聚苯板上的可燃性

将聚苯板界面砂浆均匀涂覆在聚苯板试块的 6 个面上，涂覆厚度为 1mm，然后在自然条件下放置 3d 后，按《建筑材料可燃性试验方法》GB/T 8626 方法进行，点火方式为表面点火，点火时间为 60s。

### 4.4.5　抗裂砂浆

抗裂砂浆是指由高分子聚合物、水泥、砂为主要材料配制而成的具有良好抗变形能力和粘结性能的聚合物砂浆。

1. 拉伸粘结强度

1）试件制备

（1）按使用说明书规定的比例和方法配制抗裂砂浆。

（2）将抗裂砂浆按规定的试件尺寸涂抹在水泥砂浆试块（厚度不宜小于 20mm）或胶粉聚苯颗粒浆料试块（厚度不宜小于 40mm）基材上，涂抹厚度为 3～5mm。试件尺寸为 40mm×40mm 或 50mm×50mm，试件数量各 6 个。

（3）试件制作好后立即用聚乙烯薄膜封闭，在标准试验条件下养护 7d，去除聚乙烯薄膜，在标准试验条件下继续养护 21d。

2）试验步骤

（1）将相应尺寸的金属块用高强度树脂胶粘剂粘合在试件上，树脂胶粘剂固化后将试件按下列条件进行处理：①标准状态：无附加条件。②浸水处理：浸水 7d，到期试件从水中取出并擦拭表面水分，在标准试验条件下干燥 7d。③冻融循环处理：试件进行 30 个循环，每个循环 24h。试件在 23±2℃的水中浸泡 8h，饰面层朝下，浸入水中的深度为 2～10mm，接着在−20±2℃的条件下冷冻 16h 为 1 个循环。当试验过程需要中断时，试件应存放在−20±2℃条件下。冻融循环结束后，在标准试验条件下状态调节 7d。

（2）将试件安装到适宜的拉力试验机上，进行拉伸粘结强度测定，拉伸速度为 5±1mm/min。记录每个试件破坏时的拉力值。如金属块与胶粘剂脱开，测试值无效。

3）试验结果

拉伸粘结强度试验从 6 个试验数据中取 4 个中间值的算术平均值，精确至 0.1MPa。

2. 可操作时间

1）试验步骤

抗裂砂浆配制后，按使用说明书提供的可操作时间放置后，按上述的规定进行标准状态拉伸粘结强度测定。当使用说明书没有提供可操作时间时，应按 1.5h 进行测定。

2）试验结果

试验结果应符合标准的规定，放置时间或 1.5h 即为该抗裂砂浆的可操作时间。当试验结果不符合标准的规定时，该抗裂砂浆可操作时间不符合标准要求。

3. 压折比试验

（1）按《水泥胶砂强度检验方法（ISO 法）》GB/T 17671 的规定测定抗压强度、抗折强度。制作好的试件应用聚乙烯薄膜封闭，在标准试验条件下养护 2d 后脱模，继续在标准试验条件下养护 5d 后去除聚乙烯薄膜，在标准试验条件下继续养护 21d。

（2）按下式计算压折比，结果精确至 0.1。

$$T = \frac{R_c}{R_f} \tag{4.4.5-1}$$

式中　　$T$——压折比；

　　　　$R_c$——抗压强度（MPa）；

　　　　$R_f$——抗折强度（MPa）。

## 4.4.6　耐碱玻纤网

耐碱涂塑玻璃纤维网布是指表面经高分子材料耐碱涂覆处理的网格状玻璃纤维织物，分为普通型和加强型，简称耐碱玻纤网。

1. 单位面积质量

按《增强制品试验方法　第 3 部分：单位面积质量的测定》GB/T 9914.3 规定的方法进行试验。

2. 耐碱断裂强力和耐碱断裂强力保留率

1）试样制备

（1）从卷装上裁取 30 个宽度为 50±5mm、长度为 600±13mm 的试样条，其中 15 个试样条的长边平行于玻纤网的经向，另 15 个试样条的长边平行于玻纤网的纬向。

（2）分别在每个试样条的两端编号，然后将试样条沿横向从中间一分为二，一半用于测定未经水泥浆液浸泡的拉伸断裂强力，另一半用于测定水泥浆液浸泡后的拉伸断裂强力。

2）水泥浆液的配制

按质量取 1 份强度等级 42.5 的普通硅酸盐水泥与 10 份水搅拌 30min 后，静置过夜。取上层澄清液作为试验用水泥浆液。

3）试验步骤

试验应按下列步骤进行，当下列两种方法试验结果不同时，以方法一结果为准：

（1）方法一：在标准试验条件下，将试样平放在水泥浆液中，浸泡时间 28d；

方法二（快速法）：将试样平放在 80±2℃ 的水泥浆液中，浸泡时间 6h。

（2）取出试样，用清水浸泡 5min，再用流动的自来水漂洗 5min，然后在 60±5℃ 的烘箱中烘 1h，再在标准环境中存放 24h。

（3）按《增强材料　机织物试验方法　第 5 部分：玻璃纤维拉伸断裂强力和断裂伸长的测定》GB/T 7689.5—2001 的规定测试同一试样条未经水泥浆液浸泡处理试样和经水泥浆液浸泡处理试样的拉伸断裂强力，经向试样和纬向试样均不应少于 5 组有效的测试数据。

4）试验结果

按下式计算经向和纬向试样的耐碱断裂强力：

$$F_c = \frac{C_1 + C_2 + C_3 + C_4 + C_5}{5} \qquad (4.4.6\text{-}1)$$

式中　$F_c$——经向或纬向试样的耐碱断裂强力（N）；

　$C_1 \sim C_5$——分别为 5 个经水泥浆液浸泡的经向或纬向试样的拉伸断裂强力（N）。

按下式计算经向和纬向试样的耐碱断裂强力保留率：

$$R_a = \frac{\dfrac{C_1}{U_1} + \dfrac{C_2}{U_2} + \dfrac{C_3}{U_3} + \dfrac{C_4}{U_4} + \dfrac{C_5}{U_5}}{5} \times 100\% \qquad (4.4.6\text{-}2)$$

式中　$R_a$——拉伸断裂强力保留率（%）；

　$C_1 \sim C_5$——分别为 5 个经水泥浆液浸泡的经向或纬向试样的拉伸断裂强力（N）；

　$U_1 \sim U_5$——分别为 5 个未经水泥浆液浸泡的经向或纬向试样的拉伸断裂强力（N）。

3. 断裂伸长率

按《增强材料　机织物试验方法　第 5 部分：玻璃纤维拉伸断裂强力和断裂伸长的测定》GB/T 7689.5—2001 规定的方法进行试验。

### 4.4.7　镀锌电焊网

热镀锌电焊网是指低碳钢丝通过点焊加工成形后，浸入到熔融的锌液中，经热镀锌工艺处理后形成的方格网。热镀锌电焊网的丝径、网孔尺寸、焊点抗拉力、网面镀锌层质量应按《镀锌电焊网》QB/T 3897 规定的方法进行试验。

### 4.4.8　弹性底涂

高分子乳液弹性底层涂料是指由弹性防水乳液、助剂、填料配制而成的具有防水透气效果的封底弹性涂层，简称弹性底涂。

1. 干燥时间

按《建筑防水涂料试验方法》GB/T 16777—2008 中的规定进行试验，实干时间按上述标准的规定进行试验。

2. 断裂伸长率

按《建筑防水涂料试验方法》GB/T 16777—2008 中的规定进行试验。

3. 表面憎水率

以养护 56d 以上的 300mm×150mm×50mm 保温浆料试块为基材，在试块的 6 个面上涂覆弹性底涂，标准试验条件下养护 1d 后按《绝热材料憎水性试验方法》GB/T 10299 的规定进行试验。

# 4.5　岩棉薄抹灰外墙外保温工程与系统材料

## 4.5.1　岩棉外保温工程

1. 概述

岩棉薄抹灰外墙外保温工程是指将岩棉薄抹灰外墙外保温系统通过施工，安装固定在外墙外表面上所形成的建筑物实体。岩棉薄抹灰外墙外保温工程简称为岩棉外保温工程，可分为岩棉条外保温工程和岩棉板外保温工程。

岩棉薄抹灰外墙外保温系统是指由岩棉条或岩棉板保温材料、锚栓、胶粘剂、防护层和辅件构成，固定在外墙外表面的非承重保温构造的总称。岩棉薄抹灰外墙外保温系统简称为岩棉外保温系统，可分为岩棉条外保温系统和岩棉板外保温系统。岩棉条是指岩棉板按一定的间距切割，翻转 90°使用的条状制品，其主要纤维层方向与表面垂直。岩棉板是指以熔融火成岩为主要原料喷吹成纤维，加入适量热固性树脂胶粘剂及憎水剂，经压制、固化、切割制成的板状制品。

《岩棉薄抹灰外墙外保温工程技术标准》JGJ/T 480 适用于新建、扩建和改建民用建筑以及既有建筑节能改造中的岩棉薄抹灰外墙外保温工程的设计、施工及质量验收。岩棉外保温工程的组成材料应彼此相容、具有物理化学稳定性及防腐蚀性，并应符合国家现行相关标准的规定。系统组成材料应具有耐久性，并应与系统耐久性相匹配。岩棉外保温工程使用的各组成材料及配套部品应成套供应。在正常使用和维护条件下，岩棉外保温工程的设计使用年限不应少于 25 年。

2. 基本构造

岩棉条或岩棉板外保温系统的基本构造应分为岩棉条或岩棉板锚盘压网双网构造、岩棉条或岩棉板锚盘压网单网构造和岩棉条锚盘压条单网构造。

3. 组成材料检验项目及批量

系统及其各组成材料的环保要求应符合《岩棉薄抹灰外墙外保温系统材料》JG/T 483 的相关规定。锚栓是指由尾端带圆形锚盘的塑料膨胀套管和塑料敲击钉或具有防腐性能的金属螺钉组成，用于将岩棉条或岩棉板固定于基层墙体的机械固定件。

组成材料检验项目及检验批量见表 4.5.1-1。岩棉外保温工程使用的各组成材料及配套部品应成套供应。

**组成材料检验项目及检验批量**　　　　　　　　表 4.5.1-1

| 材料名称 | 检验项目 | 检验批量 |
|---|---|---|
| 岩棉条和岩棉板 | 垂直于板面方向的抗拉强度、湿热抗拉强度保留率、横向剪切强度标准值、横向剪切模量、导热系数、吸水量(部分浸入)、质量吸湿率、酸度系数、燃烧性能 | 1. 同厂家、同品种产品,扣除门窗洞后的保温墙面面积,在 5000m² 以内时应复验 1 次;当面积增加时,各项复检项目应按每增加 5000m² 增加 1 次;增加的面积不足规定数量时也应增加 1 次。<br>2. 同项目、同施工单位且同时施工的多个单位工程,可合并计算墙体抽样面积 |
| 胶粘剂 | 拉伸粘结强度(与水泥砂浆)标准状态、耐水强度;拉伸粘结强度(与岩棉条)标准状态、耐水强度;可操作时间 | |
| 抹面胶浆 | 拉伸粘结强度(与岩棉条)标准状态、冻融后、耐水强度;可操作时间(水泥基)、吸水量、不透水性、柔韧性(抗冲击性、开裂应变-非水泥基) | |
| 玻纤网 | 单位面积质量、耐碱断裂强力(经向、纬向)、耐碱断裂强力保留率(经向、纬向)、断裂伸长率(经向、纬向) | |
| 锚栓 | 抗拉承载力标准值、锚盘抗拔力标准值、锚盘直径、膨胀套管直径、锚盘刚度 | |

4. 检验批的划分

岩棉外保温工程验收的检验批划分如下:

(1) 对采用相同材料、工艺和施工方法的墙面,应按扣除门窗洞口后的保温墙面面积,每 1000m² 划分为一个检验批,不足 1000m² 应按一个检验批检验。

(2) 检验批的划分应与施工流程一致,且应方便施工与验收。

## 4.5.2　组成材料性能及试验方法

1. 岩棉条、岩棉板性能

(1) 垂直于板面方向的抗拉强度

按《建筑用绝热制品　垂直于表面抗拉强度的测定》GB/T 30804 进行试验。试样尺寸 200mm×200mm,当岩棉条宽度小于 200mm 时,取宽度为边长的正方形。

(2) 湿热抗拉强度保留率

按《建筑用绝热制品垂直于表面抗拉强度的测定》GB/T 30804 进行试验。试样尺寸 200mm×200mm,当岩棉条宽度小于 200mm 时,取宽度为边长的正方形。湿热处理的条件,温度 70±2℃,相对湿度 90%±3%,放置 7d±1h,23 ±2℃干燥至质量恒定。

(3) 横向剪切强度标准值

按《建筑用绝热制品　剪切性能的测定》GB/T 32382 进行试验。双试样法试样厚度 60mm,若实际厚度小于 60mm,则按实际厚度。横向剪切强度,沿岩棉条的宽度方向施加荷载。

(4) 横向剪切模量

按《建筑用绝热制品　剪切性能的测定》GB/T 32382 进行试验。双试样法试样厚度 60mm,若实际厚度小于 60mm,则按实际厚度。横向剪切模量,沿岩棉条的宽度方向施加荷载。

(5) 导热系数

导热系数(平均温度 25℃),按《绝热材料稳态热阻及有关特性的测定　防护热板法》

GB/T 10294、《绝热材料稳态热阻及有关特性的测定 热流计法》GB/T 10295 进行试验。防护热板法为仲裁试验法。

（6）吸水量（部分浸入）24h

吸水量（部分浸入）：24h，按《建筑用绝热制品 部分浸入法测定短期吸水量》GB/T 30805 进行试验；28d，按《建筑用绝热制品 浸泡法测定长期吸水性》GB/T 30807 进行试验。

（7）质量吸湿率

按《矿物棉及其制品试验方法》GB/T 5480 进行试验。

（8）酸度系数

按《矿物棉及其制品试验方法》GB/T 5480 进行试验。

（9）燃烧性能

按《建筑材料及制品燃烧性能分级》GB 8624 进行试验。

2. 岩棉条、岩棉板尺寸和密度

岩棉条、岩棉板尺寸（长度、宽度、厚度和直角偏离度）和密度允许偏差，按《矿物棉及其制品试验方法》GB/T 5480 进行试验。

3. 胶粘剂

用于岩棉板外保温系统的胶粘剂，应同样测试其与岩棉条的拉伸粘结强度。

（1）拉伸粘结强度（与水泥砂浆）：标准状态、耐水强度

按《模塑聚苯板薄抹灰外墙外保温系统材料》GB/T 29906 进行试验。

（2）拉伸粘结强度（与岩棉条）：标准状态、耐水强度

按《模塑聚苯板薄抹灰外墙外保温系统材料》GB/T 29906 进行试验。试样取以岩棉条宽度为边长的正方形，最大 200mm×200mm。

（3）可操作时间

按《模塑聚苯板薄抹灰外墙外保温系统材料》GB/T 29906 进行试验。

4. 抹面胶浆

用于岩棉板外保温系统的抹面胶浆，应同样测试其与岩棉条的拉伸粘结强度。

（1）拉伸粘结强度（与岩棉条）：标准状态、冻融后、耐水强度

① 标准状态、冻融后试验：按《模塑聚苯板薄抹灰外墙外保温系统材料》GB/T 29906 进行。试样取以岩棉条宽度为边长的正方形，最大 200mm×200mm。

② 耐水强度试验：按《模塑聚苯板薄抹灰外墙外保温系统材料》GB/T 29906 进行。试样取以岩棉条宽度为边长的正方形，最大 200mm×200mm。

（2）可操作时间（水泥基）、吸水量、不透水性

按《模塑聚苯板薄抹灰外墙外保温系统材料》GB/T 29906 进行试验。

（3）柔韧性

抗冲击性：按《模塑聚苯板薄抹灰外墙外保温系统材料》GB/T 29906 进行试验。抹面厚度 4mm，单层玻纤网，在标准条件下养护 14d 后测试。

开裂应变（非水泥基）：按《模塑聚苯板薄抹灰外墙外保温系统材料》GB/T 29906 进行试验。

当工程使用经界面处理的岩棉条或岩棉板时，涉及拉伸强度的试验应按同条件试样进

行测试。

5. 玻纤网

（1）单位面积质量

按《增强制品试验方法　第 3 部分：单位面积质量的测定》GB/T 9914.3 进行试验。

（2）耐碱拉伸断裂强力（经向、纬向）、耐碱断裂强力保留率（经向、纬向）

按《玻璃纤维网布耐碱性试验方法　氢氧化钠溶液浸泡法》GB/T 20102 进行试验。

（3）断裂伸长率（经向、纬向）

按《增强材料　机织物试验方法　第 5 部分：玻璃纤维拉伸断裂强力和断裂伸长的测定》GB/T 7689.5 进行试验。

6. 锚栓

（1）抗拉承载力标准值

抗拉承载力标准值（普通混凝土墙体 C25、实心砌体墙体 MU15、多孔砖砌体墙体 MU15、混凝土空心砌块墙体 MU10、蒸压加气混凝土砌块墙体 A5.0）、锚盘抗拔力标准值、锚盘直径、膨胀套管直径，按《外墙保温用锚栓》JG/T 366 进行试验。

（2）锚盘刚度

按《岩棉薄抹灰外墙外保温工程技术标准》JGJ/T 480 进行试验。

7. 界面处理剂

当工程使用经界面处理的岩棉条或岩棉板时，涉及拉伸强度的试验应按同条件试样进行测试。

### 4.5.3　现场检测

岩棉外保温工程施工前应进行如下现场检测：

（1）胶粘剂与基层墙体的拉伸粘结强度的现场检验

检验方法应符合《建筑工程饰面砖粘结强度检验标准》JGJ/T 110 的规定，且平均值不得小于 0.3MPa。

（2）锚栓抗拉承载力的现场检验

检验方法应符合《外墙保温用锚栓》JG/T 366 的规定，检验结果应满足《岩棉薄抹灰外墙外保温工程技术标准》JGJ/T 483 的规定。

### 4.5.4　材料现场复验项目

现场抽样数量：同一工程项目、同施工单位且同时施工的多个单位工程（群体建筑），可合并计算保温墙面抽检面积；酸度系数的检验批为每个单体工程至少抽检一次，建筑面积 10000m² 以上的单体工程抽检两次。

1. 岩棉条或岩棉板

（1）复验项目

导热系数、垂直于表面的抗拉强度、酸度系数。

（2）现场抽样数量

同厂家、同品种的产品，按扣除门窗洞后的保温墙面面积，在 5000m² 以内时应复验 1 次；当面积增加时，各项复检项目按每增加 5000m² 应增加 1 次，增加的面积不足规定数量时也应增加 1 次。每次随机抽取 3 块样品进行检验。

2. 胶粘剂

（1）复验项目

标准状态拉伸粘结强度（与水泥砂浆），标准状态拉伸粘结强度（与岩棉条）。

（2）现场抽样数量

同厂家、同品种的产品，不含门窗洞口的保温墙面面积，在 $5000m^2$ 以内时应复验 1 次；当面积增加时，每增加 $5000m^2$ 应增加 1 次；增加的面积不足规定数量时也应增加 1 次；对砂浆从一批中随机抽取 5 袋，每袋取 2kg，总计不少于 10kg，液料应按现行国家标准《色漆、清漆和色漆与清漆用原材料取样》GB/T 3186 的规定执行。

3. 抹面胶浆

（1）复验项目

标准状态和耐水拉伸粘结强度（与岩棉条），抗冲击性。

（2）现场抽样数量

同胶粘剂。

4. 玻纤网

（1）复验项目

耐碱断裂强力、耐碱断裂强力保留率。

（2）现场抽样数量

每 $5000m^2$ 抽取 $5m^2$。

5. 锚栓

（1）复验项目

抗拉承载力标准值、锚盘刚度。

（2）现场抽样数量

同厂家、同品种的产品，按扣除门窗洞后的保温墙面面积，在 $5000m^2$ 以内时应复验 1 次；当面积增加时，按每增加 $5000m^2$ 应增加 1 次，增加的面积不足规定数量时也应增加 1 次。对锚栓从一批中随意抽取 5 箱，每箱随意抽取 2 个，共计 10 个。

6. 判定方法

复验项目均应符合《岩棉薄抹灰外墙外保温工程技术标准》JGJ/T 480 中规定的技术要求，即判为合格。其中任何一项不合格时，应从原批中双倍取样，对不合格项目应重验。如两组样品均合格，则该批产品为合格，如仍有一组以上不合格，则该批产品判为不合格。

## 4.5.5　检验报告及现场检测要求

1. 现场检测要求

岩棉外保温工程应提供系统及其组成材料的型式检验报告、胶粘剂与基层墙体拉伸粘结强度的现场检验试验报告及基层墙体锚栓抗拉承载力标准值现场检验试验报告。

2. 见证取样送检

（1）岩棉外保温工程使用的岩棉条或岩棉板及系统配套材料进场时，应对其性能进行复验。现场抽样的复验材料品种、数量以及项目应符合《岩棉薄抹灰外墙外保温工程技术标准》JGJ/T 480 的规定，复验应为见证取样送验。

（2）检查数量

同厂家、同品种产品，扣除门窗洞后的保温墙面面积，在 5000m² 以内时应复验 1 次；当面积增加时，各项复检项目应按每增加 5000m² 增加 1 次；增加的面积不足规定数量时也应增加 1 次。

同项目、同施工单位且同时施工的多个单位工程，可合并计算墙体抽样面积。

（3）现场检测

岩棉条外保温系统与基层墙体拉伸粘结强度应进行现场检测，试验方法应符合《建筑工程饰面砖粘结强度检验标准》JGJ/T 110 的规定，核查检验报告。

（4）锚栓拉拔试验

锚栓数量、锚固位置、有效锚固深度应符合设计要求，并应进行锚栓抗拉承载力现场拉拔试验，核查现场检验报告。检查数量，每个检验批抽查不少于 3 处。

### 4.5.6 锚盘刚度试验方法

1. 试验环境条件及试样调制

测试前锚栓试样应在 23±2℃ 环境中放置至少 2h，并应在此温度条件下进行试验。

2. 锚盘刚度试验设备

（1）拉伸试验机：精度不应低于 1%，加载速率可控制在 1000±200N/min，并应能记录位移—荷载曲线。

（2）专用夹具：应由支撑圆环和连接头构成，支撑圆环用于支撑锚盘并通过连接接头与拉伸试验机相连，以对锚盘施加荷载。支撑圆环与锚盘接触的部位应开有槽口，以嵌入锚盘的加强肋，避免荷载直接施加到加强肋上。支撑圆环宜采用固定的形状和尺寸，确保对锚盘施加荷载的位置处于锚盘半径 15mm 处。

（3）带有圆头的钢质金属杆。

3. 试验步骤

（1）将锚栓塑料套管管身锯断一部分，将带圆头的金属杆从锚盘穿入。将锚栓放入支撑圆环内并通过连接头与拉伸试验机的上夹具相连接，将金属杆夹持在试验机的下夹具内，杆身应处在试验机夹具的轴线上。

（2）启动试验机，通过支撑圆环对锚盘的内侧施加拉伸荷载，加载速率应为 1000±200N/min。

（3）加载至锚盘破坏，记录破坏荷载、位移—荷载曲线及破坏形态。

（4）锚盘刚度应按下式计算：

$$C = \frac{N_0 - N_u}{S_0 - S_u} \qquad (4.5.6-1)$$

式中 $C$——锚盘刚度（kN/mm）；

$N_0$——名义变形量 1mm 时的荷载值（kN）；

$N_u$——位移—荷载曲线上直线段的切线与位移轴线相交处的荷载值（N），$N_u = 0$；

$S_0$——名义变形量，从名义变形零点开始，取 1mm；

$S_u$——名义变形零点，位移—荷载曲线上直线段的切线与位移轴线的交点，$S_u \leqslant$

0.3mm 为有效值。

4. 试验结果

每组试验不应少于 10 个试样，并应取 10 次有效测试结果的平均值。结果应以 kN/mm 为单位，并应修约至小数点后两位。

### 4.5.7　拉穿试验方法

拉穿试验方法用于测定单个锚栓在岩棉板中的拉穿力值。

1. 试验设备及材料

① 拉伸试验机：精度不应低于 1%，拉伸速度可控制在 20±1mm/min，测力范围和行程应能满足试验要求。②刚性板：尺寸宜为 350mm×350mm，刚性板一面应为平面，另一面带有与拉伸试验机相连接的装置。③粘结材料：应适用于粗糙表面，对岩棉和刚性板应无腐蚀。

2. 试样制备与养护

（1）试样应包含锚栓和岩棉板，岩棉板尺寸应不小于 350mm×350mm，岩棉板厚度应为 50mm。

（2）锚栓塑料套管在穿透岩棉板后，应将塑料套管下部切断露出金属钉。

（3）刚性板中心、露出金属钉的锚栓、岩棉板中心应位于同一轴线上，锚盘上表面与刚性板之间应设置隔离材料避免形成粘结。

（4）试样数量不应少于 5 个。

（5）试样应在温度 10~30℃、相对湿度不低于 50% 的条件下放置不少于 48h。

（6）记录试样制备信息，试样制备信息应包括岩棉板品牌、抗拉强度、密度、厚度和锚栓品牌、型号、锚盘直径、锚栓抗拉承载力标准值。

3. 试验步骤

（1）将刚性板与试验机的上夹具连接。

（2）将露出的金属钉夹持在试验机的下夹具内，金属钉应位于夹具的轴线上。

（3）设定拉伸试验机的拉伸速度为 20±1mm/min，启动拉伸试验机，对试样施加拉伸荷载至破坏。

（4）记录荷载、破坏状态、破坏部位及破坏类型，留存拉伸试验过程中的图像文档。

（5）破坏发生在试样边缘时，该试验无效。

（6）重复上述步骤至得到 5 个有效试验数据。

4. 试验结果

用破坏荷载除以试样中锚栓的数量，得到单个锚栓在系统内的承载力试验值，以牛顿（N）为单位，结果应保留至整数位。

单个锚栓在系统内的承载力标准值的计算：

（1）试验值的平均值应按下式计算：

$$m = \frac{1}{n} \sum_{i=1}^{n} X_i \qquad (4.5.7\text{-}1)$$

式中　$m$——试验值的平均值（kN）；

　　　$n$——试样数量；

$X_i$——承载力试验值（kN）。

（2）试验结果的标准差应按下式计算：

$$\sigma = \sqrt{\frac{1}{n-1}\sum_{i=1}^{n}(X_i-m)^2} \qquad (4.5.7-2)$$

式中　$\sigma$——标准差（kN）；

　　　$n$——试样数量；

　　　$X_i$——承载力试验值（kN）。

（3）单个锚栓在系统内的承载力标准值应按下式计算：

$$R_p = m - k_p \cdot \sigma \qquad (4.5.7-3)$$

式中　$R_p$——单个锚栓在系统内的承载力标准值（kN）；

　　　$m$——试验值的平均值（kN）；

　　　$k_p$——统计容忍限系数，按标准规定取值；

　　　$\sigma$——标准差（kN）。

5. 检测报告

①委托和生产单位；②试样名称、编号、规格；③试验依据、设备及试验日期；④试样制备信息；⑤试样数量；⑥试验及计算结果；⑦试验人员及单位。

## 4.5.8　岩棉外保温系统材料

1. 概述

《岩棉薄抹灰外墙外保温系统材料》JG/T 483 的试验方法，适用于民用建筑采用的岩棉薄抹灰外墙外保温系统材料。岩棉外保温系统各组成材料不应对人体、生物与环境造成有害的影响，并应对施工人员进行安全防护。有关安全与环保要求，应符合国家现行相关标准的规定。岩棉外保温系统的各种组成材料应配套供应。所采用的所有配件，应与岩棉外保温系统性能相容，并应符合国家现行相关标准的规定。

2. 系统基本构造

基层墙体：混凝土砌体、砌体墙体；

粘结层：胶粘剂、锚栓；

保温层：岩棉板/条（必要时涂刷界面剂）；

防护层：抹面层-抹面胶浆、复合玻纤网，饰面层-涂装材料。

3. 系统性能指标

耐候性（外观、岩棉板或岩棉条的拉伸粘结强度）、吸水量、抗冲击性（二层及以上、首层）、水蒸气透过湿流密度、不透水性耐冻融（外观、岩棉板或岩棉条的拉伸粘结强度）。

4. 材料性能

组成材料检验项目及检验批量见表 4.5.8-1。按照材料所采用的产品标准的规定进行抽样。

组成材料检验项目及检验批量　　　　　　　　表 4.5.8-1

| 材料名称 | 检验项目 | 检验批量 |
|---|---|---|
| 岩棉板和岩棉条 | 垂直于板面方向的抗拉强度、潮湿状态下抗拉强度保留率、吸水量(部分浸入)、质量吸湿率、憎水率、燃烧性能、导热系数、剪切强度(纵向、横向)、剪切模量(纵向、横向)、酸度系数、尺寸稳定性、外观 | 同一材料、同一工艺、同一规格每 500m³ 为一批，不足 500m³ 时也为一批 |

| 材料名称 | 检验项目 | 检验批量 |
|---|---|---|
| 界面处理剂 | 容器中状态、冻融稳定性(3 次)、储存稳定性、最低成膜温度、不挥发物含量 | |
| 胶黏剂 | 拉伸粘结强度(与水泥砂浆):原强度、耐水强度;拉伸粘结强度(与岩棉板/条):原强度、耐水强度;可操作时间 | 同一材料、同一工艺、同一规格每 100t 为一批,不足 100t 时也为一批 |
| 抹面胶浆 | 拉伸粘结强度(与岩棉板/条):原强度、浸水强度、冻融后;柔韧性(压折比-水泥基、开裂应变-非水泥基)、吸水量、抗冲击性、可操作时间(水泥基) | 同一材料、同一工艺、同一规格每 100t 为一批,不足 100t 时也为一批 |
| 玻纤网 | 单位面积质量、耐碱断裂强力(经向、纬向)、耐碱断裂强力保留率(经向、纬向)、断裂伸长率(经向、纬向) | 同一材料、同一工艺、同一规格每 20000m² 为一批,不足 20000m² 时也为一批 |
| 锚栓 | 用于岩棉板:抗拉承载力标准值、锚盘抗拔力标准值;用于岩棉条:锚栓抗拉承载力标准值、圆盘抗拔力标准值 | 同一材料、同一工艺、同一规格每 50000 件为一批,不足 50000 件时也为一批 |

### 4.5.9　系统材料试验方法

1. 养护条件和试验环境

标准养护条件为空气温度 23±2℃，相对湿度 50%±5%；试验环境为空气温度 23±5℃，相对湿度 50%±10%；在非标准试验条件下试验，应记录温度和相对湿度。

2. 试验方法

1) 胶粘剂

岩棉板/条胶粘剂是指由水泥基胶凝材料、高分子聚合物材料以及填料和添加剂等组成，专用于将岩棉板/条粘贴在基层墙体的粘结材料。

按《模塑聚苯板薄抹灰外墙外保温系统材料》GB/T 29906 规定的方法进行试验。拉伸粘结强度试样尺寸，岩棉板为 200mm×200mm，岩棉条为 150mm×150mm。

2) 岩棉板和岩棉条

(1) 潮湿条件下的抗拉强度保留率，按《建筑用绝热制品　湿热条件下垂直于表面的抗拉强度保留率的测定》GB/T 30808 的规定的方法进行试验。

(2) 其他性能，按《建筑外墙外保温用岩棉制品》GB/T 25975 规定的方法进行试验。

3) 抹面胶浆

抹面胶浆是指由水泥基胶凝材料、高分子聚合物材料以及填料和添加剂等组成，具有一定变形能力和良好粘结性能的抹面材料。

(1) 抗冲击性能，按《模塑聚苯板薄抹灰外墙外保温系统材料》GB/T 29906 规定的方法进行试验。抹面胶浆厚度为 5mm，试验用基板符合上述标准。

(2) 其他性能，按《模塑聚苯板薄抹灰外墙外保温系统材料》GB/T 29906 规定的方法进行试验。

(3) 拉伸粘结强度试样尺寸：岩棉板为 200mm×200mm，岩棉条为 150mm×150mm。

4) 玻纤网

玻纤网是指表面经高分子材料涂覆处理的、具有耐碱功能的玻璃纤维网布，作为增强材料内置于抹面胶浆中，用以提高抹面层的抗裂性。

（1）单位面积质量，按《增强制品试验方法 第3部分：单位面积质量的测定》GB/T 9914.3规定的方法进行试验。

（2）耐碱断裂强力及耐碱断裂强力保留率，按《玻璃纤维布耐碱性试验方法 氢氧化钠溶液浸泡法》GB/T 20102规定的方法进行试验。

（3）断裂伸长率，按《增强材料 机织物试验方法 第5部分：玻璃纤维拉伸断裂强力和断裂伸长的测定》GB/T 7689.5规定的方法进行试验。

5）锚栓

锚栓是指由膨胀件和膨胀套管组成，或仅由膨胀套管构成，依靠膨胀产生的摩擦力或机械锁定作用连接保温系统与基层墙体的机械固定件。

锚栓按《外墙保温用锚栓》JG/T 366规定的方法进行测定。

# 4.6 硬泡聚氨酯薄抹灰外墙外保温系统材料

## 4.6.1 概述

硬泡聚氨酯板薄抹灰外墙外保温系统是指置于建筑物外墙外侧，与基层墙体采用以粘为主、以锚为辅方式固定的保温系统。系统由硬泡聚氨酯板、胶粘剂、锚栓、厚度为3～5mm的抹面胶浆、玻璃纤维网布及饰面材料等组成，系统还包括必要时采用的护角、托架等配件以及防火构造措施，简称硬泡聚氨酯板外保温系统。

《硬泡聚氨酯板薄抹灰外墙外保温系统材料》JG/T 420试验方法，适用于民用建筑中采用的硬泡聚氨酯板薄抹灰外墙外保温系统材料。硬泡聚氨酯板外保温系统的各种组成材料应配套供应。所采用的所有配件，应与硬泡聚氨酯板外保温系统性能相容，并应符合国家现行相关标准的规定。

1. 系统基本构造

基层墙体（混凝土砌体或各种砌体墙体）、粘结层（胶粘剂）、保温层（硬泡聚氨酯板）、机械固定件（锚栓）、防护层（抹面层-抹面胶浆、复合玻纤网，饰面层-涂装材料）。

2. 系统性能指标

耐候性（外观、拉伸粘结强度）、吸水量、抗冲击性（二层及以上、首层）、水蒸气透过湿流密度、耐冻融性（外观、拉伸粘结强度）。

3. 系统组成材料检验项目及批量

系统组成材料检验项目及检验批量见表4.6.1-1。抽样规定，在检验批中随机抽取，抽样数量应满足检验项目所需样品数量。

系统组成材料检验项目及检验批量 表4.6.1-1

| 材料名称 | 检验项目 | 检验批量 |
|---|---|---|
| 硬泡聚氨酯芯材 | 密度、导热系数、尺寸稳定性 | 同一材料、同一工艺、同一规格 每 500m³ 为一批，不足500m³ 时也为一批 |
| 硬泡聚氨酯板 | 尺寸稳定性、吸水率(体积分数)、压缩强度(压缩形变10%)、垂直于板面方向的抗拉强度、弯曲变形、透湿系数、燃烧性能等级(氧指数应取芯材进行试验)、界面层厚度 | |

续表

| 材料名称 | 检验项目 | 检验批量 |
|---|---|---|
| 胶粘剂 | 拉伸粘结强度（与水泥砂浆）：原强度、耐水强度；拉伸粘结强度（与硬泡聚氨酯板）：原强度、耐水强度；可操作时间 | 同一材料、同一工艺、同一规格每 100t 为一批，不足 100t 时也为一批 |
| 抹面胶浆 | 拉伸粘结强度（与硬泡聚氨酯板）：原强度、耐水强度、冻融后；压折比、抗冲击性、吸水量、不透水性、可操作时间 | 同一材料、同一工艺、同一规格每 100t 为一批，不足 100t 时也为一批 |
| 玻纤网 | 单位面积质量、耐碱断裂强力（经向、纬向）、耐碱断裂强力保留率（经向、纬向）、断裂伸长率（经向、纬向） | 同一材料、同一工艺、同一规格每 20000m² 为一批，不足 20000m² 时也为一批 |

4. 养护条件和试验环境

标准养护条件为空气温度 23±2℃，相对湿度 50%±5%。试验环境为空气温度 23±5℃，相对湿度 50%±10%。

5. 数值修约

在判定测定值或其计算值是否符合标准要求时，应将测试所得的测定值或其计算值与标准规定的极限数值作比较，比较的方法采用《数值修约规则与极限数值的表示和判定》GB/T 8170 中规定的修约值比较法。

## 4.6.2　胶粘剂

硬泡聚氨酯板胶粘剂是指由水泥基胶凝材料、高分子聚合物材料以及填料和添加剂等组成，专用于将硬泡聚氨酯板粘贴在基层墙体上的粘结材料，简称胶粘剂。

1. 拉伸粘结强度

1) 试样要求

（1）试样尺寸 50mm×50mm 或直径 50mm，与水泥砂浆粘结和与硬泡聚氨酯板粘结试样数量各 6 个。

（2）按生产商使用说明配制胶粘剂，将胶粘剂涂抹于硬泡聚氨酯板（厚度不宜小于 40mm）或水泥砂浆板（厚度不宜小于 20mm）基材上，涂抹厚度为 3~5mm，可操作时间结束时用硬泡聚氨酯板覆盖。

（3）试样在标准养护条件下养护 28d。

2) 试验过程

（1）以合适的胶粘剂将试样粘贴在两个刚性平板或金属板上，胶粘剂应与产品相容，固化后将试样按下述条件进行处理：① 原强度：无附加条件；② 耐水强度：浸水 48h，到期从水中取出试样并擦拭表面水分，在标准养护条件下干燥 2h；③ 耐水强度：浸水 48h，到期试样从水中取出并擦拭表面水分，在标准养护条件下干燥 7d。

（2）将试样安装到适宜的拉力机上，进行拉伸粘结强度测定，拉伸速度为 5±1mm/min。记录每个试样破坏时的拉力值，基材为硬泡聚氨酯板时还应记录破坏状态。破坏面在刚性平板或金属板胶结面时，测试数据无效。

3）试验结果

拉伸粘结强度试验结果为 6 个试验数据中 4 个中间值的算术平均值，精确至 0.01MPa。硬泡聚氨酯芯材内部或表层破坏面积在 50％以上时，破坏状态为破坏发生在硬泡聚氨酯芯材中，否则破坏状态为界面破坏。

2. 可操作时间

1）试验过程

胶粘剂配制后，按生产商提供的可操作时间放置。生产商未提供可操作时间时，按 1.5h 放置，然后按上述规定测定拉伸粘结强度原强度。

2）试验结果

拉伸粘结强度原强度符合标准要求时，放置时间即为可操作时间。

### 4.6.3　硬泡聚氨酯芯材

1. 密度

按《泡沫塑料及橡胶　表观密度的测定》GB/T 6343 规定的方法进行试验。

2. 导热系数

按《绝热材料稳态热阻及有关特性的测定　防护热板法》GB/T 10294 或《绝热材料稳态热阻及有关特性的测定　热流计法》GB/T 10295 规定的方法进行试验；测试平均温度为 23℃，冷热板温差为 23±2℃。

3. 尺寸稳定性

按《硬质泡沫塑料　尺寸稳定性试验方法》GB/T 8811 规定的方法进行试验，试验温度为 70±2℃。

### 4.6.4　硬泡聚氨酯板

硬泡聚氨酯板是指以热固性材料硬泡聚氨酯（包括聚异氰脲酸酯硬质泡沫塑料和聚氨酯硬质泡沫塑料）为芯材，在工厂制成的、双面带有界面层的保温板。

1. 尺寸稳定性

按《硬质泡沫塑料　尺寸稳定性试验方法》GB/T 8811 规定的方法进行试验，试验温度为 70±2℃。

2. 吸水率

按《硬质泡沫塑料吸水率的测定》GB/T 8810 规定的方法进行试验。

3. 压缩强度

（1）按《硬质泡沫塑料　压缩性能的测定》GB/T 8813 的规定进行试验，试件尺寸为 100mm×100mm×50mm，数量 5 个，加荷速度为 5mm/min。

（2）不应将几个试样叠加进行试验。

（3）当试样厚度小于 50mm 时，加荷速度为试件厚度的 1/10（mm/min），并应在试验报告中注明试样厚度。

（4）压缩强度为 5 个试验数据的算术平均值。

4. 垂直于板面方向的抗拉强度

按《硬泡聚氨酯保温防水工程技术规范》GB 50404 规定的方法进行试验。即：

1）仪器设备

试验机：示值为 1N，精度为 1%，并以 250±50N/s 速度对试样施加拉拔力；拉伸用刚性夹具：互相平行的一组附加装置，避免试验过程中拉力不均衡；游标卡尺：精度为 0.1mm。

2）试样制备

（1）试样尺寸为 100mm×100mm×板材厚度，每组试样数量为 5 块。

（2）在硬泡聚氨酯保温板上切割试样，其基面应与受力方向垂直。切割时需离硬泡聚氨酯保温板边缘 15mm 以上，试样两个受检面的平行度和平整度，偏差不大于 0.5mm。

（3）被测试样在试验环境下放置 6h 以上。

3）试验步骤

（1）用合适的胶粘剂将试样分别粘贴在拉伸用刚性夹具上，见图 4.6.4-1。胶粘剂的要求：粘剂对硬泡聚氨酯表面既不增强也不损害。避免使用损害硬泡聚氨酯的强力胶粘剂。胶粘剂中如含有溶剂，必须与硬泡聚氨酯材性相容。

（2）试样装入拉力试验机上，以 5±1mm/min 恒定速度加荷，直至试样破坏。最大拉力以 $N$ 表示。

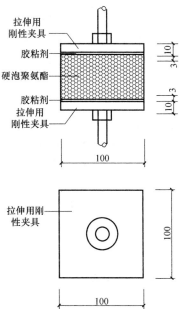

图 4.6.4-1　硬泡聚氨酯板垂直于板面方向的抗拉强度试验试样尺寸（单位：mm）

4）试验结果

（1）记录试样的破坏部位。

（2）垂直于板面方向的抗拉强度按下式计算，并以 5 个测试值的算术平均值表示，精确至 0.01MPa。

$$\sigma_t = \frac{F_t}{A} \qquad (4.6.4-1)$$

式中　$\sigma_t$——抗拉强度（MPa）；

　　　$F_t$——破坏荷载（N）；

　　　$A$——试样面积（mm²）。

（3）破坏部位如位于粘结层中，则该试样测试数据无效。

5. 燃烧性能等级

按《建筑材料及制品燃烧性能分级》GB 8624—2012 规定的方法进行试验。

## 4.6.5　抹面胶浆

抹面胶浆是指由水泥基胶凝材料、高分子聚合物材料以及填料和添加剂等组成，具有一定变形能力和良好粘结性能的抹面材料。

1. 拉伸粘结强度

试样由硬泡聚氨酯板和抹面胶浆组成，抹面胶浆厚度为 3mm，试样养护期间不需覆盖硬泡聚氨酯板。原强度、耐水强度按上述"胶粘剂的拉伸粘结强度试验"的规定进行测定，耐冻融强度按"硬泡聚氨酯板外保温系统的耐冻融"的规定进行测定。

2. 压折比

按生产商使用说明配制抹面胶浆，按《水泥胶砂强度检验方法（ISO 法）》GB/T 17671 规定制样，试样在标准养护条件下养护 28d 后，按《水泥胶砂强度检验方法（ISO 法）》GB/T 17671 规定测定抗压强度、抗折强度，并按下式计算压折比，精确至 0.1。

$$T=\frac{R_c}{R_f} \tag{4.6.5-1}$$

式中   $T$——压折比；

$R_c$——抗压强度（MPa）；

$R_f$——抗折强度（MPa）。

3. 可操作时间

试样由硬泡聚氨酯板和抹面胶浆组成，抹面胶浆厚度为 3mm。按上述"胶粘剂的可操作时间"的规定进行测定，拉伸粘结强度原强度符合要求时，放置时间即为可操作时间。

### 4.6.6 玻纤网

玻璃纤维网布是指表面经高分子材料涂覆处理的、具有耐碱功能的网格状纤维织物，作为增强材料内置于抹面胶浆中，用以提高抹面层的抗裂性，简称玻纤网。

1. 单位面积质量

按《增强制品试验方法 第 3 部分：单位面积质量的测定》GB/T 9914.3 的规定进行试验。

2. 耐碱断裂强力及耐碱断裂强力保留率

按《玻璃纤维网布耐碱性试验方法 氢氧化钠溶液浸泡法》GB/T 20102 规定的方法进行测定。当需要进行快速测定时，可按《硬泡聚氨酯板薄抹灰外墙外保温系统材料》JG/T 420 中"玻纤网耐碱快速试验方法"的规定进行。氢氧化钠溶液浸泡法为仲裁试验方法。

3. 断裂伸长率

按《增强材料 机织物试验方法 第 5 部分：玻璃纤维拉伸断裂强力和断裂伸长的测定》GB/T 7689.5 的规定进行试验。

4. 玻纤网耐碱性快速试验方法

同《模塑聚苯板薄抹灰外墙外保温系统材料》GB/T 29906—2013 快速试验方法一致。

# 4.7 保温装饰板外墙外保温系统材料

### 4.7.1 概述

保温装饰板外墙外保温系统材料是指由保温装饰板、粘结砂浆、锚固件、嵌缝材料和密封胶组成，置于建筑物外墙外侧，以实现保温装饰一体化的功能。

　　《保温装饰板外墙外保温系统材料》JG/T 287 试验方法，适用于民用建筑用保温装饰板外墙外保温系统材料，其保温装饰板应为工厂预制成型的制品。保温装饰板外墙外保温系统材料应由系统产品供应商配套提供。

　　1. 保温装饰板分类

　　（1）分类

　　按保温装饰板单位面积质量分为Ⅰ型、Ⅱ型。Ⅰ型：$<20kg/m^2$；Ⅱ型：$20\sim30kg/m^2$。

　　（2）外观

　　保温装饰板外观应颜色均匀一致，无破损。

　　2. 系统性能指标

　　耐候性（外观、面板与保温材料拉伸粘结强度）、拉伸粘结强度、单点锚固力、热阻、水蒸气透过性能。当采用无机保温材料或系统有透气构造时不检验水蒸气透过性能。

　　3. 系统材料检验项目及批量

　　系统组成材料检验项目及检验批量见表 4.7.1-1。抽样规定，从每检验批的不同位置随机抽取，抽样数量应满足检验项目所需样品数量。说明：当保温装饰板的保温材料燃烧性能分级达到 C 级或 B 级时，可视其燃烧性能分级为 $B_1$ 级；当材料燃烧性能分级达到 $A_2$ 级或 $A_1$ 级时，可视其燃烧性能分级为 A 级。

**系统组成材料检验项目及检验批量**　　　　　　　　表 4.7.1-1

| 材料名称 | 检验项目 | 检验批量 |
|---|---|---|
| 保温装饰板 | 单位面积质量、拉伸粘结强度（原强度、耐水强度、耐冻融强度）、抗冲击性、抗弯荷载、吸水量、不透水性、保温材料燃烧性能分级、保温材料导热系数、泡沫塑料保温材料氧指数 | 同一材料、同一工艺每 $4000m^2$ 为一批，不足 $4000m^2$ 时也视为一批 |
| 粘结砂浆 | 拉伸粘结强度（与水泥砂浆）：原强度、耐水强度；拉伸粘结强度（与保温装饰板）：原强度、耐水强度；可操作时间 | 同一材料、同一工艺每 50t 为一批，不足 50t 时也视为一批 |
| 锚固件 | 抗拔力标准值、悬挂力 | 同一材料、同一工艺每 20000 个为一批，不足 20000 个时也视为一批 |

　　4. 养护条件和试验环境

　　标准养护条件：空气温度 $23\pm2$℃，相对湿度 $50\%\pm5\%$。试验环境：空气温度 $23\pm5$℃，相对湿度 $50\%\pm10\%$。

　　5. 数值修约

　　在判定测定值或其计算值是否符合标准要求时，应将测试所得的测定值或其计算值与标准规定的极限数值作比较，比较的方法采用《数值修约规则与极限数值的表示和判定》GB/T 8170 中规定的全数值比较法。全数值比较法如下：

　　将测定值或其计算值不经修约处理（或虽经修约处理，但应标明它是进舍、进或未进未舍而得），用该数值与规定的极限数值作比较，只要超出极限数值规定的范围（不论超出程度大小），都判定为不符合要求。

## 4.7.2　保温装饰板

　　保温装饰板是指在工厂预制成型的板状制品，由保温材料、装饰面板以及胶粘剂、连接件复合而成，具有保温和装饰功能。保温材料主要有泡沫塑料保温板、无机保温板等，装饰面板由无机非金属材料衬板及装饰材料组成，也可为单一无机非金属材料。

1. 单位面积质量

1）试验步骤

（1）用精度 1mm 的钢卷尺测量保温装饰板板长度、宽度，测量部位分别为距保温装饰板板边 100mm 及中间处，取 3 个测量值的算术平均值为测定结果，计算精确至 1mm。

（2）用精度 0.05kg 的磅秤称量保温装饰板质量。

2）试验结果

单位面积质量应按下式计算，试验结果以 3 个试验数据的算术平均值表示，精确至 $1kg/m^2$。

$$E = \frac{m}{L \times B} \times 10^6 \qquad (4.7.2\text{-}1)$$

式中　$E$——单位面积质量（$kg/m^2$）；

　　　$m$——试样质量（kg）；

　　　$L$——试样长度（mm）；

　　　$B$——试样宽度（mm）。

2. 拉伸粘结强度

1）试样制备

（1）尺寸与数量：尺寸 50mm×50mm 或直径 50mm，数量 6 个。

（2）将相应尺寸的金属块用高强度树脂胶粘剂粘合在试样两个表面上，树脂胶粘剂固化后将试样按下述条件进行处理：①原强度：无附加要求；②耐水：浸水 2d，到期试样从水中取出并擦拭表面水分后，在标准试验环境下放置 7d；③耐冻融：浸水 3h，然后在 −20±2℃ 的条件下冷冻 3h。进行上述循环 30 次，到期试样从水中取出后，在标准试验环境下放置 7d。当试样处理过程中断时，试样应放置在 −20±2℃ 条件下。

2）试验步骤

将试样安装到适宜的拉力试验机上，进行拉伸粘结强度测定，拉伸速度为 5±1mm/min。记录每个试样破坏时的力值和破坏状态，精确至 1N。如金属块与试样脱开，测试值无效。

3）试验结果

拉伸粘结强度按下式计算，取 4 个中间值计算拉伸粘结强度算术平均值，精确至 0.01MPa。

$$R = \frac{F}{A} \qquad (4.7.2\text{-}2)$$

式中　$R$——试样拉伸粘结强度（MPa）；

　　　$F$——试样破坏荷载值（N）；

　　　$A$——粘结面积（$mm^2$）。

破坏发生在保温材料中是指破坏断面位于保温材料内部，6 次试验中至少有 4 次破坏发生在保温材料中，则试验结果可判定为破坏发生在保温材料中，否则应判定为破坏未发生在保温材料中。

3. 燃烧性能

按《建筑材料及制品燃烧性能分级》GB/T 8624 的规定进行试验。

4. 保温材料的导热系数

按《绝热材料稳态热阻及有关特性的测定 防护热板法》GB/T 10294 或《绝热材料稳态热阻及有关特性的测定 热流计法》GB/T 10295 规定的方法进行试验，防护热板法为仲裁试验方法。

### 4.7.3 粘结砂浆

1. 拉伸粘结强度

1）试样制备

（1）按生产商使用说明配制粘结砂浆，胶粘剂配制后，放置 15min 后使用。

（2）将粘结砂浆涂抹于保温装饰板背面（厚度不宜小于 40mm）或水泥砂浆板（厚度不宜小于 20mm）基材上，涂抹厚度为 3～5mm。在可操作时间结束时用聚苯板覆盖，以防粘结砂浆干燥过快。

（3）在标准养护条件下养护 14d 后，拿掉聚苯板，按尺寸要求切割试样。

2）试验步骤及试验结果

按前述"保温装饰板的拉伸粘结强度"的试验方法的规定进行。

2. 可操作时间

（1）粘结砂浆配制后，按生产商提供的可操作时间放置，当生产商没有提供可操作时间时，按 1.5h 放置，然后按规定进行拉伸粘结强度原强度测定。

（2）拉伸粘结强度原强度符合标准要求时，可操作时间为粘结砂浆配制后放置的时间。

### 4.7.4 锚固件

1. 拉拔力

1）试验步骤

（1）按生产商提供的安装方法在 C25 混凝土试块上安装锚固件，锚固件边距、间距均不小于 100mm，有效锚固深度不小于 25mm，锚固件数量 5 个。

（2）使用适宜的拉拔仪进行试验，拉拔仪支脚中心轴线与锚固件中心轴线间距离不小于有效锚固深度的 2 倍。均匀稳定加载，且荷载方向垂直于混凝土试块表面，加载至试样破坏，记录破坏荷载值、破坏状态。

2）试验结果

对破坏荷载值进行数理统计分析，假设其为正态分布，并计算标准偏差。根据试验数据按下式计算锚固件抗拉承载力标准值，结果精确到 1N。

$$F = \overline{F} \cdot (1 - K \cdot V) \tag{4.7.4-1}$$

式中　$F$——锚固件拉拔力标准值（kN）；

　　　$\overline{F}$——锚固件拉拔力平均值（kN）；

　　　$K$——系数，锚固件数量 5 个，$K = 3.4$；

　　　$V$——变异系数，为试验数据标准偏差与算术平均值的绝对值之比。

3）锚固件在其他种类的基层墙体中的抗拉承载力应通过现场试验确定。

2. 悬挂力

按使用要求，钉入 C25 混凝土基层墙体，试样数量 5 个，锚固深度不小于 25mm，锚固件伸出基层墙体的部分与配套使用的保温装饰板相匹配，将 10kg 的重物悬挂于锚固件的最外端，放置 24h，锚固件无弯曲变形为合格。

# 4.8  泡沫玻璃外墙外保温系统材料

## 4.8.1  概述

泡沫玻璃外墙外保温系统是指由泡沫玻璃板、胶粘剂、厚度为 4～7mm 的抹面胶浆、玻璃纤维网布及饰面材料等组成，用于建筑物外墙外侧，与基层墙体采用粘结方式，必要时采用锚栓、托架进行辅助固定的保温系统。

《泡沫玻璃外墙外保温系统材料技术要求》JG/T 469 试验方法，适用于建筑外墙用的泡沫玻璃外保温系统材料。泡沫玻璃外墙外保温系统的各种组成材料宜配套供应，所使用的涂装材料和配件宜与泡沫玻璃外墙外保温系统性能相容。

1. 系统基本构造

基层墙体（混凝土墙体或各种砌体墙体）、粘结层（胶粘剂）、保温层（泡沫玻璃板）、防护层（抹面层-抹面胶浆、复合玻璃纤维网布，饰面层-涂装材料）。

2. 系统性能指标

耐候性（外观、防护层与保温层拉伸粘结强度）、吸水量（浸水 1h）、抗冲击性（二层及以上、首层）、耐冻融（外观、防护层与保温层拉伸粘结强度）、水蒸气湿流密度。

3. 系统组成材料检验项目及批量

系统组成材料检验项目及检验批量见表 4.8.1-1。抽样规定，在检验批中随机抽取，抽样数量应满足检验项目所需样品数量。

系统组成材料检验项目及检验批量                     表 4.8.1-1

| 材料名称 | 检验项目 | 检验批量 |
|---|---|---|
| 胶粘剂 | 拉伸粘结强度（与水泥砂浆）:原强度、耐水强度;拉伸粘结强度（与泡沫玻璃板）:原强度、耐水强度;可操作时间、压缩剪切胶粘原强度 | 同一原材料、同一工艺、同一规格每 100t 为一批，不足 100t 时也为一批 |
| 泡沫玻璃板 | 密度、导热系数、蓄热系数、抗压强度、抗折强度、垂直于板面方向的抗拉强度、吸水量（部分浸入，24h）、尺寸稳定性（长度方向、宽度方向、厚度方向）透湿系数、燃烧性能等级、耐碱性、抗热震性 | 同一原材料、配方、同一生产工艺连续稳定生产、同一型号产品为一批，每批数量为 200m³，不足 200m³ 时也为一批 |
| 抹面胶浆 | 拉伸粘结强度（与泡沫玻璃板）:原强度、耐水强度、耐冻融强度;压折比、可操作时间、不透水性、抗冲击性 | 同一原材料、同一工艺、同一规格每 100t 为一批，不足 100t 时也为一批 |
| 玻璃纤维网布 | 单位面积质量、耐碱断裂强力（经向、纬向）、耐碱断裂强力保留率（经向、纬向）、断裂应变（经向、纬向） | 同一材料、同一工艺、同一规格每 20000m² 为一批，不足 20000m² 时也为一批 |

4. 泡沫玻璃板外观质量

外观缺陷包括缺棱、掉角、裂纹和孔洞等。

5. 养护条件和试验环境

标准养护条件为空气温度 23±2℃，相对湿度 50%±5%。除耐候性试验外，试验环境为空气温度 23±5℃，相对湿度 50%±10%。

6. 数值修约

在判定测定值或其计算值是否符合标准要求时，应将测试所得的测定值或其计算值与标准规定的极限数值作比较，比较的方法采用《数值修约规则与极限数值的表示和判定》GB/T 8170 中规定的修约值比较法。

### 4.8.2　胶粘剂

胶粘剂是指由水泥基胶凝材料、高分子聚合物材料以及填料和添加剂等组成，用于泡沫玻璃板与基层墙体之间的粘结。

1. 拉伸粘结强度

1) 试样要求

(1) 水泥砂浆基材和泡沫玻璃板基材尺寸均为 50mm×50mm。每种试验条件下，与水泥砂浆粘结和与泡沫玻璃板粘结试样数量各 6 个。

(2) 试样分别由胶粘剂和水泥砂浆或胶粘剂和泡沫玻璃板组成。按生产商使用说明配制胶粘剂，将胶粘剂涂抹于泡沫玻璃板（厚度宜不小于 40mm）或水泥砂浆（厚度宜不小于 20mm）基材上，涂抹厚度为 3~5mm。试样在可操作时间（若生产商未提供可操作时间，则放置 1.5h）结束时用尺寸为 40mm×40mm 泡沫玻璃板覆盖。

(3) 试样在标准养护条件下养护 14d。

2) 试验步骤

(1) 用合适的胶粘剂（如环氧树脂）将两个刚性平板或金属板粘贴在试样上下表面，胶粘剂应与被测样品及基材相容，固化后将试样按下述条件进行处理：①原强度：无附加条件；②与水泥砂浆的耐水强度：浸水 48h，到期试样从水中取出并擦拭表面水分，在标准养护条件下干燥 2h；③与泡沫玻璃板的耐水强度：浸水 48h，到期试样从水中取出并擦拭表面水分，在标准养护条件下干燥 7d。

(2) 将试样安装到适宜的拉力机上，进行拉伸粘结强度测定，拉伸速度为 5±1mm/min。记录每个试样破坏时的拉力值，基材为泡沫玻璃板时还应记录破坏状态。破坏面在刚性平板或金属板粘结面时，测试数据无效。

3) 试验结果

(1) 拉伸粘结强度试验结果为 6 个试验数据中 4 个中间值的算术平均值，精确至 0.01MPa。

(2) 泡沫玻璃板内部或表层破坏面积在 50% 以上时，破坏状态为破坏发生在泡沫玻璃板中，否则破坏状态为界面破坏。

2. 可操作时间

1) 试样要求

按上述试样要求的规定进行。胶粘剂配制后，按生产商提供的可操作时间放置；生产商未提供可操作时间时，按 1.5h 放置。

2）试验过程

按上述规定测定拉伸粘结原强度。

3）试验结果

拉伸粘结强度原强度符合标准要求时，放置时间即为可操作时间。

3. 压缩剪切胶粘原强度

1）试样要求

（1）水泥砂浆基材和泡沫玻璃板基材尺寸均为 70mm×70mm×20mm。

（2）试样由胶粘剂、水泥砂浆和泡沫玻璃板组成，试样数量为 6 个。按生产商使用说明配制胶粘剂，将胶粘剂涂抹在水泥砂浆基材上，涂抹厚度为 3～5mm，然后将泡沫玻璃板基材与已涂胶粘剂的水泥砂浆基材错开 10mm 并相互平行粘结压实，使胶粘面积约 42cm$^2$。

（3）试样在标准养护条件下养护 14d。

2）试验步骤

养护到期后，将试样安装到适宜的拉力机上，进行压缩剪切胶粘原强度测定，压缩速度为 10mm/min。记录每个试样的破坏荷载。

3）试验结果

压缩剪切胶粘强度试验结果为 6 个试验数据中 4 个中间值的算术平均值，精确至 0.01MPa。

### 4.8.3　泡沫玻璃板

泡沫玻璃板是指由熔融玻璃发泡制成的具有闭孔结构的硬质绝热板材。

1. 泡沫玻璃板蓄热系数的测定

1）试样

（1）热扩散系数试样：将泡沫玻璃板样品制备成直径 48.0±0.5mm，高度 75.0±0.5mm 的圆柱体试样，数量为 2 个。

（2）导热系数试样：采用同一密度或型号规格的泡沫玻璃板样品制备试样。试样尺寸为 300mm×300mm，厚度为 25～40mm，试件数量根据导热系数测定仪要求进行制备。

2）仪器设备

热扩散系数测定仪：热扩散系数测定仪主要由恒温反应浴、恒温反应浴温度测量装置、试样内部温度测量装置、搅拌器等组成；导热系数测定仪：应符合《绝热材料稳态热阻及有关特性的测定　防护热板法》GB/T 10294 或《绝热材料稳态热阻及有关特性的测定　热流计法》GB/T 10295 中对导热系数测试仪的相关规定；电子天平：分度值为 0.01g；尺寸测量设备：游标卡尺，分度值 0.02mm；钢直尺，分度值 1mm；电热鼓风干燥箱：控温精度±3℃；巡检仪：对试验过程中恒温反应浴温度和试样内部温度进行数据采集。

3）试验步骤

（1）状态调节

将制备好的试样放入温度为 105±5℃的电热鼓风干燥箱中干燥至恒重，取出后放置在干燥器中冷却至室温。

（2）热扩散系数的测定

① 将试样放入试验筒内，必要时可在试样表面涂上耦合剂（导热硅脂或黄油），以保证试样和试验筒良好接触。

② 在试样圆形表面的中心钻一深 35～40mm，直径为刚好可插入热电偶的小孔，随后将测温热电偶插入。

③ 盖上试验筒盖。螺纹口可用生料带密封，防止试验时水分的渗入。

④ 将装有试样的试验筒放入温度为 50±3℃ 的电热鼓风干燥箱内放置 1h 以上，使试样内部温度升到 50℃。

⑤ 从电热鼓风干燥箱内取出装有试样的试验筒，迅速放入预先准备好的恒温反应浴中（水温保持在约 25℃，波动不超过 ±0.5℃，恒温水浴内液体保持一定的湍流状态），并迅速接上巡检仪。

⑥ 用巡检仪测试试样内部的温度、恒温反应浴的温度及测试时间，采样时间间隔不大于 10s，直至试样内部温度低于 30℃。测试过程中必须保持水温恒定。

（3）导热系数的测定：按《绝热材料稳态热阻及有关特性的测定　防护热板法》GB/T 10294 或《绝热材料稳态热阻及有关特性的测定　热流计法》GB/T 10295 中的规定进行，试验平均温度为 25±5℃。

（4）密度的测定：按《泡沫玻璃绝热制品》JC/T 647 中的规定进行。

4）结果计算

（1）相对温度

试样的相对温度按下式进行计算：

$$\Delta T = t_c - t_e \tag{4.8.3-1}$$

式中　$\Delta T$——相对温度（℃）；

　　　$t_c$——试样内部的温度（℃）；

　　　$t_e$——恒温反应浴的温度（℃）。

按上式求出每隔 10s 的相对温度的对数。

（2）冷却率

作出相对温度（$\Delta T$）对数—时间的曲线，取其中最直的一段求出冷却率（斜率）。

（3）热扩散系数

① 试样的热扩散系统按下式计算：

$$a = m \times B \tag{4.8.3-2}$$

式中　$a$——试样的热扩散系数（m²/s）；

　　　$m$——试样的冷却率（s⁻¹）；

　　　$B$——试样的形状系数（m²）。

② 试样的形状系数按下式计算：

$$B = \frac{1}{(2.4048/R)^2 + (\pi/L)^2} \tag{4.8.3-3}$$

式中　$B$——试样的形状系数（m²）；

　　　$R$——试样的半径（m）；

$L$——试样的长度（m）。

③ 比热容

试样的比热容按下式计算：

$$c=\frac{\lambda}{a\times\rho}$$

（4.8.3-4）

式中　$c$——试样的比热容 $[J/(kg\cdot K)]$；

　　　$\lambda$——试样的导热系数 $[W/(m\cdot K)]$；

　　　$a$——试样的热扩散系数（$m^2/s$）；

　　　$\rho$——试样的密度（$kg/m^3$）。

④ 蓄热系数

试样的蓄热系数按下式进行计算：

$$S=\left(\frac{2\pi\times\lambda\times c\times\rho}{T}\right)^{\frac{1}{2}}$$

（4.8.3-5）

式中　$S$——试样的蓄热系数 $[W/(m^2\cdot K)]$；

　　　$\lambda$——试样的导热系数 $[W/(m\cdot K)]$；

　　　$c$——试样的比热容 $[J/(kg\cdot K)]$；

　　　$\rho$——试样的密度（$kg/m^3$）；

　　　$T$——周期波的周期（s），用于建筑材料检测时，$T$ 取 24h（86400s）。

泡沫玻璃板样品的蓄热系数以 2 次试验结果的平均值表示，精确至 $0.01W/(m^2\cdot K)$。

2. 尺寸允许偏差

长度、宽度和厚度尺寸允许偏差、垂直度偏差和表面平整度，按《无机硬质绝热制品试验方法》GB/T 5486—2008 中的规定进行。

### 4.8.4　抹面胶浆

抹面胶浆是指由水泥基胶凝材料、高分子聚合物材料以及填料和添加剂等组成，具有一定变形能力和良好粘结性能的抹面材料。

1. 拉伸粘结强度

1）试样要求

泡沫玻璃板基材尺寸 50mm×50mm。每种试验条件下，与泡沫玻璃板粘结试样数量各 6 个。试样由泡沫玻璃板和抹面胶浆组成，抹面胶浆厚度为 4mm。试样在标准养护条件下养护 28d，试样养护期间无需覆盖泡沫玻璃板。

2）试验步骤

原强度、耐水强度按上述"胶粘剂 拉伸粘结强度试验"的规定进行。将试样安装到适宜的拉力机上，进行拉伸粘结强度测定，拉伸速度为 5±1mm/min。记录每个试样破坏时的拉力值，基材为泡沫玻璃板时还应记录破坏状态。破坏面在刚性平板或金属板粘结面时，测试数据无效。

3）试验结果

拉伸粘结强度试验结果为 6 个试验数据中 4 个中间值的算术平均值，精确至0.01MPa。泡沫玻璃板内部或表层破坏面积在 50% 以上时，破坏状态为破坏发生在泡沫玻璃板中，否则破坏状态为界面破坏。

2. 压折比

按生产商使用说明配制抹面胶浆，按《水泥胶砂强度检验方法（ISO 法）》GB/T 17671 的规定制样，试样在标准养护条件下养护 28d 后，按上述标准的规定测定抗压强度、抗折强度，并按下式计算压折比，精确至 0.1。

$$T = \frac{R_c}{R_f} \tag{4.8.4-1}$$

式中　$T$——压折比；

$R_c$——抗压强度（MPa）；

$R_f$——抗折强度（MPa）。

3. 可操作时间

试样由泡沫玻璃板和抹面胶浆组成，抹面胶浆厚度为 4mm。按上述"胶粘剂的可操作时间"的规定进行测定，拉伸粘结强度原强度符合标准要求时，放置时间即为可操作时间。

### 4.8.5　玻璃纤维网布

玻璃纤维网布是指表面经高分子材料涂覆处理、具有耐碱功能的网状玻璃纤维织物，作为增强材料内置于抹面胶浆中，用以提高抹面层的抗裂性。

1. 单位面积质量

按《增强制品试验方法　第 3 部分：单位面积质量的测定》GB/T 9914.3—2013 的规定的方法进行试验。

2. 耐碱断裂强力及耐碱断裂强力保留率

按《玻璃纤维网布耐碱性试验方法　氢氧化钠溶液浸泡法》GB/T 20102 规定的方法进行测定。

3. 断裂应变

按《增强材料　机织物试验方法　第 5 部分：玻璃纤维拉伸断裂强力和断裂伸长的测定》GB/T 7689.5—2013 的规定的方法进行试验。

# 4.9　混凝土复合聚苯板外墙外保温材料

### 4.9.1　概述

现浇混凝土复合聚苯板外墙外保温系统是指将聚苯板或钢丝网架聚苯板置于外模板内侧，混凝土现浇成型后与聚苯板或钢丝网架聚苯板结合成一体，再在聚苯板或钢丝网架聚苯板外侧做轻质防火保温浆料找平层、抗裂砂浆复合玻纤网（面砖饰面也可采用热镀锌电焊网）抗裂层、饰面层形成的外墙外保温系统，也称外模内置聚苯板现浇混凝土外墙外保温系统，简称现浇混凝土聚苯板外保温系统。

《建筑用混凝土复合聚苯板外墙外保温材料》JG/T 228 试验方法，适用于民用建筑采用的现浇混凝土复合聚苯板外墙外保温系统。现浇混凝土聚苯板外墙外保温系统的各种组成材料应配套供应，采用的所有配件应与现浇混凝土聚苯板外墙外保温系统性能相容，并应符合国家现行相关标准的要求。

1. 分类

现浇混凝土聚苯板外保温系统按聚苯板构造形式分为两类：

（1）现浇混凝土复合无网聚苯板外墙外保温系统（简称现浇混凝土无网聚苯板外保温系统）：①现浇混凝土复合无网EPS板外墙外保温系统；②现浇混凝土复合无网XPS板外墙外保温系统。

（2）现浇混凝土复合钢丝网架聚苯板外墙外保温系统（简称现浇混凝土网架聚苯板外保温系统）：①现浇混凝土复合钢丝网架EPS板外墙外保温系统；②现浇混凝土复合钢丝网架XPS板外墙外保温系统。

2. 基本构造

1）现浇混凝土无网聚苯板外墙外保温系统

（1）涂装饰面：基层墙体（现浇混凝土）、保温层（EPS板或XPS板-塑料卡钉固定＋防火隔离带-固定卡固定）、找平层（轻质防火保温浆料）、抗裂层（抗裂砂浆复合玻纤网＋弹性底涂）、饰面层（涂装材料）。

（2）面砖饰面：基层墙体（现浇混凝土）、保温层（EPS板-塑料卡钉固定＋防火隔离带-固定卡固定）、找平层（轻质防火保温浆料）、抗裂层（抗裂砂浆＋热镀锌电焊网或玻纤网-锚栓固定＋抗裂砂浆）、饰面层（面砖粘结砂浆＋面砖＋勾缝料）。

2）现浇混凝土网架聚苯板外保温系统

（1）涂装饰面：基层墙体（现浇混凝土）、保温层（钢丝网架EPS板或钢丝网架XPS板＋防火隔离带-固定卡固定）、找平层（轻质防火保温浆料）、抗裂层（抗裂砂浆复合玻纤网＋弹性底涂）、饰面层（涂装材料）。

（2）面砖饰面：基层墙体（现浇混凝土）、保温层（钢丝网架EPS板或钢丝网架XPS板＋防火隔离带-固定卡固定）、找平层（轻质防火保温浆料）、抗裂层（抗裂砂浆＋热镀锌电焊网或玻纤网-锚栓固定＋抗裂砂浆）、饰面层（面砖粘结砂浆＋面砖＋勾缝料）。

3. 系统性能指标

耐候性（外观、抗裂层至保温层拉伸粘结强度、面砖与抗裂层拉伸粘结强度）、吸水量、抗冲击性（二层及以上、首层）、水蒸气透过湿流密度（不含防火隔离带）、耐冻融（外观、系统拉伸粘结强度、面砖与抗裂层拉伸粘结强度）、不透水性。

4. 系统组成材料检验项目及批量

系统组成材料检验项目及检验批量见表4.9.1-1。抽样规定，在检验批中随机抽取，抽样数量应满足检验项目所需样品数量。

系统组成材料检验项目及检验批量　　　　　表 4.9.1-1

| 材料名称 | 检验项目 | 检验批量 |
|---|---|---|
| 聚苯板 | 导热系数、表观密度、垂直于板面方向的抗拉强度、尺寸稳定性、压缩强度、吸水率、燃烧性能等级 | 同一材料、同一工艺、同一规格每 500m³ 为一批，不足 500m³ 时也为一批 |
| 钢丝网架聚苯板 | 外观、网架板厚度、聚苯板对接、钢丝网片纬向钢丝外缘距聚苯板凸面的距离、腹丝穿透聚苯板露出长度、板边钢丝挑头、腹丝挑头、同方向腹丝中心距、同方向腹丝不平行距、电焊钢丝网尺寸（径向网孔长度、纬向网孔长度）、镀锌钢丝（钢丝直径、镀锌层质量）、网片焊点抗拉力、网片焊点漏焊率、腹丝与网片漏焊率 | |

续表

| 材料名称 | 检验项目 | 检验批量 |
|---|---|---|
| 轻质防火保温浆料 | 干表观密度、抗压强度、软化系数、导热系数、线性收缩率、抗拉强度、拉伸粘结强度(与水泥砂浆):标准状态、浸水处理;拉伸粘结强度(与EPS板):标准状态、浸水处理;燃烧性能等级 | 粉状材料:同一材料、同一工艺、同一规格每50t为一批,不足50t时也为一批 液态剂类材料:同一材料、同一工艺、同一规格每50t为一批,不足50t时也为一批 |
| 聚苯板界面砂浆 | 拉伸粘结强度(与水泥砂浆):标准状态、浸水处理;拉伸粘结强度(与聚苯板):标准状态、浸水处理;燃烧性能等级 | |
| 抗裂砂浆 | 拉伸粘结强度(与水泥砂浆):标准状态、浸水处理、冻融循环处理;拉伸粘结强度(与轻质防火保温砂浆):标准状态、浸水处理;可操作时间、压折比 | |
| 面砖粘结砂浆 | 拉伸粘结强度(标准状态、浸水处理、热老化处理、冻融循环处理、晾置20min后)、横向变形 | |
| 勾缝料 | 收缩值、抗折强度(标准状态、冻融循环处理)、吸水量、压折比 | |
| 弹性底涂 | 干燥时间(表干时间、实干时间)、断裂伸长率、表面憎水率 | |
| 塑料卡钉 | 外观、钉身长度、钉身宽度、钉身厚度、抗拉承载力 | 同一工艺、同一规格每5000支为一批,不足5000支时也为一批 |
| 玻纤网 | 经纬密度、单位面积质量、耐碱断裂强力(经向、纬向)、耐碱断裂强力保留率(经向、纬向)、断裂伸长率(经向、纬向)、玻璃成分($ZrO_2$和$TiO_2$总含量、$ZrO_2$含量) | 同一材料、同一工艺、同一规格每20000$m^2$为一批,不足20000$m^2$时也为一批 |
| 热镀锌电焊网 | 丝径、网孔尺寸、焊点抗拉力、钢丝表面镀锌层质量 | |
| 面砖 | 尺寸(单块面积、边长、厚度)、单位面积质量、吸水率、抗冻性 | 同一材料、同一工艺、同一规格每5000$m^2$为一批,不足5000$m^2$时也为一批 |
| 增强竖丝岩棉复合板 | 芯材:密度、导热系数、短期吸水量、酸度系数;复合板:防护层厚度、尺寸稳定性、垂直于板面方向的抗拉强度(不切割)、憎水率、燃烧性能等级 | 同一材料、同一工艺、同一规格每500$m^3$为一批,不足500$m^3$时也为一批 |

5.外观

(1)钢丝网架板:钢丝网架板外观质量要求:聚苯板界面砂浆涂覆均匀,不应有漏涂或漏喷,与钢丝和聚苯板附着牢固,干擦不掉粉;板面平整,不应有明显翘曲、变形;聚苯板不应掉角、破损、开裂;焊点区以外的钢丝不允许有锈点。

(2)塑料卡钉:外观应色泽均匀。

6.养护条件和试验环境

标准养护条件为空气温度23±2℃,相对湿度50%±5%。试验环境为空气温度23±5℃,相对湿度50%±10%。

7.数值修约

在判定测定值或其计算值是否符合标准要求时,应将测试所得的测定值或其计算值与标准规定的极限数值作比较,比较的方法采用《数值修约规则与极限数值的表示和判定》GB/T 8170规定的修约值比较法。

### 4.9.2　聚苯板

聚苯板是指以聚苯乙烯树脂或其共聚物为主要成分的泡沫塑料板材，包括模塑聚苯板（EPS板）和挤塑聚苯板（XPS板）。钢丝网架聚苯板是指以单面钢丝网片和焊接其上的穿透聚苯板的斜插钢丝（又称腹丝）为骨架，以聚苯板为绝热材料构成的网架板。

1. 导热系数试验

按《绝热材料稳态热阻及有关特性的测定　防护热板法》GB/T 10294 或《绝热材料稳态热阻及有关特性的测定　热流计法》GB/T 10295 规定的方法进行试验；测试平均温度为 25±2℃，冷热板温差为 15～25℃。防护热板法为仲裁方法。

2. 表观密度试验

按《泡沫塑料及橡胶　表观密度的测定》GB/T 6343 规定的方法进行试验。

3. 垂直于板面方向的抗拉强度试验

1）仪器设备

拉力试验机：选用合适的量程和行程，精度 1%；试验板：互相平行的一组刚性平板或金属板，100mm×100mm。

2）试样制备

在厚 50mm 的聚苯板上切割下 5 块 100mm×100mm 试件，其基面应与受力方向垂直。切割时需离聚苯板边缘 15mm 以上，试件的两个受检面的平行度和平整度的偏差不应大于 0.5mm。试件在试验环境下放置 24h 以上。

3）试验步骤

（1）用相容的胶粘剂将试验板粘贴在试件的上下两个受检面上。

（2）将试件安装在拉力试验机上，沿试件表面垂直方向以 5±1mm/min 拉伸速度，测定最大破坏荷载。破坏面如在试件与两个试验板之间的粘胶层中，则该试件测试数据无效。

4）试验结果

垂直于板面方向的抗拉强度按下式计算，试验结果为 5 个试验数据的算术平均值，精确至 0.01MPa。

$$\sigma_{mt} = \frac{F_{mt}}{A} \tag{4.9.2-1}$$

式中　$\sigma_{mt}$——抗拉强度（MPa）；

　　　$F_{mt}$——最大破坏荷载（N）；

　　　$A$——试块的横断面面积（mm²）。

4. 压缩强度

（1）按《硬质泡沫塑料　压缩性能的测定》GB/T 8813 规定的方法进行试验，试件尺寸为 100mm×100mm×原厚，数量 5 个，对于厚度大于 100mm 的制品，试件的长度和宽度应不低于制品厚度。

（2）加荷速度（mm/min）为试件厚度的 1/10。压缩强度为 5 个试验数据的算术平均值。

5. 吸水率

按《硬质泡沫塑料吸水率的测定》GB/T 8810 规定的方法进行试验。

6. 燃烧性能等级

按《建筑材料及制品燃烧性能分级》GB 8624 规定的方法进行试验。

7. 规格尺寸及允许偏差

尺寸测量按《泡沫塑料与橡胶 线性尺寸的测定》GB/T 6342 的规定进行。长度、宽度、厚度尺寸允许偏差为测量值与规定值之差。对角线尺寸允许偏差为两对角线差值。

8. 钢丝网架聚苯板质量

镀锌钢丝的镀锌层质量按《钢产品镀锌层质量试验方法》GB/T 1839 的规定进行试验，其他性能按《外墙外保温系统用钢丝网架模塑聚苯乙烯板》GB/T 26540 的规定进行试验。

### 4.9.3　轻质防火保温浆料

轻质防火保温浆料是指由可再分散胶粉、无机胶凝材料、外加剂等制成的胶粉料与以聚苯颗粒等为轻骨料复合而成的保温灰浆。

1. 干表观密度

1）仪器设备

试模：100mm×100mm×100mm 钢质有底三联试模，应具有足够的刚度并拆装方便；油灰刀、抹子；标准捣棒：直径 10mm、长 350mm 的钢棒。

2）试件制备

（1）在试模内壁涂刷脱模剂。

（2）将拌合好的轻质防火保温浆料一次性注满试模并略高于其上表面，用标准捣棒均匀由外向里按螺旋方向轻轻插捣 25 次，插捣时用力不应过大，尽量不破坏其轻骨料。为防止留下孔洞，允许用油灰刀沿试模内壁插数次或用橡皮锤轻轻敲击试模四周，直至孔洞消失，最后将高出部分的轻质防火保温浆料用抹子沿试模顶面刮去抹平。应成型 4 个三联试模、12 块试件。

（3）试件制作好后立即用聚乙烯薄膜封闭试模，在试验环境下养护 5d 后拆模，然后在试验环境下继续用聚乙烯薄膜封闭试件 2d，去除聚乙烯薄膜后，再在试验环境下养护 21d。

（4）养护结束后将试件在 65±2℃温度下烘至恒重，放入干燥器中备用。恒重的判据为恒温至少 3h 两次称量试件的质量变化率应小于 0.2%。

3）干表观密度的测定

从制备的试件中取出 6 块试件，按《无机硬质绝热制品试验方法》GB/T 5486—2008 第 8 章的规定进行干表观密度的测定，试验结果取 6 块试件检测值的算术平均值。

2. 抗压强度

检验干表观密度后的 6 块试件，按《无机硬质绝热制品试验方法》GB/T 5486—2008 第 6 章的规定进行抗压强度的测定，试验结果取 6 块试件检测值的算术平均值作为抗压强度值。

3. 导热系数

（1）用符合导热系数测定仪要求尺寸的试模按上述干表观密度试样制备的方法制备试件。

（2）导热系数测定按《绝热材料稳态热阻及有关特性的测定 防护热板法》GB/T 10294 或《绝热材料稳态热阻及有关特性的测定 热流计法》GB/T 10295 规定的方法进行试验；测试平均温度为 25±2℃，冷热板温差为 15～25℃。防护热板法为仲裁方法。

4. 抗拉强度

1）仪器设备

拉力试验机：需有合适的量程和行程，精度 1%；试验板：互相平行的一组刚性平板或金属板，100mm×100mm；试模：100mm×100mm×100mm 钢质有底三联试模，应具有足够的刚度并拆装方便；油灰刀、抹子；标准捣棒：直径 10mm、长 350mm 的钢棒。

2）试件制备

按上述干表观密度试样制备的方法制备试件。

3）试验步骤

（1）用相容的胶粘剂将试验板粘贴在试件的上下两个受检面上；

（2）将试件装入拉力试验机上，以 5±1mm/min 的恒定速度加荷，直至试件破坏。破坏面如在试件与两个试验板之间的粘胶层中，则该试件测试数据无效。

4）试验结果

抗拉强度按下式计算，取 5 个试验数据的算术平均值，精确至 0.01MPa。

$$\sigma_\mathrm{m} = \frac{F_\mathrm{m}}{A} \tag{4.9.3-1}$$

式中　$\sigma_\mathrm{m}$——抗拉强度（MPa）；

　　　$F_\mathrm{m}$——最大破坏荷载（N）；

　　　$A$——试块的横断面面积（mm$^2$）。

5. 拉伸粘结强度

1）试件制备

（1）试件尺寸 100mm×100mm，数量各 6 个。

（2）将轻质防火保温浆料涂抹在水泥砂浆试块（厚度不宜小于 20mm）或 18kg/m$^3$ 的 EPS 板试块（厚度不宜小于 40mm）基材上，涂抹厚度 20mm。水泥砂浆试块粘结面须预先涂刷基层界面砂浆，EPS 板试块粘结面须预先涂刷 EPS 板界面砂浆，两种试块均应在标准养护条件下养护 24h 以上。

（3）试件制作好后立即用聚乙烯薄膜封闭，在标准养护条件下养护 7d，去除聚乙烯薄膜，在标准养护条件下继续养护 21d。

2）试验步骤

（1）在养护到规定龄期前 1d，用合适的高强胶粘剂将试件粘贴在两个刚性平板或金属板上，高强胶粘剂应与产品相容，固化后将试件按下列条件进行处理：

① 标准状态：无附加条件；

② 浸水处理：浸水 48h，到期试件从水中取出并擦拭表面水分，在试验环境下干燥 14d。

（2）将试件安装到适宜的拉力试验机上，进行拉伸粘结强度测定，拉伸速度为 $5\pm 1mm/min$。记录每个试件破坏时的拉力值，基材为 EPS 板时还应记录破坏状态。破坏面在刚性平板或金属板胶结面时，测试数据无效。

3）试验结果

拉伸粘结强度试验结果为 6 个试验数据中 4 个中间值的算术平均值，精确至 0.01MPa。

6. 燃烧性能等级

按《建筑材料及制品燃烧性能分级》GB 8624 规定的方法进行试验。

### 4.9.4　聚苯板界面砂浆

聚苯板界面砂浆是指用以改善聚苯板表面粘结性能的聚合物水泥砂浆，包括 EPS 板界面砂浆和 XPS 板界面砂浆。

拉伸粘结强度试验按《混凝土界面处理剂》JC/T 907—2002 中的规定进行测定，聚苯板界面砂浆涂覆厚度 1.0mm。为聚苯板的拉伸粘结强度制备试件时将 40mm×40mm×10mm 的砂浆块替换为 40mm×40mm×20mm 的 $18kg/m^3$ 的 EPS 板或 $28kg/m^3$ 的 40mm×40mm×20mm 的 XPS 板试块，粘胶后不应在试件上加荷载。

### 4.9.5　塑料卡钉

塑料卡钉是指由 ABS 工程塑料制成的用于增强聚苯板与现浇混凝土墙体连接的专用连接件。

1. 外观

目测观察。

2. 钉身长度、钉身宽度

用直尺测量，取 3 个测量值的算术平均值，精确至 1mm。

3. 钉身厚度

用游标卡尺测量，取 3 个测量值的算术平均值，精确至 0.1mm。

4. 抗拉承载力

将塑料卡钉的钉帽和钉身切成 70mm 长的小片，用钢质夹具夹住钉帽片或钉身片的两端，将其固定在拉力试验机上，开启拉力试验机，以 $5\pm 1mm/min$ 的恒定速度加荷，直至钉帽片或钉身片被破坏。记录每个试件破坏时的拉力值。共测 5 块试件，取 5 个测试值的算术平均值为抗拉承载力。

### 4.9.6　抗裂砂浆

抗裂砂浆是指由高分子聚合物、水泥、砂为主要材料配制而成的具有良好抗变形能力和粘结性能的聚合物砂浆。

1. 拉伸粘结强度

1）试件制备

（1）按使用说明书规定的比例和方法配制抗裂砂浆。

（2）将抗裂砂浆按规定的试件尺寸涂抹在水泥砂浆试块（厚度不宜小于 20mm）或轻

质防火保温浆料试块（厚度不宜小于 50mm）基材上，涂抹厚度为 3～5mm。试件尺寸为 100mm×100mm，试件数量各 6 个。

（3）试件制作好后立即用聚乙烯薄膜封闭，在标准养护条件下养护 7d，去除聚乙烯薄膜，在标准养护条件下继续养护 21d。

2）试验步骤

（1）在养护到规定龄期前 1d，用合适的高强胶粘剂将试件粘贴在两个刚性平板或金属板上，高强胶粘剂应与产品相容，固化后将试件按下列条件进行处理：①标准状态：无附加条件。②浸水处理：浸水 7d，到期试件从水中取出并擦拭表面水分，在标准试验条件下干燥 7d。③冻融循环处理：试件进行 30 次循环，每次循环 24h。试件在 23±2℃的水中浸泡 8h，饰面层朝下，浸入水中的深度为 3～10mm，接着在－20±2℃的条件下冷冻 16h 为 1 次循环。当试验过程需要中断时，试件应存放在－20±2℃条件下。冻融循环结束后，在标准养护条件下状态调节 7d。

（2）将试件安装到适宜的拉力试验机上，进行拉伸粘结强度测定，拉伸速度为 5±1mm/min。记录每个试件破坏时的拉力值。破坏面在刚性平板或金属板胶结面时，测试数据无效。

3）试验结果

拉伸粘结强度试验结果为 6 个试验数据中 4 个中间值的算术平均值，与水泥砂浆拉伸粘结强度精确至 0.1MPa，与轻质防火保温浆料拉伸粘结强度精确至 0.01MPa。

2. 可操作时间

1）试验步骤

抗裂砂浆配制后，按使用说明书提供的可操作时间放置后，按规定进行标准状态拉伸粘结强度测定。当使用说明书没有提供可操作时间时，应按 1.5h 进行测定。

2）试验结果

标准状态拉伸粘结强度符合标准的要求时，放置时间即为可操作时间。

3. 压折比

按《水泥胶砂强度检验方法（ISO 法）》GB/T 17671 的规定制作试件。制作好的试件应用聚乙烯薄膜封闭，在标准养护条件下养护 2d 后脱模，继续在标准养护条件下养护 5d 后去除聚乙烯薄膜，再在标准养护条件下养护 21d，然后按上述标准的规定测定抗压强度、抗折强度，并按下式计算压折比，精确至 0.1。

$$T=\frac{R_c}{R_f} \tag{4.9.6-1}$$

式中　$T$——压折比；
　　　$R_c$——抗压强度（MPa）；
　　　$R_f$——抗折强度（MPa）。

### 4.9.7　玻纤网

玻纤网是指表面经高分子材料涂覆处理的具有耐碱功能的玻璃纤维网格布。玻纤网Ⅰ型用于涂装饰面工程，Ⅱ型用于面砖饰面工程。

1. 经纬密度

按《增强材料　机织物试验方法　第 2 部分：经、纬密度的测定》GB/T 7689.2 规定的方法进行试验。

2. 单位面积质量

按《增强制品试验方法　第 3 部分：单位面积质量的测定》GB/T 9914.3 规定的方法进行试验。

3. 耐碱断裂强力和耐碱断裂强力保留率

1）试样制备

（1）从卷装上裁取 30 个宽度为 50±5mm、长度为 600±13mm 的试样条，其中 15 个试样条的长边平行于玻纤网的经向，另 15 个试样条的长边平行于玻纤网的纬向。

（2）分别在每个试样条的两端编号，然后将试样条沿横向从中间一分为二，一半用于测定未经水泥浆液浸泡的拉伸断裂强力，另一半用于测定水泥浆液浸泡后的拉伸断裂强力。

2）水泥浆液的配制

按质量取 1 份强度等级 42.5 的普通硅酸盐水泥与 10 份水搅拌 30min 后，静置过夜。取上层澄清液作为试验用水泥浆液。

3）试验步骤

试验应按下列步骤进行，当下列两种方法试验结果不同时，以方法一结果为准：

（1）方法一：在标准养护条件下，将试样平放在水泥浆液中，浸泡时间 28d。

方法二（快速法）：将试样平放在 80±2℃ 的水泥浆液中，浸泡时间 6h。

（2）取出试样，用清水浸泡 5min，再用流动的自来水漂洗 5min，然后在 60±5℃ 的烘箱中烘 1h，再在标准养护条件下存放 24h。

（3）按《增强材料　机织物试验方法　第 5 部分：玻璃纤维拉伸断裂强力和断裂伸长的测定》GB/T 7689.5 的规定测试同一试样条未经水泥浆液浸泡处理试样和经水泥浆液浸泡处理试样的拉伸断裂强力，经向试样和纬向试样均不应少于 5 组有效的测试数据。

4）耐碱断裂强力试验结果

按下式分别计算经向和纬向试样的耐碱断裂强力：

$$F_c = \frac{C_1 + C_2 + C_3 + C_4 + C_5}{5} \tag{4.9.7-1}$$

式中　$F_c$——经向或纬向试样的耐碱断裂强力（N）；

$C_1 \sim C_5$——分别为 5 个经水泥浆液浸泡的经向或纬向试样的拉伸断裂强力（N）。

5）耐碱断裂强力保留率试验结果

按下式分别计算经向和纬向试样的耐碱断裂强力保留率：

$$R_a = \frac{\dfrac{C_1}{U_1} + \dfrac{C_2}{U_2} + \dfrac{C_3}{U_3} + \dfrac{C_4}{U_4} + \dfrac{C_5}{U_5}}{5} \times 100\% \tag{4.9.7-2}$$

式中　$R_a$——拉伸断裂强力保留率（%）；

$C_1 \sim C_5$——分别为 5 个经水泥浆液浸泡的经向或纬向试样的拉伸断裂强力（N）；

$U_1 \sim U_5$——分别为 5 个未经水泥浆液浸泡的经向或纬向试样的拉伸断裂强力（N）。

4. 断裂伸长率

按《增强材料　机织物试验方法　第 5 部分：玻璃纤维拉伸断裂强力和断裂伸长的测定》GB/T 7689.5 规定的方法进行试验。

### 4.9.8　热镀锌电焊网

热镀锌电焊网是指低碳钢丝通过点焊加工成形后，浸入到熔融的锌液中，经热镀锌工艺处理后形成的方格网。

热镀锌电焊网性能按《镀锌电焊网》QB/T 3897 规定的方法进行试验。

# 4.10　无机轻集料砂浆保温系统技术

### 4.10.1　概述

无机轻集料砂浆保温系统是指有界面层、无机轻集料砂浆保温层、抗裂面层及饰面层组成的保温系统。

《无机轻集料砂浆保温系统技术标准》JGJ/T 253 试验方法，适用于新建、扩建、改建的民用建筑和工业建筑墙体保温工程中无机轻集料砂浆保温系统的设计、施工和质量验收。保温系统组成部分应具有物理、化学稳定性。组成材料应相容并应具有防腐性，且不得含有石棉。当可能受到生物侵害时，墙体保温工程应具有防生物侵害性能。

随着我国建筑节能技术的发展，无机轻集料砂浆保温系统在建筑保温工程上的应用迅速增长。该保温系统由界面层、保温层、抗裂面层和饰面层组成。保温层宜采用憎水型膨胀珍珠岩、膨胀玻化微珠、闭孔珍珠岩、陶砂等无机轻集料，替代传统的普通膨胀珍珠岩和聚苯颗粒作为骨料，弥补了用普通膨胀珍珠岩和聚苯颗粒作为轻集料的传统保温砂浆中诸多缺陷和不足。

1. 基本构造

1）涂料饰面无机轻集料砂浆外墙外保温系统

涂料饰面无机轻集料砂浆外墙外保温系统基本构造应由界面层、保温层、抗裂层和饰面层构成。

2）面砖饰面无机轻集料砂浆外墙外保温系统

面砖饰面无机轻集料砂浆外墙外保温系统基本构造应由界面层、保温层、抗裂层和饰面层构成。

3）无机轻集料砂浆内保温系统

无机轻集料砂浆内保温系统基本构造应由界面层、保温层、抗裂层和饰面层构成。

4）无机轻集料砂浆外墙防火隔离带

无机轻集料砂浆外墙防火隔离带基本构造应由界面层、保温层、抗裂层和饰面层构成。

2. 系统性能指标

系统的性能指标有抗冲击性、抗裂面层不透水性、吸水量、抗裂面层复合饰面层水蒸气湿流密度、耐冻融性能、热阻。

3. 系统组成材料检验项目及批量

系统组成材料检验项目及检验批量见表 4.10.1-1。抽样规定，在检验批中随机抽取，抽样数量应满足检验项目所需样品数量。

系统组成材料检验项目及检验批量　　　　　　　　　　　　　表 4.10.1-1

| 材料名称 | 检验项目 | 检验批量 |
|---|---|---|
| 无机轻集料保温砂浆 | 干密度、抗压强度、拉伸粘结强度、导热系数、线性收缩率、稠度保留率、软化系数、抗冻性能、放射性、燃烧性能 | 墙体节能工程中，同一厂家同一品种的产品，当单位工程保温墙体面积在 5000m² 以下时，各抽查不少于 1 次；当单位工程保温墙体面积不小于 5000m² 且小于 10000m² 时，各抽查不少于 2 次；当单位工程保温墙体面积不小于 10000m² 且小于 20000m² 时，各抽查不少于 3 次；当单位工程保温墙体面积在 20000m² 以上时，各抽查不应少于 6 次 |
| 界面砂浆 | 拉伸粘结强度（原强度、耐水强度、耐冻融强度）、可操作时间 | |
| 抗裂砂浆 | 可使用时间（可操作时间、在可操作时间内拉伸粘结强度）、拉伸粘结强度（原强度、耐水强度）、透水性、压折比 | |
| 耐碱玻纤网布 | 网孔中心距、单位面积质量、耐碱拉伸断裂强力（经向、纬向）、耐碱断裂强力保留率（经向、纬向）、断裂伸长率（经向、纬向） | |

## 4.10.2　材料进场复验项目

1. 检验项目

（1）界面砂浆：拉伸粘结原强度、拉伸粘结耐水强度。

（2）无机轻集料保温砂浆：干密度、抗压强度、导热系数、拉伸粘结强度。

（3）抗裂砂浆：拉伸粘结原强度、拉伸粘结耐水强度、透水性、压折比。

（4）耐碱玻纤网布：网孔中心距、耐碱拉伸断裂强力、耐碱强力保留率、断裂伸长率。

2. 检验方法

1）无机轻集料砂浆保温系统

按《无机轻集料砂浆保温系统技术标准》JGJ/T 253 的规定进行试样制备、按规定的试验方法进行检验。系统耐候性试验后，进行面砖饰面时，应按《建筑工程饰面砖粘结强度检验标准》JGJ/T 110 的规定进行饰面砖粘结强度试验。断缝应从饰面砖表面切割至抗裂面层外表面（不应露出耐碱玻纤网布），深度应一致。

2）界面砂浆、保温砂浆、抗裂砂浆和耐碱玻纤网布性能

按《无机轻集料砂浆保温系统技术标准》JGJ/T 253 规定的试验方法进行检验。

3. 见证取样送检

（1）同条件养护试件：无机轻集料保温砂浆应在施工中同条件养护试件，并应检测其导热系数、干密度和抗压强度。无机轻集料保温砂浆的同条件养护试样应见证取样送检。

（2）检查数量：每个检验批抽样制作同条件养护试块 1 组。

## 4.10.3　试件制备、养护和状态调节

为满足外墙外保温系统的基本规定，需要对保温系统的组成材料进行检验。

1. 试件制备

无机轻集料保温砂浆保温系统试样应按产品使用说明书中提供的保温系统各组成砂浆的水灰比、构造要求和施工方法进行制备。试样养护时间应为 28d。

2. 养护条件

试验标准养护环境温度应为 $23\pm2℃$，相对湿度应为 $60\%\pm15\%$。

### 4.10.4　系统性能试验方法

1. 系统耐候性能试验

系统抗冲击性能试验应符合《外墙外保温工程技术标准》JGJ 144 的相关规定。系统耐候性试验后，采用面砖饰面时饰面砖粘结强度应符合《建筑工程饰面砖粘结强度检验标准》JGJ/T 110 的相关规定。断缝应从饰面砖表面切割至抗裂面层外表面，不应露出耐碱玻纤网布，深度应一致。

2. 系统抗冲击性能试验

系统耐候性试验应符合《外墙外保温工程技术标准》JGJ 144 的相关规定，试样应与基层粘结紧密，保温层厚度应取 50mm；对 10J 级抗冲击构件，应涂刷一层聚丙烯酸类乳液。

3. 系统抗裂面层不透水性、吸水量、耐冻融性能试验

系统抗裂面层不透水性、吸水量、耐冻融性能试验应符合《外墙外保温工程技术标准》JGJ 144 的相关规定。

4. 系统水蒸气湿流密度试验

系统水蒸气湿流密度试验应按《建筑材料及其制品水蒸气透过性能试验方法》GB/T 17146 中水法的规定进行试验。试样的制备应符合下列规定：

（1）试样由保温砂浆层和抗裂面层组成，试样尺寸为 55mm×200mm×200mm，试样数量 2 个。

（2）试样中，50mm 厚的无机轻集料保温砂浆层养护 7d 后，表面涂覆 5mm 厚的抗裂砂浆层表面涂覆弹性底涂，养护至 28d。

（3）试验时，弹性底涂表面应朝向湿度小的一侧。

5. 系统热阻试验

系统热阻试验应符合《绝热　稳态传热性质的测定　标定和防护热箱法》GB/T 13475、《绝热材料稳态热阻及有关特性的测定　热流计法》GB/T 10295 和《居住建筑节能检测标准》JGJ/T 132 的相关规定。

### 4.10.5　保温砂浆性能试验方法

无机轻集料保温砂浆，是指以憎水型膨胀珍珠岩、膨胀玻化微珠、闭孔珍珠岩、陶砂等无机轻集料为保温材料，以水泥或其他水硬性无机胶凝材料为主要胶结料，并掺加高分子聚合物及其他功能性添加剂而制成的建筑保温干混砂浆。无机轻集料保温砂浆按干密度分为Ⅰ型、Ⅱ型和Ⅲ型。

1. 试样制备

（1）将无机轻集料保温砂浆提前放入标准养护环境 24h 以上，且应根据产品使用说明

书中的水料比混合搅拌制备拌合物。

（2）应采用卧式搅拌机，且搅拌机主轴转速宜为 $45\pm5r/min$。搅拌时，应先加入粉料，边搅拌边加水搅拌 2min，暂停搅拌 2min 后，应清理搅拌机内壁及搅拌叶片上的砂浆后继续搅拌 1min。

（3）应将制备的拌合物一次注满 70.7mm×70.7mm×70.7mm 钢质有底试模，应略高于其上表面，用捣棒均匀由外向内按螺旋方向轻轻插捣 25 次，插捣时不得破坏其保温骨料，采用油灰刀沿模壁插捣数次或用橡皮锤轻轻敲击试模四周至插捣棒留下的空洞消失，高出部分的拌合物沿试模顶面削去抹平。试样数量不得少于 24 块。导热系数试样尺寸应为 300mm×300mm×30mm，应在同一组料中制取 2 个试样。

（4）试样制作后，应用聚乙烯薄膜覆盖，养护 $48\pm8h$ 后脱模，继续用聚乙烯薄膜包裹养护至 14d 后，去掉聚乙烯薄膜养护至 28d。

（5）养护结束将试样取出后，应置于 $105\pm5℃$ 的干燥箱内烘干至恒定质量，并应移至干燥器中冷却至室温备用。恒定质量的判据应符合《无机硬质绝热制品试验方法》GB/T 5486 的相关规定。

2. 干密度试验

当检测干密度时，应按上述制备的试样中取出 6 块进行检测，检测应符合《无机硬质绝热制品试验方法》GB/T 5486 的相关规定，取 4 个中间值的算术平均值作为干密度。

3. 抗压强度试验

当检测抗压强度时，试样应为检验干密度后的 6 块试样，并应按《无机硬质绝热制品试验方法》GB/T 5486 的规定进行检测，取 4 个中间值的算术平均值作为抗压强度。

4. 拉伸粘结强度试验

拉伸粘结强度应按《模塑聚苯板薄抹灰外墙外保温系统材料》GB/T 29906 的规定进行试验。

5. 导热系数试验

导热系数试验应按《绝热材料稳态热阻及有关特性的测定　防护热板法》GB/T 10294 或《绝热材料稳态热阻及有关特性的测定　热流计法》GB/T 10295 的规定进行试验。测试平均温度为 $25\pm2℃$，温差为 15～20℃。防护热板法为仲裁方法。

6. 线性收缩率试验

按《建筑砂浆基本性能试验方法标准》JGJ/T 70 的规定进行试验，应取 56d 的收缩率值。

7. 稠度试验

按《建筑砂浆基本性能试验方法标准》JGJ/T 70 的规定进行试验，稠度保留率应按下式计算：

$$W = C_1/C_0 \times 100\% \tag{4.10.5-1}$$

式中　$W$——稠度保留率（%）；

　　　$C_1$——初始稠度（mm）；

　　　$C_0$——静止 1h 稠度（mm）。

8. 软化系数检测

进行软化系数检测时，应从制备的试样中取出 6 块浸入温度为 $20\pm5℃$ 的水中，水面高出试样高度应大于 20mm，试样间距应大于 5mm，48h 后从水中取出试样，用拧干的湿毛巾擦去表面附着水，按《无机硬质绝热制品试验方法》GB/T 5486 的规定进行检测。软化系数按下式进行计算：

$$\varphi = \sigma_1 / \sigma_0 \tag{4.10.5-2}$$

式中　$\varphi$——软化系数；

　　　$\sigma_1$——耐水后的抗压强度（MPa），以 6 块试样中 4 个中间值的平均值计算；

　　　$\sigma_0$——对比抗压强度（MPa），以标准规定测得的抗压强度为对比抗压强度。

9. 抗冻性能试验

（1）从制备的试样中取出 6 块作为冻融试样，应进行外观检查、记录原始状况，编号和称量（即冻融循环试验前试样质量）。

（2）冻融试样应进行 15 次冻融循环，每次应循环 8h。应将试样放入 $-20 \pm 2$℃的条件下冷冻 4h，并应立即浸入 $20 \pm 5$℃的水中 4h，水面应高出试样 20mm 以上，试样间距应大于 5mm，取出后应用拧干的湿毛巾擦去表面附着水后记为一次冻融循环。

（3）每 5 次循环，应进行一次外观检查，并应记录试样的破坏情况，当中断试验时，试样应在 $-20 \pm 2$℃的条件下存放。

（4）冻融试验结束后，应按标准规定烘干至恒定质量，并应按标准的规定进行抗压强度试验。

（5）保温砂浆抗冻性能结果计算评定

砂浆试样冻融后的抗压强度损失率应按下式计算：

$$\Delta f_m = [(f_{m1} - f_{m2}) / f_{m1}] \times 100\% \tag{4.10.5-3}$$

式中　$\Delta f_m$——15 次冻融循环后的砂浆强度损失率（%），精确到 1%；

　　　$f_{m1}$——对比抗压强度（MPa），以标准规定的方法测得的抗压强度为对比抗压强度；

　　　$f_{m2}$——15 次冻融循环后的试样抗压强度（MPa），以 6 块试样中 4 个中间值的平均值计算。

10. 放射性和燃烧性能试验

放射性试验应按《建筑材料放射性核素限量》GB 6566 的规定进行试验。燃烧性能应按《建筑材料及制品燃烧性能分级》GB 8624 的规定进行试验。

11. 体积吸水率检测

（1）当进行体积吸水率检测时，应从制备的试样中取出 6 块，称量烘干至恒重的试块质量。

（2）应将试块放入 $20 \pm 5$℃水中，并使试块全部浸没在水中。应从试块接触水分开始用秒表计时，并应在水中浸泡 30min 后把试块从水中拿出。应用拧干的湿毛巾轻轻擦去试块表面水分，称量试块质量。

（3）体积吸水率应按下式计算：

$$W_v = [(m_1 - m_0) / (7.07 \times 7.07 \times 7.07)] \times 100\% \tag{4.10.5-4}$$

式中　$W_v$——体积吸水率（%）

　　　$m_1$——烘干恒重的试块质量（g），以 6 个试样的算术平均值计算；

　　　$m_0$——吸收后的试块质量（g），以 6 个试样的算术平均值计算。

#### 4.10.6　界面砂浆性能试验方法

界面砂浆是指用于改善基层与保温层表面粘结性能的聚合物干混砂浆。

1. 拉伸粘结强度试验

界面砂浆拉伸粘结原强度、耐水拉伸粘结强度、耐冻融拉伸粘结强度试验按《建筑砂浆基本性能试验方法标准》JGJ/T 70 的方法进行，并应符合下列规定：

（1）拉伸粘结强度的试样尺寸宜为 50mm×50mm×3mm，数量应为 6 个。

（2）耐水拉伸粘结强度试验时，养护至 28d 的试样应放入 20±5℃的水中浸泡 48h，到期试样应从水中取出并应擦拭表面水分，并在标准养护条件下放置 2h。

（3）耐冻融拉伸粘结强度试验时，试样应在 20±5℃的水中浸泡 8h，浸入水中深度应为 2~10mm，在－20±2℃条件下冷冻 16h 应为一个循环，并应进行 30 个循环。当试验过程中断时，试样应存放在－20±2℃条件下。冻融循环结束后，应在标准试验条件下状态调节 7d。

2. 可操作时间测定

可操作时间测定时，界面砂浆配制好后，应按产品使用说明书中的可操作时间放置，没有规定时按 4h 放置，此时材料应具有良好的操作性。

#### 4.10.7　抗裂砂浆性能试验方法

抗裂砂浆是指由水泥或其他无机胶凝材料、高分子聚合物和填料等材料配制而成，能满足一定变形而具有一定的抗裂性能的干混砂浆。

1. 拉伸粘结强度

（1）抗裂砂浆配制好后，应按产品使用说明书的可操作时间放置。没有规定时按 4h 放置，此时材料应具有良好的操作性。

（2）抗裂砂浆拉伸粘结原强度、耐水拉伸粘结强度试验时应按《建筑砂浆基本性能试验方法标准》JGJ/T 70 的方法进行试验，并应符合下列规定：

① 拉伸粘结强度的试样尺寸应为 50mm×50mm×3mm，数量应为 6 个。

② 当进行耐水拉伸粘结强度试验时，养护至 28d 的试样应放入 20±5℃的水中浸泡 48h，到期试样从水中取出并擦拭表面水分，应在标准养护条件下放置 2h。

2. 透水性试验

应按本节"透水性试验方法"的规定进行试验。

3. 压折比的测定

（1）抗压强度、抗折强度应按《水泥胶砂强度检验方法（ISO 法）》GB/T 17671 的规定进行试验。抗裂砂浆成型后，应采用聚乙烯薄膜覆盖，养护 48±8h 后脱模，继续用聚乙烯薄膜包裹养护至 14d，去掉聚乙烯薄膜养护至 28d。

（2）压折比按下式计算：

$$T = \frac{R_c}{R_f} \tag{4.10.7-1}$$

式中　$T$——压折比；

　　　$R_c$——抗压强度（MPa）；

$R_f$——抗折强度（MPa）。

### 4.10.8　耐碱玻纤网布性能试验方法

耐碱玻纤网布是指经表面耐碱涂覆处理的网格状玻璃纤维织物，具有一定的耐碱性和硬挺度，作为增强材料埋入抗裂砂浆中，与抗裂砂浆共同形成抗裂面层，用以提高抗裂面层的抗裂性。

1. 测量网孔中心距值

采用直尺测量连续 10 个孔的平均值作为网孔中心距值。

2. 单位面积质量

按《增强制品试验方法　第 3 部分：单位面积质量的测定》GB/T 9914.3 的规定进行试验。

3. 断裂伸长率

按《增强材料　机织物试验方法　第 5 部分：玻璃纤维拉伸断裂强力和断裂伸长的测定》GB/T 7689.5 的规定进行试验。

4. 耐碱断裂强力和耐碱断裂强力保留率

按《玻璃纤维网布耐碱性试验方法　氢氧化钠溶液浸泡法》GB/T 20102 的规定进行试验。

### 4.10.9　透水性试验方法

1. 试样及成型

试样应由 30mm 厚预制无机轻集料保温砂浆和 5mm 厚抗裂砂浆组成，尺寸为 200mm×200mm。试样成型后，应采用聚乙烯薄膜覆盖养护至 14d 后，去掉聚乙烯薄膜养护至 28d。

2. 试验装置

试验装置应由带刻度的卡斯通管组成，容积应为 10mL，试管刻度为 0.1mL。

3. 试验步骤

应将试样置于水平状态，并将卡斯通管放于试样的中心位置。应采用密封材料密封试样和玻璃试管间的缝隙，向玻璃试管内注水至试管的 0 刻度，并在试验条件下放置 24h 后读取试管的刻度。

4. 试验结果

透水量取试验前后试管的刻度之差，应取 2 个试样的平均值，并精确至 0.1mL。

### 4.10.10　现场粘结强度检测方法

1. 检测仪器、辅助工具及材料

采用的粘结强度检测仪应符合《数显式粘结强度检测仪》JG/T 507 的规定；标准块的尺寸 100mm×100mm；游标卡尺的分度值应为 0.02mm。

2. 断缝规定

断缝应从无机保温系统表面切割至基层墙体表面，深度应一致。进行试样实际尺寸测量时，应离开边缘 20mm 处测量长度和宽度，长度和宽度的结果取 2 次测量值的算术平均值。实际长度和宽度宜与标准块相同。

3. 标准块粘结规定

（1）在粘结标准块前，无机保温系统表面不应有污渍并应干燥。当现场温度低于 5℃ 时，标准块宜预热后再进行粘贴。

（2）胶粘剂应按使用说明书提供的配比使用，应搅拌均匀、随用随配、涂布均匀，胶粘剂硬化前不得受水浸。

（3）标准块粘结时，胶粘剂不应粘结试样相邻区域。

（4）标准块应及时用胶带固定。

4. 安装和测试

粘结强度检测仪的安装和测试程序应符合《建筑工程饰面砖粘结强度检验标准》JGJ/T 110 的相关规定。

5. 计算

试样粘结强度应按下式计算：

$$R_i = \frac{X_i}{S_i} \times 10^3 \tag{4.10.10-1}$$

式中　$R_i$——第 $i$ 个试样粘结强度（MPa），精确到 0.1MPa；

　　　$X_i$——第 $i$ 个试样的粘结力（kN），精确到 0.01kN；

　　　$S_i$——第 $i$ 个试样断面面积（mm$^2$），精确到 1mm$^2$。

6. 结果判定

每组试样平均粘结强度应为 3 个试样粘结强度的算术平均值，并应精确到 0.1MPa。

7. 现场检验评定

当进行现场粘结强度检验评定，一组试样均符合下列两项指标要求时，其粘结强度应定为合格；当一组试样均不符合下列两项指标要求时，其粘结强度应判定为不合格；当一组试样符合两项指标的一项要求时，应在该组试样原取样区域内重新抽取两组试样检验，当检验结果仍有一项不符合指标规定时，该组无机保温系统粘结强度应判定为不合格。

（1）试样的平均粘结强度值不应小于设计要求，且不应小于 0.15MPa。

（2）每组可有一个试样的粘结强度小于 0.15MPa，但不应小于 0.10MPa。

# 第5章　建筑门窗工程检测技术

## 5.1　概　　述

门窗节能是建筑节能的关键，门窗既是能源得失的敏感部位，又关系到采光、通风、隔声、立面造型。这就对门窗的节能提出了更高的要求，其节能处理主要是改善材料的保温隔热性能和提高门窗的密闭性能。门窗是指建筑用窗和人行门的总称。门是围蔽墙体门窗洞口，可开启关闭，并可供人出入的建筑部件。通常包括窗是指围蔽墙体洞口，可起采光、通风或观察等作用的建筑部件的总称。通常包括窗框和一个或多个窗扇以及五金配件，有时还带有亮窗或换气装置。

1. 门窗节能工程

建筑外门窗节能工程包括金属门窗、塑料门窗、木门窗、各种复合门窗、特种门窗及天窗等。与围护结构节能密切相关的门窗主要是外围护结构上的门窗，包括普通门窗、凸窗、天窗、倾斜窗以及不封闭阳台的门连窗。门窗的节能很大程度上取决于门窗所用玻璃的形式（如单玻、双玻、三玻等）、种类（普通平板玻璃、浮法玻璃、吸热玻璃、镀膜玻璃、贴膜玻璃）及加工工艺（如单道密封、双道密封等）。中空玻璃一般均采用双道密封，为保证中空玻璃内部空气不受潮，需要再加一道丁基胶密封。

门窗的材质主要指制造门窗框、扇框架型材的材质，如钢型材、铝型材、铝塑共挤型材、玻璃钢型材、铝木复合型材等。门窗的类型指分类，分类主要是开启方式分类，如平开窗、推拉窗、平开下悬、上悬窗等。门窗的型号指门窗的产品型号，主要指按照门窗框的厚度系列来分的，如90系列、60系列等。

1）隔热型材

当门窗采用隔热型材时，应提供隔热型材所使用的隔断热桥材料的物理力学性能检测报告。隔热型材的物理力学性能主要包括不同温度条件下的抗剪强度和横向抗拉强度等。当不能提供隔热材料的物理力学性能检测报告时，应按照产品标准对隔热型材至少进行一次横向抗拉强度和抗剪强度抽样检验。

2）检验批划分

同一厂家的同材质、类型和型号的门窗每200樘划分为一个检验批；同一厂家的同材质、类型和型号的特种门每50樘划分为一个检验批；异形或有特殊要求的门窗检验批的划分也可根据其特点和数量，由施工单位与监理单位协商确定。

3）材料及构件

（1）检验项目

门窗（包括天窗）节能工程使用的材料、构件进场时，应按工程所处的气候区核查质量证明文件、节能性能标识证书、门窗节能性能计算书、复验报告，并对下列性能进行复验，复验应为见证取样检验：

①严寒、寒冷地区：门窗的传热系数、气密性能；

②夏热冬冷地区，门窗的传热系数、气密性能、玻璃的遮阳系数、可见光透射比；

③夏热冬暖地区：门窗的气密性能，玻璃的遮阳系数、可见光透射比；

④严寒、寒冷、夏热冬冷和夏热冬暖地区：透光、部分透光遮阳材料的太阳光透射比、太阳光反射比、中空玻璃的密封性能。

（2）检验方法

具有国家建筑门窗节能性能标识的门窗产品，验收时应对照标识证书和计算报告，核对相关的材料、附件、节点构造，复验玻璃的节能性能指标（即可见光透射比、太阳得热系数、传热系数、中空玻璃的密封性能），可不再进行产品的传热系数和气密性能复验。应核查标识证书与门窗的一致性，核查标识的传热系数和气密性能等指标，并按门窗节能性能标识模拟计算报告核对门窗节点构造。中空玻璃密封性能，按照《建筑节能工程施工质量验收标准》GB 50411 中"中空玻璃密封性能检验方法"进行检验。

（3）检查数量

质量证明文件、复验报告和计算报告等全数核查；按同厂家、同材质、同开启方式、同型材系列的产品各抽查一次；对于有节能性能标识的门窗产品，复验时可仅核查标识证书和玻璃检测报告。同工程项目、同施工单位且同期施工的多个单位工程，可合并计算抽检数量。

门窗产品的复验项目尽可能在一组试件完成，以减少抽样产品的样品成本。门窗抽样后可以先检测中空玻璃密封性能，3 樘门窗一般都会有 9 块玻璃，如果不足 10 块，可以多抽 1 樘。然后检测气密性（3 樘），再检测传热系数（1 樘）。最后，如果需要检测玻璃遮阳系数和玻璃传热系数，则可在门窗上进行玻璃取样检测。

2. 分类

外窗是指分隔建筑物室内外空间的窗。平开窗是指合页（铰链）装于窗侧边，平开窗扇向内或向外旋转开启的窗。上下推拉窗、提拉窗是指窗扇在窗框平面内沿垂直方向移动开启和关闭的窗。推拉窗是指窗扇在窗框平面内沿水平方向移动开启和关闭的窗。外开上悬窗是指合页（铰链）装于窗上侧，向室外方向开启的上悬窗。内开下悬窗是指合页（铰链）装于窗下侧，向室内方向开启的窗。固定玻璃窗是指窗框洞口能直接镶嵌玻璃的不能开启的窗。外窗性能按安全性、节能性、适用性和耐久性分为四类。

（1）安全性：抗风压性能、耐撞击性能、抗风携碎物冲击性能、抗爆炸冲击波性能、耐火完整性。

（2）节能性：气密性能、保温性能、遮阳性能。

（3）适用性：启闭力、水密性能、空气声隔声性能、采光性能、防沙尘性能、耐垂直荷载性能、抗静扭曲性能、抗扭曲变形性能、抗对角线变形性能、抗大力关闭性能、开启限位、撑挡试验。

（4）耐久性：反复启闭性能、热循环性能。

3. 性能分级

1）气密性能分级

门窗气密性能以单位缝长空气渗透量 $q_1$ 或单位面积空气渗透量 $q_2$ 作为分级指标，分级应符合表 5.1-1 的规定。

门窗气密性能分级　　　　　　　　　　　表 5.1-1

| 分级 | 1 | 2 | 3 | 4 | 5 | 6 | 7 | 8 |
|---|---|---|---|---|---|---|---|---|
| 单位缝长分级指标值 $q_1[\mathrm{m^3/(m \cdot h)}]$ | $4.0 \geqslant q_1 > 3.5$ | $3.5 \geqslant q_1 > 3.0$ | $3.0 \geqslant q_1 > 2.5$ | $2.5 \geqslant q_1 > 2.0$ | $2.0 \geqslant q_1 > 1.5$ | $1.5 \geqslant q_1 > 1.0$ | $1.0 \geqslant q_1 > 0.5$ | $q_1 \leqslant 0.5$ |
| 单位面积分级指标值 $q_2[\mathrm{m^3/(m^2 \cdot h)}]$ | $12 \geqslant q_2 > 10.5$ | $10.5 \geqslant q_2 > 9.0$ | $9.0 \geqslant q_2 > 7.5$ | $7.5 \geqslant q_2 > 6.0$ | $6.0 \geqslant q_2 > 4.5$ | $4.5 \geqslant q_2 > 3.0$ | $3.0 \geqslant q_2 > 1.5$ | $q_2 \leqslant 1.5$ |

2）水密性能分级

门窗的水密性能以严重渗漏压力差值的前一级压力差值 $\Delta p$ 作为分级指标，分级应符合表 5.1-2 的规定。

门窗水密性能分级　　　　　　　　　　　表 5.1-2

| 分级 | 1 | 2 | 3 | 4 | 5 | 6 |
|---|---|---|---|---|---|---|
| 分级指标 $\Delta P$ | $100 \leqslant \Delta P < 150$ | $150 \leqslant \Delta P < 250$ | $250 \leqslant \Delta P < 350$ | $350 \leqslant \Delta P < 500$ | $500 \leqslant \Delta P < 700$ | $\Delta P \geqslant 700$ |

注：第 6 级应在分级后同时注明具体检测压力差值。

3）抗风压性能分级

门窗的抗风压性能以定级检测压力 $P_3$ 为分级指标，分级应符合表 5.1-3 的规定。

门窗抗风压性能分级　　　　　　　　　　　表 5.1-3

| 分级 | 1 | 2 | 3 | 4 | 5 | 6 | 7 | 8 | 9 |
|---|---|---|---|---|---|---|---|---|---|
| 分级指标值 $P_3$ | $1.0 \leqslant P_3 < 1.5$ | $1.5 \leqslant P_3 < 2.0$ | $2.0 \leqslant P_3 < 2.5$ | $2.5 \leqslant P_3 < 3.0$ | $3.0 \leqslant P_3 < 3.5$ | $3.5 \leqslant P_3 < 4.0$ | $4.0 \leqslant P_3 < 4.5$ | $4.5 \leqslant P_3 < 5.0$ | $P_3 \geqslant 5.0$ |

注：第 9 级应在分级后同时注明具体检测压力差值。

4）保温性能分级

门窗保温性能以传热系数为分级指标，分级应符合表 5.1-4 的规定。

门窗保温性能分级　　　　　　　　　　　表 5.1-4

| 分级 | 1 | 2 | 3 | 4 | 5 | 6 | 7 | 8 | 9 | 10 |
|---|---|---|---|---|---|---|---|---|---|---|
| 分级指标值 $K$ | $K \geqslant 5.0$ | $5.0 > K \geqslant 4.0$ | $4.0 > K \geqslant 3.5$ | $3.5 > K \geqslant 3.0$ | $3.0 > K \geqslant 2.5$ | $2.5 > K \geqslant 2.0$ | $2.0 > K \geqslant 1.6$ | $1.6 > K \geqslant 1.3$ | $1.3 > K \geqslant 1.1$ | $K < 1.1$ |

注：第 10 级应在分级后同时注明具体分级指标值。

4．试件选取及数量

按产品类别进行选取，宜符合下列规定：①固定、单扇平开、上悬门窗、下悬门窗、平开下悬门窗：平开下悬门窗。②双扇或多扇平开门窗：最多门窗扇的内平开门窗。③水平单/双扇推拉/斜推拉门窗：水平双扇推拉/斜推拉门窗。④垂直单/双扇推拉门窗：垂直双扇推拉门窗。⑤折叠推拉门窗：最多门窗扇的折叠推拉门窗。⑥上悬/侧悬立转门窗：上悬/侧悬双向可动门窗扇的门窗。

根据性能类别的规定，抗风压性能试验为 3 樘、气密性能试验为 3 樘、保温性能试验为 1 樘和水密性能试验为 3 樘。

5. 相关要求

（1）建筑用塑料窗

塑料窗是指基材为未增塑聚氯乙烯（PVC-U）型材并内衬增强型钢的窗。《建筑用塑料窗》GB/T 28887 规定，窗试件侧放及试验环境为除特殊规定外，试验在常温条件下进行。试验前，窗试件应在 18～28℃的条件下存放 16h 以上。

（2）钢塑共挤门窗

钢塑共挤门窗是指由钢塑共挤微发泡型材按规定要求制作的门窗。《钢塑共挤门窗》JG/T 207 规定，窗试件侧放及试验环境为试验前门窗试样应在 18～28℃的条件下存放 16h 以上，并在该条件下进行检测。

（3）铝塑复合门窗

铝塑复合门窗是指采用铝塑复合型材制作框、扇杆件结构的门、窗的总称。《建筑用节能门窗　第 2 部分：铝塑复合门窗》GB/T 29734.2 规定，窗试件侧放及试验环境为试验前门窗试样应在 23±5℃的条件下存放 16h 以上，并在该条件下进行检测。

## 5.2　门窗工程检测

1. 检测分类

（1）建筑门窗工程质量检测应包括门窗产品、洞口工程、门窗安装工程和门窗工程性能等 4 个检测项目。

（2）门窗产品的检验应包括自检和进场检验。门窗产品是在具有门窗型号规定的尺寸特征及其所需配件的制品。自检是指生产单位对产品、制品质量或施工单位对建筑门窗工程施工质量的检查和检验。

（3）洞口工程质量、门窗安装质量和门窗工程性能现场检测应包括自检、合格性检验和第三方检测。

（4）既有建筑门窗性能的检测宜采取第三方检测。

2. 检测方式与数量

（1）门窗产品、洞口工程、门窗安装工程的自检应采取全数检测的方式。

（2）门窗产品的生产单位应向门窗产品的购置单位提供产品的生产许可证、合格证书和型式检验报告，并宜提供建筑门窗节能性能标识证书。

（3）门窗产品的进场检验和洞口工程质量、门窗安装工程质量的合格性检验宜采取全数检验的方式，也可按《建筑装饰装修工程质量验收标准》GB 50210 规定采取计数抽样检验方式。合格性检验是在由建设单位或其委托的监理单位组织相关设计、施工单位进行的，为建筑门窗工程验收实施的检验。

3. 检测方法与检测仪器

（1）外观检查可采取在良好的自然光或散射光照条件下，距被检对象表面约 600mm

处进行观察。

（2）合格性检验中的见证取样检测，应按国家现行有关标准规定的方法进行。

（3）门窗规格和尺寸等的检测应采用下列量测工具：①分度值为 1mm 的钢卷尺；②分度值为 0.5mm 的钢直尺；③分辨率为 0.02mm 的游标卡尺；④分辨率为 $1\mu m$ 的膜厚检测仪；⑤分度值为 0.5mm 的塞尺；⑥分度值为 0.1mm 的读数显微镜。

### 5.2.1　进场检验

门窗产品进场时，建设单位或其委托的监理单位应对门窗产品生产单位提供的产品合格证书、检验报告和型式检验报告等进行核查。对于提供建筑门窗节能性能标识证书的，应对其进行核查。门窗产品的进场检验应包括门窗与型材、玻璃、密封材料、五金件及其他配件、门窗产品物理性能和有害物质含量等。

1. 型材的外观检查

（1）金属门窗及型材

表面清洁度、平整度、光滑度、色泽一致性、锈蚀状况等；漆膜和保护层完整状况、大面划痕、碰伤状况；品种和类型。

（2）塑料门窗及型材

表面清洁度、平整度、光滑状况；大面划痕、碰伤状况；品种和类型。

（3）隔热铝合金型材

隔热铝合金型材的抗剪强度和横向抗拉强度应采取见证取样检测，检测样品可在做完物理性能检验的门窗上截取，且检测应符合现行国家标准《铝合金建筑型材　第 6 部分：隔热型材》GB/T 5237.6 的规定。

（4）含人造木板的门窗产品

甲醛是世界卫生组织确定的致癌物，人造木板中有可能含有超标的甲醛，有必要对含人造木板的木门窗甲醛释放量进行检测。含人造木板的木门窗产品的甲醛释放量应采取见证取样检测，并应符合《室内装饰装修材料木家具中有害物质限量》GB 18584 相应的规定。

2. 玻璃

1）检验项目

建筑门窗玻璃产品的进场检验包括品种及类型、基本尺寸、外观质量和边缘处理情况、钢化状况。

2）品种及类型检验

可按国家现行有关产品标准和设计的要求进行检查，也可进行见证取样检测。

3）厚度量测

（1）未安装的玻璃，可用游标卡尺量测玻璃每边中点的厚度，取平均值作为厚度的检验值。

（2）已安装的门窗玻璃，可用分辨率为 0.1mm 的玻璃测厚仪在玻璃每边的中点附近进行测定，取平均值作为厚度的检验值。

（3）中空玻璃安装或组装前，可用钢直尺或游标卡尺在玻璃的每边各取两点，测定玻璃及空气隔层的厚度和胶层厚度。

4）玻璃外观质量检查

（1）钢化玻璃：观察检查爆边、裂纹、缺角、划伤。划伤长度可用钢卷尺量测，划伤宽度可用读数显微镜量测。

（2）镀膜玻璃：观察检查斑纹、针眼、斑点、划伤。针眼和斑点直径可用读数显微镜量测，针眼和斑点的位置可用钢卷尺量测，划伤长度可用钢卷尺量测，划伤宽度可用读数显微镜量测。

（3）夹层玻璃：观察检查裂纹、爆边、脱胶和划伤、磨伤，胶合层应观察检查气泡或杂质。爆边长度或宽度可用游标卡尺量测，胶合层气泡或杂质长度可用游标卡尺量测，气泡或杂质的位置可用钢卷尺检测。

（4）中空玻璃：观察检查胶粘剂飞溅、缺胶和内表面污迹。

3. 密封材料

（1）未使用的密封材料产品，应对照设计要求和检验报告检查其品种、规格，也可进行见证取样检测其性能指标。

（2）已用于门窗产品的密封材料，应检查其品种、类型、外观、宽度和厚度等。密封胶应观察检查表面光滑、饱满、平整、密实、缝隙、裂缝状况等。

（3）密封胶与各种接触材料的相容性应进行见证取样检测。

4. 物理性能

1）检测数量

建筑门窗产品的物理性能应采取见证取样检测，应在经过进场检验的门窗产品中随机抽取至少一组检测样品。

2）检测项目

建筑门窗产品的物理性能检验应包括气密性能、水密性能、抗风压性能、保温性能、采光性能、空气声隔声性能、可见光透射比、遮阳系数等。

3）检测方法

（1）建筑外门窗产品的气密性能、水密性能、抗风压性能的检验应符合《建筑外门窗气密、水密、抗风压性能检测方法》GB/T 7106 的规定。

（2）建筑外门窗产品的保温性能的检验应符合《建筑外门窗保温性能检测方法》GB/T 8484 的规定。

（3）建筑门窗产品的空气声隔声性能的检验应符合《建筑门窗空气声隔声性能分级及检测方法》GB/T 8485 的规定。

（4）建筑外窗产品的采光性能检验应符合《建筑外窗采光性能分级及检测方法》GB/T 11976 的规定。

（5）建筑外窗中空玻璃露点的检验应符合《中空玻璃》GB/T 11944 的规定。

（6）外窗可见光透射比的检验应符合《建筑玻璃可见光透射比、太阳光直接透射比、太阳能总透射比、紫外线透射比及有关窗玻璃参数的测定》GB/T 2680 的规定。

（7）外窗遮阳系数的检验应按《建筑玻璃可见光透射比、太阳光直接透射比、太阳能总透射比、紫外线透射比及有关窗玻璃参数的测定》GB/T 2680 的规定测定门窗单片玻璃太阳光光谱透射比、反射比等参数，并应按《建筑门窗玻璃幕墙热工计算规程》JGJ/T 151 的规定计算夏季标准条件下外窗遮阳系数。

### 5.2.2　现场检测

门窗工程性能的现场检测宜包括外门窗气密性能、水密性能、抗风压性能和隔声性能。门窗工程性能的现场检测工作宜由第三方检测机构承担。除有特殊的检测要求外，门窗工程性能现场检测的样品应在安装质量检验合格的批次中随机抽取。

1. 外门窗气密性能、水密性能、抗风压性能检测

1）检测方法

采用静压箱检测外门窗气密性能、水密性能、抗风压性能时，应符合《建筑外窗气密、水密、抗风压性能现场检测方法》JG/T 211 的相关规定。

2）检测结果

外门窗气密性能、水密性能、抗风压性能现场检测结果应以设计要求为基准，按《建筑幕墙、门窗通用技术条件》GB/T 31433 的相应指标评定。

3）特殊情况

（1）外门窗高度或宽度大于 1500mm 时，其水密性能宜用现场淋水的方法检测。外门窗水密性能现场淋水检测应符合《建筑门窗工程检测技术规程》JGJ/T 205—2010 的规定。

（2）外门窗高度或宽度大于 1500mm 时，其抗风压性能宜用静载方法检测。外门窗抗风压性能的静载检测应符合《建筑门窗工程检测技术规程》JGJ/T 205—2010 的规定。

2. 门窗其他性能检测

（1）门窗现场撞击性能检测

门窗现场撞击性能检测应符合《建筑门窗工程检测技术规程》JGJ/T 205—2010 的规定。

（2）外窗空气隔声性能的检测

外窗空气隔声性能的检测应符合《声学　建筑和建筑构件隔声测量　第 5 部分：外墙构件和外墙空气声隔声的现场测量》GB/T 19889.5 的有关规定。

# 5.3　气密、水密、抗风压性能检测方法

### 5.3.1　概述

《建筑外门窗气密、水密、抗风压性能检测方法》GB/T 7106，适用于建筑外门窗的气密、水密、抗风压性能的试验室检测。检测对象只限于门窗或包含附框的门窗，不涉及门窗与建筑墙体等其他结构之间的接缝部位。

1. 方法概述

采用模拟静压箱法，对安装在压力箱上的试件进行气密性能、水密性能和抗风压性能检测。气密性能检测即在稳定压力差状态下通过空气收集箱收集并测量试件的空气渗透量；水密性能检测即在稳定压力差或波动压力差作用下，同时向试件室外侧淋水，测定试件不发生渗漏的能力；抗风压性能检测即在风荷载标准值作用下测定试件不超过允许变形的能力，以及在风荷载设计值作用下试件抗损坏和功能障碍的能力。

模拟静压箱法是指利用供风系统，向压力箱内持续充气或抽气，使外门窗室内外两侧维持指定的稳定压力差或按照一定周期波动压力差的方法。

2. 检测装置

检测装置由压力箱、空气收集箱、试件、安装框架、供压装置、淋水装置及测量装置组成。供压装置包括供风设备、压力控制装置；测量装置包括空气流量测量装置、差压测量装置及位移测量装置。

3. 校验方法

1) 空气流量测量装置校验方法

空气流量测量装置的检验周期，不应大于 6 个月。

(1) 方法概述

采用固定规格的标准试件安装在压力箱开口部位，利用空气流量测量装置测量不同开孔数量的空气流量，并对测量结果进行分析。

(2) 标准试件

标准试件采用厚度为 $3.0 \pm 0.3mm$，规格为 $500mm \times 500mm$ 的不锈钢板加工，见图 5.3.1-1。透气孔与标准试件边部、透气孔之间的间距为 $100 \pm 1mm$。表面加工应平整，不能有划痕毛刺等。透气孔直径为 $20 \pm 0.02mm$，均布排列，透气孔应清洁。

(3) 安装框技术要求

安装框应采用不透气的材料，本身具有足够刚度。安装框四周与压力箱相交部分应平整，以保证接缝的高度气密性。安装框上标准试件的镶嵌口应平整，标准试件采用机械连接后用密封胶密封。

(4) 校验条件

校验应在试验室内进行，试验室环境温度应为 $20 \pm 5℃$，检测前仪器通电预热时间不应少于 1h。差压测量装置、空气流量测量装置计应在正常检定/校准周期内。

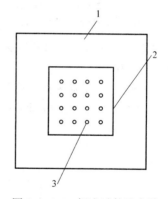

图 5.3.1-1　标准试件及安装
1—安装框；2—标准试件；3—透气孔

(5) 校验方法

① 将全部开孔用胶带密封，按"气密性能检测中定级检测时"的检测加压顺序加压，记录相应压力差下的空气流量，以此作为附加空气渗透量。

② 依次打开密封胶带，按照打开孔数为 1、2、4、8、16 的顺序，分别按上述检测加压顺序加压，记录相应压力差下的空气流量，以此作为总空气渗透量。

③ 重复上述①、②步骤 2 次，得到 3 次校验结果。

(6) 结果处理

① 按规定计算各开孔下的空气渗透量，按公式换算为各开孔下的标准空气渗透量。三次测值取算术平均值。正、负压分别计算。

② 以检测装置第一次的校准记录为初始值。分别计算不同开孔数量时的空气流量差值。当误差超过 $\pm 5\%$ 时应进行修正。

(7) 不同开孔数量标准状态下空气渗透值参考值

不同开孔数量标准状态下空气渗透值参考值，见表 5.3.1-1。

不同开孔数量标准状态下空气渗透值参考值　　　表 5.3.1-1

| 开孔数量 | 1 | 2 | 4 | 8 | 16 |
|---|---|---|---|---|---|
| 标准状态下空气渗透量(100Pa)<br>(m³/h) | 10.16 | 20.23 | 40.18 | 80.63 | 160.43 |

2）淋水装置校验方法

淋水装置的校准周期，不应大于 6 个月。

（1）方法概述

采用固定规格的集水箱安装在压力箱开口不同部位，收集淋水装置的喷水量，校验不同区域的淋水量及均匀性。

（2）集水箱

如图 5.3.1-2 所示。集水箱应只接收喷到样品表面的水而将试件上部流下的水排除。集水箱应为边长为 610mm 的正方形，内部分成四个边长为 305mm 的正方形。每个区域设置导向排水管，将收集到的水排入可以测量体积的容器。

（3）校验方法

① 集水箱的开口面放置于试件外样品表面处位置±50mm 范围内，平行于喷淋系统。用一个边长大约为 760mm 的方形盖子在集水箱开口部位，开启喷淋系统，按照压力箱全部开口范围设定总流量达到 2L/(min·m²)，流入每个区域（四个分区）的水分开收集。四个喷淋区域总淋水量最少为 0.74L/min，对任意一个分区，淋水量应在 0.15～0.37L/min 范围内。

② 喷淋系统应在压力箱开口部位的高度及宽度的每四等分的交点上都进行校验。

③ 不符合要求时应对喷淋装置进行调整后再次进行校验。

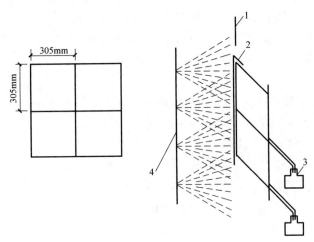

图 5.3.1-2　校准喷淋系统的集水箱

1—样品表面平面；2—控制集水箱集水时间的盖子；3—集水并称重的容器；4—淋水装置

4. 检测准备

1）试件要求

试件应为按所提供图样生产的合格产品或研制的试件，不应附有任何多余的零配件或采用特殊的组装工艺或改善措施；有附框的试件，外门窗与附框的连接与密封方式应符合设计或工程实际要求。试件应按照设计要求组合、装配完好，并保持清洁、干燥。

2）试件数量

相同类型、结构及规格尺寸的试件，应至少检测三樘，且以三樘为一组进行评定。

3）试件安装要求

试件在安装前，应在环境温度不低于 5℃ 的室内放置不小于 4h。试件应安装在安装框架上，应采取措施避免试件边框变形或开启扇无法开启。试件与安装框架之间的连接应牢固并密封。安装好的试件应垂直，下框应水平，下部安装框不应高于试件室外侧排水孔。试件安装完毕后，应清洁试件表面。

5. 开启缝长和试件面积测量

单扇开启的门窗开启缝长为扇与框的搭接长度。无中梃的双扇平开门窗、双扇推拉门窗，两活动扇搭接部分的缝长按一段计算。无附框的试件面积应按其外框外侧包含的面积计算；门窗安装附框时，试件面积应按附框外侧包含的面积计算。

6. 检测顺序

1）定级检测顺序

定级检测顺序应按照气密、水密、抗风压变形 $P_1$、抗风压反复加压 $P_2$、产品设计风荷载标准值 $P_3$、产品设计风荷载标准值 $P_{\max}$ 顺序进行。

定级检测有要求时，可在产品设计风荷载标准值 $P_3$ 后，增加重复气密性能、重复水密性能检测。

2）工程检测顺序

工程检测应按照气密、水密、抗风压变形（40％风荷载标准值）$P'_1$、抗风压反复加压（60％风荷载标准值）$P'_2$、风荷载标准值 $P'_3$、风荷载标准值 $P'_{\max}$ 的顺序进行。

工程有要求时，可在风荷载标准值 $P'_3$ 后，增加重复气密性能、重复水密性能检测。

7. 检测环境

检测应在室内进行，且应在环境温度不低于 5℃ 的试验条件下进行。当进行抗风压性能检测或较高风压的水密性能检测时应采取适当的安全措施。

## 5.3.2　气密性能检测

气密性能是指外门窗可开启部分在正常关闭锁闭状态时，阻止空气渗透的能力。通风换气是建筑门窗的主要功能之一，窗本身具有开启扇，打开时室内外空气对流。但在关闭时其开启缝隙不是绝对紧闭的，另外，型材的接缝缝隙、玻璃镶嵌缝隙都会产生渗漏。在寒冷地区，冬季室内外温差较大。当室外大风时形成压力差，冷空气通过缝隙进入室内，会使室温剧烈波动，影响室内环境卫生并消耗大量热能；在炎热地区，夏季多采用空调制冷，空气流动产生的热风通过缝隙进入室内，导致制冷能耗增加。

1. 检测步骤

（1）定级检测时，检测加压顺序见图 5.3.2-1。

（2）工程检测时，检测压力应根据工程设计要求的压力进行加压，检测加压顺序见图 5.3.2-2；当工程对检测压力无设计要求时，可按上述（1）进行；当工程检测压力值小于 50Pa 时，应采用上述（1）的加压顺序进行检测，并回归计算出工程设计压力对应的空

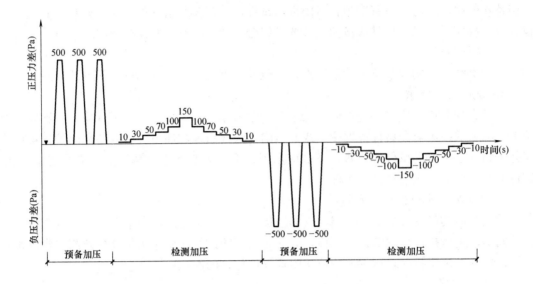

注：图中符号▼表示将试件的可开启部分启闭不少于5次。

图 5.3.2-1　定级检测气密性能加压顺序示意图

气渗透量。

综合考虑工程所在地的气候条件、建筑物特点、室内空气调节系统等因素确定工程设计要求的压力。

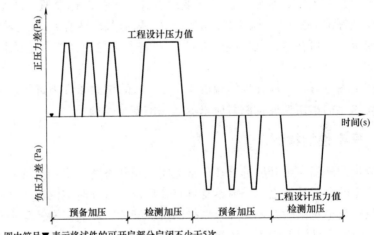

注：图中符号▼表示将试件的可开启部分启闭不少于5次。

图 5.3.2-2　工程检测气密性能加压顺序示意图

2. 预备加压

在正压预备加压前，将试件上所有可开启部分启闭 5 次，最后关紧。在正、负压检测前分别施加三个压力脉冲。可开启部分是指门或窗中的活动扇的总称。

（1）定级检测时压力差绝对值为 500Pa，加载速度约为 100Pa/s，压力稳定作用时间为 3s，泄压时间不少于 1s。压力差是指外门窗室内、外表面所受到的空气绝对压力差值。

当室外所受的压力高于室内表面所受的压力时,压力差为正值;反之为负值。

(2) 工程检测时压力差绝对值取风荷载标准值的 10% 和 500Pa 二者的较大值,加载速度约为 100Pa/s,压力稳定作用时间为 3s,泄压时间不少于 1s。

3. 渗透量检测

(1) 附加空气渗透量检测

检测前应在压力箱一侧,采取密封措施充分密封试件上的可开启部分缝隙和镶嵌缝隙,然后将空气收集箱扣好并可靠密封。按照规定的检测加压顺序进行加压,每级压力作用时间约为 10s,先逐级正压,后逐级负压。记录各级压力下的附加空气渗透量。附加空气渗透量不宜高于总空气渗透量的 20%。

空气渗透量是指单位时间通过测试体的空气量。附加空气渗透量是指在空气收集箱测量区域内,除外门窗自身空气渗透量以外空气渗透量。

(2) 总空气渗透量检测

去除试件上采取的密封措施后进行检测,检测程序同上述 (1)。记录各级压力下的总空气渗透量。总空气渗透量是指通过外门窗自身的空气渗透量及附加空气渗透量的总和。

4. 检测数据处理

1) 定级检测数据处理

(1) 计算

① 分别计算空气渗透量测定值

分别计算出升压和降压过程中各压力差下的两个附加空气渗透量测定值的平均值 $\bar{q}_f$ 和两个总空气渗透量测定值的平均值 $\bar{q}_z$,则试件本身在各压力差下的空气渗透量可按下式计算:

$$q_t = \bar{q}_z - \bar{q}_f \tag{5.3.2-1}$$

式中　　$q_t$——试件空气渗透量（$m^3/h$）;

$\bar{q}_z$——两个总空气渗透量测定值的平均值（$m^3/h$）;

$\bar{q}_f$——两个附加空气渗透量测定值的平均值（$m^3/h$）。

② 换算标准状态下的各压力差渗透量

标准状态是指空气温度为 293K（20℃）,压力为 101.3kPa（760mm 汞柱）、空气密度为 1.202kg/$m^3$ 的试验条件。

按下式将 $q_t$ 换算成标准状态下的各压力差渗透量 $q_{\Delta p}$ 值:

$$q_{\Delta P} = \frac{293}{101.3} \times \frac{q_t \cdot P}{T} \tag{5.3.2-2}$$

式中　　$q_{\Delta P}$——标准状态下的各压力差渗透量（$m^3/h$）;

$P$——试验室气压值（kPa）;

$T$——试验室空气温度值（K）。

③ 按回归方程计算拟合系数和缝隙渗透系数

按下式所提供的回归方程计算出 $k$、$c$,并按式 (5.3.3-4) 计算出在 10Pa 压力差下的空气渗透量 $q'$。

$$q_{\Delta P} = k(\Delta P)^c \qquad (5.3.2-3)$$

$$q' = k \cdot 10^c \qquad (5.3.2-4)$$

式中　$k$——拟合系数；

　　　$c$——缝隙渗透系数；

　　$\Delta P$——压力差（Pa）；

　　　$q'$——10Pa 压力差下空气渗透量 $[m^3/(m \cdot h)]$。

④ 计算各空气渗透量测定值

正压、负压按式（5.3.2-1）～式（5.3.2-4）进行计算。

（2）分级指标值确定

开启缝长是指外门窗上可开启部分室内侧接缝长度的总和（以室内表面测定值为准）。单位开启缝长空气渗透量是指在标准状态下，通过单位开启缝长的空气渗透量。试件面积是指外门窗框外侧范围内的面积。单位面积空气渗透量是指在标准状态下，通过外门窗单位面积的空气渗透量。

① 计算单位开启缝长和单位面积空气渗透量值

按下列公式分别计算 $\pm q_1$ 值，或 $\pm q_2$ 值。

$$\pm q_1 = \frac{\pm q'}{l} \qquad (5.3.2-5)$$

$$\pm q_2 = \frac{\pm q'}{A} \qquad (5.3.2-6)$$

式中　$q_1$——10Pa 压力差下，单位开启缝长空气渗透量值 $[m^3/(m \cdot h)]$；

　　　$q_2$——10Pa 压力差下，单位面积空气渗透量值 $[m^3/(m \cdot h)]$；

　　　$l$——开启缝长（m）；

　　　$A$——试件面积（$m^2$）。

② 结果判定

取三樘试件的 $\pm q_1$ 值或 $\pm q_2$ 值的最不利值，依据《建筑幕墙、门窗通用技术条件》GB/T 31433，确定按照开启缝长和面积的各自所属等级。最后取两者中的不利级别为该组试件所属等级。正、负压分别定级。

（3）气密性能检测压力差与空气渗透量回归计算方法

①采用最小二乘法对压力差与空气渗透量进行线性回归计算，计算出试件在 $\pm 10$Pa 压力差下的空气渗透量 $\pm q'$。

$$q_{\Delta P} = k(\Delta P)^c \qquad (5.3.2-7)$$

② 对上式两边分别取对数，可以得到下式：

$$\lg(q_{\Delta P}) = \lg(k) + c \times \lg(\Delta P) \qquad (5.3.2-8)$$

③ 将 $\lg(q_{\Delta P})$ 设定为 $y$，$\lg(\Delta P)$ 设定为 $x$，$\lg(k)$ 设定为 $a$，$c$ 设定为 $b$。

④ 根据下列公式，可以分别计算出 $a$、$b$、$r$ 的数值，根据 $a$、$b$，可以计算出 $k$ 和 $c$ 的数值。

$$y = a + bx \tag{5.3.2-9}$$

$$a = \overline{y} - b\overline{x} \tag{5.3.2-10}$$

$$b = \frac{\sum\limits_{i=1}^{n}(x_i - \overline{x})(y_i - \overline{y})}{\sum\limits_{i=1}^{n}(x_i - \overline{x})^2} \tag{5.3.2-11}$$

$$r = \frac{\sum\limits_{i=1}^{n}(x_i - \overline{x})(y_i - \overline{y})}{\sqrt{\sum\limits_{i=1}^{n}(x_i - \overline{x})^2 \sum\limits_{i=1}^{n}(y_i - \overline{y})^2}} \tag{5.3.2-12}$$

式中　$a$——截距；

　　　$b$——斜率；

　　　$r$——相关系数；

　　　$n$——检测组数；

　$x_i$、$y_i$——任一组检测 $x$ 和 $y$ 的数值；

　$\overline{x}$、$\overline{y}$——$x$、$y$ 的算术平均值。

⑤ 最后依据式（5.3.2-7）计算出 10Pa 压力差下的空气渗透量 $q'$。

⑥ 正、负压分别计算。负压取绝对值进行计算。

2）工程检测数据处理

① 分别计算空气渗透量测定值

分别计算出在设计压力差下的附加空气渗透量测定值 $q_f$ 和总空气渗透量测定值 $q_z$，则试件在该设计压力差下的空气渗透量 $q_t$ 按下式进行计算：

$$q_t = q_z - q_f \tag{5.3.2-13}$$

式中　$q_t$——试件空气渗透量（$m^3/h$）；

　　　$q_z$——总空气渗透量测定值（$m^3/h$）；

　　　$q_f$——附加空气渗透量测定值（$m^3/h$）。

② 计算单位开启缝长和单位面积空气渗透量

按式（5.2.2-3）、式（5.2.2-5）、式（5.2.2-6）分别计算试件在该设计压力差下的单位开启缝长空气渗透量 $q_1$ 和单位面积空气渗透量 $q_2$。正压、负压分别进行计算。

③ 结果判定

三樘试件正、负压按照单位开启缝长和单位面积的空气渗透量的标准，均应满足工程设计要求，否则应判定为不满足工程设计要求。

### 5.3.3　水密性能检测

水密性能是指可开启部分在正常锁闭状态时，在风雨同时作用下，外门窗阻止雨水渗漏的能力。防止雨水渗漏是建筑外窗的基本功能之一。雨水通过外窗孔缝进入室内会浸染房间内部装修和室内物品，不仅影响室内正常活动，而且会使人们在心理上产生对建筑物的不安全感。雨水流入窗框型材中,如不能及时排出,在冬季有将型材冻裂的可能;雨水长期滞留在型材腔中会造成金属材料及五金零件的腐蚀,影响正常开关,缩短窗户的使用寿命。

淋水量是指单位时间内喷淋到外门窗室外表面单位面积的水量。

1. 检测方法

检测分为稳定加压法和波动加压法,检测加压程序分别为图 5.3.3-1 和图 5.3.3-2 所示。工程所在地为热带风暴和台风地区的工程检测,应采用波动加压法;定级检测和工程所在地为非热带风暴和台风地区的工程检测,可采用稳定加压法。已进行波动加压法检测可不再进行稳定加压法检测。水密性能最大检测压力峰值应小于抗风压检测压力差值 $P_3$ 或 $P_3'$,热带风暴和台风地区的划分按照《建筑气候区划标准》GB 50178 的规定执行。

2. 预备加压

在预备加压前,将试件上所有可开启部分启闭 5 次,最后关紧。检测加压前施加三个压力脉冲,定级检测时压力差绝对值为 500Pa,加载速度约为 100Pa/s,压力稳定作用时间为 3s,泄压时间不少于 1s。工程检测时压力差绝对值取风荷载标准值的 10% 和 500Pa 二者的较大值,加载速度约为 100Pa/s,压力稳定作用时间为 3s,泄压时间不少于 1s。

3. 稳定加压法

1) 定级检测

按照图 5.3.3-1 和表 5.3.3-1 顺序加压,并按以下步骤操作:①淋水:对整个门窗试件均匀地淋水,淋水量为 2L/($m^2$ · min)。②加压:在淋水的同时施加稳定压力,逐级加压至出现渗漏为止。③观察记录:在逐级升压及持续作用过程中,观察记录渗漏部位。

2) 工程检测

(1) 淋水:对整个门窗试件均匀地淋水。年降水量不大于 400mm 的地区,淋水量为 1L/($m^2$ · min);年降水量为 400~1600mm 的地区,淋水量为 2L/($m^2$ · min)。年降水量的划分按照《建筑气候区划标准》GB 50178 的规定执行。

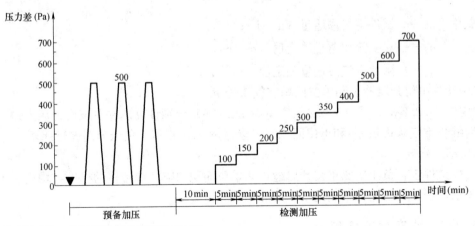

注:图中符号 ▼ 表示将试件的可开启部分开关5次。

图 5.3.3-1　稳定加压顺序示意图

(2) 加压:在淋水的同时施加稳定压力。直接加压至水密性能设计值,压力稳定作用时间为 15min 或产生渗漏为止。

（3）观察记录：在升压及持续作用过程中，观察记录渗漏部位。

稳定加压顺序表　　　　　　　　　　　　　　表 5.3.3-1

| 加压顺序 | 1 | 2 | 3 | 4 | 5 | 6 | 7 | 8 | 9 | 10 | 11 |
|---|---|---|---|---|---|---|---|---|---|---|---|
| 检测压力(Pa) | 0 | 100 | 150 | 200 | 250 | 300 | 350 | 400 | 500 | 600 | 700 |
| 持续时间(min) | 10 | 5 | 5 | 5 | 5 | 5 | 5 | 5 | 5 | 5 | 5 |

注：当检测压力大于 700Pa 时，每阶段增加幅度不宜大于 200Pa，持续时间为 5min，检测结果要标注实测压力值。

4. 波动加压法

按照图 5.3.3-2 和表 5.3.3-2 顺序加压，并按以下步骤操作：

（1）淋水：对整个门窗试件均匀地淋水，淋水量为 $3L/(m^2 \cdot min)$。

（2）加压：在稳定淋水的同时施加波动压力，波动压力的大小用平均值表示，波幅为平均值的 0.5 倍。定级检测时，逐级加压至出现渗漏。工程检测时，直接加压至水密性能设计值，加压速度约 100Pa/s，波动压力作用时间为 15min 或产生渗漏为止。

（3）观察记录：在升压及持续作用过程中，观察并记录渗漏部位。

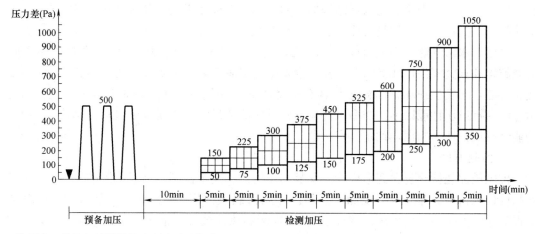

注：图中 ▼ 符号表示将试件的可开启部分开关5次。

图 5.3.3-2　波动加压顺序示意图

波动加压顺序表　　　　　　　　　　　　　表 5.3.3-2

| 加压顺序 | | 1 | 2 | 3 | 4 | 5 | 6 | 7 | 8 | 9 | 10 | 11 |
|---|---|---|---|---|---|---|---|---|---|---|---|---|
| 波动压力值 | 上限值(Pa) | 0 | 150 | 225 | 300 | 375 | 450 | 525 | 600 | 750 | 900 | 1050 |
| | 平均值(Pa) | 0 | 100 | 150 | 200 | 250 | 300 | 350 | 400 | 500 | 600 | 700 |
| | 下限值(Pa) | 0 | 50 | 75 | 100 | 125 | 150 | 175 | 200 | 250 | 300 | 350 |
| 波动周期(s) | | 0 | 3~5 | | | | | | | | | |
| 每级加压时间(min) | | 10 | 5 | | | | | | | | | |

注：当波动压力平均值大于 700Pa 时，每阶段平均值增加幅度不宜大于 200Pa，持续时间为 5min，检测结果要标注实测压力值。

5. 检测数据处理

(1) 定级检测数据处理

记录每个试件的渗漏压力差值。以渗漏压力差值的前一级检测压力差值作为该试件水密性能检测值。以三樘试件中检测值的最小值作为水密性能定级检测值，并依据《建筑幕墙、门窗通用技术条件》GB/T 31433 进行定级。

(2) 工程检测数据处理

三樘试件在加压至水密性能设计值时均未出现渗漏，判定满足工程设计要求，否则判为不满足工程设计要求。

### 5.3.4 抗风压性能检测

抗风压性能是指可开启部分在正常锁闭状态时，在风压作用下，外门窗变形不超过允许值且不发生损坏或功能障碍的能力。外门窗变形包括受力杆件变形和面板变形；损坏包括裂缝、面板破损、连接破坏、粘结破坏、窗扇掉落或被打开以及可观察到的不可恢复的变形等现象；功能障碍包括五金件松动、启闭困难、胶条脱落等现象。

门窗安装在建筑物上，由于风荷载的作用，建筑物迎面存在正风压，背面和侧面存在负风压。同时，由于建筑物内部结构的不同，也可能存在正风压和负风压，导致在同一时间使门窗受到正、负压的复合作用。风压作用的结果可使门窗杆件变形，拼接缝隙变大，降低气密、水密性能。当风荷载产生的压力超过门窗的承受能力时，可产生永久性变形、玻璃破碎和五金零件损坏等情况，甚至会发生窗扇脱落等安全事故。为了维持门窗正常的使用功能，不发生损坏，门窗必须具有承受风荷载作用的能力，我们用抗风压性能来表示。门窗抗风压性能以不同类型试件变形检测对应的最大面法线挠度（角位移值）和出现功能障碍或损坏为判据，评定其定级值。

1. 检测项目

抗风压性能检测包含变形检测、反复加压检测、安全检测。定级检测的安全检测包含产品设计风荷载标准值 $P_3$ 检测、产品设计风荷载设计值 $P_{max}$（$P_{max}$ 取 $1.4P_3$）检测。工程检测的安全检测包含风荷载标准值 $P'_3$ 检测和风荷载设计值 $P'_{max}$（$P'_{max}$ 取 $1.4W_k$）检测，风荷载标准值 $W_k$ 应按《建筑结构荷载规范》GB 50009 规定的方法确定。

定级检测是指确定外门窗性能等级而进行的检测。工程检测是指确定外门窗是否满足工程设计要求的性能而进行的检测。

2. 检测方法

1) 检测加压顺序

检测加压顺序见图 5.3.4-1。

2) 确定测点和安装位移计

将位移计安装在规定位置上。测点位置规定如下：

(1) 对于测试杆件：测点布置见图 5.3.4-2。中间测点在测试杆件中点位置，两端测点在距该杆件端点向中点方向 10mm 处。对于玻璃面板测点见图 5.3.4-3。当试件最不利的构件难以判定时，应选取多个测试杆件和玻璃面板，见图 5.3.4-4，分别布点测量。

(2) 对于单扇固定扇：测点布置见图 5.3.4-3。

(3) 对于单扇平开窗（门）：当采用单锁点时，测点布置见图 5.3.4-5，取距锁点最远

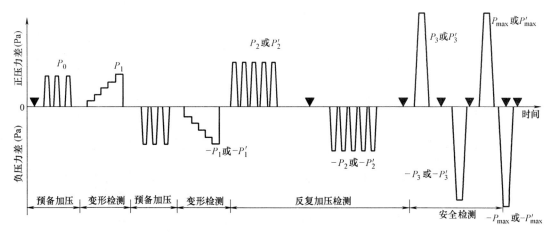

注：图中符号 ▼ 表示将试件的可开启部分启闭不少于5次。

图 5.3.4-1　检测加压顺序示意图

的窗（门）扇自由边（非铰链边）端点的角位移值 $\delta$ 为最大挠度值，当窗（门）扇上有受力杆件时应同时测量该杆件的最大相对挠度，取两者中的不利者作为抗风压性能检测结果；无受力杆件外开单扇平开窗（门）只进行负压检测，无受力杆件内开单扇平开窗（门）只进行正压检测；当采用多点锁时，按照单扇固定扇的方法进行检测。

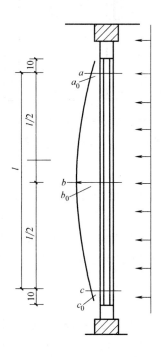

图 5.3.4-2　测试杆件测定分布图（单位：mm）

$a_0$，$b_0$，$c_0$—三测定初始读数值；$a$、$b$、$c$—三测点在压力差作用过程中的稳定读数值；

$l$—测试杆件两端测点 $a$、$c$ 之间的长度

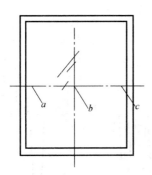

图 5.3.4-3　玻璃面板（单扇固定扇）测点分布图
$a$、$b$、$c$—测点

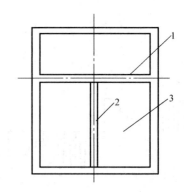

图 5.3.4-4　多测试杆件及玻璃面板分布图
1、2、3—测试杆件

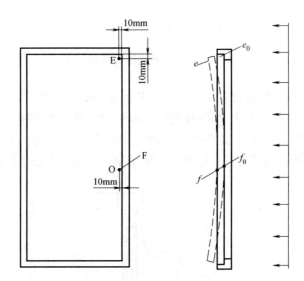

图 5.3.4-5　单扇单锁点平开窗（门）测点布置图
$e_0$、$f_0$—测点初始读数值；$e$、$f$—测点在压力差作用过程中的稳定读数值

3）预备加压

在进行预备加压前，将试件上所有可开启部分启闭 5 次，最后关紧。检测加压前施加三个压力脉冲，定级检测时压力差绝对值为 500Pa，加载速度约为 100Pa/s，压力稳定作用时间为 3s，泄压时间不少于 1s。工程检测时压力差绝对值取风荷载标准值的 10％ 和 500Pa 二者的较大值，加载速度约为 100Pa/s，压力稳定作用时间为 3s，泄压时间不少于 1s。

4）变形检测

变形检测是指确定主要构件在变形量为 40％ 允许挠度时的压力差（$P_1$ 或 $P_1'$）而进行的检测。反复加压检测是指确定主要构件在变形量为 60％ 允许挠度时的压力差（$P_2$ 或 $P_2'$）反复作用下是否发生损坏及功能障碍而进行的检测。

（1）定级检测时的变形检测步骤

① 先进行正压检测，后进行负压检测。

210

② 检测压力逐级升、降。每级升降压力差值不超过 250Pa，每级检测压力差稳定作用时间约为 10s。检测压力绝对值最大不宜超过 2000Pa。

③ 记录每级压力差作用下的面法线挠度值（角位移值），利用压力差和变形之间的相对线性关系（线性回归方法见下述）求出变形检测时最大面法线挠度（角位移）对应的压力差值，作为变形检测压力差值，标以 $\pm P_1$。不同类型试件变形检测时对应的最大面法线挠度（角位移）应符合产品标准的要求。产品标准无要求时，玻璃面板的允许挠度取短边 1/60；面板为中空玻璃时，杆件允许挠度为 1/150，面板为单层玻璃或夹层玻璃时，杆件允许挠度为 1/100。

④ 记录检测中试件出现损坏或功能障碍的状况和部位。

（2）工程检测时的变形检测步骤

① 先进行正压检测，后进行负压检测。

② 检测压力逐级升、降。每级升降压力差值不超过风荷载标准值的 10%，每级压力作用时间不少于 10s。压力差的升、降直到任一受力构件的相对面法线挠度值达到变形检测规定的最大面法线挠度（角位移），或压力达到风荷载标准值的 40%〔对于单扇单锁点平开窗（门），风荷载标准值的 50%〕为止。

③ 记录每级压力差作用下的面法线挠度值（角位移值），利用压力差和变形之间的相对线性关系，求出变形检测时最大面法线挠度（角位移）对应的压力差值，作为变形检测压力差值，标以 $\pm P_1'$。当 $P_1'$ 小于风荷载标准值的 40%〔对于单扇单锁点平开窗（门），风荷载标准值的 50%〕时，应判为不满足工程设计要求，检测终止；当 $P_1'$ 大于或等于风荷载标准值的 40%〔对于单扇单锁点平开窗（门），风荷载标准值的 50%〕时，$P_1'$ 取风荷载标准值的 40%〔对于单扇单锁点平开窗（门），取风荷载标准值的 50%〕。

面法线位移是指外门窗受力杆件或面板表面上任意一点沿面法线方向的线位移量。面法线挠度是指外门窗受力杆件或面板表面上某一点沿面法线方向的线位移量的最大差值。相对面法线挠度是指面法线挠度和两端测点间距离的比值。允许挠度（允许相对面法线挠度）是指主要构件在正常使用极限状态时的相对面法线挠度的限值。

④ 记录检测中试件出现损坏或功能障碍的状况和部位。

（3）构件或面板的面法线挠度计算

杆件或面板的面法线挠度可按下式计算：

$$B = (b - b_0) - \frac{(a - a_0) + (c - c_0)}{2} \qquad (5.3.4\text{-}1)$$

式中　$a_0$、$b_0$、$c_0$——各测点在预备加压后的稳定初始读数值（mm）；

　　　　$a$、$b$、$c$——某级检测压力差作用过程中的稳定读数值（mm）；

　　　　　　　$B$——面法线挠度（mm）。

（4）扇单锁点平开窗（门）的角位移计算

单扇单锁点平开窗（门）的角位移值 $\delta$ 为 E 测点和 F 测点位移值之差，按下式计算：

$$\delta = (e - e_0) + -(f - f_0) \qquad (5.3.4\text{-}2)$$

式中　$e_0$、$f_0$——测点 E 和 F 在预备加压后的稳定初始读数值（mm）；

　　　　$e$、$f$——某级检测压力差作用过程中的稳定读数值（mm）。

5) 反复加压检测

定级检测和工程检测应按图 5.2.4-1 反复加压检测部分进行，并分别满足以下要求：

(1) 检测压力从零升到 $P_2$ ($P_2'$) 后降至零，$P_2$ ($P_2'$) $= 1.5P_1$ ($P_1'$)，反复 5 次，再由零降至 $-P_2$ ($P_2'$) 后升至零，$-P_2$ ($P_2'$) $= -1.5P_1$ ($P_1'$)，反复 5 次。加压速度为 300～500Pa/s，每次压力差作用时间不应小于 3s，泄压时间不少于 1s。定级检测 $P_2$ 值不宜大于 3000Pa

(2) 正压、负压反复加压后，将试件可开启部分开关 5 次，最后关紧。记录检测中试件出现损坏和功能障碍的压力差值及部位。

6) 定级检测时的安全检测

(1) 产品设计风荷载标准值 $P_3$ 检测

① $P_3$ 取 $2.5P_1$，对于单扇单锁点平开窗（门），$P_3$ 取 $2.0P_1$。没有要求的 $P_3$ 值不宜大于 5000Pa。

② 检测压力从零升至 $P_3$ 后降至零，再降至 $-P_3$ 后升至零。加载速度为 300～500Pa/s，压力稳定作用时间均不应少于 3s，泄压时间不应少于 1s。正、负加压后各将试件可开启部分启闭 5 次，最后关紧。记录面法线位移量（角位移值）、发生损坏或功能障碍时的压力差值及部位。如有要求，可记录试件残余变形量，残余变形量记录时间应在 $P_3$ 检测结束后 5～60min 内进行。

③ 如试件未出现损坏或功能障碍，但主要构件相对面法线挠度（角位移值）超过允许挠度，则应降低检测压力，直至主要构件相对面法线挠度（角位移值）在允许范围内，以此压力差作为 $\pm P_3$ 值。

(2) 产品设计风荷载设计值 $P_{max}$ 检测

检测压力从零升至 $P_{max}$ 后降至零，再降至 $-P_{max}$ 后升至零。加载速度为 300～500Pa/s，压力稳定作用时间均不应少于 3s，泄压时间不应少于 1s。正、负加压后各将试件可开启部分启闭 5 次，最后关紧。记录发生损坏或功能障碍时的压力差值及部位。如有要求，可记录试件残余变形量，残余变形量记录时间应在 $P_{max}$ 检测结束后 5～60min 内进行。

7) 工程检测时的安全检测

(1) 风荷载标准值 $P_3'$ 的检测

检测压力从零升至风荷载标准值 $P_3'$ 后降至零；再降至 $-P_3'$ 后升至零。加载速度为 300～500Pa/s，压力稳定作用时间均不应少于 3s，泄压时间不应少于 1s。正、负加压后各将试件可开启部分启闭 5 次，最后关紧。记录面法线位移量（角位移值）、发生损坏或功能障碍时的压力差值及部位。如有要求，可记录试件残余变形量，残余变形量记录时间应在 $P_{max}$ 检测结束后 5～60min 内进行。

(2) 风荷载设计值 $P_{max}'$ 检测

检测压力从零升至风荷载标准值 $P_{max}'$ 后降至零；再降至 $-P_{max}'$ 值后升至零，压力稳定作用时间均不应少于 3s，泄压时间不应少于 1s。正、负加压后各将试件可开启部分启闭 5 次，最后关紧。记录发生损坏或功能障碍时的压力差值及部位。如有要求，可记录试件残余变形量，残余变形量记录时间应在风荷载设计值检测结束后 5～60min 内进行。

3. 检测结果的评定

1) 变形检测的评定

① 定级检测时以试件杆件或面板达到变形检测最大面法线挠度时对应的压力差值为 $\pm P_1$；对于单扇单锁点平开窗（门），以角位移值为 10mm 时对应的压力差值为 $\pm P_1$。当检测中试件出现损坏或功能障碍时，以相应压力差值的前一级压力差作为 $P_{max}$，按 $\pm P_{max}/1.4$ 中绝对值较小者进行定级。

② 工程检测出现损坏或功能障碍时，应判为不满足工程设计要求。

2) 反复加压检测的评定

① 定级检测时，试件未出现损坏或功能障碍，注明 $\pm P_2$ 值。当检测中试件出现损坏或功能障碍，以相应压力差值的前一级压力差作为 $P_{max}$，按 $\pm P_{max}/1.4$ 中绝对值较小者进行定级。

② 工程检测试件出现损坏或功能障碍时，应判为不满足工程设计要求。

3) 安全检测的评定

（1）定级检测的评定

① 产品设计风荷载标准值 $P_3$ 检测时，试件未出现功能障碍和损坏，且主要构件相对面法线挠度（角位移值）未超过允许挠度，注明 $\pm P_3$ 值；当检测中试件出现损坏或功能障碍时，以相应压力差值的前一级压力差作为 $P_{max}$，按 $\pm P_{max}/1.4$ 中绝对值较小者进行定级。

② 产品设计风荷载设计值 $P_{max}$ 检测时，试件未出现损坏或功能障碍时，注明正、负压力差值，按 $\pm P_3$ 中绝对值较小者定级；如试件出现损坏或功能障碍时，按 $\pm P_3/1.4$ 中绝对值较小者进行定级。

③ 以 3 樘试件定级值的最小值为该组试件的定级值，依据《建筑幕墙、门窗通用技术条件》GB/T 31433 进行定级。

（2）工程检测的评定

① 试件在风荷载标准值 $P_3'$ 检测时未出现损坏或功能障碍时、主要构件相对面法线挠度（角位移值）未超过允许挠度，且在风荷载设计值 $P_{max}'$ 检测时未出现损坏或功能障碍，则该试件判为满足工程设计要求，否则判为不满足工程设计要求。

② 三樘试件应全部满足工程设计要求。

4. 重复气密、水密性能检测

重复气密性能检测按照气密性能的"预备加压"和"渗透量检测"进行。重复水密性能检测按照水密性能的"预备加压""稳定加压法"和"波动加压法"进行。

### 5.3.5　检测报告

检测报告至少应包括以下内容：①试件的名称、系列、型号、主要尺寸及图样（包括试件立面、剖面和主要节点，型材和密封条的截面、排水构造及排水孔的位置、主要受力构件的尺寸以及可开启部分的开启方式和五金件的种类、数量及位置）。②工程检测时应注明工程名称、工程所在地、工程设计要求。③玻璃品种、厚度及镶嵌方法。④明确注明有无密封条。如有密封条则应注明密封条的材质。⑤明确注明有无采用密封胶类材料填缝。如采用则应注明密封材料的材质。⑥五金配件的配置。⑦气密性能单位缝长及面积的计算结果，正负压所属级别，压力差与空气渗透量的关系曲线图。工程检测时说明是否符合工程设计要求。⑧水密性能最高未渗漏压力差值及所属级别。注明检测的加压方法，淋水量，出现渗漏时的状态及部位。以一次加压（按符合设计要求）或逐级加压（按定级）检测结果进行定级。工程检测时说明是否符合工程设计要求。⑨抗风压性能定级检测给出 $P_1$、$P_2$、$P_3$、$P_{max}$ 值及所属级别。工程检测给出 $P_1'$、$P_2'$、$P_3'$、$P_{max}'$ 值，并说明是否满足工程设计要求。主要受力构件的挠度和状况，以压力差和挠度的关系曲线图表示检测记录值。

# 5.4　保温性能检测方法

## 5.4.1　概述

《建筑外门窗保温性能检测方法》GB/T 8484，适用于竖向建筑外门窗的保温性能检测。门窗保温性能是指建筑外门窗阻止热量由室内向室外传递的能力，用传热系数表征。门窗传热系数是指在稳态传热条件下，门窗两侧空气温差为 1K 时单位时间内通过单位面积的传热量。热导是指稳态传热条件下，通过一定厚度填充板的单位面积传热量与板两表面温差的比值。热流系数是指稳态传热条件下，标定热箱中箱壁或试件框两表面温差为 1K 时的传热量。

1. 范围

《建筑外门窗保温性能检测方法》GB/T 8484—2020，规定了建筑外门窗保温性能检测原理、检测装置、试件及安装要求、检测及检测报告。

2. 方法概述

基于稳态传热原理，采用标定热箱法检测建筑门窗传热系数。试件一侧是热箱，模拟供暖建筑冬季室内气温条件；另一侧为冷箱，模拟冬季室外气温和气流速度。在对试件缝隙进行密封处理，试件两侧各自保持稳定的空气温度、气流速度和热辐射条件下，测量热箱中加热装置单位时间内的发热量，减去通过热箱壁、试件框、填充板、试件和填充板边缘的热损失，除以试件面积与两侧空气温差的乘积，即可得到试件的传热系数 $K$ 值。

## 5.4.2　检测装置

检测装置主要由热箱、冷箱、试件框、填充板和环境空间五部分组成，见图 5.4.2-1。

## 5.4.3　试件及安装要求

1. 试件

被检试件为一件，面积不应小于 $0.8m^2$，构造应符合产品设计和组装要求，不应附加任何多余配件或采取特殊组装工艺。

2. 安装要求

试件热侧表面应与填充板热侧表面齐平。试件与试件框之间的填充板宽度不应小于 200mm，厚度不应小于 100mm 且不应小于试件边框厚度，见图 5.4.3-1。试件开启缝应双面密封。

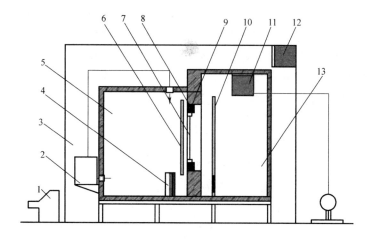

图 5.4.2-1　检测装置构成

1—控制系统；2—控湿系统；3—环境空间；4—加热装置；5—热箱；6—热箱导流板；7—试件；
8—填充板；9—试件框；10—冷箱导流板；11—制冷装置；12—空调装置；13—冷箱

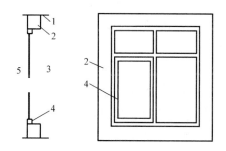

图 5.4.3-1　试件安装要求

1—试件框；2—填充板；3—冷侧；4—试件；5—热侧

## 5.4.4　检测方法

1. 热流系数标定

热箱壁热流系数 $M_1$ 和试件框热流系数 $M_2$，每年应至少标定一次，箱体构造、尺寸发生变化时应重新标定，热流系数标定应符合《建筑外门窗保温性能检测方法》GB/T 8484—2020 中附录 A 的规定。

2. 检测条件

热箱空气平均温度设定范围为 19～21℃，温度波动幅度不应大于 0.2K，热箱内空气为自然对流；冷箱空气平均温度设定范围为 −19～−21℃，温度波动幅度不应大于 0.3K；与试件冷侧表面距离符合《绝热　稳态传热性质的测定　标定和防护热箱法》GB/T 13475 规定平面内的平均风速为 3.0±0.2m/s。

3. 检测程序

(1) 启动检测装置，设定冷、热箱和环境空气温度。

(2) 当冷、热箱和环境空气温度达到设定值，且测得的热箱冷箱的空气平均温度每小时变化的绝对值分别不大于 0.1K 和 0.3K，热箱内外表面面积加权平均温度差值和试件框冷热侧表面面积加权平均温度差值每小时变化的绝对值分别不大于0.1K和0.3K，且不是单向变化时，传热过程已达到稳定状态；热箱内外表面、试件框冷热侧表面面积加权平均温度计算应符合《建筑外门窗保温性能检测方法》GB/T 8484—2020中附录B的规定。

（3）传热过程达到稳定状态后，每隔30min测量一次参数，共测6次。

（4）测量结束后记录试件热侧表面结露或结霜状况。

4. 数据处理

试件的传热系数计算步骤如下：

（1）各参数取6次测量的平均值。

（2）试件传热系数K值应按下式计算：

$$K = \frac{Q - M_1 \cdot \Delta\theta_1 - M_2 \cdot \Delta\theta_2 - S \cdot \Lambda \cdot \Delta\theta_3 - \Phi_{edge}}{A \cdot (T_1 - T_2)} \qquad (5.4.4\text{-}1)$$

式中　$Q$——加热装置加热功率（W）；

　　　$M_1$——由标定试验确定的热箱壁热流系数（W/K）；

　　　$\Delta\theta_1$——热箱壁内、外表面面积加权平均温度之差（K）；

　　　$M_2$——由标定试验确定的试件框热流系数（W/K）；

　　　$\Delta\theta_2$——试件框热侧冷侧表面面积加权平均温度之差（K）；

　　　$S$——填充板的面积（m²）；

　　　$\Lambda$——填充板的热导率［W/(m²·K)］；

　　　$\Delta\theta_3$——填充板热侧冷侧表面的平均温差（K）；

　　　$\Phi_{edge}$——试件与填充板间的边缘线传热量（W）；

　　　$A$——按试件外缘尺寸计算的试件面积（m²）；

　　　$T_1$——热侧空气温度（℃）；

　　　$T_2$——冷侧空气温度（℃）。

试件与填充板间的边缘线传热量应按下式计算：

$$\Phi_{edge} = L_{edge} \times \Psi_{edge} \times (T_1 - T_2) \qquad (5.4.4\text{-}2)$$

式中　$L_{edge}$——试件与填充板间的边缘周长（m）；

　　　$\Psi_{edge}$——按《建筑外门窗保温性能检测方法》GB/T 8484—2020中附录C确定的试件与填充板间的边缘线传热系数，W/(m·K)。

（3）试件传热系数K值取两位有效数字。

（4）测试试件抗结露因子、玻璃和窗框的传热系数，分别参见《建筑外门窗保温性能检测方法》GB/T 8484—2020中附录D、附录E和附录F。

### 5.4.5　检测报告

检测报告应至少包括下列内容：①委托和生产单位；②依据的标准；③样品描述：试件名称、编号、规格、数量、开启方式；玻璃构造、玻璃间隔条；型材规格；窗框面积与窗面积之比；密封材料；④检测项目、检测依据、检测设备、检测时间及报告日期；⑤检测条件：热箱空气温度、冷箱空气温度和平均风速；⑥检测结果：试件传热系数K值、试件热侧表面温度、结露和结霜情况；⑦测试人、审核人及负责人签名；⑧检测单位。

# 5.5　外窗气密性能现场实体检验

## 5.5.1　概述

《建筑外窗气密、水密、抗风压性能现场检测方法》JG/T 211，规定了建筑外窗气密、水密、抗风压性能现场检测方法的性能评价及分级、现场检测、检测结果的评定、检测报告。该标准适用于建筑外窗气密、水密、抗风压性能的现场检测。检测对象除建筑外窗本身还可包括安装连接部位。不适用于建筑外窗产品的型式检验。安装连接部位是指建筑外窗框与墙体等主体相连接的部位。

1. 性能评价及分析

1）检测外窗的气密性能

以 10Pa 压差下检测外窗单位缝长空气渗透量或单位面积空气渗透量并进行评价，气密性能分级值应符合《建筑外窗气密性能分级及检测方法》GB/T 7107—2002 的规定。

2）检测外窗的水密性能

以检测对象产生严重渗漏压差的前一级压差进行评价，水密性能分级值应符合《建筑外窗水密性能分级及检测方法》GB/T 7108—2002 的规定。

3）检测外窗的抗风压性能

以受力杆的允许挠度和检测对象是否发生损坏或功能障碍所对应的压差进行评价，抗风压性能分级值应符合《建筑外窗抗风压性能分级及检测方法》GB/T 7106—2002 的规定。

2. 方法概述

现场利用密封板、围护结构和外窗形成静压箱，通过供风系统从静压箱抽风或向静压箱吹风在检测对象两侧形成正压差或负压差。在静压箱引出测量孔测量压差，在管路上安装流量测量装置测量空气渗透量，在外窗外侧布置适量喷嘴进行水密试验，在适当位置安装位移传感器测量杆件变形。

## 5.5.2　检测装置

（1）检测装置见图 5.5.2-1 所示。

（2）密封板与围护结构组成静压箱，各连接处应密封良好。

（3）密封板宜采用组合方式，应有足够的刚度，与围护结构的连接应有足够的强度。

（4）检测仪器应符合下列要求：气密性能检测应符合《建筑外窗气密性能分级及检测方法》GB/T 7107—2002 的要求；水密性能检测应符合《建筑外窗水密性能分级及检测方法》GB/T 7108—2002 的要求；抗风压性能检测应符合《建筑外窗抗风压性能分级及检测方法》GB/T 7106—

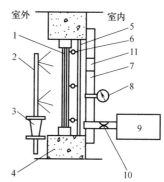

图 5.5.2-1　检测装置示意图

1—外窗；2—淋水装置；3—水流量计；
4—围护结构；5—位移传感器安装杆；
6—位移传感器；7—静压箱密封板（透明膜）；
8—差压传感器；9—供风系统；
10—流量传感器；11—检查门

2002 的规定。

### 5.5.3　检测方法

1. 试件及检测要求

（1）外窗及连接部位安装完毕达到正常使用状态。

（2）试件选取同窗型、同规格、同型号 3 樘为一组。

（3）气密检测时的环境条件记录应包括外窗室内外的大气压及温度。当温度、风速、降雨等环境条件影响检测结果时，应排除干扰因素后继续检测，并在报告中注明。

（4）检测过程中应采取必要的安全措施。

2. 检测步骤

（1）检测顺序宜按照抗风压性能（$P_1$ 检测），气密、水密、抗风压安全性能（$P'_3$ 检测）依次进行。

（2）气密性能检测前，测量外窗面积；弧形窗、折线窗应按展开面积计算。从室内侧用厚度不小于 0.2mm 透明塑料薄膜覆盖整个窗范围并沿窗边框处密封，密封膜不应重复使用。在室内侧的窗洞口上安装密封板，确认密封良好。

（3）气密性能检测压差检测见图 5.5.3-1，并按以下步骤进行：

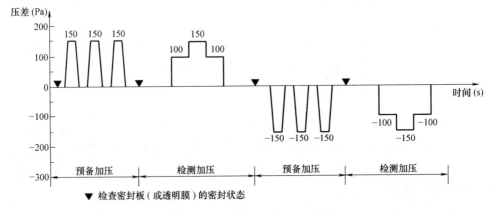

图 5.5.3-1　气密检测压差顺序图

① 预备加压：正负压检测前，分别施加三个压差脉冲，压差绝对值为 150Pa，加压速度约为 50Pa/s。压差稳定作用时间不少于 3s，泄压时间不少于 1s，检查密封板及透明膜的密封状态。

② 附加渗透量的测定：按照图 5.5.3-1 逐级加压，每级压力作用时间约为 10s，先逐级正压，后逐级负压。记录各级测量值。附加空气渗透量系指除通过试件本身的空气渗透量以外通过设备和密封板，以及各部分之间连接缝等部位的空气渗透量。

③ 总空气渗透量测量：打开密封板检查门，去除试件上所加密封措施薄膜后关闭检查门并密封后进行检测。检测程序同①。

3. 水密性能和抗风压性能检测

由于建筑外窗水密性能和抗风压性能的现场检测，受到诸多条件的限制，比如设备的安装及操作、水源的不便和规范要求等，不再赘述。

4. 检测结果

气密性能检测结果按照《建筑外窗气密性能分级及检测方法》GB/T 7107—2002 进行处理，根据工程设计值进行判定或按照《建筑外窗气密性能分级及检测方法》GB/T 7107—2002 规定确定检测分级指标值。

### 5.5.4　检测报告

①试件的品种、系列、型号、规格、位置（横向和纵向）、连接件连接形式、主要尺寸及图样（包括试件立面、剖面、型材和镶嵌条截面、排水孔位置及大小、安装及连接）。工程名称、工程地点、工程概况、工程设计要求，既有建筑门窗的已用年限；②玻璃品种、厚度及镶嵌方法；③明确注出有无密封条。如有密封条则应注出密封条的材质；④明确注出有无采用密封胶类材料填缝。如采用则应注出密封材料的材质；⑤五金配件的配置；⑥气密性能单位面积的计算结果，正负压所属级别。未定级时说明是否符合工程设计要求；⑦检测用的主要仪器设备；⑧对检测结果有影响的温度、大气压、有无降雨、风力等级等试验环境信息以及对各因素的处理；⑨检测日期和检测人员。

# 5.6　建筑密封材料

### 5.6.1　概述

建筑密封材料是指能承受接缝位移以达到气密、水密目的而嵌入建筑接缝中的材料。密封胶即密封膏是指以非成型状态嵌入接缝中，通过与接缝表面粘结而密封接缝的材料。单组分密封胶是指无须混合直接可用的单包装密封胶。多组分密封胶是指几种组分分别包装，按照供应商的要求将各组分混合后使用的密封胶。

《建筑密封胶分级和要求》GB/T 22083 对建筑用密封胶根据其性能及应用进行分类和分级，并给出了不同级别的要求和相应的试验方法。

1. 建筑密封胶

1）分类

按照密封胶用途分为两类：G 类——镶装玻璃接缝用密封胶；F 类——镶装玻璃以外的建筑接缝用密封胶。

2）级别

密封胶按照满足接缝密封功能的位移能力进行分级。镶装玻璃用密封胶分为 25 级、20 级二个级别；建筑接缝密封胶分为 25 级、20 级、12.5 级、7.5 级四个级别。见图 5.6.1-1 所示。

3）次级别

（1）25 级和 20 级密封胶按其拉伸模量划分次级别为低模量、高模量。

（2）12.5 级密封胶按其弹性恢复率又分级为：弹性，弹性恢复率大于或等于 40%；塑性，弹性恢复率小于 40%。

25 级、20 级和 12.5E 级密封胶称为弹性密封胶；12.5P 级和 7.5P 级密封胶称为塑性密封胶。密封胶分级见图 5.6.1-1。

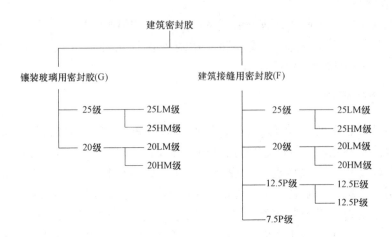

图 5.6.1-1　建筑密封胶分级图

4）技术要求

（1）镶装玻璃用密封胶的技术要求有弹性恢复率，拉伸粘结性/拉伸模量（23℃下、−20℃下），定伸粘结性，冷拉—热压后粘结性，经过热、透过玻璃的人工光源和水暴露后粘结性，浸水后定伸粘结性，压缩特性，定伸损失，流动性。

（2）建筑接缝用密封胶的技术要求有弹性恢复率、拉伸粘结性（拉伸模量23℃下、−20℃下；断裂伸长率23℃下）、定伸粘结性、冷拉—热压后粘结性、同一温度下拉伸—压缩循环后粘结性、浸水后定伸粘结性、浸水后拉伸粘结性，断裂伸长率（23℃下）、体积损失、流动性。

2. 中空玻璃弹性密封胶

建筑门窗幕墙用中空玻璃弹性密封胶是指实现中空玻璃单元构件周边弹性粘结，具有可供建筑门窗幕墙结构极限承载力状态设计选用的强度标准值、设计值、模量等技术指标的橡胶态高弹性密封胶。

《建筑门窗幕墙用中空玻璃弹性密封胶》JG/T 471试验方法，适用于建筑门窗幕墙中空玻璃粘结密封用双组分弹性密封胶。

1）分类

（1）按基础聚合物类型分为三类：硅酮型密封胶、聚硫型密封胶、其他，以基础聚合物缩写作为代号。

（2）按密封胶在中空玻璃安装典型应用中的承载用途分为三类：承受永久荷载的密封胶、承受玻璃永久荷载用密封胶、承受阵风和/或气压水平荷载用密封胶。

2）外观

应为细腻、均匀膏状物，无可见颗粒、结块和结皮，无不易迅速均匀分散的析出物。颜色应与供需双方商定的样品颜色相符。

3）物理力学性能

密度、黏度、适用期、表干时间、硬度、下垂度（垂直放置、水平放置）红外光谱分析、热重分析、气体透过率（初始气体含量、气体密封耐久性能试验后气体含量）。

4）力学性能

（1）拉伸粘结性：

23℃拉伸粘结性（拉伸粘结强度平均值、拉伸粘结强度标准值、破坏状态、初始刚度、初始刚度模量、应力—应变曲线）；拉伸粘结性（-20℃、80℃、60℃）、盐雾环境后拉伸粘结性、酸雾环境后拉伸粘结性（拉伸粘结强度平均值、破坏状态、应力—应变曲线）、水—紫外光辐照（拉伸粘结强度平均值、初始刚度、粘结破坏面积、应力—应变曲线）。

（2）剪切性能：

23℃剪切性能（剪切强度平均值、剪切强度标准值、粘结破坏面积、应力—应变曲线）、-20℃、80℃剪切性能（剪切强度平均值、粘结破坏面积）。

（3）其他：

弹性恢复率、抗撕裂性能（拉伸撕裂强度平均值、粘结破坏面积）、疲劳性能（拉伸粘结强度平均值、初始刚度、粘结破坏面积）、蠕变性能（位移）。

5）组批与抽样

间歇混合制造的建筑门窗幕墙用中空玻璃弹性密封胶产品，每釜为一批；同批原材料连续混合制造每 8h 的产品为一批。

在每批产品中随机抽取一组包装，从中随机抽取 4kg 样品。取样后立即密封包装。

## 5.6.2　密度的测定

《建筑密封材料试验方法　第 2 部分：密度的测定》GB/T 13477.2 试验方法，适用于建筑和土木工程用密封胶密度的测定，其中金属环法适用于非下垂型密封胶，金属模框法适用于非下垂型和自流平型密封胶。非下垂型密封胶是指填嵌垂直面接缝时，不产生下垂的密封胶。自流平型密封胶是指填嵌水平面接缝时，可自然流动，形成平整表面的密封胶。

1. 方法概述

在金属环或金属模框中填充密封胶制成试件，填充前后分别称量金属环或金属模框以及试件在空气中和在液体中质量，计算密封胶的密度。

2. 标准试验条件

标准试验条件为：温度 23±2℃，相对湿度 50％±5％。

3. 试验器具和材料

（1）试验器具

耐腐蚀的金属环；耐腐蚀的金属模框；密度天平，分度值为 0.001g，能称量试件在试验液体中的质量和在空气中的质量。

（2）材料：

防粘材料，用于制备金属环试件，如潮湿的滤纸；试验液体，温度 23±2℃，含量低于 0.25％（质量分数）的低泡沫表面活性剂水液体。对于水溶性或吸水性等水敏感性密封胶，应采用密度为 0.69g/mL 的化学纯 2,2,4-三甲基戊烷（异辛烷）。

4. 试验步骤

试验前，待测样品及所用试验器具和材料应在标准试验条件下放置至少 24h。按各方商定可选用金属环法或金属模框法进行试验。每种方法应制备 3 个试件。

1) 金属环法

(1) 用密度天平称量每个金属环在空气中的质量和在试验液体中的质量。

(2) 将金属环表面附着的试验液体擦拭干净后放在防粘材料上，然后将已按规定处理好的密封胶试样填满金属环。嵌填试样时应注意下列事项：避免形成气泡；将密封胶在金属环的内表面上压实，确保充分接触；立即从防粘材料上移走金属环试件，以使密封胶的背面齐平。

(3) 立即称量已填满试样的金属环试件在空气中的质量和在试验液体中的质量，且应在 30s 内完成。对于水敏感性密封胶，在异辛烷中的称量应在表干后立即进行。

2) 金属模框法

(1) 用密度天平称量每个金属模框在空气中的质量和在试验液体中的质量。

(2) 将金属模框表面附着的试验液体擦拭干净，然后将已按规定处理好的密封胶试样填满金属模框。嵌填试样时应注意下列事项：避免形成气泡；将密封胶在金属模框的内表面上压实，确保充分接触；对于金属模框试件，填满后看轻轻振动或采取其他措施，以便排除金属模框内底部不易排出的气泡；修整密封胶表面，使之与金属模框的上缘齐平。

(3) 立即称量已填满试样的金属模框试件在空气中的质量和在试验液体中的质量，且应在 30s 内完成。对于水敏感性密封胶，在异辛烷中的称量应在表干后立即进行。

5. 试验结果计算

(1) 每个试件的密度按下式计算：

$$D = \frac{m_3 - m_1}{(m_3 - m_4) - (m_1 - m_2)} \times D_w \tag{5.6.2-1}$$

式中　$D$——23℃时密封胶的密度（g/cm³）；

　　　$m_1$——填充密封胶前金属环或金属模框在空气中称量的质量（g）；

　　　$m_2$——填充密封胶前金属环或金属模框在试验液体中称量的质量（g）；

　　　$m_3$——试样制备后立即在空气中称量的质量（g）；

　　　$m_4$——试样制备后立即在试验液体中称量的质量（g）；

　　　$D_w$——23℃时试验液体的密度（g/cm³）。

(2) 试验结果以 3 个试件的算术平均值表示，精确至 0.01g/cm³。

6. 试验报告

①实验室的名称和试验日期；②试验执行的标准编号；③样品名称、类别（化学种类）、颜色；④密封胶的生产批号；⑤所用的试验方法（金属环法或金属模框法）和试验液体；⑥每个试件密封胶的密度单值，以及密度的平均值；⑦与试验方法规定的试验条件的任何偏离。

### 5.6.3　低温柔性的测定

《建筑密封材料试验方法　第 7 部分：低温柔性的测定》GB/T 13477.7 试验方法，适用于测定单组分弹性溶剂型密封材料经高温和低温循环处理后的低温柔性。其他类型的密封材料也可参照采用。低温柔性是指密封胶在低温条件下的柔韧性能。低温柔性的试验方法并非模拟实际应用条件，只是对测定建筑密封材料在低温下的弹性或柔性提供指导。低温柔性的试验方法可用于区分弹性密封材料和老化过程中变硬、变脆及低温挠曲时开裂或失去粘结性的塑形密封材料,也可用于鉴别因过分拉伸而柔性变差、弹性胶粘剂含量极低的密封材料与含有低温变脆的胶粘剂的密封材料。

1. 方法概述

在规定条件下,用模框将密封材料试样粘附在基板上,经高温和低温循环处理后,在规定的低温条件下弯曲试样。报告密封材料开裂或粘结破坏情况。

2. 标准试验条件

试验室标准试验条件为:温度 23±2℃,相对湿度 50%±5%。

3. 仪器设备

铝片:尺寸 130mm×76mm,厚度 0.3mm;刮刀:钢制,具薄刃;模框:矩形,用钢或铜制成,内部尺寸 25mm×95mm,外形尺寸 50mm×120mm,厚度 3mm;鼓风干燥箱:温度可调至 70±2℃;低温箱:温度可调至 −10±3℃、−20±3℃ 或 −30±3℃;圆棒:直径 6mm 或 25mm,配有合适支架。

4. 试件制备

(1) 将试样在未开口的包装容器中于标准环境条件下至少放置 5h。

(2) 用丙酮等溶剂彻底清洗铝片和模框。将模框置于铝片中部,然后将试样填入模框内,防止出现气孔。将试样表面刮平,使其厚度均匀达到 3mm。

(3) 沿试样外缘用薄刃刮刀切割一周,垂直提起模框,使成型的密封材料粘牢在铝片上。同时制备 3 个试件。

5. 试件处理

(1) 将试件在标准试验条件下至少放置 24h。其他类型密封材料在标准试验条件下放置的时间应与其固化时间相当。

(2) 将试件按下面的温度周期处理 3 个循环:于 70±2℃ 处理 16h;于 −10±3℃、−20±3℃ 或 −30±3℃ 处理 8h。

6. 试验步骤

在第 3 个循环处理周期结束时,使低温箱里的试件和圆棒同时处于规定的试验温度下,用手将试件绕规定直径的圆棒弯曲,弯曲时试件粘有试样的一面朝外,弯曲操作在 (1~2)s 内完成。弯曲之后立即检查试样开裂、部分分层及粘结损坏情况。微小的表面裂纹、毛细裂纹或边缘裂纹可忽略不计。

7. 试验报告

①采用的标准编号;②样品的名称、类型、批号;③圆棒直径;④低温试验温度;⑤试件裂缝、分层及粘结破坏情况。

### 5.6.4　拉伸粘结性的测定

《建筑密封材料试验方法　第 8 部分:拉伸粘结性的测定》GB/T 13477.8 试验方法,适用于测定建筑密封材料正割拉伸模量以及拉伸至破坏时的最大拉伸强度、断裂伸长率与基材的粘结状况。正割拉伸模量是指密封胶在给定伸长率下的拉伸应力与相对伸长之比。拉伸粘结性是指密封胶在拉伸状态下与给定基材的粘结性能,以拉伸强度、断裂伸长率和破坏状况表示。

1. 方法概述

将待测密封材料粘结在两个平行基材的表面之间，制成试件。将试件拉伸至破坏，绘制力值—伸长值曲线，以计算的正割拉伸模量、最大拉伸强度、断裂伸长率表示密封材料的拉伸粘结性能。

2. 标准试验条件

试验室标准试验条件为：温度 $23\pm2℃$，相对湿度 $50\%\pm5\%$。

3. 试验器具

粘结基材：符合《建筑密封材料试验方法　第 1 部分：试验基材的规定》GB/T 13477.1 规定的水泥砂浆板、玻璃板或铝板，用于制备试件。隔离垫块：表面应防粘，用于制备密封材料截面 12mm×12mm 的试件（如图 5.6.4-1 和图 5.6.4-2 所示）；防粘材料：防粘薄膜或防粘纸，如聚乙烯（PE）薄膜等，宜按密封材料生产商的建议选用，用于制备试件；拉力试验机：配有记录装置，能以 $5.5\pm0.7mm/min$ 的速度拉伸试件；低温试验箱：能容纳试件在 $-20\pm2℃$ 温度下进行拉伸试验；鼓风干燥箱：温度可调至 $70\pm2℃$，用于下述 B 法处理试件；容器：用于盛蒸馏水，按下述 B 法浸泡处理试件。

4. 试件制备

（1）用脱脂纱布清除水泥砂浆板表面浮灰。用丙酮等溶剂清洗铝板或玻璃板，并干燥。

（2）按密封材料生产商的说明（如是否使用底涂料及多组分密封材料的混合程序）制备试件。

（3）将密封材料和基材保持在 $23\pm2℃$，每种类型的基材和每种试验温度制备 3 块试件。

（4）按图 5.6.4-1 和图 5.6.4-2 所示，在防粘材料上将 2 块粘结基材与 2 块隔离垫块

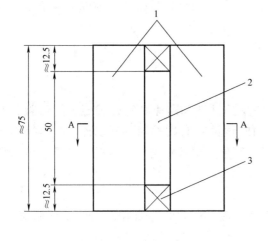
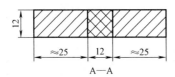
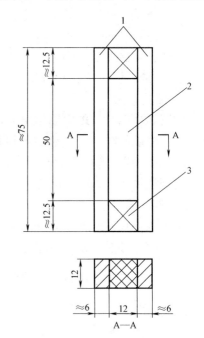

图 5.6.4-1　拉伸粘结性能用试件　　　　　图 5.6.4-2　拉伸粘结性能用试件
（水泥砂浆板，单位：mm）　　　　　　（铝板或玻璃板，单位：mm）

1—水泥砂浆板；2—密封材料；3—隔离垫块　　　1—铝板或玻璃板；2—密封材料；3—隔离垫块

组装成空腔。然后将密封材料试样嵌填在空腔内,制成试件。嵌填试样时应注意以下三点:避免形成气泡;将试样挤压在基材的粘结面上,粘结密实;修整试样表面,使之与基材和垫块的上表面齐平。

(5) 将试件侧放,尽早去除防粘材料,以使试样充分固化或完全干燥。在养护期内应使隔离垫块保持原位。

(6) 当选择的基材尺寸可能影响试件的固化速度时,宜尽早将隔离垫块与密封材料分离,但仍需保持定位状态。

5. 试件处理

按各方商定可选 A 法、B 法处理试件。

(1) A 法

将制备好的试件在标准试验条件下放置 28d。

(2) B 法

先按照 A 法处理试件,接着再将试件按下述程序处理 3 个循环:①在 70±2℃干燥箱内存放 3d;②在 23±2℃蒸馏水中存放 1d;③在 70±2℃干燥箱内存放 2d;④在 23±2℃蒸馏水中存放 1d。上述程序也可以改为③-④-①-②。

B 法处理后的试件在试验之前,应于标准试验条件下至少放置 24h。B 法是利用热和水影响试件固化速度的一般常规处理程序,不适宜给出密封材料的耐久性信息。

6. 试验步骤

试验在 23±2℃和-20±2℃两个温度下进行。每个测试温度测 3 个试件。

(1) 23±2℃时的拉伸粘结性

除去试件上的隔离垫块,将试件装入拉力试验机,在 23±2℃下以 5.5±0.7mm/min 的速度将试件拉伸至破坏。记录力值—伸长值曲线和破坏形式。

(2) -20±2℃时的拉伸粘结性

试验前,试件应在-20±2℃温度下放置 4h。除去试件上的隔离垫块,将试件装入拉力试验机,在-20±2℃下以 5.5±0.7mm/min 的速度将试件拉伸至破坏。记录力值—伸长值曲线和破坏形式。

7. 试验结果计算

(1) 正割拉伸模量

每个试件选定伸长时的正割模量按下式计算,取 3 个试件的算术平均值,精确至 0.01MPa。

$$\sigma = \frac{F}{S} \qquad (5.6.4\text{-}1)$$

式中　$\sigma$——正割拉伸模量（MPa）;

　　　$F$——选定伸长时的力值（N）;

　　　$S$——试件初始截面面积（mm$^2$）。

(2) 最大拉伸强度

每个试件的最大拉伸强度按下式计算,取 3 个试件的算术平均值,精确至 0.01MPa。

$$T_S = \frac{P}{S} \qquad (5.6.4\text{-}2)$$

式中　$T_S$——最大拉伸强度（MPa）；

　　　$P$——最大拉力值（N）；

　　　$S$——试件初始截面面积（$mm^2$）。

（3）断裂伸长率

每个试件的断裂伸长率按下式计算，以百分数表示，取 3 个试件的算术平均值，精确至 5%。

$$E = \frac{W_1 - W_0}{W_0} \times 100 \tag{5.6.4-3}$$

式中　$E$——断裂伸长率（%）；

　　　$W_1$——试件破坏时的宽度（mm）；

　　　$W_0$——试件的初始宽度（mm）。

8. 试验报告

试验报告应包括下列内容：①实验室的名称和试验日期。②采用的标准编号。③样品的名称、类别（化学种类）、颜色和批号。④基材类别。⑤所用底涂料（如果使用）、所用配合比（多组分样品）。⑥试件处理方法（A 法或 B 法）。⑦每个试件在规定伸长率（60%、100%或各方商定的伸长率）下正割拉伸模量和算术平均值。⑧每种试件的最大拉伸强度和断裂伸长率的算术平均值。⑨试件的破坏形式（粘结破坏/或内聚破坏）。⑩与标准规定试验条件的任何偏离。

### 5.6.5　定伸粘结性的测定

《建筑密封材料试验方法　第 10 部分：定伸粘结性的测定》GB/T 13477.10 试验方法，适用于测定建筑密封材料在定伸状态下的拉伸粘结性能。定伸粘结性是指密封胶在给定伸长状态下，与给定基材的粘结性能。

1. 方法概述

将待测密封材料粘结在两个平行基材的表面之间，制成试件。将试件拉伸至规定宽度，并在规定条件下保持这一拉伸状态。记录密封材料粘结或内聚的破坏形式。

2. 标准试验条件

试验室标准试验条件为：温度 23±2℃，相对湿度 50±5%。

3. 试验器具

粘结基材：符合《建筑密封材料试验方法　第 1 部分：试验基材的规定》GB/T 13477.1 规定的水泥砂浆板、玻璃板或铝板，用于制备试件。隔离垫块：表面应防粘，用于制备密封材料截面 12mm×12mm 的试件（如图 5.6.5-1 和图 5.6.5-2 所示）；防粘材料：防粘薄膜或防粘纸，如聚乙烯（PE）薄膜等，宜按密封材料生产商的建议选用。用于制备试件；定位垫块：用于控制被拉伸的试件宽度，使试件保持伸长率为初始宽度的 25%、60%、100%或各方商定的宽度；拉力试验机：能以 5.5±0.7mm/min 的速度拉伸试件；鼓风干燥箱：温度可调至 70±2℃，用于 B 法处理试件；低温试验箱：能容纳试件在−20±2℃温度下进行拉伸试验；容器：用于盛蒸馏水，按 B 法浸泡处理试件；量具：精度为 0.5mm。

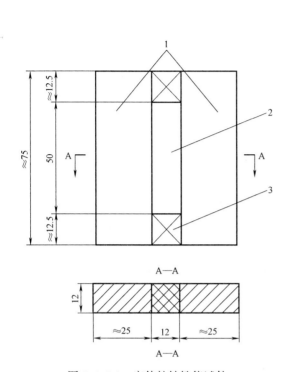

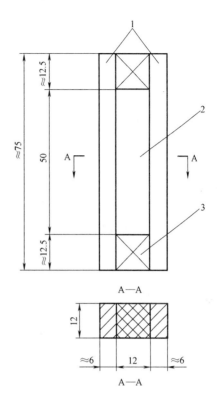

图 5.6.5-1　定伸粘结性能试件

（水泥砂浆板，单位：mm）

1—水泥砂浆板；2—密封材料；3—隔离垫块

图 5.6.5-2　定伸粘结性能试件

（铝板或玻璃板，单位：mm）

1—铝板或塑料板；2—密封材料；3—隔离垫块

4. 试件制备

（1）用脱脂纱布清除水泥砂浆板表面浮灰。用丙酮等溶剂清洗铝板或玻璃板，并干燥。

（2）按密封材料生产商的说明（如是否使用底涂料及多组分密封材料的混合程序）制备试件。

（3）将密封材料和基材保持在 $23\pm2℃$，每种类型的基材和每种试验温度制备 3 块试件。

（4）按图 5.6.5-1 和图 5.6.5-2 所示，在防粘材料上将两块粘结基材与两块隔离垫块组装成空腔。然后将密封材料试样嵌填在空腔内，制成试件。嵌填试样时应注意以下 3 点：避免形成气泡；将试样挤压在基材的粘结面上，粘结密实；修整试样表面，使之与基材和垫块的上表面齐平。

（5）将试件侧放，尽早去除防粘材料，以使试样充分固化或完全干燥。在养护期内应使隔离垫块保持原位。

5. 试件处理

按各方商定可选 A 法、B 法处理试件。

（1）A 法

将制备好的试件在标准试验条件下放置 28d。

（2）B 法

先按照 A 法处理试件，然后将试件按下述程序处理 3 个循环：①在 70±2℃ 干燥箱内存放 3d。②在 23±2℃ 蒸馏水中存放 1d。③在 70±2℃ 干燥箱内存放 2d。④在 23±2℃ 蒸馏水中存放 1d。上述程序也可以改为③-④-①-②。

B 法处理后的试件在试验之前，应于标准试验条件下至少放置 24h。B 法是利用热和水影响试件固化速度的一般常规处理程序，不适宜给出密封材料的耐久性信息。

6. 试验步骤

试验在 23±2℃ 和 −20±2℃ 两个温度下进行。每个测试温度测 3 个试件。

1）23±2℃ 时的定伸粘结性

（1）将试件除去隔离垫块，置入 23±2℃ 温度下的拉力试验机夹具内，以 5.5±0.7mm/min 的速度拉伸试件，拉伸伸长率为初始宽度的 25%、60% 或 100%（分别拉伸至 15mm、19.2mm 或 24mm），或各方商定的宽度，用定位垫块固定伸长并在 23±2℃ 下保持 24h。

（2）除去定位垫块，检查试件粘结或内聚破坏情况，并用分度值为 0.5mm 的量具测量粘结或内聚破坏的深度。

2）−20±2℃ 时的定伸粘结性

（1）试验前，试件应在 −20±2℃ 温度下放置 4h。

（2）将试件除去隔离垫块，置入 −20±2℃ 温度下的拉力试验机夹具内，以 5.5±0.7mm/min 的速度拉伸试件，拉伸伸长率为初始宽度的 25%、60% 或 100%（分别拉伸至 15mm、19.2mm 或 24mm），或各方商定的宽度，用定位垫块固定伸长并在 −20±2℃ 下保持 24h。

（3）除去定位垫块，使试件温度恢复至 23±2℃，检查试件粘结或内聚破坏情况，并用分度值为 0.5mm 的量具测量粘结或内聚破坏的深度。

7. 试验报告

①实验室的名称和试验日期；②采用的标准编号；③样品的名称、类别（化学种类）、颜色和批号；④基材类别；⑤所用底涂料（如果使用）、所用配合比（多组分样品）；⑥试件处理方法（A 法或 B 法）；⑦定伸伸长率（%）；⑧每个试件粘结和/或内聚破坏的深度；⑨试件的破坏形式（粘结破坏/或内聚破坏）；⑩与标准规定试验条件的任何偏离。

### 5.6.6　弹性恢复率的测定

《建筑密封材料试验方法　第 17 部分：弹性恢复率的测定》GB/T 13477.17 试验方法，适用于测定建筑密封材料的弹性恢复率。弹性恢复率是指密封胶在释去引起变形的外力后，完全或者部分地恢复原来形状和尺寸的性能。

1. 方法概述

将试件拉伸至规定宽度，在规定的时间内保持拉伸状态，然后释放。以试件在拉伸前后宽度的变化计算弹性恢复率（以伸长的百分比表示）。

2. 标准试验条件

试验室标准试验条件为：温度 23±2℃，相对湿度 50%±5%。

3．试验器具

①粘结基材：符合《建筑密封材料试验方法　第 1 部分：试验基材的规定》GB/T 13477.1 规定的水泥砂浆板、玻璃板或铝板，用于制备试件。②隔离垫块：表面应防粘，用于制备密封材料截面 12mm×12mm 的试件（如图 5.6.6-1 和图 5.6.6-2 所示）；③定位垫块：用于控制被拉伸的试件宽度，使试件保持伸长率为初始宽度的 25％、60％、100％或各方商定的宽度；④防粘材料：防粘薄膜或防粘纸，如聚乙烯（PE）薄膜等，宜按密封材料生产厂的建议选用。用于制备试件；⑤鼓风干燥箱：温度可调至 70±2℃，用于 B 法处理试件；⑥拉力试验机：能以 5.5±0.7mm/min 的速度拉伸试件；⑦容器：用于盛蒸馏水，按 B 法浸泡处理试件；⑧游标卡尺：精度为 0.1mm。

4．试件制备

（1）用脱脂纱布清除水泥砂浆板表面浮灰。用丙酮等溶剂清洗铝板或玻璃板，并干燥。

（2）按密封材料生产商的说明（如是使用底涂料及多组分密封材料的混合程序）制备试件。

（3）将密封材料和基材保持在 23±2℃，每种类型的基材制备 6 块试件，3 块作为试验试件，另 3 块作为备用试件。

（4）按图 5.6.6-1 和图 5.6.6-2 所示，在防粘材料上将两块粘结基材与两块隔离垫块组装成空腔。然后将密封材料试样嵌填在空腔内，制成试件。嵌填试样应注意以下 3 点：避免形成气泡；将试样挤压在基材的粘结面上，粘结密实；修整试样表面，使之与基材和垫块的上表面齐平。

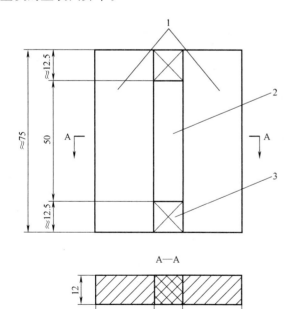

图 5.6.6-1　弹性恢复率用试件
（水泥砂浆板，单位：mm）
1—水泥砂浆板；2—密封材料；3—隔离垫块

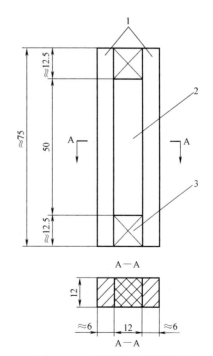

图 5.6.6-2　弹性恢复率用试件
（铝板或玻璃板，单位：mm）
1—铝板或玻璃板；2—密封材料；3—隔离垫块

（5）将试件侧放，尽早去除防粘材料，以使试样充分固化或完全干燥。在养护期内应使隔离垫块保持原位。

5. 试件处理

按各方商定可选 A 法、B 法处理试件。

（1）A 法

将制备好的试件在标准试验条件下放置 28d。

（2）B 法

先按照 A 法处理试件，然后将试件按下述程序处理 3 个循环：①在 70±2℃ 干燥箱内存放 3d。②在 23±2℃ 蒸馏水中存放 1d。③在 70±2℃ 干燥箱内存放 2d。④在 23±2℃ 蒸馏水中存放 1d。上述程序也可以改为③-④-①-②。

B 法处理后的试件在试验之前，应于标准试验条件下至少放置 24h。B 法是利用热和水影响试件固化速度的一般常规处理程序，不适宜给出密封材料的耐久性信息。

6. 试验步骤

（1）试验应在标准试验条件下进行。所有与弹性恢复率计算相关的测量均采用游标卡尺，测量既可以是接触密封材料的基材内侧表面之间的距离，也可以是未接触密封材料的基材外侧表面之间的距离。

（2）除去隔离垫块，测量每一试件两端的初始宽度。将试件装入拉伸试验机上，以 5.5±0.7mm/min 的拉伸速度拉伸试件，拉伸伸长率为初始宽度的 25％、60％ 或 100％（分别拉至 15mm、19.2mm 或 24mm），或各方商定的百分比。用合适的定位垫块使试件保持拉伸状态 24h。

（3）在试验过程中按《建筑密封胶分级和要求》GB/T 22083—2008 中 7.3 的规定观察试件有无破坏现象。若无破坏，去掉垫块，将试件以长轴向垂直放置在平滑的低摩擦面上，如撒有滑石粉的玻璃板上，静止 1h，在每一试件两端同一位置测量弹性恢复后的宽度。若有试件破坏，则取备用试件重复上述试验。若 3 块重复试验试件中仍有试件破坏，则报告本部分的试验结果为试件破坏。

7. 试验结果计算

（1）每个试件的弹性恢复率按下式计算，以百分数表示：

$$R = \frac{(W_e - W_r)}{(W_e - W_i)} \times 100 \tag{5.6.6-1}$$

式中　$R$——弹性恢复率（％）；

$\quad\quad W_i$——试件的初始宽度（mm）；

$\quad\quad W_e$——试件拉伸后的宽度（mm）；

$\quad\quad W_r$——试件弹性恢复后的宽度（mm）。

（2）计算 3 个试件的弹性恢复率的算术平均值，精确到 1％。

8. 试验报告

①实验室的名称和试验日期。②采用的标准编号。③样品的名称、类别（化学种类）、颜色和批号。④基材类别。⑤所用底涂料（如果使用）、所用配合比（多组分样品）。⑥试件处理方法（A 法或 B 法）。⑦伸长率。⑧每一试件的弹性恢复率（或试件破坏）。⑨每组试件的弹性恢复率的算术平均值（或试件破坏）。⑩与标准规定试验条件的任何偏离。

### 5.6.7　剥离粘结性的测定

《建筑密封材料试验方法　第 18 部分：剥离粘结性的测定》GB/T 13477.18 试验方法，适用于测定弹性建筑密封材料的剥离强度和破坏状况。剥离粘结性是指密封胶在剥离条件下与给定基材的粘结性能，以最大剥离强度和破坏状态表示。

1. 方法概述

将被测密封材料涂在粘结基材上，并埋入一布条，制得试件。于规定条件下将试件养护至规定时间，然后使用拉伸试验机将埋放的布条沿 180°方向从粘结基材上剥下，测定剥下布条时的拉力值及密封材料与粘结基材剥离时的破坏状况。通常利用剥离粘结试验确定密封材料与底涂料在特殊或专用粘结基材上的粘结性能。

2. 标准试验条件

试验室标准试验条件为：温度 23±2℃，相对湿度 50%±5%。

3. 试验器具

拉力试验机：配有拉伸夹具和记录装置，拉伸速度可调为 50mm/min；铝合金板：材质符合规定要求，尺寸为 150mm×75mm×5mm；水泥砂浆板：原材料及制备方法符合规定要求，具有粗糙表面，尺寸为 150mm×75mm×10mm；玻璃板：材质符合规定要求，尺寸为 150mm×75mm×5mm。（鉴于密封材料的粘结性与粘结基材的性质有关，建议在可能的情况下，还要用建筑工程中实际使用的粘结基材代替上述铝合金板、水泥砂浆板中描述的标准粘结基材进行剥离试验。常用的这类粘结基材包括砖、大理石、石灰石、花岗岩、不锈钢、塑料、石片和其他粘结基材。可根据实际情况使用其他尺寸的试件进行试验，但密封材料的厚度应符合规定要求）。垫板：4 只，硬木、金属或玻璃制成。其中，2只尺寸为 150mm×75mm×5mm，用于铝板或玻璃板上制备试件，另 2 只尺寸为150mm×75mm×10mm，用于在水泥砂浆板上制备试件；玻璃棒：直径 12mm，长300mm。不锈钢棒或黄铜棒：直径 1.5mm，长 300mm；遮蔽条：成卷纸条，条宽25mm；布条/金属丝网：脱水处理的 8×10 或 8×12 帆布，尺寸为 180mm×75mm，厚约0.8mm；或用 30 目（孔径约 1.5mm）、厚度 0.5mm 的金属丝网；刮刀；锋利小刀；紫外线辐照箱：箱内温度可调至 65±3℃。

4. 试件制备

（1）将被测密封材料在未打开的原包装中置于标准试验条件下 24h，样品数量不少于250 g。如果是多组分密封材料，还要同时处理相应的固化剂。

（2）用刷子清理水泥砂浆板表面，用丙酮或二甲苯清洗玻璃或铝基材，干燥后备用。根据密封材料生产厂的说明或有关各方的商定在基材上涂刷底涂料。每种基材准备 2 块板，并在每块基材上制备 2 个试件。

（3）在粘结基材上横向放置一条 25mm 宽的遮蔽条，条的下边距基材的下边至少75mm。然后将在标准条件下处理过的试样涂抹在粘结基材上（多组分试样应按生产厂的配合比将各组分充分混合 5min 后再涂抹），涂抹面积为 100mm×75mm（包括遮蔽条），涂抹厚度约 2mm。

（4）用刮刀将试样涂刮在布条一端，面积为 100mm×75mm，布条两面均涂试样，直到试样渗透布条为止。

（5）将涂好试样的布条/金属丝网放在已涂试样的基材上，基材两侧各放置一块厚度合适的垫板。在每块垫板上纵向放置一根金属棒。从有遮蔽条的一端开始，用玻璃棒沿金属棒滚动，挤压下面的布条/金属丝网和试样，直至试样的厚度达到 1.5mm，除去多余的试样。

（6）将制得的试件在标准条件下养护 28d。多组分试件养护 14d。养护 7d 后应在布/金属丝网上复涂一层 1.5mm 厚试样。

（7）养护结束后，用锋利的刀片沿试件纵向切割 4 条线，每次都要切透试料和布条/金属丝网至基材表面。留下两条 25mm 宽的、埋有布条/金属丝网的试料带，两条带的间距为 10mm，除去其余部分。

（8）如果剥离粘结性试件是玻璃基材，则在上述（7）步骤之后，应将试件放在紫外线辐照箱，调节灯管与试件间的距离，使紫外线放置辐照强度为 $2000 \sim 3000 \mu W/cm^2$，温度为 $65 \pm 3 ℃$。试件的试料表面应背朝光源，透过玻璃进行紫外线暴露试验。在无水条件下紫外线暴露 200h。

（9）将试件在蒸馏水中浸泡 7d。水泥砂浆试件应与玻璃、铝试件分别浸泡。

5. 试验步骤

（1）从水中取出试件后，立即擦干。将试料与遮蔽条分开，从下边切开 12mm 试料，仅从基材上留下 63mm 长的试料带。

（2）将试件装入拉力试验机，以 50mm/min 的速度于 180°方向拉伸布条/金属丝网，使试料从基材上剥离。剥离时间约 1min。记录剥离时拉力峰值的平均值。若发现从试料上剥落的布条/金属丝网很干净，应舍弃记录的数据，用刀片沿试料与基材的粘结面上切开一个缝口继续进行试验。

（3）对每种基材应测试两块试件上的 4 条试验带。

（4）计算并记录每种基材上 4 条试料带的剥离强度及其平均值和每条试料带粘结或内聚破坏面积的百分比。

6. 试验报告

①采用的标准编号；②样品的名称、类型、批号；③基材类别；④所用底涂料（如果使用）；⑤每种基材上 4 条试料带的剥离强度（N/mm）及其平均值；⑥每条试料带粘结或内聚破坏面积的百分率（%）；⑦布条的破坏情况；⑧与标准规定的试验条件的不同点。

## 5.6.8　污染性的测定

《建筑密封材料试验方法　第 20 部分：污染性的测定》GB/T 13477.20 试验方法，适用于建筑接缝中密封材料对多孔基材（如大理石、石灰石、砂石或花岗岩）污染性的测定，其中试验方法 A 适用于压缩条件下测定污染性的试验，试验方法 B 适用于非压缩条件下测定污染性的试验。

污染性的测定方法，是对因密封材料内部物质渗出使多孔基材表面产生早期污染的可能性的评价，试验结果仅代表试验密封材料和试验基材，不能被用于推断其他配方的密封材料或其他多孔基材。加速试验期间，如果密封材料对基材没有产生污染和变色，并不意味着试验密封材料经过长期使用后，不会对多孔试验基材污染和变色。多个国家的经验表明，采用相似的试验方法压缩试件能进一步加快污染的产生。

1. 方法概述

本测定方法用于测量接缝密封材料在规定条件下对多孔基材造成的肉眼可见的污染。将密封材料填入两块多孔基材之间的固化制成试件。将试件压缩（或不压缩）并经受热和/或低温和/或光辐射加速老化处理，老化处理后评价试验试件。通过目测基材表面产生的变化，测量最大和最小污染宽度及污染深度，记录基材外表面和本体内部的污染现象。

2. 标准试验条件

试验室标准试验条件为：温度 $23\pm2℃$，相对湿度 $50\%\pm5\%$。

3. 试验器具

①基材：两块基材应为相同材料，尺寸为：$75mm\times25mm\times12mm$ 如图 5.6.8-1 所示；②隔离垫块：表面应防粘，用于制备密封材料截面 $12mm\times12mm$ 的试件，见图 5.6.8-1；③防粘材料：防粘薄膜或防粘纸，如聚乙烯（PE）薄膜等，宜按密封材料生产商的建议选用。用于制备试件；④遮蔽带：用于覆盖基材的试验表面，以防止制备试件时被密封材料玷污；⑤鼓风干燥箱：温度可调至 $70\pm2℃$；⑥低温试验箱：温度可调至 $-20\pm2℃$；⑦夹具或其他装置：可使试件保持压缩状态；⑧人工气候老化试验仪：荧光紫外—冷凝老化试验仪或氙灯老化试验仪；⑨黑标温度计；⑩量具：分度值为 0.5mm。

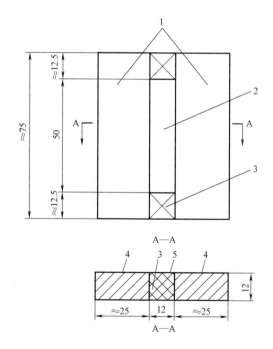

图 5.6.8-1　污染性试验用试件（单位：mm）
1—基材；2—密封材料；3—隔离垫块；4—试验表面；5—修整表面

4. 试件制备

（1）每一个密封材料样品每一种加速老化条件需制备 4 个试件。

（2）制备试件需将两块试验基材和两块隔离垫块进行组装（见图 5.6.8-1），并平放在防粘材料上。

（3）按生产商的说明（如是否有底涂及多组分密封材料的混合程序）制备试件。

（4）按下列程序制备试件：

①密封材料和基材应保持在 23±2℃。②两块基材的试验面应与密封材料的修整面相平。③在基材的上表面粘贴遮蔽带，避免制备试件时沾污基材表面。④将密封材料嵌填入由基材和隔离垫块组成的空腔内（避免形成气泡）。⑤挤压密封材料至基材的内表面。⑥修整密封材料表面，使之与基材上粘贴的遮蔽带和隔离垫块表面齐平。⑦密封材料嵌填、修整完后，应立即除去遮蔽带。⑧将试件侧放，尽早去除防粘材料，试件和隔离垫块应继续保持原位 48h，以使密封材料充分固化或完全干燥。⑨将制备好的试件在标准试验条件下放置 28d。

5. 试验步骤

按各方商定可按下述方法 A（压缩试验）或方法 B（非压缩方法）的步骤进行试验。

1）方法 A（压缩试验）

（1）压缩

将所有试件按密封材料的位移能力（%）进行压缩。压缩率为 7.5%、12.5%、20%、25% 或各方商定的幅度（见表 5.6.8-1），用合适的夹具使密封材料试件保持压缩状态。

位移能力、压缩率和压缩后的接缝宽度的对应关系　　　　　表 5.6.8-1

| 位移能力（%） | 压缩率（%） | 压缩后的接缝宽度（mm） |
| --- | --- | --- |
| 7.5 | 7.5 | 11.1 |
| 12.5 | 12.5 | 10.5 |
| 20 | 20 | 9.6 |
| 25 | 25 | 9.0 |

（2）老化程序

① 老化程序规定：按各方商定，应按下述一个或多个老化程序进行试验。

② 热老化：将 4 个压缩试件放置在 70±2℃ 的干燥箱中，14d 时取出 2 个试件，28d 时再取出另外 2 个试件。

③ 低温老化：将 4 个压缩试件放置在 −20±2℃ 的冰箱中，14d 时取出 2 个试件，28d 时再取出另外 2 个试件。

④ 人工气候老化：

按各方商定，应从下述老化程序中选择一项对试件进行光曝露试验：

UV 荧光紫外—冷凝老化试验仪或潮湿曝露条件：在 UV 荧光紫外—冷凝老化试验仪中，密封材料表面与光源距离为 50mm，试验仪的每个循环设定为：紫外光照 8h 和 50±2℃冷凝 4h。

氙灯老化试验仪和潮湿曝露条件：在氙灯老化试验仪中，试件按《建筑密封材料试验方法 第 15 部分：经过热、透过玻璃的人工光源和水曝露后粘结性的测定》GB/T 13477.15—2017 中自动循环或人工循环的规定进行干燥期光照及湿态期（喷淋或在水中浸泡）循环曝露试验。

UV 荧光紫外—冷凝老化试验仪和干燥曝露条件：在 UV 荧光紫外—冷凝老化试验仪中，密封材料表面与光源距离为 50mm，试验仪的紫外辐照温度设定为 60±2℃。

氙灯老化试验仪和干燥曝露条件：在氙灯老化试验仪中，试件在光照和 65±2℃ 下干燥曝露，温度由黑标温度计检测。

将4个压缩试件放置在人工气候老化试验仪中，试件表面朝向光源，14d时取出2个试件，28d时取出另外2个试件。

2）方法B（非压缩试验）的老化程序

① 老化程序规定：按各方商定，应按下述一个或多个老化程序进行试验。

② 热老化：同上述"（2）②"步骤。

③ 温度老化：同上述"（2）③"步骤。

④人工气候老化：同上述"（2）④"步骤

6. 污染性评定

老化试验结束后，将试件在标准试验条件下放置1d，按方法A试验的压缩试件应事先解除压缩。

（1）检查基材表面

检查每块基材表面，判定密封材料是否已引起基材表面产生变化。如果有，用量具测量并记录试验基材表面的最大和最小污染宽度（见图5.6.8-2），精确至0.5mm。

（2）检查基材深度

将基材从最大污染宽度处垂直于接缝敲开。若试验基材表面没有观察到污染，则将基材从中间敲成两块。检查基材本体内部，判定密封材料是否已引起基材本身变色。在密封材料接缝的中心（6mm深处），用量具测量并记录渗透进基材本体的最大和最小污染深度（见图5.6.8-3），精确至0.5mm。

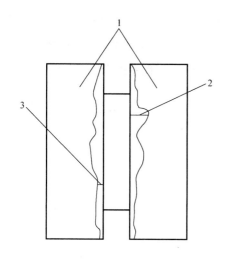

图5.6.8-2　最小和最大污染宽度的测量
1—基材；2—最大污染宽度；3—最小污染宽度

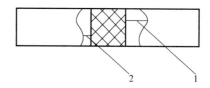

图5.6.8-3　最小和最大污染深度的测量
1—最大污染深度；2—最小污染深度

7. 结果表示

（1）判定每种试验条件下，2个试件中任何一个基材的最大和最小污染宽度及污染深度。

（2）对于某些密封材料，通过在暗室里用短波长紫外灯光来检验试件，可能会提高污染性检查的可信度和操作简便性。

（3）通过用水（或染色的水）弄湿基材有时可能会改进疏水型污染性的检查方法。有些密封材料可能会严重污染整个基材，导致基材整体变色一致，难以检查污染性。在这种情况下，最好将基材表面与未经受曝露的进行对比。

8. 试验报告

（1）实验室的名称和试验日期。（2）采用的标准编号。（3）样品的名称、类别（化学种类）、颜色和批号。（4）所用基材、基材来源（产地）和试验表面加工状态。（5）所用底涂料的名称、类型（如果使用）。（6）所用的试验步骤（A 法或 B 法）。（7）所用的压缩率（如果使用 A 法）。（8）按有关各方商定的试验程序要点，即：①采用的具体老化程序，即热老化，和/或低温老化，和/或人工气候老化。②采用人工气候老化程序的类型：UV 荧光紫外—冷凝老化试验仪和潮湿曝露条件；氙灯老化试验仪和潮湿曝露条件；UV 荧光紫外—冷凝老化试验仪和干燥曝露条件；氙灯老化试验仪和干燥曝露条件。③氙灯老化试验仪中所采用的水曝露的种类（喷淋或浸水）。④氙灯老化试验仪中所采用的循环方法的种类（人工或自动）。（9）每种试验条件下，任何一块基材的最大和最小污染宽度（mm）和污染深度（mm）。（10）与标准规定试验条件的任何偏离。

# 5.7　密　封　胶　条

## 5.7.1　塑料门窗用密封条

密封胶条在塑钢门窗和断桥铝门窗及木门窗中起到了防水、密封及节能的重要作用，具有防尘、防水、隔音、防尘、防冻、保暖等功能。密封条必须具有很强的拉伸强度，良好的弹性，还需要有比较好的耐温性和耐老化性。为了保证胶条与型材的紧固，胶条的断面结构尺寸必须与塑钢门窗型材匹配。密封胶条一般用于平开门窗、悬窗、折叠门窗。

《塑料门窗用密封条》GB 12002 试验方法，适用于塑料门窗安装玻璃和框扇间用的改性聚氯乙烯（PVC）或橡胶弹性密封条，也适用于钢、铝合金门窗用的弹性密封条。

1. 分类

密封条根据用途、使用范围、材质、形状及尺寸进行分类。

按用途分类：安装玻璃用密封条；框扇间用密封条；

按使用范围分类：低层和中层建筑用密封条；高层和寒冷地区建筑用密封条；

按材质分类：PVC 系列密封条；橡胶系列密封条；

按形状分类：安装玻璃用密封条，包括槽形密封条；棒型密封条；框扇间有密封条，包括带中空部分密封条；不带中空部分密封条。

2. 外观

外观应光滑、平直无扭曲变形，表面无裂纹、边角无锯齿及其他缺陷。

3. 技术要求

外观、加热收缩率、产品形状基本尺寸及公差；材质的物理性能有硬度（邵尔 A 型）、100％定伸强度、拉伸断裂强度、拉伸断裂伸长率、热空气老化性能、加热收缩率、压缩永久变形（压缩率 30％）、脆性温度、耐臭氧性。

4．试验方法

1）外观

用目测和精度为 0.02mm 的量具进行检验。

2）产品截面形状主要尺寸及公差

用精度为 0.02mm 的量具进行测量。用游标卡尺检验时，要使密封条在不施加压力的自然状态下进行测量。用光学投影仪检验时，与锐利的切刀，把密封条的长轴垂直截断，切取小于 1mm 薄片，放大 5～10 倍测量。

3）加热收缩率的测定

（1）试验装置

电热鼓风干燥箱：温度波动 1℃；测长仪：精度为 0.5mm 的直尺。

（2）试样

从制品上截取长度为 100±1mm 的试样 3 个。

（3）试验步骤

用直尺测量试样长度，准确至 0.5mm，然后水平放置于 70±2℃的电热鼓风干燥箱内，24h 后取出，置于标准状态下的平板上，静置 2h 后测其长度。标准状态按《塑料试样状态调节和试验的标准环境》GB/T 2918 执行。

（4）计算

加热收缩率按下式计算。测试结果以 3 个试样的算术平均值表示。

$$L = \frac{L_0 - L_1}{L_0} \times 100 \qquad (5.7.1\text{-}1)$$

式中　$L$——加热收缩率（%）；

　　　$L_0$——加热前试样长度（mm）；

　　　$L_1$——加热后试样长度（mm）。

## 5.7.2　门窗、幕墙用密封胶条

《建筑门窗、幕墙用密封胶条》GB/T 24498 试验方法，适用于建筑门窗、幕墙用硫化橡胶类、热塑性弹性体类弹性密封胶条，不适用于发泡类、复合类密封胶条。

1．分类

门窗、幕墙用密封胶条分为两类：硫化橡胶类和热塑性弹性体类。硫化橡胶类包括胶条主体材料、三元乙丙橡胶、硅橡胶和氯丁橡胶；热塑性弹性体类包括胶条主体材料、热塑性硫化胶、热塑性聚氨酯弹性体和增塑聚氯乙烯。

2．要求

（1）外观

外观应光滑、无扭曲变形，表面无裂纹、无气泡、无明显杂质及其他缺陷，颜色均匀一致。

（2）尺寸公差

密封胶条截面尺寸公差按《橡胶制品的公差　第 1 部分：尺寸公差》GB/T 3672.1—2002 执行，其中装配尺寸按 E1 级，非装配尺寸按 E2 级。密封胶条几何公差按《橡胶制品的公差　第 2 部分：几何公差》GB/T 3672.2—2002 中 N 级执行

（3）材料的物理性能

硫化橡胶类密封胶条所用材料的物理性能有：

基本物理性能：包括硬度（邵氏 A）、拉伸强度、拉断伸长率、压缩永久变形；热空气老化性能：包括硬度（邵氏 A）变化应在要求范围内、拉伸强度变化率、拉断伸长率变化率、加热失重、热老化后回弹恢复分级；硬度变化应在要求范围内；低温脆性温度。

热塑性弹性体类密封胶条所用材料的物理性能有：

基本物理性能：包括硬度（邵氏 A）、拉伸强度、拉断伸长率、压缩永久变形、热空气老化性能：硬度（邵氏 A）应在要求范围内、拉伸强度变化率、拉断伸长率变化率、加热失重、热老化后回弹恢复分级；硬度变化应在要求范围内；低温脆性温度。

# 第6章　供暖通风空调及照明检测技术

建筑节能，包括两方面的含义，一是节约建筑使用过程中的能耗，其中包括供暖、通风、空气调节、热水供给、照明、动力等能耗。实现节约的方式可以包括：在建筑的规划、设计、施工中采取节约材料，应用先进的技术手段，采用可再生能源利用技术，在运行管理和使用维护过程中提高管理水平以及应用计算机信息化技术等。二是提高能源使用效率。但是，在实践中发现，建筑能效的提高并不一定能够降低能耗水平，这与建筑管理水平有一定的关系，因此，应在建筑能耗总量控制的前提下进一步提高建筑能效。

1. 供暖节能工程

室内集中热水供暖系统包括散热设备、管道、保温、热计量装置、室（户）温自动调节装置等。供暖系统中散热设备和金属热强度以及热计量装置、室（户）温自动调节装置、管材、保温材料等产品的规格、热工技术性能，是供暖系统节能工程中的主要技术参数。

（1）验收批的划分

应根据工程实际情况，结合本专业特点，分别按系统、楼层等进行。供暖系统可以按每个热力入口作为一个检验批进行验收；对于垂直方向分区供暖的高层建筑供暖系统，可按照供暖系统不同的设计分区分别进行验收；对于系统大且层数多的工程，可以按几个楼层作为一个检验批进行验收。

（2）复验项目

供暖节能工程使用的散热器和保温材料等进场时，应对散热器的单位散热量，金属热强度，保温材料的导热系数或热阻、密度、吸水率的性能进行复验，复验应为见证取样检验。

（3）检验批量

同厂家、同材质的散热器，数量在500组及以下时，抽检2组；当数量每增加1000组时应增加抽检1组。同工程项目、同施工单位且同期施工的多个单位工程可合并计算。当获得建筑节能产品认证、具有节能标识或连续三次见证取样检验均一次检验合格时，其检验批的容量可扩大一倍，其每500组为一个检验批，检验批的容量扩大一倍，即由500组变成1000组，但不少于2组。

同厂家、同材质的散热器，是指由同一个生产厂家生产的相同材质的散热器。在同一单位工程对散热器进行抽检时，应包含不同结构形式、不同长度（片数）的散热器，检验抽样样本应随机抽取，满足均匀分布、具有代表性的要求。

（4）相应要求

在散热器和保温材料进场时，应对其热工等技术性能参数进行复验。进场复验是对进入施工现场的材料、设备等在进场验收合格的基础上，按照有关规定从施工现场抽样送至试验室进行部分或全部性能参数的检验。同时应见证取样检验，即施工单位在监理或建设单位代表见证下，按照有关规定从施工现场随机抽样，送至有相应资质的检测机构进行检测，并应形成相应的复验报告。

2. 通风与空调节能工程

通风系统是指包括风机、消声器、风口、风管、风阀等部件在内的整个送、排风系统。空调系统包括空调风系统和空调水系统。空调风系统包括空调末端设备、消声器、风口、风管、风阀等部件在内的整个空调送、回风系统；空调水系统包括除了空调冷热源和其辅助设备与管道及室外管网以外的空调水系统。

1）验收批划分

通风与空调系统节能的验收，应工程据工程实际情况，结合本专业特点，分别按系统、楼层等进行。

空调冷（热）水系统的验收，一般应按系统分区进行；通风与空调的风系统可按风机或空调机组等各自负担的风系统，分别进行验收。

对于系统大且层数多的空调冷（热）水系统及通风与空调的风系统工程，可以按几个楼层作为一个检验批进行验收。

2）技术性能参数和功能核查

通风与空调系统节能工程使用的设备、管道、自控阀门、仪表、绝热材料等产品应进行进场验收，并应对下列产品的技术性能参数和功能进行核查。

（1）组合式空调机组、柜式空调机组、新风机组、单元式空调机组及多联机空调系统室内机等设备的供冷量、供热量、风量、风压、噪声及功率，风机盘管的供冷量、供热量、风量、出口静压、噪声及功率；

（2）风机的风量、风压、功率、效率；

（3）空气能量回收装置的风量、静压损失、出口全压及输入功率；装置内部或外部漏风率、有效换气率、交换效率、噪声；

（4）阀门与仪表的类型、规格、材质及公称压力；

（5）成品风管的规格、材质及厚度；

（6）绝热材料的导热系数、密度、厚度、吸水率。

风机是通风与空调风系统运行的动力，如果选择不当，就有可能加大通风和空调风道系统单位风量耗功率，增加运行能耗并造成能源浪费。通风和空调风道系统单位风量耗功率满足《公共建筑节能设计标准》GB 50189—2015规定的限值。

3）进场复验

（1）检验项目

通风与空调节能工程使用的风机盘管机组和绝热材料进场时，应对风机盘管机组的供冷量、供热量、风量、水阻力、功率及噪声，绝热材料的导热系数或热阻、密度、吸水率的性能进行复验，复验应为见证取样检验。

（2）检查数量

按结构形式抽检，同厂家的风机盘管机组数量在500台及以下时，抽检2台；每增加1000台应增加抽检1台。同工程项目、同施工单位且同期施工的多个单位工程可合并计算。当获得建筑节能产品认证、具有节能标识或连续三次见证取样检验均一次检验合格时，其检验批的容量可扩大一倍。同厂家、同材质的绝热材料，复验次数不得少于2次。

（3）关注事项

① 成品风管是指非现场加工的风管或采购的工业化加工的风管，成品风管进场时应检查出厂合格证、强度及严密性试验报告等质量证明。

② 双向换气装置和空气-空气回收装置应按《空气—空气能量回收装置》GB/T 21087 的要求提供装置的检测报告，报告应包括风量、静压损失、出口全压及输入功率；装置内部或外部漏风率、有效换气率、交换效率、凝漏及噪声等内容。

③ 按照风机盘管不同结构形式进行抽检复验可以做到对其质量的控制。

④ 当获得建筑节能产品认证、具有节能标识或连续三次见证取样检验均一次检验合格时，其检验批的容量可扩大一倍，其每 500 台为一个检验批，检验批的容量扩大一倍，即由 500 组变成 1000 组，但不少于 2 台。

⑤ 风管和空调水系统管道以及冷媒管道的绝热材料的燃烧性能、材质、密度、导热系数、规格与厚度等应符合设计要求。绝热层的厚度越大，热阻就越大，管道的冷（热）损失也就越小，绝热节能效果就越好。

⑥ 空气风幕机是指带有电热装置或能通过热媒加热送出热风的空气风幕机，被称作热空气幕。公共建筑中的空气风幕机，一般安装在经常开启且不设门斗及前室外门的上方总长度略大于或等于外门的宽度。

3. 空调与供暖系统冷热源及管网节能工程

空调与供暖系统在建筑物中是能耗大户，而其冷热源和辅助设备又是空调与供暖系统中的主要设备，其能耗量占整个空调与供暖系统总能耗量的大部分，其选型是否合理，热工等技术性能参数是否符合设计要求，将直接影响空调与供暖系统的总能耗及使用效果。

空调与供暖系统冷热源及管网节能工程包括空调与供暖系统中冷热源设备、辅助设备及其管道和室外管网等。空调的冷源系统，包括冷源设备及其辅助设备（含冷却塔、水泵等）和管道；空调与供暖系统的热源系统，包括热源设备及其辅助设备和管道。

（1）验收批划分

空调与供暖系统冷热源设备、辅助设备及其管道和管网系统节能工程的验收，可按冷源系统、热源系统和室外管网进行检验批划分，也可由施工单位与监理单位协商确定。

（2）检验项目

空调与供暖系统冷热源及管网节能工程的预制绝热管道、绝热材料进场时，应对绝热材料的导热系数或热阻、密度、吸水率等性能进行复验，复验应为见证取样检验。

（3）检查数量

同厂家、同材质的绝热材料，复验次数不得少于 2 次。

（4）相应要求

在预制绝热管道和绝热材料进场时，应对其热工等技术性能参数进行复验。进场复验是对进入施工现场的材料、设备等在进场验收合格的基础上，按照有关规定从施工现场抽样送至试验室进行部分或全部性能参数的检验。同时应见证取样检验，即施工单位在监理或建设单位代表见证下，按照有关规定从施工现场随机抽样，送至有相应资质的检测机构进行检测，并应形成相应的复验报告。

4. 配电与照明节能工程

照明耗电在各个国家的总发电量中占有很大的比例。目前，我国照明耗电大体占全国总发电量的 10％～12％，2001 年我国总发电量为 14332.5 亿度（k·Wh），年照明耗电达 1433.25 亿～1719.9 亿度。为此，照明节电具有重要意义。1998 年 1 月 1 日我国颁布实施了《中华人民共和国节约能源法》，其中就包括照明节电。选择高效的照明光源、灯具及其附属装置直接关系到建筑照明系统的节能效果。室内灯具效率的检测方法依据《灯具分布光度测量的一般要求》GB/T 9468 进行，道路灯具、投光灯具的检测方法依据其各自标准《灯具分布光度测量的一般要求》GB/T 9468 和《投光照明灯具光度测试》GB/T 7002 进行。各种镇流器的谐波含量检测依据《电磁兼容　限值　谐波电流发射限值（设备每相输入电流≤16A）》GB 17625.1 进行，各种镇流器的自身功耗检测依据各自的性能标准进行，如管形荧光灯用交流电子镇流器应依据《管形荧光灯用交流和/或电子控制装置　性能要求》GB/T 15144 进行，气体放电灯和 LED 灯的整体功率因数检测依据国家相关标准进行。生产厂家应提供以上数据的性能检测报告。

1) 验收批划分

配电与照明节能工程验收可按《建筑节能工程施工质量验收标准》GB 50411—2019 的规定进行检验批划分，也可按照系统、楼层、建筑分区，由施工单位与监理单位协商确定。

2) 检验项目及数量

(1) 照明光源、照明灯具及其附属装置

配电与照明节能工程使用的照明光源、照明灯具及其附属装置等进场时，应对其下列性能进行复验，复验应为见证取样检验：

① 照明光源初始光效；

② 照明灯具镇流器能效值；

③ 照明灯具效率；

④ 照明设备功率、功率因数和谐波含量值。

检查数量：同厂家的照明光源、镇流器、灯具、照明设备，数量在 200 套（个）及以下时，抽检 2 套（个）；数量在 201～2000 套（个）时，抽检 3 套（个）；当数量在 2000 套（个）以上时，每增加 1000 套（个）时应增加抽检 1 套（个）。同工程项目、同施工单位且同期施工的多个单位工程可合并计算。当获得建筑节能产品认证、具有节能标识或连续三次见证取样检验均一次检验合格时，检验批容量可以扩大一倍。

说明：上述所列检验参数主要针对传统照明灯具，LED 灯的检验项目应为灯具效能、功率、功率因数、色度参数（含色温、显色指数）。下列标准为部分检测参数的判定依据：《管形荧光灯镇流器能效限定值及能效等级》GB 17896、《普通照明用双端荧光灯能效限定值及能效等级》GB 19043、《普通照明用自镇流荧光灯能效限定值及能效等级》GB 19044、《单端荧光灯能效限定值及节能评价值》GB 19415、《高压钠灯能效限定值及能效等级》GB 19573、《高压钠灯用镇流器能效限定值及节能评价值》GB 19574、《金属卤化物灯用镇流器能效限定值及能效等级》GB 20053、《金属卤化物灯能效限定值及能效等级》GB 20054 等。

(2) 低压配电系统使用的电线、电缆进场时，应对其导体电阻值进行复验，复验应为见证取样检验。

检查数量：同厂家各种规格总数的 10％，且不少于 2 个规格。

3) 相关要求

加强对建筑电气中所使用的电线和电缆的质量控制，工程中使用的电线和电缆进场时均应进行抽样检验。相同材料、截面导体和相同芯数为同规格，如 VV3 * 185 与 YJV3 * 185 为同规格，BV6.0 与 BVV6.0 为同规格。一般电线、电缆导体电阻值的合格判定，应符合《电缆的导体》GB/T 3956 中对铜、铝导体不同标称截面单位长度电阻值的相关规定。合金材料线缆、封闭式母线根据工程规模与使用数量确定检验，检验结果应根据设计要求、合同约定及相关标准进行判定。

在电线、电缆进场时，应对其导体电阻值进行复验。进场复验是对进入施工现场的材料、设备等在进场验收合格的基础上，按照有关规定从施工现场抽样送至试验室进行部分或全部性能参数的检验。同时应见证取样检验，即施工单位在监理或建设单位代表见证下，按照有关规定从施工现场随机抽样，送至有相应资质的检测机构进行检测，并应形成相应的复验报告。

# 6.1 居住建筑节能检测方法

## 6.1.1 概述

为了规范居住建筑节能检测方法，推进我国建筑节能的发展，住房和城乡建设部发布了《居住建筑节能检测标准》JGJ/T 132 行业标准，适用于新建、扩建、改建居住建筑的节能检测。从事节能检测的机构应具备相应资质，从事节能检测的人员应经过专门培训。当行业标准与国家法律、行政法规的规定相抵触时，应按国家法律、行政法规的规定执行。进行居住建筑节能检测时，除应符合行业标准外，尚应符合国家现行有关标准的规定。

1. 检测报告

（1）对施工现场随机抽取的外门（含阳台门）、户门、外窗及保温材料所作的性能复验报告，包括门窗传热系数、外窗气密性能等级、玻璃及外窗遮阳系数、保温材料密度、保温材料导热系数、保温材料比热容和保温材料强度报告。

（2）热源设备、循环设备的性能检测报告。

（3）居住建筑单位供暖耗热量的现场检测应符合《居住建筑节能检测标准》JGJ/T 132 的规定。

2. 检测设备

检测中使用的仪器仪表应具有法定计量部门出具的有效期内的检定证书或校准证书。仪器仪表的性能指标应符合《居住建筑节能检测标准》JGJ/T 132 的有关规定。

## 6.1.2 室内平均温度检测

室内平均温度是指在某房间室内活动区域内一个或多个代表性位置测得的，不少于24h 检测持续时间内室内空气温度逐时值的算数平均值。室内活动区域是指在室内居住空间内，由距地面或楼地面 100mm 和 1800mm，距内墙内表面 300mm，距外墙内表面或固定的供暖空调设备 600mm 的所有平面所围成的区域。建筑物外围护结构中具有热工特征部位，称为热桥：在室内供暖条件下，该部位内表面温度比主体部位低，在室内空调降温条件下，该部位内表面温度又比主体部位高。

1. 检测时间

室内平均温度的检测持续时间宜为整个供暖期。当该项检测是为配合其他物理量的检测而进行时，检测的起止时间应符合相应检测项目检测方法中的有关规定。

2. 测点布置

（1）当受检房间使用面积大于或等于 30m² 时，应设置两个测点。

（2）测点应设于室内活动区域，且距地面或楼面 700～1800mm 范围内有代表性的位置；温度传感器不应受到太阳辐射或室内热源的直接影响，例如，温度传感器不能放在易被阳光直接照射的地方，不能靠近照明灯管、灯泡、散热器、供暖立管处，为避免阳光的照射，应加装防护罩。

3. 检测仪器

室内平均温度应采用温度自动检测仪进行连续检测，检测数据记录时间间隔不宜超过 30min。如果使用的仪器设备具有采样时间间隔和记录时间间隔分设功能的话，检测数据记录时间间隔超过 30min 也是可以的。

4. 计算

（1）室内温度逐时值按下式计算：

$$t_{\mathrm{m},i} = \frac{\sum_{j=1}^{p} t_{i,j}}{p} \tag{6.1.2-1}$$

（2）室内平均温度按下式计算：

$$t_{\mathrm{m}} = \frac{\sum_{j=1}^{n} t_{\mathrm{m},i}}{n} \tag{6.1.2-2}$$

式中　$t_{\mathrm{m}}$——受检房间的室内平均温度（℃）；

$t_{\mathrm{m},i}$——受检房间第 $i$ 个室内温度逐时值（℃）；

$t_{i,j}$——受检房间第 $j$ 个测点的第 $i$ 个室内温度逐时值（℃）；

$n$——受检房间的室内温度逐时值的个数；

$p$——受检房间布置的温度测点的点数。

5. 合格指标与判定方法

（1）集中热水供暖居住建筑的供暖期室内平均温度应在设计范围内；当设计无规定时，应符合《工业建筑供暖通风与空气调节设计规范》GB 50019 中的相应规定。

（2）集中热水供暖居住建筑的供暖期室内温度逐时值不应低于室内设计温度的下限；当设计无规定时，该下限温度应符合《工业建筑供暖通风与空气调节设计规范》GB 50019 中的相应规定。

（3）对于已实施按热量计量且室内散热设备具有可调节的温控装置的供暖系统，当住户人为调低室内温度设定值时，供暖期室内温度逐时值可不作判定。

（4）当受检房间的室内平均温度和室内温度逐时值分别满足（1）和（2）的规定时，应判为合格，否则应判为不合格。

### 6.1.3　室外管网水力平衡度检测

水力平衡度是指在集中热水供暖系统中，整个系统的循环水量满足设计条件时，建筑物热力入口处循环水量检测值与设计值之比。在实施水力平衡度的检测时，供暖系统必须处于正常运行状态，这样，才有利于增加检测结果的可信度，否则，当系统中存在管堵、存气、泄水现象时，检测结果就很难反映系统的真实状态。

1. 检测时间

水力平衡度的检测应在供暖系统正常运行后进行。

2. 检测位置

(1) 室外供暖系统水力平衡度的检测宜以建筑物热力入口为限。

(2) 受检热力入口位置和数量的应符合下列规定：当热力入口总数不超过 6 个时，应全数检测；当热力入口总数超过 6 个时，应根据各个热力入口距热源距离的远近，按近端 2 处、远端 2 处、中间区域 2 处的原则确定受检热力入口；受检热力入口的管径不应小于 $DN40$。

3. 检测要求

(1) 水力平衡度检测期间，供暖系统总循环水量应保持恒定，且为设计值的 $100\% \sim 110\%$。

(2) 流量计量装置宜安装在建筑物相应的热力入口处，且宜符合产品的使用要求。

4. 检测步骤

(1) 循环水量的检测值应以相同检测持续时间内各热力入口处测得的结果为依据进行计算。检测持续时间宜取 10min。

(2) 水力平衡度应按下式计算：

$$HB_j = \frac{G_{wm,j}}{G_{wd,j}}$$

(6.1.3-1)

式中　$HB_j$——第 $j$ 个热力入口的水力平衡度；

　　　$G_{wm,j}$——第 $j$ 个热力入口循环水量检测值（$m^3/s$）；

　　　$G_{wd,j}$——第 $j$ 个热力入口的设计循环水量检测值（$m^3/s$）。

5. 合格指标与判定

(1) 供暖系统室外管网热力入口处的水力平衡度应为 0.9～1.2；

(2) 在所有受检的热力入口中，各热力入口水力平衡度均满足（1）时，应判为合格，否则应判为不合格。

## 6.1.4　供热系统补水率检测

补水率是指集中热水供暖系统在正常运行工况下，检测时间内，该系统单位建筑面积单位时间内的补水量与该系统单位建筑面积单位时间设计循环水量的比值。正常运行工况是指处于热态运行中的集中热水供暖系统同时满足以下条件时，则称该系统处于正常运行工况：所有供暖管道和设备处于热状态；某时间段中，任意两个 24h 内，后一个 24h 内系统补水量的变化值不超过前一个 24h 内系统补水量的 10%；采用定流量方式运行时，系统的循环水量为设计值的 $100\% \sim 110\%$；采用变流量方式运行时，系统的循环水量和扬程在设计规定的运行范围内。

1. 检测时间

补水率的检测应在供暖系统正常运行后进行。检测持续时间宜为整个供暖期。

2. 设备要求

总补水量应采用具有累计流量显示功能的流量计量装置检测。流量计量装置应安装在系统补水管上适宜的位置，且应符合产品的使用要求。当供暖系统中固有的流量计量装置在检定有效期内时，可直接利用该装置进行检测。

3. 计算

供暖系统补水率按下列公式计算：

$$R_{mp} = \frac{g_a}{g_d} \times 100\% \tag{6.1.4-1}$$

$$g_d = 0.861 \times \frac{q_q}{t_s - t_r} \tag{6.1.4-2}$$

$$g_a = \frac{G_a}{A_0} \tag{6.1.4-3}$$

式中　$R_{mp}$——供暖系统补水率；

$g_d$——供暖系统单位设计循环水量 $[kg/(m^2 \cdot h)]$；

$g_a$——检测持续时间内供暖系统单位补水量 $[kg/(m^2 \cdot h)]$；

$G_a$——检测持续时间内供暖系统平均单位时间内的补水量（kg/h）；

$A_0$——居住小区内所有供暖建筑物的总建筑面积（$m^2$），应按《居住建筑节能检测标准》JGJ/T 132 的规定计算；

$q_q$——供热设计热负荷指标（$W/m^2$）；

$t_s$、$t_r$——供暖热源设计供水、回水温度（℃）。

4. 合格指标与判定方法

（1）供暖系统补水率不应大于 0.5%。

（2）当供暖系统补水率满足（1）时，应判为合格，否则应判为不合格。

### 6.1.5　室外管网热损失率检测

室外管网热损失率是指集中热水供暖系统室外管网的热损失与管网输入总热量（即供暖热源出口处输出的总热量）的比值。

1. 检测时间

供暖系统室外管网热损失率的检测应在供暖系统正常运行 120h 后进行，检测持续时间不应少于 72h。

2. 检测要求

检测期间，供暖系统应处于正常运行工况，热源供水温度的逐时值不应低于 35℃。

3. 设备安装

热计量装置、温度传感器的安装：建筑物供暖供热量应采用热计量装置在建筑物热力入口处检测，供回水温度和流量传感器的安装宜满足相关产品的使用要求。温度传感器宜安装于受检建筑物外墙外侧且距外墙外表面 2.5m 以内的地方。供暖系统总供暖供热量宜在供暖热源出口处检测，供回水温度和流量传感器宜安装在供暖热源机房内，当温度传感器安装在室外时，距供暖热源机房外墙外表面的垂直距离不应大于 2.5m。

4. 检测步骤

供暖系统室外管网供水温降应采用温度自动检测仪进行同步检测，数据记录时间间隔不应大于 60min。

5. 计算

室外管网热损失率计算按下式计算

$$\alpha_{ht} = \left(1 - \sum_{j=1}^{n} Q_{a,j} / Q_{a,t}\right) \times 100\%$$ (6.1.5-1)

式中　$\alpha_{ht}$——供暖系统室外管网热损失率；

　　　$Q_{a,j}$——检测持续时间内第 $j$ 个热力入口处的供热量（MJ）；

　　　$Q_{a,t}$——检测持续时间内热源的输出热量（MJ）。

6. 合格指标与判定方法

（1）供暖系统室外管网热损失率不应大于 10%。

（2）当供暖系统室外管网热损失率满足（1）时，应判为合格，否则应判为不合格。

# 6.2　公共建筑节能检测方法

## 6.2.1　概述

为了加强对公共建筑的节能监督与管理，规范建筑节能检测方法，促进我国建筑节能事业健康有序的发展，住房和城乡建设部发布了《公共建筑节能检测标准》JGJ/T 177 行业标准。该标准适用于公共建筑的节能检测。在进行公共建筑节能检测时，除应符合该标准外，尚应符合国家现行有关标准的规定。

公共建筑节能检测方法不仅适用于新建、既有公共建筑的节能验收，也适用于公共建筑外围护结构、建筑用能系统的单项或多项节能性能的检测、鉴定及评估等。公共建筑包含办公建筑（包括写字楼、政府办公楼等），商场建筑（如商场、金融建筑等），旅游建筑（如旅馆饭店、娱乐场所等），科教文卫建筑（包括文化、教育、科研、医疗卫生、体育建筑等），通信建筑（如邮电、通信、广播用房等）以及交通运输用房（如机场、车站建筑等）。

1. 人员

从事节能检测的人员应经过专门培训。节能检测是一项技术含量高、复杂程度高的工作，涉及建筑热工、供暖空调、检测技术、误差理论等多方面的专业知识，要求现场检测人员应具有一定理论分析和解决问题的能力。

2. 检测机构

从事节能检测的机构应具有相应检测资质。检测机构应取得计量认证，且通过计量认证项目以及检测中使用的仪器仪表应具有有效期内的检定证书、校准证书，除另有规定外，仪器仪表的性能指标均应符合《公共建筑节能检测标准》JGJ/T 177 的有关规定。

## 6.2.2　供暖空调水系统性能检测

供暖空调水系统各项性能检测均应在系统实际运行状态下进行。即根据系统的实际运行状态对系统的能效进行检测，但可以根据检测条件和要求对末端负荷进行人为调节，以利于实现对系统性能的判别。

1. 一般规定

1) 冷水（热泵）机组及其水系统性能检测工况

（1）冷水（热泵）机组运行正常，系统负荷不宜小于实际运行最大负荷的60%，且运行机组负荷不宜小于其额定负荷的80%，并处于稳定状态。

（2）冷水出水温度应在6～9℃。

（3）水冷冷水（热泵）机组要求冷却水进水温度在29～32℃；风冷冷水（热泵）机组要求室外干球温度在32～35℃。

2) 锅炉及其水系统各项性能检测工况

（1）锅炉运行正常。

（2）燃煤锅炉的日平均运行负荷率不应小于60%，燃油和燃气锅炉瞬时运行负荷率不应小于30%。

3) 检测方法

（1）锅炉运行效率、补水率检测方法应按照《居住建筑节能检测标准》JGJ/T 132 的有关规定执行。

（2）供暖空调水系统管道的保温性能检测应按照《建筑节能工程施工质量验收标准》GB 50411 的有关规定执行。

2. 冷水（热泵）机组实际性能系数检测

1) 检测数量

对于2台及以下（含2台）同型号机组，应至少抽取1台。对于3台及以下（含3台）同型号机组，应至少抽取2台。

2) 检测方法

（1）检测工况下，应每隔5～10min读1次数，连续测量60min，并应取每次读数的平均值作为检测值。

（2）供冷（热）量测量应符合《公共建筑节能检测标准》JGJ/T 177 的规定。

（3）冷水（热泵）机组的供冷（热）量应按下式计算：

$$Q_0 = V \rho c \Delta t / 3600 \tag{6.2.2-1}$$

式中　$Q_0$——冷水（热泵）机组的供冷（热）量（kW）；

　　　$V$——冷水平均流量（m³/h）；

　　　$\Delta t$——冷水进、出口平均温差（℃）；

　　　$\rho$——冷水平均密度（kg/m³）；

　　　$c$——冷水平均定压比热 [kJ/(kJ·℃)]；

$\rho$、$c$ 可根据介质进出口平均温度由物性参数表查取。

（4）电驱动压缩机的蒸气压缩循环冷水（热泵）机组的输入功率应在电动机输入线端测量。输入功率检测应符合《公共建筑节能检测标准》JGJ/T 177 的规定。

（5）电驱动压缩机的蒸气压缩循环冷水（热泵）机组的实际性能系数（$COP_d$）应按下式计算：

$$COP_d = \frac{Q_0}{N} \tag{6.2.2-2}$$

式中　$COP_d$——电驱动压缩机的蒸气压缩循环冷水（热泵）机组的实际性能系数；

　　　$N$——检测工况下机组平均输入功率（kW）。

（6）溴化锂吸收式冷水机组的实际性能系数 $COP_x$ 应按下式计算：

$$COP_x = \frac{Q_0}{(Wq/3600+p)} \tag{6.2.2-3}$$

式中　$COP_x$——溴化锂吸收式冷水机组的实际性能系数；

　　　$W$——检测工况下机组平均燃气消耗量（$m^3/h$），或燃油消耗量（kg/h）；

　　　$q$——燃气发热值（$kJ/m^3$ 或 kJ/kg）；

　　　$p$——检测工况下机组平均电力消耗量（折算成一次能，kW）。

3）合格指标与判定

（1）检测工况下，冷水（热泵）机组的实际性能系数应符合现行国家标准《公共建筑节能设计标准》GB 50189—2015 的规定。

（2）当检测结果符合（1）的规定时，应判定为合格。

### 6.2.3　空调风系统性能检测

空调风系统各项性能检测均应在系统实际运行状态下进行。空调风系统管道的保温性能检测应按照《建筑节能工程施工质量验收标准》GB/T 50411 的有关规定执行。

1. 风机单位风量耗功率检测

1）检测数量

抽检比例不应少于空调机组总数的 20%；不同风量的空调机组检测数量不应少于 1 台。

2）检测方法

（1）检测应在空调通风系统正常运行工况下进行。

（2）风量检测应采用风管风量检测方法，并应符合《公共建筑节能检测标准》JGJ/T 177 中"风量检测方法"的规定。

（3）风机的风量应为吸入端和压出端风量的平均值，且风机前后的风量之差不应大于 5%。

（4）风机的输入功率应在电动机输入线端同时测量，输入功率检测应符合《公共建筑节能检测标准》JGJ/T 177 中"电机输入功率检测方法"的规定。

（5）风机单位风量耗功率应按下式计算：

$$W_s = \frac{N}{L} \tag{6.2.3-1}$$

式中　$W_s$——风机单位风量耗功率 $[W/(m^3/h)]$；

　　　$N$——风机的输入功率（W）；

　　　$L$——风机的实际风量（$m^3/h$）。

3）合格指标与判定

（1）风机单位风量耗功率检测值应符合国家标准《公共建筑节能设计标准》GB 50189—

2015 中的相关规定；

（2）当检测结果符合（1）的规定时，应判定为合格。

2. 新风量检测

1）检测数量

抽检比例不应少于新风系统数量的 20％；不同风量的新风系统不应少于 1 个。

2）检测方法

检测应在系统正常运行后进行，且所有的风口应处于正常开启状态；新风量检测应采用风管风量检测方法，并应符合《公共建筑节能检测标准》JGJ/T 177 中"风量检测方法"的规定。

3）合格指标与判别

（1）新风量检测值应符合设计要求，且允许偏差应为±10％；

（2）当检测结果符合（1）规定时，应判为合格。

3. 定风量系统平衡度检测

1）检测数量

每个一级支管路均应进行风系统平衡度检测；当其余支路小于或等于 5 个时，宜全数检测；当其余支路大于 5 个时，宜按照近端 2 个，中间区域 2 个，远端 2 个的原则进行检测。

2）检测方法

（1）检测应在系统正常运行后进行，且所有的风口应处于正常开启状态。

（2）风系统检测期间，受检风系统的总风量应维持恒定且宜为设计值的 100％～110％。

（3）风量检测方法可采用风管风量检测方法，也可采用风量罩风量检测方法，并应符合《公共建筑节能检测标准》JGJ/T 177 中"风量检测方法"的规定。

（4）风系统平衡度应按下式计算：

$$FHB_j = \frac{G_{a,j}}{G_{d,j}}$$

(6.2.3-2)

式中　$FHB_j$——第 $j$ 个支路的风系统平衡度；

　　　$G_{a,j}$——第 $j$ 个支路的实际风量（$m^3/h$）；

　　　$G_{d,j}$——第 $j$ 个支路的设计风量（$m^3/h$）；

　　　$j$——支路编号。

3）合格指标与判别

（1）90％的受检支路平衡度应为 0.9～1.2；

（2）检测结果符合（1）规定时，应判为合格。

### 6.2.4　风量检测方法

1. 风管风量检测方法

1）仪器设备

风管风量检测宜采用毕托管和微压计；当动压小于 10Pa 时，宜采用数字式风速计。

2）断面选择

风量测量断面应选择在机组出口或入口直管段上，且宜距上游局部阻力部件大于或等于 5 倍管径（或矩形风管长边尺寸），并距下游局部阻力构件大于或等于 2 倍管径（或矩形风管长边尺寸）的位置。

3）断面测点布置

（1）矩形断面测点布置数及方法应符合《公共建筑节能检测标准》JGJ/T 177 的规定。

① 当矩形截面的纵横比（长短边比）小于 1.5 时横线（平行于短边）的数目和每条线条上的测点数目均不小于 5 个。当长边大于 2m 时横线（平行于短边）的数目宜增加到 5 个以上。

② 当矩形截面的纵横比（长短边比）大于或等于 1.5 时，横线（平行于短边）的数目宜增加到 5 个以上。

③ 当矩形截面的纵横比（长短边比）小于或等于 1.2 时，也可按等截面划分小截面，每个小截面边长宜为 200～250mm。

（2）圆形断面测点布置数及方法应符合《公共建筑节能检测标准》JGJ/T 177 的规定。

4）检测方法

测量时，每个测点应至少测量 2 次。当 2 次测量值接近时，应取 2 次测量的平均值作为测点的测量值。

5）计算

当采用毕托管和微压计测量风量时，风量计算应按下列方法进行：

（1）平均动压计算应取各测点的算术平均值作为平均动压。当各测点数据变化较大时，应按下式计算动压的平均值：

$$P_v = \left( \frac{\sqrt{P_{v1}} + \sqrt{P_{v2}} + \cdots \sqrt{P_{vn}}}{n} \right)^2 \qquad (6.2.4\text{-}1)$$

式中　　　　　$P_v$——平均动压（Pa）；

　　$P_{v1}$、$P_{v2}$…$P_{vn}$——各测点的动压（Pa）。

（2）断面平均风速按下式计算：

$$V = \sqrt{\frac{2P_v}{\rho}} \qquad (6.2.4\text{-}2)$$

式中　$V$——断面平均风速（m/s）；

　　　$\rho$——空气密度（kg/m³），$\rho = 0.349B/(273.15+t)$；

　　　$B$——大气压力（hPa）；

　　　$t$——空气温度（℃）。

（3）机组或系统实测风量按下式计算：

$$L = 3600VF \qquad (6.2.4\text{-}3)$$

式中　$L$——机组系统风量（m³/h）；

　　　$F$——断面面积（m²）。

6）试验结果

采用数字式风速计测量风量时，断面平均风速应取算术平均值；机组或系统实测风量应按式（6.2.4-3）计算。

2. 风量罩风口风量检测

（1）风量罩安装应避免产生紊流，安装位置应位于检测风口的居中位置。

（2）风量罩应将待测风口罩住，并不得漏风。

（3）应在显示值稳定后记录读数。

### 6.2.5 照度值与功率密度值检测

（光）照度是指表面上一点处的光照度是入射在包含该点的面元上的光通量除以该面圆面积之商，单位为勒克斯（lx）。照明功率密度是指单位面积上照明实际消耗的功率（包括光源、镇流器或变压器等），单位为瓦特每平方米（$W/m^2$）。

1. 照度值检测

1）抽检数量

每类房间或场所应至少抽测 1 个进行照度值检测。

2）检测方法

应采用《照明测量方法》GB/T 5700 中规定的照度值检测方法。

3）合格指标与判定

（1）检测照度值与设计要求或《建筑照明设计标准》GB 50034 中的照明标准值的允许偏差应为±10%；

（2）当检测结果符合（1）的规定时，应判为合格。

2. 功率密度值检测

1）抽检数量

每类房间或场所应至少抽测 1 个进行功率密度值检测。

2）检测方法

应采用《照明测量方法》GB/T 5700 中规定的照明功率值检测方法。

3）计算

照明功率密度值应按下式计算：

$$\rho = \frac{P}{S} \tag{6.2.5-1}$$

式中 $\rho$——照明功率密度（$kW/m^2$）；

$P$——实测照明功率（kW）；

$S$——被检测区域面积（$m^2$）。

4）合格指标与评定

（1）照明功率密度应符合设计文件的规定；

（2）设计无要求时，应符合《建筑照明设计标准》GB 50034 中的规定；当检测结果符合（1）的规定时，应判为合格。

# 6.3 风机盘管机组

用于空气处理，基本配置包括风机、盘管、电机、凝结水盘等，根据使用要求的不同可附加配置控制器、排水隔气装置、空气过滤和净化装置、进出风风管、进出风发布器等配件，称为风机盘管机组。《风机盘管机组》GB/T 19232—2019 试验方法，适用于使用外供冷水、热水对房间进行供冷、供暖或分别供冷和供暖，送风量不大于 $3400\mathrm{m^3/h}$，出口静压不大于 120Pa 机组。类似用途的机组也可参照执行。

1. 分类

（1）按结构形式可分为卧式、立式、卡式和壁挂式。

（2）按安装形式可分为明装、暗装。

（3）按进出水方位可分为左式和右式。左式：面对机组出风口，供回水管在左侧；右式：面对机组出风口，供回水管在右侧。

（4）按出口静压可分为低静压型、高静压型。带风口和过滤器等附件的低静压型机组，其出口静压默认为 0Pa，不带风口和过滤器等附件的低静压型机组，其出口静压默认为 12Pa；高静压型机组按不带风口和过滤器进行测试。

（5）按用途类型可分为通用、干式和单供暖。

（6）按电机类型可分为交流电机、永磁同步电机。

（7）按管制类型可分为两管制（盘管为 1 个水路系统，冷热兼用）和四管制（盘管为 2 个水路系统，分别供冷和供暖）。两管制代号"2（盘管排数）"，四管制代号为"4（冷水盘管排数＋热水盘管排数）"。

2. 外观

机组外表面应光洁平整，无明显划伤、锈斑和压痕。卡式和明装机组喷涂层应均匀、色调一致，无流痕、气泡和剥落。

3. 试验条件

（1）机组应按铭牌上的额定电压和额定频率进行试验。

（2）通用机组额定风量和输入功率的试验工况参数、额定供冷量、供热量的试验工况参数和其他性能的试验工况参数应满足《风机盘管机组》GB/T 19232 的相关要求。

（3）干式机组额定风量和输入功率的试验工况参数、额定供冷量、供热量的试验工况参数和其他性能的试验工况参数应满足《风机盘管机组》GB/T 19232 的相关要求。

（4）单供暖机组额定风量和输入功率的试验工况参数中出口静压应按 0Pa 设定，其他参数及其额定供热量和噪声的试验工况参数应满足《风机盘管机组》GB/T 19232 的相关要求。

（5）试验用测量仪表应有计量检定有效期内的合格证，其准确度应符合《风机盘管机组》GB/T 19232 的相关要求。

（6）试验数据的允许偏差应符合《风机盘管机组》GB/T 19232 的相关要求。

（7）机组试验时的安装应按《风机盘管机组》GB/T 19232 的相关规定进行。

4. 检验项目

外观、耐压性、密封性、启动和运转、风量、输入功率、供冷量和供热量、水阻、噪声、凝露、凝结水、供冷能效系数、供热能效系数、绝缘电阻（冷态、热态）、电气强度、电机绕组温升、泄漏电流、接地电阻和湿热特性。

## 6.3.1　风量试验方法

风机盘管机组风量试验方法规定了风机盘管机组风量、出口静压和输入功率试验装置和方法。

1. 试验装置

（1）风量测量装置，由静压室、流量喷嘴、穿孔板、排气室（包括风机）等部件组成，见图 6.3.1-1。

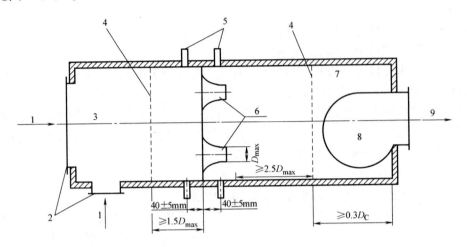

图 6.3.1-1 风量测量装置示意图

1—进口空气；2—接被试机组；3—静压室；4—穿孔板；5—静压孔（接压差计）；
6—流量喷嘴；7—排气室；8—风机；9—出口空气；$D_C$—箱体当量直径（mm）；
$D_{max}$—最大流量喷嘴喉部直径（mm）

（2）卧式、立式机组和壁挂式机组的安装方式应符合《风机盘管机组》GB/T 19232 的规定。连接风管高度不应小于机组出风口高度的 4 倍。

2. 试验条件

按《风机盘管机组》GB/T 19232 规定的"通用机组额定风量和输入功率"的试验工况参数、"各类测量仪表的准确度"规定的测量仪表准确度进行试验。试验机组应为安装完好的产品。

3. 试验方法

1）试验要求

（1）机组应在高、中、低三档风量和规定的出口静压下测量风量、输入功率、出口静压和温度、大气压力。

（2）永磁同步电机机组应在风量比为 1∶0.75∶0.5 条件下进行风量测试。

（3）高静压机组应进行风量和出口静压关系的测量，中、低档风量时的出口静压值应按下式进行计算：

$$P_M = (L_M/L_H)^2 P_H \tag{6.3.1-1}$$

$$P_L = (L_L/L_H)^2 P_H \tag{6.3.1-2}$$

式中　$P_H$、$P_M$、$P_L$——高、中、低三挡的出口静压（Pa）；

$L_H$、$L_M$、$L_L$——高、中、低三挡风量（$m^3/h$）。

2）出口静压测量

（1）在机组出口静压测量截面上将静压孔的取压口连接成静压环，将压力计一端与该环连接，另一端和周围大气相通，压力计的读数为机组出口静压。

（2）管壁上静压孔直径应为 1～3mm，孔边必须呈直角、无毛刺，取压接口管的内径不应小于 2 倍静压孔直径。

4. 风量计算

（1）单个喷嘴的风量按下式计算：

$$L_n = 3600CA_n \sqrt{\frac{2\Delta P}{\rho_n}} \qquad (6.3.1\text{-}3)$$

其中

$$\rho_n = \frac{P_t + B}{287T} \qquad (6.3.1\text{-}4)$$

式中　$L_n$——流经每个喷嘴的风量（$m^3/h$）；

　　　$C$——喷嘴流量系数，见《风机盘管机组》GB/T 19232 的规定；喷嘴喉部直径大于或等于 125mm 时，可设定 $C = 0.99$；

　　　$A_n$——喷嘴面积（$m^2$）；

　　　$\Delta P$——喷嘴前后的静压差或喷嘴喉部的动压（Pa）；

　　　$\rho_n$——喷嘴处空气密度（$kg/m^3$）；

　　　$P_t$——在喷嘴进口处空气的全压（Pa）；

　　　$B$——大气压力（Pa）；

　　　$T$——机组出口空气热力学温度（K）。

（2）若采用多个喷嘴测量时，机组的试验风量应等于各单个喷嘴测量的风量总和。

（3）试验结果按下式换算为标准空气状态下的风量：

$$L_s = \frac{L\rho_n}{1.2} \qquad (6.3.1\text{-}5)$$

式中　$L_s$——标准空气状态下的风量（$m^3/h$）；

　　　$L$——试验风量（$m^3/h$）；

　　　$\rho_n$——喷嘴处空气密度（$kg/m^3$）。

## 6.3.2　输入功率试验方法

按《风机盘管机组》GB/T 19232 规定的"通用机组额定风量和输入功率"的试验工况参数规定的试验工况下，按上述"风量试验方法"测量机组的输入功率。

## 6.3.3　供冷量和供热量试验方法

1. 试验装置

机组供冷量和供热量应采用图 6.3.3-1、图 6.3.3-2、图 6.3.3-3 所示试验装置之一进行测量。试验装置由空气预处理设备、风路系统、水路系统及控制系统等组成。整个试验装置应保温。

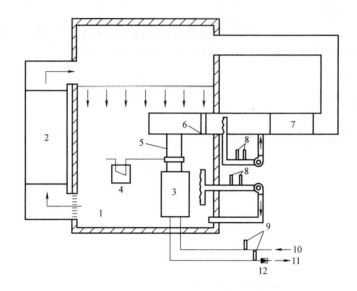

图 6.3.3-1　房间空气焓值法测量装置示意图

1—试验房间；2—空气预处理机组；3—被试机组；4—微压计；5—测试风管段；

6—空气混合器；7—空气流量测量装置；8—干、湿球温度测量装置；

9—水温测量；10—进水；11—回水；12—流量计

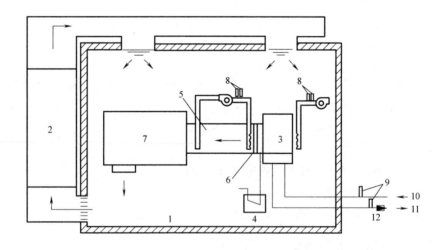

图 6.3.3-2　风洞式空气焓值法测量装置示意图

1—试验房间；2—空气预处理机组；3—被试机组；4—微压计；5—测试风管段；

6—空气混合器；7—空气流量测量装置；8—干、湿球温度测量装置；

9—水温测量；10—进水；11—回水；12—流量计

2. 试验方法

（1）按《风机盘管机组》GB/T 19232 规定的试验工况和图 6.3.3-1、图 6.3.3-2 和图 6.3.3-3 试验装置之一进行湿工况风量、供冷量和供热量测量。

（2）湿球温度测量要求

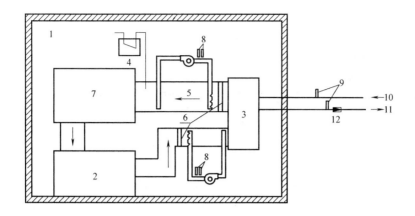

图 6.3.3-3　环路式空气焓值法测量装置示意图
1—试验房间；2—空气预处理机组；3—被试机组；4—微压计；5—测试风管段；
6—空气混合器；7—空气流量测量装置；8—干、湿球温度测量装置；
9—水温测量；10—进水；11—回水；12—流量计

① 流经湿球温度计的空气速度在 3.5～10m/s，最佳速度为 5m/s；

② 湿球温度计的纱布应洁净，用蒸馏水使其保持湿润，并与温度计紧密贴住，不应有气泡；

③ 湿球温度计应安装在干球温度计的下游。

（3）测量步骤

① 在试验系统和工况达到稳定 30min 后，进行测量记录。

② 连续测量 30min，按相等时间间隔（5min 或 10min）记录空气和水的各项参数，应至少记录 4 次数值。测量期间允许对试验工况参数作微量调节。

③ 取每次记录的平均值作为测量值进行计算。

④ 分别计算风侧和水侧的供冷量或供热量，两侧热平衡偏差应在 5% 以内。取两侧的算术平均值为机组的供冷量或供热量。

（4）试验记录

试验需记录的数据如下：日期、试验者、制造厂、型号规格、机组进出口尺寸、大气压力、流量喷嘴前后差或喷嘴出口处动压、使用喷嘴个数与直径、进入流量喷嘴的空气温度和全压、被试机组出口静压、被试机组进出口空气干球和湿球温度、被试机组进出口水温、被试机组流量、被试机组输入功率等。

3. 测量结果计算

（1）风量计算

风量按下式计算：

$$L = CA_n \sqrt{\frac{2\Delta P}{\rho}} \tag{6.3.3-1}$$

其中

$$\rho = \frac{(B + P_{t})(1 + d)}{461T(0.622 + d)} \tag{6.3.3-2}$$

式中　$L$——试验风量（$m^3/s$）；

$\quad\quad C$——喷嘴流量系数，见《风机盘管机组》GB/T 19232 的规定；

$\quad\quad A_n$——喷嘴面积（$m^2$）；

$\quad\quad \Delta P$——喷嘴前后静压差或喷嘴喉部处的动压（Pa）；

$\quad\quad \rho$——湿空气密度（$kg/m^3$）；

$\quad\quad B$——大气压力（Pa）；

$\quad\quad P_t$——在喷嘴进口处空气的全压（Pa）；

$\quad\quad d$——喷嘴处湿空气的含湿量（kg/kg 干空气）；

$\quad\quad T$——机组出口空气热力学温度（K）。

（2）供冷量计算

① 风侧供冷量和风侧显热供冷量分别按下式计算：

$$Q_a = \frac{L\rho(I_1 - I_2)}{1 + d} \tag{6.3.3-3}$$

$$Q_{se} = L\rho C_{pa}(t_{a1} - t_{a2}) \tag{6.3.3-4}$$

式中　$Q_a$——风侧供冷量（kW）；

$\quad\quad L$——试验风量（$m^3/s$）；

$\quad\quad \rho$——湿空气密度（$kg/m^3$）；

$\quad I_1$、$I_2$——被试机组进、出口空气焓值（kJ/kg 干空气）；

$\quad\quad d$——喷嘴处湿空气的含湿量（kg/kg 干空气）；

$\quad\quad Q_{se}$——风侧显热供冷量（kW）；

$\quad\quad C_{pa}$——空气比定压热容，取为 1.005kJ/(kg·℃)；

$\quad t_{a1}$、$t_{a2}$——被试机组进、出口空气干球温度（℃）。

② 水侧供冷量按下式计算：

$$Q_w = GC_{pw}(t_{w2} - t_{w1}) - N \tag{6.3.3-5}$$

式中　$Q_w$——水侧供冷量（kW）；

$\quad\quad G$——供水量（kg/s）；

$\quad\quad C_{pw}$——水的比定压热容，取为 4.18kJ/(kg·℃)；

$\quad t_{w1}$、$t_{w2}$——被试机组进、出口水温（℃）；

$\quad\quad N$——输入功率（kW）。

③ 实测供冷量按下式计算：

$$Q_L = \frac{1}{2}(Q_a + Q_w) \tag{6.3.3-6}$$

式中　$Q_L$——被试机组实测供冷量（kW）；

$\quad\quad Q_a$——风侧供冷量（kW）；

$\quad\quad Q_w$——水侧供冷量（kW）。

④ 两侧供冷量平衡误差按下式计算：

$$\left|\frac{Q_a-Q_w}{Q_L}\right|\times100\%\leqslant5\% \tag{6.3.3-7}$$

式中　$Q_a$——风侧供冷量（kW）；

　　　$Q_w$——水侧供冷量（kW）；

　　　$Q_L$——被试机组实测供冷量（kW）。

（3）供热量计算

① 风侧供热量按下式计算：

$$Q_{ah}=L\rho C_{pa}(t_{a2}-t_{a1}) \tag{6.3.3-8}$$

式中　$Q_{ah}$——风侧供热量（kW）；

　　　$L$——试验风量（$m^3/s$）；

　　　$\rho$——湿空气密度（$kg/m^3$）；

　　　$C_{pa}$——空气比定压热容，取为 1.005kJ/(kg·℃)；

　　$t_{a1}$、$t_{a2}$——被试机组进、出口空气干球温度（℃）。

② 水侧供热量按下式计算：

$$Q_{wh}=GC_{pw}(t_{w2}-t_{w1})+N \tag{6.3.3-9}$$

式中　$Q_{wh}$——水侧供热量（kW）；

　　　$G$——供水量（kg/s）；

　　　$C_{pw}$——水的比定压热容，取为 4.18kJ/(kg·℃)；

　　$t_{w1}$、$t_{w2}$——被试机组进、出口水温（℃）；

　　　$N$——输入功率（kW）。

③ 实测供热量按下式计算：

$$Q_h=\frac{1}{2}(Q_{ah}+Q_{wh}) \tag{6.3.3-10}$$

式中　$Q_h$——被试机组实测供冷量（kW）；

　　　$Q_{ah}$——风侧供热量（kW）；

　　　$Q_{wh}$——水侧供热量（kW）。

④ 两侧供热量平衡误差按下式计算：

$$\left|\frac{Q_{ah}-Q_{wh}}{Q_L}\right|\times100\%\leqslant5\% \tag{6.3.3-11}$$

式中　$Q_{ah}$——风侧供热量（kW）；

　　　$Q_{wh}$——水侧供热量（kW）；

　　　$Q_h$——被试机组实测供冷量（kW）。

## 6.3.4　水阻试验方法

按《风机盘管机组》GB/T 19232 规定的"风机盘管机组供冷量和供热量试验方法"规定的试验装置测量盘管进出口水压降，即为水阻值。试验时应满足以下要求：

（1）水温为 7～12℃，调整水流量为额定供冷工况水流量；

（2）热水盘管水温为 40～60℃，调整水流量为额定供暖工况水流量。

### 6.3.5　噪声试验方法

**1. 噪声测量室要求**

（1）噪声测量室为消声室或半消声室，半消声室地面为反射面，噪声测量应符合《采暖通风与空气调节设备噪声声功率级的测定 工程法》GB/T 9068 的相关规定。

（2）测量室的声学环境应符合表 6.3.5-1 的要求。

声学环境要求 表 6.3.5-1

| 测量室类型 | 1/3 倍频带中心频率（Hz） | 最大允许差（dB） |
|---|---|---|
| 消声室 | ≤630 | ±1.5 |
|  | 800～5000 | ±1.0 |
|  | ≥6300 | ±1.5 |
| 半消声室 | ≤630 | ±2.0 |
|  | 800～5000 | ±2.0 |
|  | ≥6300 | ±3.0 |

**2．噪声测量条件**

（1）被试机组电源输入应为额定电压、额定频率，并可进行高、中、低三挡风量运行。

（2）被试机组出口静压值应与风量测量时一致。

（3）在半消声室内测量时，测点距反射面应大于 1m。

（4）被测风机盘管机组与背景噪声之差应大于 10dB（A）。

**3. 噪声测量**

**1）出口静压为 0Pa 的立式、卧式、卡式和壁挂式机组的测量**

立式机组按图 6.3.5-1a 测量；卧式机组按图 6.3.5-1b 测量；卡式机组按图 6.3.5-1c 测量；壁挂式机组按图 6.3.5-1d 测量。

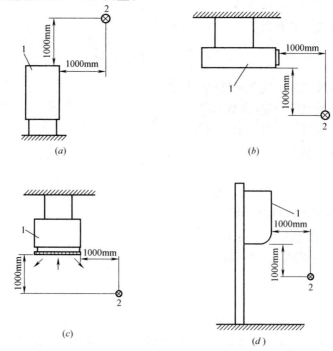

图 6.3.5-1　出口静压为 0Pa 的机组噪声测量示意图

（a）立式机组测量；（b）卧式机组测量；（c）卡式机组测量；（d）壁挂式机线测量
1—被试机组；2—噪声测点

2）出口静压不大于12Pa的机组测量

出口静压不大于12Pa的机组测量按图6.3.5-2的要求进行测量，低静压机组可只测出风口噪声。测量时，在机组回风口连接长度为1m的且内壁光滑的风管，风管材质应为20mm厚挤塑聚苯板，密度不应小于32kg/m³。在风管端部应设置阻尼网调节机组静压。高挡风量出口静压取额定出口静压，中、低挡风量出口静压值按式6.3.1-1确定。

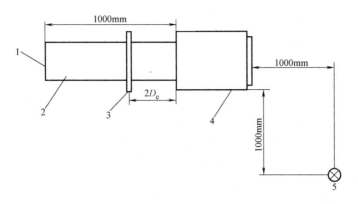

图6.3.5-2　出口静压不大于12Pa的机组噪声测量示意图

1—阻尼网；2—测试风管；3—静压环；4—被试机组；5—噪声测点；

$D_e$—机组出风口当量直径（mm）

3）出口静压大于12Pa的机组测量

出口静压大于12Pa的机组测量按图6.3.5-3的要求进行测量，高静压机组应测试机外噪声。测量时，在机组回风口和出风口分别连接长度为2m的且内壁光滑的风管，风管材质应为20mm厚挤塑聚苯板，密度不应小于32kg/m³。风管进、出口不应朝向半消声室反射面，距噪声测点位置不应小于2m。在回风口风管端部应设置阻尼网，调节机组静压。高挡风量出口静压取额定出口静压，中、低挡风量出口静压值按式6.3.1-1确定。

4）应使用声级计测出机组高、中、低三挡风量时声压级dB（A）。

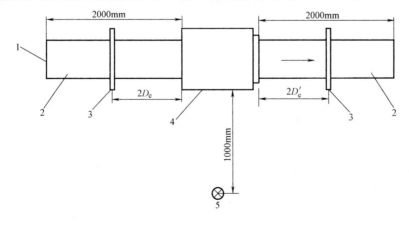

图6.3.5-3　出口静压大于12Pa的机组噪声测量示意图

1—阻尼网；2—测试风管；3—静压环；4—被试机组；5—噪声测点；$D_e$—机组回风口

当量直径（mm）；$D_e'$—机组出风口当量直径（mm）

# 6.4　供暖散热器性能检测

《供暖散热器散热量测定方法》GB/T 13754 测定方法，适用于热媒为水（热媒温度低于当地大气压力下水的沸点温度）的散热器标准散热量的测定；测试样品的标准散热量不宜小于 400W，且不宜大于 2600W；不适用于自带热源散热器。

## 6.4.1　测试样品的选择

组装式散热器是指生产和销售都以同样形式的待组装单元出现，并可将这些单元组装成一个整体的散热器。标准散热器是指各检测实验室规定的用于验证测试装置重复性的散热器。散热器类是指具有类似构造，当高度或长度变化时，散热器的横断面保持不变，或在不影响热媒侧的情况下，散热器干换热面仅有一个特征尺寸（如板式散热器对流片的高度）发生系统性变化，并至少包含 3 种以上散热器型号的一类散热器。

1. 当散热器长度相同、高度为变化的特征尺寸时散热器类测试样品的选择

（1）散热器测试样品的长度宜为 0.5～1.5m。对组装式散热器，其组装单元的数量宜为 10 且散热器长度不应小于 0.5m。同一散热器类中的不同测试样品应具有相同长度。

（2）当散热器类中散热器高度变化范围为 $0.3m \leqslant H_r \leqslant 1.0m$ 时，测试样品应分别选取所属类中最大高度、最小高度和中间高度的 3 个样品，所选中间高度样品高度值不应小于且应最接近下式表示的高度均值。

$$H_a = \frac{H_{max} + H_{min}}{2} \tag{6.4.1-1}$$

式中　$H_a$——高度均值（m）；

　　　$H_{max}$——高度最大值（m）；

　　　$H_{min}$——高度最小值（m）；

（3）当散热器类中散热器高度变化范围为 $1.0m < H_r \leqslant 2.5m$ 时，被测样品应分别选取所属类中最大高度、最小高度和两个中间高度的样品，所选中间高度样品高度值应分别最接近于下式表示的值。

$$H_{a1} = \frac{2H_{max} + H_{min}}{3} \tag{6.4.1-2}$$

$$H_{a2} = \frac{H_{max} + 2H_{min}}{3} \tag{6.4.1-3}$$

式中　$H_{a1}$——第 1 个高度中间值（m）；

　　　$H_{a2}$——第 2 个高度中间值（m）；

（4）当该散热器类中所有散热器的高度均小于 0.3 m 时，被测样品应选择所属类中最大高度和最小高度的样品。

（5）当散热器高度范围大于 2.5 m 时，不宜以散热器类作为测试对象。

2. 高度相同、其他特征尺寸变化时散热器类测试样品的选择

所选择的测试样品应具有相同高度，且其特征尺寸分别为该散热器类中相关特征尺寸的最小值、中间值和最大值，中间值宜参考上述（2）的规定确定。

3. 测试样品的提交和核对

（1）当第一次申请测试的散热器或型号，宜同时向检测实验室提交测试样品和产品图纸。产品图纸应由委托方提供。

（2）产品图纸宜包含下列内容：应显示对散热器有影响的所有尺寸和特征，包括焊接和装配的详细方法；应注明散热器的材料种类，干换热面或湿换热面材料的名义厚度、公差及涂层类型。

（3）检测实验室根据国家现行相关产品标准对样品的外形尺寸进行核对后方可进行散热量的测定。

## 6.4.2　测试系统配置和测试方法

1. 测试目的

利用标准规定的测试方法，获得散热器标准特征公式，确定散热器的标准散热量。标准特征公式是指在标准水流量下有效，散热量作为过余温度的函数表达式。某散热器类的特征公式是指作为某一特征尺寸的函数，可以给出某散热器类所包含的所有型号的标准散热量和特征指数的公式。

2. 仪器设备

1）测试装置

测试装置示意图如图 6.4.2-1 所示。

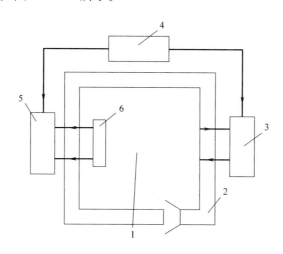

图 6.4.2-1　测试装置示意图

1—安装被测散热器的小室；2—小室 6 个壁面外的循环空气或水夹层；3—冷却夹层内
循环空气或水夹层循环处理装置；4—检测和控制的仪表及设备；
5—供给被测试散热器能量的热媒循环系统；6—测试样品

2）其他装置

其他装置包括小室、小室内的参数测量、热媒循环系统参数的测量、标准散热器和测试装置的验证，应符合《供暖散热器散热量测定方法》GB/T 13754 的规定。

3. 试验准备

1）无特殊要求时，被测散热器的安装

（1）散热器应与安装位置所在的壁面平行，并对称于该壁面的中心线。

（2）散热器安装位置所在的壁面与距其最近的散热器表面之间的距离应为（0.050±0.005）m。

（3）散热器底部应与小室地面平行，其底部与小室底部的间距应为（0.11±0.01）m。

（4）散热器与支管的连接采用同侧上进下出，并应有坡度。

（5）支撑及固定散热器的构件不应影响散热器的散热量。

（6）应保证在水系统中不发生气堵。

2）如果委托方的技术文件或标准连接件与上述1）的规定不同，散热器应按委托方的规定安装，相关安装元件由委托方提供。

3）测试报告中给出散热器的安装条件，委托方也应在其技术文件中给出同样的说明。

4. 测试方法

1）方法概述

散热器的散热量通过测量流经散热器的水的质量流量（称重法）和散热器进出口的焓差来确定。水的质量流量是指单位时间内流过散热器的水的质量。

2）测量和计算

通过确定散热器散热量和过余温度的相关值，建立散热器的标准特征公式。标准散热量是指标准测试工况下的散热器散热量。过余温度是指样品进出水平均温度与基准点空气温度的差值。标准测试工况是指小室基准点空气温度为18℃，大气压力为标准大气压力；辐射散热器进水口水温为75℃，出水口水温为50℃；对流散热器进水口水温为68.75℃，出水口水温为56.25℃的测试工况。标准过余温度是指标准测试工况下的过余温度（44.5K）。

（1）称重法

标准大气压力是指101.3kPa（1.013bar）的大气压力。在标准大气压下，散热器散热量按下式计算：

$$Q = G_m(h_1 - h_2) \tag{6.4.2-1}$$

$$G_m = \frac{m}{\tau} \tag{6.4.2-2}$$

式中　$Q$——标准大气压力下的散热器散热量（W）；

　　　$G_m$——流经散热器的水的质量流量（kg/s）；

　$h_1$、$h_2$——散热器进出口比焓（J/kg），根据测量到的散热器进出口温度 $t_1$ 和 $t_2$，通过计算或参照《供暖散热器散热量测定方法》GB/T 13754 规定中100kPa 压力下的水的物性参数表得到；

　　　$m$——集水容器中水的质量（kg）；

　　　$\tau$——集水容器收集水的采样时长（s）。

（2）大气压力修正

当测试小室大气压力与标准大气压力有偏离时，按下式计算散热量：

$$Q = Q_{me} \times \alpha \tag{6.4.2-3}$$

式中　$Q$——标准大气压力下的散热器散热量（W）；

　　$Q_{\mathrm{me}}$——非标准大气压力下的散热器散热量（W）；

　　$\alpha$——非标准大气压力条件下的散热量修正系数。

$$\alpha = 1 + \beta(p_0 - p)/p_0 \tag{6.4.2-4}$$

式中　$\beta$——系数，辐射散热器为 0.3，对流散热器为 0.5；

　　　$p$——测试小室的平均大气压力（kPa）；

　　　$p_0$——标准大气压力（101.3kPa）。

3）特征公式的确定

（1）测试工况

① 特征公式的确定至少应在过余温度分别为 30.0±2.5K、44.5±1.0K 和 60.0±2.5K 这 3 个工况测试的基础上进行。

② 在确定特征公式的过程中，除应满足规定的稳态条件外，不同工况间基准点空气温度的变化不应超过 1K。

③ 不同工况间的水的质量流量应相同，与平均值的相对偏差不超过 ±1%。该流量应符合以下要求的工况下测出：过余温度为 44.5±1.0K；对于辐射散热器，散热器进出口温差为 25.0±1.0K；对于对流散热器，散热器进出口温差为 12.5±1.0K。

④ 对流散热器宜进行变流量测试，辐射散热器可根据委托方要求确定是否进行变流量测试。变流量测试宜在标准流量、1/2 倍标准流量和 2 倍标准流量这 3 个不同工况下进行。

（2）稳态条件

① 在测试过程中热媒循环系统和测试小室都应保持稳定条件。应通过自控系统对相关参数进行定时监测。当在至少 30min 内得到的所有读数（至少 12 组）与平均值的最大偏差小于标准规定的条件时，可以认为达到稳态条件。

② 热媒循环系统的稳态条件：流量：与平均值的最大偏差为 ±1%；温度：与平均值的最大偏差为 ±0.1℃。

③ 测试小室的稳态条件：各壁面中心温度：与平均值的最大偏差为 ±0.3℃；安装散热器墙壁内表面温度：与平均值的最大偏差为 ±0.5℃；基准点温度：与平均值的最大偏差为 ±0.1℃。

（3）测试时间和记录

① 测量数据可采用电子文件记录。

② 在热媒循环系统和测试小室在某一状态下已达到稳定要求后，在等时间间隔上连续进行 12 次测试，且总时间不得小于 0.5h。应记录规定的相关数据。

③ 若记录值符合所规定的偏差范围（包括稳态条件），可计算平均值后确定散热器的特征公式。

5. 测量仪器的准确度与不确定度

1）质量

（1）采用称重法称重时，称量装置在称量称水容器中水的质量时，每 10kg 测量误差不应大于 2g。

（2）散热器质量应采用不低于三级的台秤称量得到。

2）时间

采用称重法称重时，用来测量收集水的时间计时器的测量误差不应大于 0.01s。每次称量时间不应少于 60s。

3）温度

（1）应在被测散热器与水系统的连结点处直接测量水温。如不可能在该处测量水温时，可在散热器进（出）口不大于 0.3m 的管道处测量。应对这段管道采取保温措施，宜采用橡塑保温材料，且保温材料厚度不应低于 50mm。保温层应延伸到测温点外 0.3m 以上。

（2）水流温度测量的扩展不确定度（$k=2$）不应大于 0.05K，进出口温差和过余温度测量的扩展不确定度（$k=2$）不应大于 0.1K。

（3）空气温度测量点应做防热辐射屏蔽。

4）大气压力

大气压力的测量准确度应在 ±0.2kPa（2mbar）内。

5）测量仪器的校准

测量主要参数仪器的校准应溯源到国家基准。

6. 测试结果

1）标准特征公式

（1）测试对象为单个散热器型号时散热器的标准特征公式

对单个散热器型号，测试得到的标准特征公式表示见下式：

$$Q = K_M \cdot \Delta T^n \tag{6.4.2-5}$$

式中　　$Q$——标准大气压力下的散热器散热量（W）；

$\quad K_M$——针对该组散热器型号，测试所得标准特征的常数；

$\quad \Delta T$——过余温度（K）；

$\quad n$——针对该组散热器型号，测试所得标准特征公式的指数。

（2）测试对象为某散热器类时散热器类的标准特征公式

① 散热器类的标准特征公式见下式：

$$Q = K_T \cdot H^b \Delta T^{(c_0 + c_1 H)} \tag{6.4.2-6}$$

式中　　$Q$——标准大气压力下的散热器散热量（W）；

$\quad \Delta T$——过余温度（K）；

$\quad H$——特征尺寸（m）；

$\quad c_0 + c_1 H$——特征尺寸 $H$ 的线性函数；

$\quad K_T$——该散热器类标准特征公式的常数；

$\quad b$——该散热器类标准特征公式的指数。

② 变流量下某散热器类的特征公式见下式：

$$Q = K_T \cdot H^b \cdot G_m^c \Delta T^{(c_0 + c_1 H)} \tag{6.4.2-7}$$

式中　　$Q$——标准大气压力下的散热器散热量（W）；

$\quad \Delta T$——过余温度（K）；

$\quad H$——特征尺寸（m）；

$\quad K_T$——变流量下某散热器类特征公式的常数；

$c_0+c_1 H$——特征尺寸 $H$ 的线性函数；

　　$G_m$——通过散热器的水的质量流量（kg/s）；

　　　$b$——该散热器类的常数，通过最小二乘法求得；

　　　$c$——该散热器类特征公式中流量的指数。

2）标准散热量

散热器的标准散热量可以通过将标准过余温度代入到式（6.4.2-5）计算得到；也可通过将标准过余温度、该型号的特征尺寸代入式（6.4.2-6）中计算得到。

3）金属热强度

金属热强度是指散热器在标准工况测试下，每单位过余温度下单位质量金属的散热量。散热器金属热强度按下式确定：

$$q=\frac{Q_s}{\Delta T_s \cdot G}$$

　　　　　　　　　　　　　　　　　　　　　　　　　　（6.4.2-8）

式中　$q$——散热器金属热强度 $[W/(kg \cdot K)]$；

　　　$Q_s$——散热器标准散热量（W）；

　　　$\Delta T_s$——标准过余温度，$\Delta T_s=44.5K$；

　　　$G$——散热器未充水时的质量（kg）。

## 6.4.3　检测报告

1. 测试报告中应包括的内容

①小室尺寸；②每个被测样品或散热器类的标准特征公式；③每个被测样品的标准散热量、金属热强度、散热量与过余温度的关系曲线、水的质量流量；④样品安装中的任何非标准做法；⑤能反映被测散热器构造、形状、主要尺寸及特点的照片或简图；⑥不符合标准规定的测试项目及原因；⑦注明被测散热器片数组合长度、重量、制造材料、表面涂料、外形尺寸、连接方式、接管尺寸及安装情况。

2. 计算结果修约

被测散热器散热量计算结果修约时应保留 1 位小数，特征公式中的指数和系数应保留 4 位小数，温度应保留 1 位小数。

# 第7章 建筑节能工程现场检验技术

## 7.1 建筑节能工程现场检验

### 7.1.1 围护结构现场实体检验

对已完工的工程进行实体检验，是验证工程质量的有效手段之一。通常只有对涉及安全或重要功能的部位采取这种方法验证。围护结构对于建筑节能意义重大，虽然在施工过程中采取了多种质量控制手段，但是其节能效果到底如何仍难以确认。经过在部分工程上的试验，《建筑节能工程施工质量验收标准》GB 50411 要求对围护结构的外墙和建筑外窗进行现场实体检验，并规定了建筑围护结构现场实体检验项目的外墙节能构造和部分地区的外窗气密性。

1. 检验项目

建筑围护结构节能工程施工完成后，应对围护结构的外墙节能构造和外窗气密性能进行现场实体检验。外墙节能构造检验的目的有 3 个：验证墙体保温材料的种类是否符合设计要求；验证保温层厚度是否符合设计要求；检查保温层构造做法是否符合设计和专项施工方案要求。检验目的是要求检验报告给出相应的检验结果。外窗气密性的实体检验，是指对已经安装完成的外窗在其使用位置进行的测试。检验的目的是抽样验证建筑外窗气密性能是否符合节能设计要求和国家有关标准的规定。实际上是在进场验收合格的基础上，检验外窗的安装（含组装）质量，能够有效防止检验窗合格、工程用窗不合格的情况。

2. 检验内容

建筑外墙节能构造的现场实体检验应包括墙体保温材料的种类、保温层厚度和保温层构造做法。当部分工程具备条件时，也可直接进行外墙传热系数或热阻检验。检测方法、抽样数量等应在合同中约定或遵守另外的规定。

建筑外窗气密性能现场实体检验的内容包括严寒、寒冷地区的建筑外窗；夏热冬冷地区高度大于或等于 24m 的建筑或有集中供暖或供冷的建筑外窗；其他地区有集中供冷或供暖建筑的外窗。

3. 抽检数量

外墙节能构造和外窗气密性的现场实体检验，其抽样数量可以在合同中约定，但合同中约定的抽样数量不应低于《建筑节能工程施工质量验收标准》GB 50411 的要求。当无合同约定时应按照下列规定抽样：

（1）外墙节能构造实体检验应按单位工程进行，每种节能构造的外墙检验不得少于 3 处，每处检查一个点；传热系数的检验数量应符合现行国家标准的有关要求。

（2）外窗气密性能现场实体检验应按单位工程进行，每种材质、开启方式、型材系列的外窗检验不得少于 3 樘。

（3）同工程项目、同施工单位且同期施工的多个单位工程，可合并计算建筑面积；每 $30000m^2$ 可视为一个单位工程进行抽样，不足 $30000m^2$ 也视为一个单位工程。

（4）实体检验的样本应在施工现场由监理单位和施工单位随机抽取，且应分布均匀、具有代表性，不得预先确定检验位置。

4. 检验规定

（1）外墙节能构造钻芯检验

外墙节能构造的现场实体检验应由监理工程师见证，可由建设单位委托有资质的检测机构实施，也可由施工单位实施。但是不论由谁实施均须进行见证，以保证检验的公正性。

（2）围护结构的传热系数或热阻检验

当外墙的传热系数或热阻进行检验时，应由监理工程师见证，由建设单位委托有资质的检测机构实施；其检测方法、抽样数量、检测部位和合格判定标准等按照相关标准确定，并在合同中约定。

（3）外窗气密性能

外窗气密性能的现场实体检验应由监理工程师见证，由建设单位委托有资质的检测机构实施。

5. 检验方法

（1）外墙节能构造实体的检验方法，宜按照《建筑节能工程施工质量验收标准》GB 50411 中的"外墙节能构造钻芯检验方法"进行检验；当检验方法不适用时，应进行外墙传热系数或热阻检验。

（2）建筑外窗气密性能的检验，应按照国家现行有关标准执行，如《建筑外窗气密、水密、抗风压性能现场检测方法》JG/T 211 等。

6. 不合格处理

当外墙节能构造或外窗气密性现场实体检验出现不符合设计要求和标准规定的情况时，应委托有资质的检测机构扩大一倍数量抽样，对不符合要求的项目或参数再次检验。仍然不符合要求时应给出"不符合设计要求"的结论，并应符合下列规定：

（1）对于不符合设计要求的围护结构节能构造应查找原因，对因此造成的对建筑节能的影响程度进行计算或评估，采取技术措施予以弥补或消除后重新进行检测，合格后方可通过验收。

（2）对于建筑外窗气密性能不符合设计要求和国家现行标准规定的，应查找原因，经过整改使其达到要求后重新进行检测，合格后方可通过验收。

## 7.1.2 设备系统节能性能检验

供暖节能工程、通风与空调节能工程、配电与照明节能工程安装调试完成后，应进行系统节能性能的检测，应由建设单位委托具有相应检测资质的第三方检测机构，按照国家现行标准对系统节能性能进行检验并出具报告。受季节影响未进行的节能性能检测项目，应在保修期内补做。

供暖节能工程、通风与空调节能工程、配电与照明节能工程的设备系统节能性能检测应符合表 7.1.2-1 的规定。设备系统节能性能检测的项目和抽样数量可在工程合同中约定，必要时可增加其他检测项目，但合同中约定的检测项目和抽样数量不应低于《建筑节能工程施工质量验收标准》GB 50411 的规定。

设备系统节能性能检测主要项目及要求　　　　　　　　　　表 7.1.2-1

| 序号 | 检测项目 | 抽样数量 | 允许偏差或规定值 |
|---|---|---|---|
| 1 | 室内平均温度 | 以房间数量为受检样本基数，最小抽样数量按《建筑节能工程施工质量验收标准》GB 50411 的规定执行，且均匀分布，并具有代表性；对面积大于 100m² 的房间或空间，可按每 100m² 划分为多个受检样本。公共建筑的不同典型功能区域检测部位不应少于 2 处 | 冬季不得低于设计计算温度 2℃，且不应高于 1℃；夏季不得高于设计计算温度 2℃，且不应低于 1℃ |
| 2 | 通风、空调（包括新风）系统的风量 | 以系统数量为受检样本基数，抽样数量按《建筑节能工程施工质量验收标准》GB 50411 的规定执行，且不同功能的系统不应少于 1 个 | 符合现行国家标准《通风与空调工程施工质量验收规范》GB 50243 有关规定的限值 |
| 3 | 各风口的风量 | 以风口数量为受检样本基数，抽样数量按《建筑节能工程施工质量验收标准》GB 50411 的规定执行，且不同功能的系统不应少于 2 个 | 与设计风量的允许偏差不大于 15% |
| 4 | 风道系统单位风量耗功率 | 以风机数量为受检样本基数，抽样数量按《建筑节能工程施工质量验收标准》GB 50411 的规定执行，且不应少于 1 台 | 符合现行国家标准《公共建筑节能设计标准》GB 50189 规定的限值 |
| 5 | 空调机组的水流量 | 以空调机组数量为受检样本基数，抽样数量按《建筑节能工程施工质量验收标准》GB 50411 的规定执行 | 定流量系统允许偏差为 15%，变流量系统允许偏差为 10% |
| 6 | 空调系统冷水、热水、冷却水的循环流量 | 全数检测 | 与设计循环流量的允许偏差不大于 10% |
| 7 | 室外供暖管网水力平衡度 | 热力入口总数不超过 6 个时，全数检测；超过 6 个时，应根据各热力入口距热源距离的远近，按近端、远端、中间区域各抽检 2 个热力入口 | 0.9～1.2 |
| 8 | 室外供暖管网热损失率 | 全数检测 | 不大于 10% |
| 9 | 照度与照明功率密度 | 每个典型功能区域不少于 2 处，且均匀分布，并具有代表性 | 照度不低于设计值的 90%；照明功率密度值不应大于设计值 |

当设备系统节能性能检测的项目出现不符合设计要求和标准规定的情况时，应委托具有资质的检测机构扩大一倍数量抽样，对不符合要求的项目或参数应再次检验。仍然不符合要求时应给出"不合格"的结论。

## 7.1.3　外墙节能构造钻芯检验

外墙节能构造钻芯检验方法，适用于检验带有保温层的建筑外墙其节能是否符合设计要求。钻芯检验外墙节能构造应在外墙施工完工后、节能分部工程验收前进行。检验应在监理工程师的见证下实施。

当对围护结构中墙体之外的部位（如屋面、地面）进行节能构造检验时，也可以参照"外墙节能构造钻芯检验方法"的规定进行。

1. 取样部位和数量

实施时应事先制定方案，确定取样部位后在图纸上加以标注。取样部位应由检测人员随机抽样确定，不得在外墙施工前预先确定。取样部位应选取节能构造有代表性的外墙上相对隐蔽的部位，并宜兼顾不同朝向和楼层。外墙取样数量为一个单位工程每种节能保温做法至少取 3 个芯样。取样部位宜均匀分布，不宜在同一个房间外墙上取 2 个或 2 个以上芯样。

2. 芯样钻取

（1）钻芯检验外墙节能构造可采用空心钻头，从保温层一侧钻取直径 70mm 的芯样。钻取芯样深度为钻透保温层到达结构层或基层表面，必要时也可钻透墙体。当外墙的表层坚硬不易钻透时，也可局部剔除坚硬的面层后钻取芯样。但钻取芯样后应恢复原有外墙的表面装饰层。

（2）钻取芯样时应尽量避免冷却水流入墙体内及污染墙面。从空心钻头中取出芯样时应谨慎操作，以保持芯样完整。当芯样严重破损难以准确判断节能构造或保温层厚度时，应重新取样检验。

实施时如有困难，也可以采取 50～100mm 的范围内的其他直径。

3. 芯样检查

芯样的检查方法可分为 3 个步骤，并作出检查记录（原始记录）：

（1）对照设计图纸观察、判断保温材料种类是否符合设计要求；必要时也可采用其他方法加以判断；

（2）用分度值为 1mm 的钢尺，在垂直于芯样表面（外墙面）的方向上量取保温层厚度，精确到 1mm；

（3）观察或剖开检查保温层构造做法是否符合设计和专项施工方案要求。

4. 测量及判定

在垂直于芯样表面（外墙面）的方向上实测芯样保温层厚度，当实测厚度的平均值达到设计厚度的 95% 及以上时，应判定保温层厚度符合设计要求；否则，应判定保温层厚度不符合设计要求。

5. 检验报告

①抽样方法、抽样数量与抽样部位；②芯样状态的描述；③实测保温层厚度，设计要求厚度；④给出是否符合设计要求的检验结论；⑤附有带标尺的芯样照片并在照片上注明每个芯样的取样部位；⑥监理单位取样见证人的见证意见；⑦参加现场检验的人员及现场检验时间；⑧检测发现的其他情况和相关信息。

检验结果应包括以下几项内容：芯样的编号、芯样所处的轴线及层数、芯样外观的描述（完整/基本、完整/破碎）、保温材料种类、保温层厚度、平均厚度和围护结构分层做法及照片编号。见证意见包括以下内容：抽样方法符合规定、现场钻芯真实、芯样照片真实、其他和见证人姓名。

6. 不符合设计要求的处理

（1）当取样检验结果不符合设计要求时，应委托具备检测资质的见证检测机构增加一倍数量再次取样检验。仍不符合设计要求时应判定围护结构节能构造不符合设计要求。

（2）根据委托检验结果委托原设计单位或其他有资质的单位重新验算外墙的热工性能，提出技术处理方案。

7. 修补

外墙取样部位的修补，可采用聚苯板或其他保温材料制成的圆柱形塞填充并用建筑密封胶密封。修补后宜在取样部位挂贴注有"外墙节能构造检验点"的标志牌。

## 7.2　现场检验方法

《建筑节能工程施工质量验收标准》GB 50411—2019 增加 4 个试验方法，即保温材料粘贴面积比剥离检验方法；保温板材与基层的拉伸粘结强度现场拉拔试验方法；保温浆料导热系数、干密度、抗压强度同条件养护试验方法；中空玻璃密封性能检验方法。

### 7.2.1　现场拉拔检验方法

保温板材与基层的拉伸粘结强度现场拉拔试验方法，适用于保温板材与基层之间的拉伸粘结强度现场检验。当不适合使用标准块时，检验方法可按相关标准的规定进行，也可由监理单位与施工单位或检测机构协商解决。

检测应在保温层粘贴后养护时间达到粘结材料要求的龄期后进行。检验的取样部位、数量，应符合下列规定：取样部位应随机确定，宜兼顾不同朝向和楼层，均匀分布；不得在外墙施工前预先确定；取样数量为每处检验 1 点。

1. 仪器设备

粘结强度检测仪，应符合《数显式粘结强度检测仪》JG/T 507 的规定。钢直尺的分度值应为 1mm。标准块面积为 95mm×45mm，厚度为 6~8mm，用钢材制作。

2. 检测步骤

（1）选择满粘处作为检测部位，清理粘结部位表面，使其清洁、平整。

（2）使用高强度粘合剂粘贴标准块，标准块粘贴后应及时做临时固定，试样应切割至粘结层表面。

（3）粘结强度检验应按《建筑工程饰面砖粘结强度检验标准》JGJ/T 110 的要求进行。

（4）测量试样粘结面积，当粘结面积比小于 90% 且检验结果不符合要求时，应重新取样。

3. 计算

单点拉伸粘结强度按下式计算，检验结果取 3 个点拉伸粘结强度的算术平均值，精确至 0.01MPa。

$$R=\frac{F}{A}\tag{7.2.1-1}$$

式中　$R$——拉伸粘结强度（MPa）；

　　　$F$——破坏荷载值（N）；

　　　$A$——粘结面积（mm$^2$）。

4. 检测结果

检测结果应符合设计要求及国家现行相关标准的规定。

## 7.2.2　粘结面积比剥离检验方法

保温板粘结面积比剥离检验方法，适用于外墙外保温构造中保温板粘结面积比的现场检验。检验宜在抹面层施工之前进行。

1. 取样

取样部位应随机确定，宜兼顾不同朝向和楼层，均匀分布，不得在外墙施工前预先确定；取样数量为每处检验 1 块整板，保温板面积（尺寸）应具代表性。

2. 检验步骤

（1）将粘结好的保温板从墙上剥离，使用钢卷尺测量被剥离的保温板尺寸，计算保温板面积。

（2）使用钢直尺和钢卷尺测量保温板与粘结材料实粘部分（既与墙体粘结又与保温板粘结）的尺寸，精确至 1mm，计算粘结面积。

（3）当不宜直接测量时，使用透明网格板及其粘结材料实粘部分（既与墙体粘结又与保温板粘结）的网格数量，网格板的尺寸为 200mm×300mm，分隔纵横间距均为 10mm，根据实粘部分网格数量计算粘结面积。

（4）保温板粘结面积比应按下式计算，检验结果应取 3 个点的算术平均值，精确至 1%，

$$S = \frac{A}{A_0} \times 100\% \qquad (7.2.2\text{-}1)$$

式中　$S$——粘结面积与保温板面积的比值（%）；

$A$——实际粘结部分的面积，$mm^2$；

$A_0$——保温板的面积，$mm^2$。

3. 检验结果

保温板粘结面积比应符合设计要求且不小于 40%。

4. 检验记录

①工程名称、建设单位、监理单位、施工单位；②检测依据、检测日期；③施工日期、保温材料种类；④取样部位，包括轴线、层数；⑤粘结面积、粘结面积比；⑥检验结果及检验结论；⑦检验人员、校核人员。

## 7.2.3　保温浆料检验方法

1. 试件制作

（1）抗压强度试件应采用 70.7mm×70.7mm×70.7mm 的有底钢模制作；导热系数试件应采用有底钢模制作，其试模尺寸应按导热系数测试仪器的要求确定。

（2）抗压强度试件数量为 1 组（6 个），导热系数试件数量为 1 组（2 个）。

（3）检测保温浆料干密度、导热系数、抗压强度的试样应在现场搅拌的同一盘拌合物中取样。

（4）将在现场搅拌的拌合物一次注满试模，并略高于其上表面，用捣棒均匀由外向里按螺旋方向轻轻插捣 25 次，插捣时用力不应过大，不破坏其保温骨料。试件表面应平整，可用油灰刀沿模壁插捣数次或用橡皮锤轻轻敲击试模四周，直至插捣棒留下的空洞消失，最后将高出部分的拌合物沿试模顶面削去抹平。

（5）试件制作后应于 3d 内放置在温度为 23±2℃、相对湿度为 50%±10% 的条件下，养护至 28d。

2. 抗压强度

抗压强度试验应先测试其试件干密度，然后按《无机硬质绝热制品试验方法》GB/T 5486 的规定进行，试验结果取 6 个测试数据的算术平均值。

3. 导热系数

导热系数试验应先测试其试件干密度，然后可按《绝热材料稳态热阻及有关特性的测定　防护热板法》GB/T 10294 的规定进行，也可按《绝热材料稳态热阻及有关特性的测定　热流计法》GB/T 10295 的规定进行。

4. 干密度

干密度试验应按《胶粉聚苯颗粒外墙外保温系统材料》JG/T 158 的规定进行。

抗压强度、导热系数、抗压强度试件的干密度和导热系数试件的干密度均应符合设计要求和相应标准要求。

### 7.2.4　中空玻璃密封性能检验方法

1. 仪器设备

露点仪：测量管的高度为 300mm，测量表面直径为 50mm；温度计：测量范围为 −80～30℃，精度为 1℃。

2. 样品

检验样品应从工程使用的玻璃中随机抽取，每组应抽取检验的产品规格中 10 个样品。检验前应将全部样品在实验室环境条件下放置 24h 以上。

3. 环境条件

检验应在温度 25±3℃、相对湿度 30%～75% 的条件下进行。

4. 检验步骤

（1）向露点仪的容器中注入深约 25mm 的乙醇或丙酮，再加入干冰，使其温度冷却到 −40±3℃并在试验中保持该温度不变。

（2）将样品水平放置，在上表面涂一层乙醇或丙酮，使露点仪与该表面紧密接触，停留时间应符合表 7.2.4-1 的规定；

（3）移开露点仪，立刻观察玻璃样品的内表面上有无结露或结霜。

5. 检验结果

应以中空玻璃内部是否出现结露现象为判定合格的依据，中空玻璃内部不出现结露为合格。所有中空玻璃抽取的 10 个样品均不出现结露即应判定为合格。

**不同原片玻璃厚度露点仪接触的时间**　　　　　　　　表 7.2.4-1

| 原片玻璃厚度（mm） | 接触时间（min） |
|---|---|
| ≤4 | 3 |
| 5 | 4 |
| 6 | 5 |
| 8 | 6 |
| ≥10 | 8 |

# 7.3　正常检验抽样判定

计数抽样的项目，正常检验一次和二次抽样的判定可根据工程量实际情况，由施工单位与监理工程师共同商定。

1. 正常检验一次抽样

正常检验一次抽样可按表 7.3-1 判定。

**正常检验一次抽样判定**　　　　　　　　表 7.3-1

| 样本容量 | 合格判定数 | 不合格判定数 |
|---|---|---|
| 5 | 1 | 2 |
| 8 | 2 | 3 |
| 13 | 3 | 4 |
| 20 | 5 | 6 |
| 32 | 7 | 8 |
| 50 | 10 | 11 |
| 80 | 14 | 15 |
| 125 | 21 | 22 |

2. 正常检验二次抽样

正常检验二次抽样可按表 7.3-2 判定。

**正常检验二次抽样判定**　　　　　　　　表 7.3-2

| 抽样次数 | 样本容量 | 合格判定数 | 不合格判定数 |
|---|---|---|---|
| (1) | 3 | 0 | 2 |
| (2) | 6 | 1 | 2 |
| (1) | 5 | 0 | 3 |
| (2) | 10 | 3 | 4 |
| (1) | 8 | 1 | 3 |
| (2) | 16 | 4 | 5 |
| (1) | 13 | 2 | 5 |
| (2) | 26 | 6 | 7 |
| (1) | 20 | 3 | 6 |
| (2) | 40 | 9 | 10 |

续表

| 抽样次数 | 样本容量 | 合格判定数 | 不合格判定数 |
|---|---|---|---|
| (1) | 32 | 5 | 9 |
| (2) | 64 | 12 | 13 |
| (1) | 50 | 7 | 11 |
| (2) | 100 | 18 | 19 |
| (1) | 80 | 11 | 16 |
| (2) | 160 | 26 | 27 |

注：（1）和（2）表示抽样次数，（2）对应的样本容量为二次抽样的累计数量。

3. 其他情况

样本容量在表 7.3-1 或表 7.3-2 给出的数值之间时，合格判定数和不合格判定数可通过插值并四舍五入取整确定。

# 7.4　建筑红外热像检测技术

《建筑红外热像检测要求》JG/T 269 检测方法，适用于采用红外热像仪对建筑物外墙饰面质量缺陷、渗漏、外围护结构热工缺陷等方面进行的检测。

1. 方法概述

红外线辐射是自然界存在的一种最为广泛的电磁波辐射。红外线和无线电波同为电磁波，但红外线的波长比无线电短。红外检测是利用红外辐射对物体或材料表层进行检测和测量的专门技术，可将被测目标表面的热信息瞬间可视化，快速定位故障，并且可在专门软件的帮助下进行分析，完成节能、建筑质量等检测工作。

2. 红外热像仪组成

红外热像仪一般分光机扫描成像系统和非扫描成像系统。红外热像仪由光学会聚系统、扫描系统、探测器、视频信号处理器、显示器等几个主要部分组成。

3. 红外热像检测技术在建筑中的应用

（1）建筑物内部缺陷检测

红外热像检测技术可用于建筑物内部缺陷的检测。建筑物内部存在的诸如内部孔空洞、不密实区、保护层厚度不足、温度裂缝、变形裂缝、由表及里的层状疏松以及一些受力裂缝等缺陷，会影响建筑物的承载能力和耐久性。

正常情况下，建筑物红外热图像是均匀一致的，成像区域的颜色单一均匀，无明显颜色差异。当墙体结构存在空洞、蜂窝等缺陷时，由于改变了表面与内部的热导通性，因此，会存在相对于正常部位的红外辐射异常。这就可以快速发现温度异常所代表的潜在问题而检测出结构缺陷。

（2）渗漏检测

当建筑物屋面、墙面存在渗漏部位时，阳光被建筑物吸收和传导的情况能够暴露渗漏部位与周边的温度分布差异，进而对红外热图像产生不同的影响，因此，可以采用红外线热像检测技术检测、分析，判断漏水缺陷。

（3）建筑物外墙饰面质量缺陷检测

采用红外热像仪检测技术可检测外墙饰面表面温度分布，判别饰面是否空鼓及空鼓范围，避免饰面脱落危险。

（4）外围护结构热工缺陷检测

采用红外热像仪检测技术可检测建筑物的热工缺陷，例如热、冷桥，保温层缺失或损坏等，能够清晰地检测出建筑物热工缺陷存在的位置、形状。

## 7.4.1　外墙饰面质量缺陷检测

1. 收集资料

（1）建筑物概况，包括结构形式、饰面情况、竣工时间等；

（2）建筑物的相关竣工图纸等；

（3）建筑物的维护记录，如使用过程中的检查、维修记录等；

（4）建筑物所处环境，包括建筑物方位、日照情况、周边环境有无遮挡；

（5）现场考察建筑物有无渗漏、开裂、脱落、发霉等质量缺陷。并考察建筑物所处的环境对测试的影响因素等。

2. 检测方案

应根据委托的内容和检测前的调查结果制定检测方案，检测方案应包括下列内容：

①检测项目名称；②委托单位名称；③拟检测时间及最佳检测时段；④检测的区域；⑤检测仪器型号等；⑥检测仪器在现场的工作位置；⑦检测距离；⑧检测次数；⑨检测环境（包括日照、饰面材料、风速、建筑物表面温度等因素）；⑩如可能需要使用其他方法确认检测结果的，应在方案内提出。

3. 检测环境条件

红外检测建筑物外墙饰面缺陷时，建筑物室内外温差需因当地气候而定，应在无雨、低风速的环境条件下进行。检测时应充分考虑下列外部环境条件的因素：

（1）宜避免干扰辐射能进入测试范围，如果被测墙面或屋面与红外热像仪之间有障碍物（例如：树木或其他遮挡物）则不能进行检测。

（2）室外检测时，当平均风速大于 5 m/s 时不宜进行检测。

（3）待测目标物发射率的影响。

（4）建筑物内外空调及其他冷、热源的影响。

（5）晴天时阳光照射的影响。

（6）被测物体表面无明水

4. 检测推荐时间

全国部分城市夏季红外检测建筑外墙饰面层粘结缺陷的推荐时间参见《建筑红外热像检测要求》JG/T 269 的规定。

5. 检测要求及方法

（1）调试仪器，使其处于正常工作状态。

（2）记录环境条件（包括天气、气温、墙面或屋面温度、日照情况、风速风向等）。

（3）应在相同部位拍摄一定数量的红外热谱图和可见光照片，缺陷部位红外热谱图数量宜适当增加。

（4）记录拍摄条件和拍摄时间等相关信息。

（5）所选拍摄位置（角度与距离）及光学变焦镜头应确保每张红外热谱图的最小可探测面积在目标物上不大于 50mm×50mm，即当空间分辨力为 1mrad 时拍摄距离不超过 50m，如因环境所限无法达到以上要求则需要在报告中相应的红外热谱图旁注明。现场记录异常区域。

（6）操作员需在现场分析红外热谱图，根据现场分析结果，采用敲击法、拉拔试验或其他方法进一步确认缺陷并作记录。

（7）拍摄角度（红外热像仪观察方向与被测物体辐射表面法线方向的夹角）不宜超过 45°，超过 45° 时则需要在报告中的红外热谱图旁注明。

（8）拍摄时应选择目标物表面拍到最少反射物的角度。

（9）准确记录、标识拍摄位置（层数与方向）、对应的红外热谱图及可见光照片。

6. 缺陷温度异常参考值

（1）一般外墙缺陷温差在晴朗天气下为 1℃（有阳光直接照射下）及 0.5℃（无阳光直接照射下），温差会根据现场环境及目标物状态有轻微变化，应配合目视法及敲击法进行确认，亦应以热聚焦的方法进一步检视红外热谱图。

（2）严重外墙缺陷温差在晴朗天气下为 2℃（有阳光直接照射下）及 1℃（无阳光直接照射下），温差会根据现场环境及目标物状态有轻微变化，应配合目视法及敲击法进行确认，亦应以热聚焦的方法进一步检视红外热谱图。

## 7.4.2　建筑物渗漏检测

1. 收集资料

应收集待检建筑物的相关资料包括下列内容：渗漏程度记录；其他应收集的相关资料同上，其中竣工图纸应重点收集给排水布置图及相关的防水构造图、可能产生渗漏的水源等。

2. 检测方案

（1）检测方案的内容除同上外，还应包括试水测试的开始、结束时间及位置（以模拟漏水状况为主）。

（2）红外热像进行室内检测时，宜使用像素大于或等于 640mm×480mm 且温度分辨率小于或等于 0.06℃的红外热像仪，或采用辅助手段。

3. 检测环境条件

除同上外，检测时宜充分考虑下列因素：应配合试水测试模拟漏水状况，例如：色水测试、相对湿度分布测试、超声波测试、导电性测试等；应考虑渗漏造成的热谱图异常与渗漏源之间的相关性。

4. 检测要求及方法

（1）检测要求及方法，同上"外墙饰面质量缺陷检测"。其中的辅助验证可采用试水测试、导电性测试等方法。

（2）当找不到渗漏源时，应采用试水测试方法，并符合下列要求：①先确认使用水的水温与室温的对比，应在对比度大的环境进行试水测试；②试水位置应以测试目标附近的水源为主；③试水时间应模拟该水源的一般使用状况（例如：屋面应模拟雨水，在防水层上浸水至少 24h）；④试水测试后，需排除积水待表面干燥后进行测试。

5. 缺陷温度异常参考值

（1）一般户外渗漏温差在晴朗天气下为 1～2℃（有阳光直接照射下）及 0.5～1℃（无阳光直接照射下），但温差会根据现场环境及目标物状态有轻微变化，应配合相对湿度检测进行确认，亦应以热聚焦的方法进一步检视红外热谱图。

（2）一般室内渗漏温差在 0.3～0.5℃，但温差会根据现场环境及目标物状态有轻微变化，应配合相对湿度检测进行确认，亦应以热聚焦的方法进一步检视红外热谱图，由于相对温差较小而不能确定渗漏部位时，应使用其他辅助手段进行检测。

### 7.4.3 建筑物外围护结构热工缺陷检测

1. 收集资料

所应收集的被检测建筑物的相关资料包括下列内容：建筑物屋面、外墙、外飘窗、阳台板、门窗洞口等处的保温构造情况。其他应收集的相关资料同上，其中应重点收集保温构造做法及相关热工计算书等热工资料。

2. 检测方案

（1）检测方案的内容同上。

（2）建筑物外围护结构热工缺陷检测宜先从室外开始，当发现异常点时，应在室内相应部位进行检测。所选择的检测部位避免受到太阳光的直射。严寒地区、寒冷地区检测时建筑物室内外温差宜大于 10℃，其他地区宜大于 5℃。

3. 检测环境条件

除同上外，检测时应充分考虑下列因素：

（1）室外检测时，选择有云天气或晚上以排除日光的影响；室内检测时，应关掉空调、照明灯等，避免辐射源干扰。

（2）严寒地区、寒冷地区，宜在供暖期的中期进行围护结构热工缺陷检测。

（3）其他地区宜在夏季夜间进行围护结构热工缺陷检测，选择的检测部位在检测前 12h 内应避免阳光直射，在检测前 24h 内室外空气温度变化不应大于 30%；在检测过程中，室内的温度变化应小于 2℃。

4. 检测要求和方法

检测要求及方法同上，其中的辅助验证可采用取芯等方法。

5. 缺陷温度异常参考值

外围护结构热工缺陷的温度差受建筑物室内外温差影响较大，在检测过程中应按现场实际情况而定。

### 7.4.4 检测结果分级及检测报告

1. 检测结果分级

1）检测数据分析

（1）根据相关的工程技术资料、外部环境条件及相关维修情况等，确定被测目标物的预期表面温度分布。

（2）红外热谱图的分析应以热聚焦为基础，调整热谱图的温度范围及中心温度值，以获得最佳的图像。

（3）应将被检目标物上的其他热能影响分类并记录，排除热谱图上的干扰因素，其他热能影响的参考热谱图参见《建筑红外热像检测要求》JG/T 269 标准，并应考虑下列几种类型：结构变化（例如：热桥等）所造成的温差；不同的材料、颜色等所造成的温差，常用材料的发射率参见《建筑红外热像检测要求》JG/T 269 的规定；反射所造成的温差；不平均的阳光分布；其他热源（例如：热水炉、空调等）所造成的温差。

（4）根据红外热谱图得到被测目标物的实际表面温度分布，与预期温度分布进行对比分析，结合设计图纸、建筑物内部热源的影响、材料发射率的不同、传热系数不同等因素并可配合其他检测手段，综合分析热谱图上的温度异常区域是否为可疑缺陷。

（5）对于既无条件进行其他检测方法验证，又没有合适的"红外缺陷图谱"进行对比的情况，可由经验丰富的检测人员对缺陷的类型、程度进行分析。

2）检测结论

红外热成像检测应对所检测目标物进行缺陷分级，缺陷分级应符合表 7.4.4-1 的规定，在结合其他检测手段的基础上，可以对目标物的缺陷进行进一步的定性或定量分级。

**各检测项目的分级**                                                             表 7.4.4-1

| 检测项目 | 缺陷分级 | | |
| --- | --- | --- | --- |
| | 一级 | 二级 | 三级 |
| 外墙饰面质量缺陷 | 最大缺陷面积小于 35mm×35mm 或相等面积 | 最大缺陷面积大于等于 35mm×35mm 且小于等于 100mm×100mm，或相等面积 | 最大缺陷面积大于 100mm×100mm 或相等面积 |
| 渗漏缺陷 | 无明显渗漏情况 | 有渗漏情况 | — |
| 外围护结构热工缺陷 | 最大缺陷面积小于 100mm×100mm 或相等面积 | 最大缺陷面积大于 100mm×100mm 且小于等于 300mm×300mm，或相等面积 | 最大缺陷面积大于 300mm×300mm 或相等面积 |

2. 检测报告

检测报告可通过相应软件自动生成，宜采用红外数据库管理软件对所有图像进行系统化管理。检测报告应包括下列内容：①工程名称及工程概况；②委托单位；③检测单位及人员名称；④所用红外设备的型号、系列号等；⑤检测日期及时间；⑥建筑物外部空气温度（包括检测开始前 24h 内的平均气温及检测时的最低、最高观测值）；⑦太阳光照条件（包括检测开始前 12h 及检测时的观测结果）；⑧检测时的风向、风速、相对湿度等条件；⑨建筑物内部空气温度及内外温差；⑩检测仪器的位置布点图；⑪检测结果（包括红外热谱图及相关位置的可见光照片）；⑫检测结论。

# 第 2 篇
# 建筑幕墙检测技术

# 第8章 绪 论

建筑幕墙包括玻璃幕墙（透明幕墙）、金属幕墙、石材幕墙及其他板材幕墙，种类非常繁多。随着建筑的现代化，越来越多的建筑使用建筑幕墙，建筑幕墙以其美观、轻质、耐久、易维修等优良特性被建筑师和业主青睐，在建筑中禁止使用建筑幕墙是不现实的。

虽然建筑幕墙的种类繁多，但作为建筑物的围护结构，在建筑节能的要求方面还是有一定的共性，节能标准对其性能指标也有明确的要求。玻璃幕墙属于透明幕墙，与建筑外窗在节能方面有着共同的要求。但是玻璃幕墙的节能要求也与外窗有着明显的不同，玻璃幕墙往往与其他的非透明幕墙是一体的，不可分离。非透明幕墙虽然与墙体有着一样的节能指标的要求，但由于其构造的特殊性，在施工上与墙体有着很大的不同。

《建筑幕墙、门窗通用技术条件》GB/T 31433试验方法，适用于民用建筑用幕墙和门窗。建筑幕墙的性能包括安全性、节能性、适用性和耐久性等。安全性包括抗风压性能、层间变形性能、耐撞击性能、抗风携碎物冲击性能和抗爆炸冲击波性能等。节能性包括气密性能、保温性能、遮阳性能。适用性包括启闭力、水密性能、空气声隔声性能、采光性能、防沙尘性能、开启限位、撑挡试验。耐久性包括反复启闭性能、热循环性能。

1. 代表性试件选取

（1）不同分格形式的幕墙试件选取分格最大的试件。

（2）同一分格形式的幕墙试件选取风荷载最大的部位。

（3）带有可开启部位的试件选取含开启部位的试件，且与幕墙总开启面积比一致。

2. 性能类型及试件数量

（1）性能类型为破坏及试件数量为1件的性能：抗风压性能、层间变形性能、耐撞击性能、抗风携碎物冲击性能和抗爆炸冲击波性能等。

（2）性能类型为非破坏及试件数量为1件的性能：气密性能、保温性能、水密性能、空气声隔声性能、热循环性能等。

3. 幕墙节能工程

1）隔热型材检验

当幕墙节能工程采用隔热型材时，应提供隔热型材所使用的隔断热桥材料的物理力学性能检测报告。隔热型材的物理力学性能包括不同温度条件下的抗剪强度和横向抗拉强度等。当不能提供隔热材料的物理力学性能检测报告时，应按照产品标准对隔热型材至少进行一次横向抗拉强度和抗剪强度抽样检验。

2）检验批划分

采用相同材料、工艺和施工做法的幕墙，按照幕墙面积每$1000 m^2$应划分为一个检验批。检验批的划分也可根据与施工流程相一致且方便施工与验收的原则，由施工单位与监理单位双方协商确定。当按计数方法抽样检验时，其抽样数量应符合《建筑节能工程施工质量验收标准》GB 50411"最小抽样数量"的规定。

3）材料、构件进场复验

用于幕墙的材料包括保温材料、玻璃、密封材料、遮阳材料或装置、隔热型材、通风装置、凝结水收集装置、隔气层材料等。

（1）检验项目

幕墙（含采光顶）节能工程使用的材料、构件进场时，应对其下列性能进行复验，复验应为见证取样检验：①保温材料的导热系数或热阻、密度、吸水率、燃烧性能（不燃材料除外）。②幕墙玻璃的可见光透射比、传热系数、遮阳系数、中空玻璃密封性能。③隔热型材的抗拉强度、抗剪强度。④透光、半透光遮阳材料的太阳光透射比、太阳光反射比。

（2）检验方法

核查复验报告，其中导热系数或热阻、密度、燃烧性能必须在同一报告中；随机抽样检验，中空玻璃密封性能按照《建筑节能工程施工质量验收标准》GB 50411 中的"中空玻璃密封性能检验方法"检测。

（3）检查数量

同厂家、同品种产品，幕墙面积在 3000m² 以内时应复验 1 次；面积每增加 3000m² 应增加 1 次。同工程项目、同施工单位且同期施工的多个单位工程，可合并计算抽检面积。

4）幕墙的气密性能

（1）检验项目

幕墙气密性能检测主要是为了检测幕墙设计方案的性能，而非真正的材料抽样复验。幕墙的气密性能与密封材料和接缝构造有关。幕墙接缝构造有干法密封和湿法密封两种，干法密封是采用密封条，主要应用于开启部分和单元式幕墙；湿法密封是采用密封胶，主要应用于固定部分和特殊的构造接缝。

（2）检验方法

当幕墙面积合计大于 3000m² 或幕墙面积占建筑外墙面积超过 50％时，应现场抽取材料和配件，在检测试验室安装制作试件进行气密性能检测。

（3）检查数量

对于幕墙总面积超过 3000m² 的幕墙工程，同一工程的不同幕墙形式均应进行气密性能检测，所以规定对于面积超过 1000m² 的每种幕墙均进行检测。对于组合幕墙，只需要进行一个试件的检测即可；而对于不同幕墙种类的不同幅面，则要求分别进行检测。对于面积比较小的幅面，视情况可不分开对其进行检测。

# 8.1　幕墙质量标准

## 8.1.1　装饰装修工程

玻璃幕墙、金属幕墙、石材幕墙、人造板材幕墙等分项工程的质量验收，应符合《建筑装饰装修工程质量验收标准》GB 50210 的规定。玻璃幕墙包括构件式玻璃幕墙、单元式玻璃幕墙、全玻璃幕墙和点支撑玻璃幕墙。

1. 有关检测的规定

（1）幕墙工程所用材料、构件、组件、紧固件及其他附件的产品合格证书、性能检测报告、进场验收记录和复验报告。

（2）幕墙工程所用硅酮结构胶的抽查合格证明；国家批准的检测机构出具的硅酮结构胶相容性和剥离粘结性检验报告；石材用密封胶的耐污染性检验报告。

（3）后置埋件和槽式预埋件的现场拉拔力检验报告。

（4）封闭式幕墙的气密性能、水密性能、抗风压性能以及层间变形性能检验报告。

（5）注胶、养护环境的温度、湿度记录；双组分硅酮结构胶的混匀性试验记录及拉断试验记录。

（6）幕墙与主体结构防雷接地点之间的电阻检测记录。

（7）张拉杆索体系预拉力张拉记录。

（8）现场淋水检验记录。

2. 幕墙材料的复验

（1）铝塑复合板的剥离强度。

（2）石材、瓷板、陶板、微晶玻璃板、木纤维板、纤维水泥板和石材蜂窝板的抗弯强度；严寒和寒冷地区石材、瓷板、陶板、纤维水泥板和石材蜂窝板的抗冻性；室内用花岗石的放射性。

（3）幕墙用结构胶的邵氏硬度、标准条件拉伸粘结强度、相容性试验、剥离粘结性试验；石材用密封胶的污染性。

（4）中空玻璃的密封性能。

（5）防火、保温材料的燃烧性能。

（6）铝材、钢材主受力杆件的抗拉强度。

3. 各分项工程的检验批划分

（1）相同设计、材料、工艺和施工条件的幕墙工程每 $1000m^2$ 应划分为一个检验批，不足 $1000m^2$ 也应划分为一个检验批。

（2）同一单位工程的不连续的幕墙工程应单独划分检验批。

（3）对于异型或有特殊要求的幕墙，检验批的划分应根据幕墙的结构、工艺特点及幕墙工程规模，由监理单位（或建设单位）和施工单位协商确定。

4. 检验方法、检查数量

幕墙工程的验收内容、检验方法、检查数量应符合《玻璃幕墙工程技术规范》JGJ 102、《金属与石材幕墙工程技术规范》JGJ 133 和《人造板材幕墙工程技术规范》JGJ 336 的规定。

## 8.1.2　玻璃幕墙

《玻璃幕墙工程技术规范》JGJ 102 适用于非抗震设计和抗震设计设防烈度为 6、7、8 度抗震设计的民用建筑幕墙工程的设计、制作、安装施工、工程验收，以及保养和维修。

1. 有关检测的规定

1）硅酮结构密封胶

硅酮结构密封胶使用前，应经国家认可的检测机构进行与其相接触材料的相容性和剥离粘结性试验，并应对邵氏硬度、标准状态拉伸粘结性能进行复验。检验不合格的产品不得使用。进口硅酮结构密封胶应具有商检报告。

2）材料现场检验

① 玻璃幕墙工程所用的铝合金型材，应进行壁厚、膜厚、硬度和表面质量的检验。

② 玻璃幕墙工程所用的钢材，应进行膜厚和表面质量的检验。

③ 玻璃幕墙工程所用的玻璃，应进行厚度、边长、外观质量、应力和边缘处理情况的检验。

④ 硅酮结构胶的现场手拉试验，检查打胶质量并测量胶的宽度和厚度。

⑤ 密封胶的检验，应采用观察检查、切割检查的方法，并测量密封胶的厚度、宽度。

⑥ 其他密封材料及衬垫材料的检验，应采用观察检查的方法；密封材料的延伸性应以手工拉伸的方法进行。

⑦ 五金配件外观的检验，应采用观察检查的方法。

⑧ 门窗其他配件的外观质量和活动性能的检验，应采用观察检查和手动试验的方法。

⑨ 有关检测资料的提供：铝合金的型材的力学性能检验报告；钢材的力学性能检验报告；中空玻璃的检验报告以及热反射玻璃的光学性能检验报告；硅酮结构胶剥离试验报告，硅酮结构胶、密封胶与实际工程用基材的相容性检验报告；铆钉力学性能检验报告等。

3）性能检测项目

① 性能检测项目包括抗风压性能、气密性能和水密性能，必要时可增加层间变形性能及其他性能检测。

② 性能检测，应由国家认可的检测机构实施。检测试件的材质、构造、安装施工方法应与实际工程一致。

③ 幕墙性能检测中，由于安装施工的缺陷，使某项性能未达到规定要求时，允许在改进安装工艺、修补缺陷后重新检测。检测报告中应叙述改进的内容，幕墙工程施工时应按改进后的安装工艺实施；由于设计或材料缺陷导致幕墙性能未达到规定值域时，应停止检测，修改设计或更换材料后，重新制作试件，另行检测。

4）锚栓连接

玻璃幕墙构架与主体结构采用后加锚栓连接时，应进行承载力现场试验，必要时应进行极限拉拔试验。

5）隐框幕墙组件对硅酮结构密封胶的要求

硅酮结构密封胶注胶前必须取得合格的相容性检验报告；双组分硅酮结构密封胶尚应进行混匀性蝴蝶试验和拉断试验。

2. 工程验收所需的检测报告

（1）幕墙工程所用各种材料、附件及紧固件、构件及组件的性能检测报告和复验报告。

（2）国家指定检验机构出具的硅酮结构胶相容性和剥离粘结性试验报告。

（3）后置埋件的现场拉拔检测报告。

（4）幕墙的抗风压性能、气密性能、水密性能检测报告及其他设计要求的性能检测报告。

（5）双组分硅酮结构胶的混匀性试验记录和拉断试验记录。

3. 抽样检验批量

玻璃幕墙工程质量检验应进行观感检验和抽样检验，并按下列规定划分检验批，每幅玻璃幕墙均应检验。

（1）相同设计、材料、工艺和施工条件的玻璃幕墙工程每 $500\sim1000m^2$ 为一个检验批，不足 $500m^2$ 应划分为一个检验批。每个检验批每 $100m^2$ 应至少抽查一处，每处不少于 $10m^2$。

（2）同一单位工程的不连续的幕墙工程应单独划分检验批。

（3）对于异形或有特殊要求的幕墙，检验批的划分应根据幕墙的结构、工艺特点及幕墙工程的规模，宜由监理单位、建设单位和施工单位协商确定。

### 8.1.3 金属与石材幕墙

《金属与石材幕墙工程技术规范》JGJ 133 适用于下列民用建筑金属与天然石材幕墙工程的设计、制作、安装施工及以上：建筑高度不大于 150m 的民用建筑金属与石材幕墙工程；建筑高度不大于 100m、设防烈度不大于 8 度的民用建筑石材幕墙工程。金属幕墙是指板材为金属板材的建筑幕墙。石材幕墙是指板材为建筑石板的建筑幕墙。

1. 材料

（1）金属与石材幕墙所选用材料的物理力学性能及耐候性应符合设计要求。

（2）硅酮结构密封胶、硅酮耐候密封胶必须有与所接触材料的相容性试验报告。橡胶条应有成分化验报告和保质年限证书。

（3）石材放射性，应符合《建筑材料放射性核素限量》GB 6566 的规定。

（4）金属与石材幕墙所使用的低发泡间隔双面胶带，应符合《玻璃幕墙工程技术规范》JGJ 102 的有关规定。

（5）花岗石板材的弯曲强度应经法定检测机构检测确定。

（6）用于石材幕墙的硅酮结构密封胶应有证明无污染的试验报告。

（7）同一幕墙工程应采用同一品牌的硅酮结构密封胶和硅酮耐候密封胶配套使用。

2. 性能

幕墙性能包括抗风压性能、水密性能、气密性能、层间变形性能、保温性能、隔声性能和耐撞击性能。

3. 幕墙构件检验

金属与石材幕墙构件应按同一种类构件的 5% 进行抽样检查，且每种构件不得少于 5 件。当有一个构件抽检不符合规定时，应加倍抽样复验，全部合格后方可出厂。

4. 工程验收所需的检测报告

（1）材料、零部件、构件出厂质量合格证书，硅酮结构胶相容性试验报告及幕墙的物理性能检验报告。

（2）石材的冻融性试验报告。

（3）金属板材表面氟碳树脂涂层的物理性能试验报告。

5. 抽样检验批量

抽样检验批量与上述的"玻璃幕墙的抽样检验批量"相同。

### 8.1.4　人造板材幕墙

人造板材幕墙是指面板材料为人造外墙板的建筑幕墙，包括瓷板幕墙、陶板幕墙、微晶玻璃板幕墙、石材蜂窝板幕墙、木纤维板幕墙和纤维水泥板幕墙。人造板材幕墙应按附属于主体结构的外围护结构设计，设计使用年限不应少于 25 年。

《人造板材幕墙工程技术规范》JGJ 336 适用于地震区和抗震设防烈度不大于 8 度地震区的民用建筑用瓷板、陶板、微晶玻璃板、石板蜂窝复合板、高压热固化木纤维板和纤维水泥板等外墙用人造板材幕墙工程。人造板材幕墙的应用高度不宜大于 100m。

1. 材料

1）幕墙材料的燃烧性能等级

（1）幕墙支承构件和连接件材料的燃烧性能等级应为 A 级；

（2）幕墙用面板材料的燃烧性能，当建筑高度大于 50m 时应为 A 级；当建筑高度不大于 50m 时不应低于 $B_1$ 级；

（3）幕墙用保温材料的燃烧性能等级应为 A 级。

2）密封胶

密封胶的粘结性能和耐久性应满足设计要求，应具有适用于幕墙面板基材和接缝尺寸及变位量的类型和位移能力级别，且不应污染所接触的材料。

3）幕墙面板

幕墙面板的放射性核素限量，应符合《建筑材料放射性核素限量》GB 6566 的规定。

2. 检测要求

（1）幕墙性能检测试件的材质、构造、安装施工方法应与实际工程相对应。

（2）幕墙性能检测中，由于安装缺陷使得某项性能未能达到设计要求时，可在修补缺陷或改进安装工艺后重新检测。检测报告应记载所做的修改或工艺改进，幕墙施工时，应按报告记载的修改内容，修改相应施工工艺文件并予以实施；当设计或材料的原因导致幕墙性能未达到规定要求时，应停止本次检测，并修改设计或更换材料后重新制作试件，另行检测。

3. 工程验收所需检测报告

（1）幕墙工程所用材料、紧固件及其他附件的性能检测报告和复验报告。

（2）面板连接承载力验证的检测报告。

（3）空心陶板采用均布静态荷载弯曲试验确定其受弯承载能力的检测报告。

（4）后置埋件的现场拉拔检测报告。

（5）幕墙的气密性能、水密性能、抗风压性能检测报告；当有地震设计状况时，尚应提供层间变形性能检测报告。

（6）幕墙与主体结构防雷接地点之间的电阻检测记录。

4. 人造板材幕墙工程材料性能复验

（1）瓷板、陶板、微晶玻璃板、木纤维板、纤维水泥板和石材蜂窝板的抗弯强度。

（2）用于寒冷地区和严寒地区时，瓷板、陶板、微晶玻璃板、木纤维板、纤维水泥板和石材蜂窝板的抗冻性。

（3）建筑密封胶以及瓷板、陶板、微晶玻璃板、木纤维板、纤维水泥板挂件缝隙填充用胶粘剂的污染性。

（4）立柱、横梁等支承构件用铝合金型材、钢型材以及幕墙与主体结构之间的连接件的力学性能。

5. 抽样检验批量

（1）设计、材料、工艺和施工条件相同的人造板材幕墙工程，每 $1000m^2$ 为一个检验批，不足 $1000m^2$ 应划分为一个独立检验批。每个检验批每 $100m^2$ 应至少查一处，每处不少于 $10m^2$。

（2）同一单位工程中不连续的幕墙工程应单独划分检验批。

（3）对于异形或有特殊要求的幕墙，检验批的划分应根据幕墙的结构、工艺特点及幕墙工程的规模，宜由监理单位、建设单位和施工单位协商确定。

### 8.1.5 幕墙节能工程

1. 对隔热型材要求

铝合金隔热型材、钢隔热型材在一些幕墙工程中已经得到应用。隔热型材的隔热材料一般是尼龙或发泡的树脂材料等。这些材料是很特殊的，既要保证足够的刚度，又要有较小的导热系数，还要满足幕墙型材在尺寸方面的苛刻要求。从安全的角度而言，型材的力学性能是非常重要的。型材的力学性能包括抗剪强度和横向抗拉强度；热变形性能包括热膨胀系数、热变形温度等。

当幕墙节能工程采用隔热型材时，应提供隔热型材所使用的隔断热桥材料的物理力学性能检测报告。当不能提供隔热材料的物理力学性能检测报告时，应按照产品标准对隔热型材至少进行一次横向抗拉强度和抗剪强度抽样检验。

2. 气密性能检测要求

1）相关内容

幕墙的气密性能指标是幕墙节能的重要指标。一般幕墙设计均规定有气密性能的等级要求，幕墙产品应该符合要求。由于幕墙的气密性能与节能关系重大，所以当建筑所设计的幕墙面积超过一定量后，应该对幕墙的气密性能进行检测。但是，由于幕墙是特殊的产品，其性能需要现场的安装工艺来保证，所以一般要求进行建筑幕墙的三个性能（气密、水密、抗风压性能）的检测。

由于一栋建筑中的幕墙往往比较复杂，可能由多种幕墙组合成组合幕墙，也可能是多幅不同的幕墙。对于组合幕墙，只需要进行一个试件的检测即可；而对于不同幕墙幅面，则要求分别进行检测。对于面积比较小的幅面，则可以不分开对其进行检测。

在保证幕墙气密性能的材料中，密封条很重要，所以要求镶嵌牢固、位置正确、对接严密。单元式幕墙板块之间的密封一般采用密封条。单元板块间的缝隙有水平缝和垂直缝，还有水平缝和垂直缝交叉处的十字缝，为了保证这些缝隙的密封，单元式幕墙都有专门的密封设计。施工时应该严格按照设计进行安装。

2）检测要求

（1）幕墙的气密性能应符合设计规定的等级要求。当幕墙面积合计大于 $3000m^2$ 时或幕墙面积占建筑外墙总面积超过 50% 时，应现场抽取材料和配件，在检测试验室安装制作试件进行气密性能检测，检测结果应符合设计规定的等级要求。

（2）气密性能检测试件应包括幕墙的典型单元、典型拼缝、典型可开启部分。试件应按照幕墙工程施工图进行设计。试件应经建筑设计单位项目负责人、监理工程师同意并确认。气密性能的检测应按照国家现行有关标准的规定执行。

（3）对于幕墙总面积超过 3000m² 的幕墙工程，同一工程的不同幕墙形式均应进行气密性能检测，所以规定对面积超过 3000m² 的每种幕墙均进行检测。对于组合幕墙，只需进行一个试件的检测即可。而对于不同幕墙种类的不同幅面，则要求分别进行检测。对于面积比较小的幅面，视情况可不分开对其进行检测。

# 8.2　幕墙产品类别

《建筑幕墙》GB/T 21086 适用于以玻璃、石材、金属板、人造板材为饰面材料的构件式幕墙、单元式幕墙、双层幕墙，还适用于全玻璃幕、点支撑玻璃幕墙。采光顶、金属屋面、装饰性幕墙和其他建筑幕墙可参照使用。建筑幕墙是指由面板与支承结构体系（支承装置与支承结构）组成的、可相对主体结构有一定位移能力或自身有一定变形能力、不承担主体结构所受作用的建筑外围护墙。

该标准不适用于混凝土板幕墙、面板直接粘贴在主体结构的外墙装饰系统，也不适用于无支撑框架结构的外墙干挂系统。

## 8.2.1　建筑幕墙分类

1. 按面板材料分类——玻璃、石材、金属板、金属复合板、双金属复合板、人造板材幕墙

（1）玻璃幕墙是指面板材料为玻璃的幕墙。

（2）石材幕墙是指面板材料为天然石材的幕墙，其中包括花岗石、大理石、石灰石、砂岩幕墙。

（3）金属板幕墙是指面板材料为金属板材的幕墙，其中包括铝板、彩色钢板、搪瓷钢板、不锈钢板、锌合金板、钛合金板、铜合金板幕墙。

（4）金属复合板幕墙是指面板材料（饰面层和背衬层）为金属板材并与芯层非金属材料（或金属材料）经复合工艺而成的复合板幕墙，其中包括铝塑复合板、铝蜂窝复合板、钛锌复合板、金属保温板、铝瓦楞复合板幕墙。

（5）双金属复合板幕墙是指面板材料（饰面层和衬垫层）为两种不同金属或同种金属但不同属性板材经复合工艺制成的复合板幕墙，其中包括不锈钢双层金属复合板、铝铜双金属复合板、钛钢双金属复合板幕墙。

（6）人造板材幕墙是指面板材料采用人造材料或天然材料与人造材料复合制成的人造外墙板（不包括玻璃和金属板材）的幕墙，其中包括瓷板、陶板、微晶玻璃、石材蜂窝板、木纤维板、纤维增强水泥板、玻璃纤维增强水泥板、预制混凝土板幕墙。

（7）组合面板幕墙是指由不同面板（如玻璃、石材、金属、金属复合板、人造板材等）组成的建筑幕墙。

2. 按面板接缝构造形式分类——封闭式、开放式幕墙

（1）封闭式幕墙是指幕墙板块之间接缝采取密封措施，具有气密性能和水密性能的建

筑幕墙。封闭式幕墙又分为注胶和胶条封闭式幕墙。

（2）开放式幕墙是指幕墙板块之间接缝不采取密封措施，不具有气密和水密性能的幕墙。开放式幕墙又分为开缝式、遮挡式板缝幕墙。开缝式幕墙是指幕墙板块之间接缝完全敞开，不采取任何密封或遮挡措施，水平方向气流可直接通过幕墙面板接缝的开放式幕墙。遮挡式板缝幕墙是指墙板块之间接缝采用遮盖构造的开放式幕墙。遮挡式板缝幕墙又分为搭接式和嵌条式板缝幕墙。搭接式板缝幕墙是指墙板块之间采用平开或企口搭接构造的开放式幕墙。嵌条式板缝幕墙是指幕墙板块之间采用插条、压条等镶嵌构造的开放式幕墙。

3. 按板面支承形式分类——框支承、肋支承、点支承幕墙

（1）框支承幕墙是指由立柱、横梁连接构成的框架支承的建筑幕墙。框支承幕墙又分为构件式、单元式、半单元式幕墙。

① 构件式幕墙是指在现场依次安装立柱、横梁和面板的框支承建筑幕墙。

② 单元式幕墙又分为插接型单元式、连接型单元式、对接型单元式。插接型单元式是指单元板块之间以立柱型材相互插接的密封方式完成组合的单元式幕墙；连接型单元式是指单元板块立柱之间以共同的密封胶条进行密封完成组合的单元式幕墙；对接型单元式是指单元板块之间以各自密封胶条的对压密封方式完成组合的单元式幕墙。

③ 半单元式幕墙是指由小于一个楼层高度的不同幕墙单体板块直接安装组合、或与先行安装在主体结构上的立柱组合而成的建筑幕墙。半单元式幕墙又分为层间板块—视窗板块、立柱板块半单元式幕墙。层间板块—视窗板块半单元式幕墙是指由安装在上下楼板处的层间板块中间的视窗板块组合而成的建筑幕墙；立柱板块半单元式幕墙是指将全楼层高度的幕墙板块或小于楼层高度的若干幕墙板块（视窗板块和层间板块），与先行安装在主体结构上的立柱组合而成的建筑幕墙。

（2）肋支承幕墙是指面板支承结构为肋板的幕墙。肋支承幕墙又分为玻璃肋支承、金属肋支承、木支承幕墙。

玻璃肋支承幕墙或全玻璃幕墙是指肋板及其支承的面板均为玻璃的幕墙。玻璃肋幕墙又分为吊挂玻璃肋支承和坐地玻璃肋支承玻璃幕墙。吊挂玻璃肋支承幕墙或吊挂式全玻璃幕墙是指玻璃面板和肋板的重量全部由吊挂装置承载的全玻璃幕墙；坐地玻璃肋支承玻璃幕墙或坐地式全玻璃幕墙是指玻璃面板和肋板的重量全部由其玻璃底部的支承装置（镶嵌槽及支承垫块）承载的全玻璃幕墙。金属肋支承幕墙是指肋板材料为金属的肋支承幕墙。木支承幕墙是指肋板材料为木质的肋支承幕墙。

（3）点支承幕墙是指以点连接方式（或近似于点连接的局部连接方式）直接承托和固定面板的幕墙。点支承幕墙又分为穿孔式、夹板式、背栓式、短挂件点支承幕墙。

穿孔式点支承幕墙是指连接件或紧固件穿透面板的点支承幕墙。夹板式点支承幕墙是指采用非穿孔面板夹具，在面板端部以点连接或局部连接方式承托和固定面板的点支承幕墙。背栓式点支承幕墙是指在面板背部非穿透性孔洞中采用背栓承托和固定面板的点支承幕墙。短挂件点支承幕墙是指在面板端部侧面或背面或槽中采用短挂件承托和固定面板的点支承幕墙。

4. 点支承玻璃幕墙按支承结构形式分类——钢结构、索结构、玻璃肋点支承玻璃幕墙

（1）钢结构点支承玻璃幕墙是指采用钢结构支撑的点支承玻璃幕墙。其中又分为单柱式、钢桁架、拉杆桁架点支承玻璃幕墙。单柱式点支承玻璃幕墙是指采用型钢或钢管等单柱支撑结构的点支承玻璃幕墙。钢桁架点支承玻璃幕墙是指采用钢桁架为支撑结构的点支承玻璃幕墙。拉杆桁架点支承玻璃幕墙是指采用预张拉杆桁架为支撑结构的点支承玻璃幕墙。

（2）索结构点支承玻璃幕墙是指采用由拉索作为主要受力构件而形成的预应力结构体系支撑的点支承玻璃幕墙。其中又分为单向竖索、单层索网、索桁架、自平衡索桁架。

单向竖索点支承玻璃幕墙是指采用单向竖索为支撑结构的点支承玻璃幕墙。单层索网点支承玻璃幕墙是指采用单层平面索网或单层曲面索网为支撑结构的点支承玻璃幕墙。索桁架点支承玻璃幕墙是指采用索桁架为支撑结构的点支承玻璃幕墙。自平衡索桁架点支承玻璃幕墙是指采用预应力索和撑杆组成的自平衡索桁架为支撑结构的点支承玻璃幕墙。

（3）玻璃肋点支承玻璃幕墙是指采用玻璃肋板为支撑结构的点支承玻璃幕墙。

5. 按面板支承框架显露程度分类——明框、隐框、半隐框幕墙

明框幕墙是指横向和竖向框架构件显露于面板室外侧的幕墙。隐框幕墙是指横向和竖向框架构件完全不显露于面板室外侧的幕墙。半隐框幕墙是指横向或竖向框架构件不显露于室外侧的幕墙。

6. 按面板支承框架材料分类——铝框架、钢框架、木框架、组合框架幕墙

铝框架幕墙是指由铝合金型材构件组成面板支承框架的幕墙。钢框架幕墙是指由钢材构件组成支承框架的幕墙。木框架幕墙是指由木质构件组成支承框架的幕墙。组合框架幕墙是指由不同材质构件组成支承框架的幕墙，如钢铝框架支承的幕墙。

7. 按立面形状分类——平面、折面、曲面幕墙

平面幕墙是指立面为一个平面的建筑幕墙。折面幕墙是指立面为两个及两个以上平面相交，形成折面的幕墙。曲面幕墙是指立面为曲面的幕墙，其中又分为单曲面幕墙和双曲面幕墙。单曲面幕墙是指立面只有一个方向为曲面的幕墙；双曲面幕墙是指立面两个垂直方向均为曲面的幕墙。

8. 双层幕墙

（1）按空气间层的分隔形式分类——箱体式、单楼层式、多楼层式、整面式、井道式双层幕墙

箱体式双层幕墙是指空气间层竖向（高度）为一个层高、横向（宽度）为一个或两个分格宽度的双层幕墙。每个箱体空气间层设置开肩窗，有进风口和出风口，可独立完成换气功能。单楼层式双层幕墙、廊道式双层幕墙是指空气间层竖向（高度）为一个层高、横向（宽度）为同一楼层宽度或整幅幕墙宽度的双层幕墙。多楼层式双层幕墙、大箱体式双层幕墙是指空气间层竖向（高度）为两个或两个以上层高、水平方向（宽度）为一个或多个分格宽度的双层幕墙。整面式双层幕墙、整体式双层幕墙是指空气间层竖向（高度）为整幅幕墙高度、横向为整幅幕墙宽度的双层幕墙。井道式双层幕墙是指由箱体式或单楼层通道式空气间层及与之连通的多楼层竖向通风井道组成空气间层的双层幕墙。

（2）按空气间层的通风方式分类——外通风、内通风、内外通风双层幕墙

外通风双层幕墙是指通风口设于外层面板，采用自然通风或混合通风方式，使空气间层内的空气与室外空气进行循环交换的双层幕墙。内通风双层幕墙是指通风口设于内层面板，采用机械通风方式，使空气间层内的空气与室内空气进行循环交换的双层幕墙。内外通风双层幕墙是指内、外层均设有通风口，空气间层内的空气可与室内或室外空气进行循环交换的双层幕墙。

（3）按外层面板接缝构造形式分类——封闭式、开放式双层幕墙

封闭式双层幕墙是指外层、内层均为封闭式幕墙的双层幕墙。开放式双层幕墙是指外层为开放式幕墙，面板采用开放式接缝，内层为封闭式幕墙的双层幕墙。

（4）按幕墙结构形式分类——构件式、单元式、组合式双层幕墙

构件式双层幕墙是指内、外层均采用构件式框支承构造的双层幕墙。单元式双层幕墙是指内、外层采用单元式框支承构造的箱式集成体作为结构基本单位的双层幕墙。组合式双层幕墙是指内层和外层分别采用不同结构形式的双层幕墙。

### 8.2.2　小单元建筑幕墙

《小单元建筑幕墙》JG/T 216 试验方法，适用于以玻璃、石材、金属板为面板材料的挂插式小单元建筑幕墙；人造板材小单元建筑幕墙可参照使用。小单元建筑幕墙是指小单元板块与构件式或单元式幕墙框架采用挂钩和插接连接的、可方便安装和拆换的幕墙。空隙小单元建筑幕墙是指幕墙面板间不注密封胶但具有密封性能的小单元建筑幕墙。

1. 分类

（1）按面板材料分类可分为小单元玻璃幕墙、小单元石材幕墙、小单元金属板幕墙。

（2）按附框型式构造分类可分为明框小单元玻璃幕墙、隐框小单元玻璃幕墙、半隐框小单元建筑幕墙。

（3）按密封型式分类可分为注胶密封小单元建筑幕墙、空隙密封小单元建筑幕墙。

2. 中间检验组批

（1）同一工程、同种型号、同种类型的构件及小单元板块以 100 件为一批，不足 100 件时按一批计，随机抽取 10 件。

（2）隐框及半隐框小单元板块每 100 件抽取 1 件进行剥离试验。

（3）淋水试验的检验批按设计、材料、工艺和施工条件相同的小单元幕墙每 $500m^2$ 为一个检验批，不足 $500m^2$ 应划为一个独立的检验批。每个检验批随机抽查 5 处，每处应至少包括三条竖缝和三条横缝，异形幕墙可取同一区域的 9 条分格缝。

# 8.3　幕墙性能分级

### 8.3.1　安全性

建筑幕墙的安全性包括抗风压性能、平面内变形性能（层间变形性能）、耐撞击性能、抗风携碎物冲击性能、抗爆炸冲击波性能和耐火完整性等六项指标。常用的性能检测指标有抗风压性能、平面内变形性能（层间变形性能）指标。

1. 抗风压性能

（1）幕墙的抗风压性能指标应根据幕墙所承受的风荷载标准值确定，其标准值不应低于风荷载标准值，且不应小于 1.0kPa。风荷载标准值的计算应符合《建筑结构荷载规范》GB 50009 的规定。

（2）在抗风压性能作用下，幕墙的支承体系和面板的相对挠度和绝对挠度不应大于表 8.3.1-1 的规定。

幕墙的支承体系和面板的相对挠度和绝对挠度　　　　　　　表 8.3.1-1

| 支承结构类型 | | 相对挠度（$L$ 跨度） | 绝对挠度（mm） |
|---|---|---|---|
| 构件式玻璃幕墙<br>单元式幕墙 | 铝合金型材 | $L/180$ | 20(30)[a] |
| | 钢型材 | $L/250$ | 20(30)[a] |
| | 玻璃面板 | 短边距/60 | — |
| 石材幕墙<br>金属板幕墙<br>人造板材幕墙 | 铝合金型材 | $L/180$ | — |
| | 钢型材 | $L/250$ | — |
| 点支承玻璃幕墙 | 钢结构 | $L/250$ | — |
| | 索杆结构 | $L/200$ | — |
| | 玻璃面板 | 长边孔距/60 | — |
| 全玻璃幕墙 | 玻璃肋 | $L/200$ | — |
| | 玻璃面板 | 跨距/60 | — |

注：括号内数据适用于跨距超过 4500mm 的建筑幕墙产品。

（3）开放式建筑幕墙的抗风压性能应符合设计要求。

（4）抗风压性能分级指标应符合上述（1）的规定，并应符合表 8.3.1-2 的规定。

建筑幕墙抗风压性能分级　　　　　　　表 8.3.1-2

| 分级代号 | 1 | 2 | 3 | 4 | 5 | 6 | 7 | 8 | 9 |
|---|---|---|---|---|---|---|---|---|---|
| 分级指标值<br>$P_3$（kPa） | $1.0 \leq P_3$ <1.5 | $1.5 \leq P_3$ <2.0 | $2.0 \leq P_3$ <2.5 | $2.5 \leq P_3$ <3.0 | $3.0 \leq P_3$ <3.5 | $3.5 \leq P_3$ <4.0 | $4.0 \leq P_3$ <4.5 | $4.5 \leq P_3$ <5.0 | $P_3 \geq 5.0$ |

注：1. 9 级时需同时标注 $P_3$ 的测试值。如：属 9 级（5.5kPa）。
　　2. 分级指标值 $P_3$ 为正、负风压测试值绝对值的较小值。

2. 平面内变形性能

（1）建筑幕墙平面内变形性能以建筑幕墙层间位移角为性能指标。在非抗震设计时，指标值应不小于主体结构弹性层间位移角抗震值；在抗震设计时，指标值应不小于主体结构弹性层间位移角控制值的 3 倍。主体结构楼层最大弹性层间位移角控制值可按表 8.3.1-3 执行。

（2）幕墙平面内变形性能以层间位移角为分级指标，分级应符合表 8.3.1-4 的规定。

3. 层间变形性能

层间变形性能幕墙层间变形性能以 X 轴、Y 轴维度方向层间位移角和 Z 轴维度方向层间高度变化量为分级指标，分级应符合表 8.3.1-5 的规定。

**主体结构楼层最大弹性层间位移角**  表 8.3.1-3

| 结构类型 | | 建筑高度 $H$(m) | | |
|---|---|---|---|---|
| | | $H \leqslant 150$ | $150 < H \leqslant 250$ | $H > 250$ |
| 钢筋混凝土结构 | 框架 | 1/550 | — | — |
| | 板柱-剪力墙 | 1/800 | — | — |
| | 框架-剪力墙、框架-核心筒 | 1/800 | 线性插值 | — |
| | 筒中筒 | 1/1000 | 线性插值 | 1/500 |
| | 剪力墙 | 1/1000 | 线性插值 | — |
| | 框支层 | 1/1000 | — | — |
| 多、高层钢结构 | | 1/300 | | |

注：1. 表中弹性层间位移角=$\Delta/h$，$\Delta$ 为最大弹性层间位移量，$h$ 为层高。
　　2. 线性插值系指建筑高度在 150～250m 间，层间位移角取 1/800（1/1000）与 1/500 线性插值。

**建筑幕墙平面内变形性能分级**  表 8.3.1-4

| 分级代号 | 1 | 2 | 3 | 4 | 5 |
|---|---|---|---|---|---|
| 分级指标值 $\gamma$ | $\gamma < 1/300$ | $1/300 \leqslant \gamma < 1/200$ | $1/200 \leqslant \gamma < 1/150$ | $1/150 \leqslant \gamma < 1/100$ | $\gamma \geqslant 1/100$ |

注：表中分级指标为建筑幕墙层间位移角。

**层间变形性能分级**  表 8.3.1-5

| 分级指标 | 分级代号 | | | | |
|---|---|---|---|---|---|
| | 1 | 2 | 3 | 4 | 5 |
| $\gamma_x$ | $1/400 \leqslant \gamma_x < 1/300$ | $1/300 \leqslant \gamma_x < 1/200$ | $1/200 \leqslant \gamma_x \leqslant 1/150$ | $1/150 \leqslant \gamma_x < 1/100$ | $\gamma_x \geqslant 1/100$ |
| $\gamma_y$ | $1/400 \leqslant \gamma_y < 1/300$ | $1/300 \leqslant \gamma_y < 1/200$ | $1/200 \leqslant \gamma_y \leqslant 1/150$ | $1/150 \leqslant \gamma_y < 1/100$ | $\gamma_y \geqslant 1/100$ |
| $\delta_z$(mm) | $5 \leqslant \delta_z < 10$ | $10 \leqslant \delta_z < 15$ | $15 \leqslant \delta_z < 20$ | $20 \leqslant \delta_z < 25$ | $\delta_z \geqslant 25$ |

注：5 级时应注明相应的数值。组合层间位移检测时分别注明级别。

## 8.3.2 节能性

建筑幕墙的节能性包括气密性能、保温性能和遮阳性能三项指标。常用的性能检测指标有气密性能指标和保温性能指标。

1. 气密性能

（1）气密性能指标应符合《民用建筑热工设计规范》GB 50176、《公共建筑节能设计标准》GB 50189、《居住建筑节能检测标准》JGJ 132、《夏热冬冷地区居住建筑节能设计标准》JGJ 134 、《严寒和寒冷地区居住建筑节能设计标准》JGJ 26 的有关规定，并满足相关节能标准的要求。一般情况可按表 8.3.2-1 确定。

**建筑幕墙气密性能设计指标一般规定**  表 8.3.2-1

| 地区分类 | 建筑层数、高度 | 气密性能分级 | 气密性能指标小于 | |
|---|---|---|---|---|
| | | | 开启部分 $q_L$ $[m^3/(m \cdot h)]$ | 幕墙整体 $q_A$ $[m^3/(m^2 \cdot h)]$ |
| 夏热冬暖地区 | 10 层以下 | 2 | 2.5 | 2.0 |
| | 10 层及以上 | 3 | 1.5 | 1.2 |
| 其他地区 | 7 层以下 | 2 | 2.5 | 2.0 |
| | 7 层及以上 | 3 | 1.5 | 1.2 |

（2）开启部分气密性能分级指标应符合表 8.3.2-2 的要求。

| 分级代号 | 1 | 2 | 3 | 4 |
|---|---|---|---|---|
| 分级指标值 $q_L$[m³/(m·h)] | $4.0 \geqslant q_L > 2.5$ | $2.5 \geqslant q_L > 1.5$ | $1.5 \geqslant q_L > 0.5$ | $q_L \leqslant 0.5$ |

（3）幕墙整体（含开启部分）气密性能分级指标应符合表 8.3.2-3 的要求。

| 分级代号 | 1 | 2 | 3 | 4 |
|---|---|---|---|---|
| 分级指标值 $q_A$[m³/(m²·h)] | $4.0 \geqslant q_A > 2.0$ | $2.0 \geqslant q_A > 1.2$ | $1.2 \geqslant q_A > 0.5$ | $q_A \leqslant 0.5$ |

（4）开放式建筑幕墙的气密性能可不作要求。

（5）幕墙气密性能以可开启部分单位缝长空气渗透量和幕墙整体单位面积空气渗透量为分级指标，幕墙气密性能分级应符合表 8.3.2-4 的规定。

| 分级代号 | | 1 | 2 | 3 | 4 |
|---|---|---|---|---|---|
| 分级指标值 $q_L$[m³/(m·h)] | 可开启部分 | $4.0 \geqslant q_L > 2.5$ | $2.5 \geqslant q_L > 1.5$ | $1.5 \geqslant q_L > 0.5$ | $q_L \leqslant 0.5$ |
| 分级指标值 $q_A$[m³/(m²·h)] | 幕墙整体 | $4.0 \geqslant q_A > 2.0$ | $2.0 \geqslant q_A > 1.2$ | $1.2 \geqslant q_A > 0.5$ | $q_A \leqslant 0.5$ |

注：第 4 级应在分级后同时注明具体分级指标值。

2. 保温性能

（1）建筑幕墙传热系数应按《民用建筑热工设计规范》GB 50176 的规定确定，并满足《公共建筑节能设计标准》GB 50189、《居住建筑节能检测标准》JGJ 132、《夏热冬冷地区居住建筑节能设计标准》JGJ 134 、《严寒和寒冷地区居住建筑节能设计标准》JGJ 26 和《夏热冬暖地区居住建筑节能设计标准》JGJ 75 的要求。

（2）幕墙传热系数应按相关规范进行设计计算。

（3）幕墙在设计环境条件下应无结露现象。

（4）幕墙传热系数分级指标应符合表 8.3.2-5 的要求。

| 分级代号 | 1 | 2 | 3 | 4 | 5 | 6 | 7 | 8 |
|---|---|---|---|---|---|---|---|---|
| 分级指标值 $K$ [W/(m²·K)] | $K \geqslant 5.0$ | $5.0 > K \geqslant 4.0$ | $4.0 > K \geqslant 3.0$ | $3.0 > K \geqslant 2.5$ | $2.5 > K \geqslant 2.0$ | $2.0 > K \geqslant 1.5$ | $1.5 > K \geqslant 1.0$ | $K < 1.0$ |

注：8 级时需同时标注 $K$ 的测试值。

3. 遮阳性能

（1）玻璃幕墙遮阳系数应满足《公共建筑节能设计标准》GB 50189 和《夏热冬暖地区居住建筑节能设计标准》JGJ 75 的要求。

（2）遮阳系数应按相关规范进行设计计算。

（3）玻璃幕墙的遮阳系数分级指标应符合表 8.3.2-6 的要求。

| 分级 | 1 | 2 | 3 | 4 | 5 | 6 | 7 | 8 |
|---|---|---|---|---|---|---|---|---|
| 分级指标值 $SC$ | $0.9 \geqslant SC > 0.8$ | $0.8 \geqslant SC > 0.7$ | $0.7 \geqslant SC > 0.6$ | $0.6 \geqslant SC > 0.5$ | $0.5 \geqslant SC > 0.4$ | $0.4 \geqslant SC > 0.3$ | $0.3 \geqslant SC > 0.2$ | $SC \leqslant 0.2$ |

## 8.3.3 适用性

建筑幕墙的适用性包括水密性能、空气声隔声性能二项指标。常用的性能检测指标有抗水密性能指标。

（1）水密性能分级指标应符合表 8.3.3-1 的规定。

建筑幕墙水密性能分级　　　　　　表 8.3.3-1

| 分级代号 | | 1 | 2 | 3 | 4 | 5 |
|---|---|---|---|---|---|---|
| 分级指标值 $\Delta P$(Pa) | 固定部分 | $500 \leqslant \Delta P < 700$ | $700 \leqslant \Delta P < 1000$ | $1000 \leqslant \Delta P < 1500$ | $1500 \leqslant \Delta P < 2000$ | $\Delta P \geqslant 2000$ |
| | 可开启部分 | $250 \leqslant \Delta P < 350$ | $350 \leqslant \Delta P < 500$ | $500 \leqslant \Delta P < 700$ | $700 \leqslant \Delta P < 1000$ | $\Delta P \geqslant 1000$ |

注：5 级时需同时标注固定部分和开启部分 $\Delta P$ 的测试值。

（2）有水密性要求的建筑幕墙在现场淋水试验中，不应发生水渗漏现象。

（3）开放式建筑幕墙的水密性能可不作要求。

# 第9章　建筑幕墙物理性能检测技术

## 9.1　幕墙工程检测方法

　　建筑幕墙作为建筑物外围护结构的重要组成部分，其性能直接影响到建筑物的美观、安全、节能、环保等诸多方面。采用科学、合理、准确的方法检测建筑幕墙工程的质量，是保证建筑幕墙正常使用的前提条件。建筑幕墙检测技术近年来发展迅速，原有检测方法多为实验室检测方法。近年来，建筑幕墙工程检测要求与日俱增，新的工程检测技术不断发展和完善。幕墙检测从实验室对幕墙设计验证性检测逐步走向对建筑幕墙工程现场检测，这对我国建筑幕墙产品质量和工程质量的提高起到了积极的促进作用，使得建筑幕墙工程检测更能达到方法可靠、技术适用，数据准确，评价正确的要求。

　　《建筑幕墙工程检测方法标准》JGJ/T 324 检测方法，适用于新建和已竣工建筑幕墙工程的现场检测和实验室检测。建筑幕墙工程的检测项目应根据受检幕墙工程的不同阶段和检测目的确定，并应按幕墙结构形式、工程应用条件、施工质量可靠性、使用要求和检测鉴定要求等选择检测方法。

　　1. 检测方法

　　建筑幕墙工程检测方法可对幕墙的寿命周期各个阶段进行检测。根据检测地点的不同，检测类别可分为现场检测和实验室检测。现场检测可在工程现场完成对幕墙的检测，检测对象可包括幕墙试件本身及幕墙与其他结构之间的接缝部位，但检测难度较高；实验室检测技术成熟、先进、稳定性好，但只能对试件本身进行检测。建筑幕墙工程检测方法，适用于新建和已竣工建筑幕墙工程的现场检测和实验室检测。

　　根据幕墙安全及节能等要求，气密、水密、抗风压和保温性能检测应为必检项目。

　　2. 检测类别

　　实验室检测所选样品能代表幕墙设计方案，但不一定能全面反映工程的实际情况；幕墙工程现场检测虽难度较大，但检测结果能真实地反映幕墙的实际性能和质量水平。随着检测设备和检测方法的不断增加和完善，工程现场检测项目已逐渐增多，特别是我国许多既有幕墙已达到或将达到建筑设计使用年限，加之早期建筑幕墙在设计、施工中可能存在较多的问题，所以采用现场检测来评定既有幕墙的实际性能已是非常现实的问题。另外，当建筑幕墙工程不具备实验室检测条件或需要进行实地验证时，宜进行工程现场检测。

　　建筑幕墙的检测类别可根据幕墙工程的不同阶段按方法标准的规定确定。当现场检测和实验室检测均适用时，对于已经安装的幕墙工程及材料，宜进行现场检测；对于未安装的幕墙工程及材料，宜进行实验室检测。

### 9.1.1　概述

1. 建筑幕墙工程检测程序

①检测方接受委托方的委托，并明确检测要求。②勘验现场、查阅设计文件、制定检测方案。③双方确认检测方案。④签订检测合同。⑤开展现场检测、实验室检测。⑥出具检测报告。

2. 委托方应提供资料

（1）检测目的、检测要求、检测项目及检测所依据的标准；

（2）幕墙所在建筑工程主体的相关资料；

（3）幕墙工程设计文件，包括设计说明、图纸及计算书等；

（4）幕墙出厂相关质量文件；

（5）已有的检测报告；

（6）施工过程质量控制及阶段验收文件；

（7）幕墙用材料的产品合格证和性能检测报告；对于硅酮结构胶和密封胶，还应提供与其相接触材料的剥离粘结性与相容性检验报告。

委托方提供的工程资料，是检测人员获取建筑幕墙信息的重要技术资料，检测各方均应对此项工作予以重视。工程主体相关资料包括建筑设计说明、建筑高度、层高等；幕墙用材料包括面板、金属构件、密封材料、五金件及附件等。

3. 现场检测前勘验要求

（1）查阅待检测幕墙工程的设计、施工、验收资料；

（2）调查幕墙现状，记录出现的问题；

（3）向有关设计、施工、监理、使用等人员了解相关情况；

（4）明确委托方的检测要求。

现场勘验可为检测人员提供更为详细的工程概况、试件信息和工程安装使用情况。通过现场勘验，可初步确定幕墙的检测项目和检测方法，为制定详细的检测方案提供依据。现场勘验应对幕墙的状态进行详细调查和初步检查，同时宜查阅相关的存档文件，包括建筑幕墙计算书、竣工图纸、隐蔽工程验收记录、竣工验收资料、材料进场检测报告、性能检验报告等。工程现场勘察阶段可进行简单的初步检测，一般可采用目测、手试或借助简单的工具对可视部位进行检查和检测。现场勘察还可明确建筑幕墙是否具备现场检测条件，对不具备现场检测条件的幕墙部件进行标注。现场勘察是检测人员获取的最直接的第一手工程信息，是编制检测方案的重要依据。

4. 检测方案

检测方应编制幕墙工程的检测方案，并应经过委托方确认。检测方案宜包括下列内容：

（1）建筑幕墙工程概况：对于幕墙的形式检验和新型幕墙开发研究，应包括幕墙类型、规格、适用范围等；对于新建和已竣工的幕墙工程，应包括幕墙类型、面积，建筑结构形式、层高、总高，设计、施工及监理单位，幕墙工程开工和竣工日期等。

（2）检测目的和要求。

（3）检测依据。

(4) 检测项目及样品要求，现场检测还应包括抽样方案。

(5) 检测设备和检测方法说明。

(6) 检测进度计划。

(7) 需委托方配合的工作。

(8) 检测中拟采取的安全及环保措施。

(9) 对检测中可能发生局部损坏的程度说明以及修复方案。

检测方案应由检测方提出，这是因为检测方具有专业的检测技术、检测设备、检测人员和检测经验。检测方案是委托双方共同开展检测工作的重要依据，因此应由委托方予以确认，检测方案尽可能细致。在检测进行过程中，需要对检测方案进行修改或补充时，应由检测方修改并经委托方重新确认。

5. 检测批量

对于现场检测的组批要求，《玻璃幕墙工程质量检验标准》JGJ/T 139 及其他相关标准都有所规定，抽样数量应满足标准要求。对于各单项性能检测，抽样数量应符合相应检测方法规定的最小数量，根据检测结果分别评定。

6. 检测项目与检测目的

委托要求和检测目的可分为安全性、节能性、适用性和耐久性等，不同检测项目和不同的检测目的相对应。当检测项目与检测目的相对应时，该项目应为必检项目。

以安全性为检测目的的检测项目有材料、连接、安装质量、抗风压性能、平面内变形性能（层间变形性能）、抗冲击性能、抗震性能和抗爆炸冲击波性能；以节能性为检测目的的检测项目有气密性能和热工性能（保温性能）；以适用性为检测目的检测项目有水密性能、光学性能和隔声性能；以耐久性为检测目的的检测项目有热循环性能。

7. 检测报告

①委托方名称；②检测项目及依据的标准；③幕墙工程情况描述，包括工程名称、地点、设计要求、产品名称、生产厂家、施工单位、幕墙的使用年限等；④试件名称、系列、类型、规格尺寸、材料、构造、五金件及其位置的详细情况；⑤试件外立面图、纵横剖面和节点图；试件的支承体系和可开启部分的开启方式；⑥现场检测时，还应包括检测单元的位置、幕墙类型、系列及规格尺寸；⑦试件检测前的存放情况；⑧检测过程中发生破坏的详细情况；⑨检测结束后，试样的情况描述及定级结果；⑩检测结果及判定；⑪实验室名称和地址；⑫检测使用的仪器；⑬检测日期；⑭检测环境条件；⑮主检、审核及批准人的签名。

### 9.1.2　材料、连接和安装质量检测

1. 材料质量检测

1）检测方法标准

建筑幕墙所用材料主要包括面板材料、连接件与支承构件、粘结与密封材料、五金件及附件、保温与防火材料等，相关的产品标准中均规定了要求及检测方法。对于现场无法或不易检测的检测项目，则取样进行实验室检测。检测应符合《玻璃幕墙工程技术规范》JGJ 102、《金属与石材幕墙工程技术规范》JGJ 133、《建筑玻璃应用技术规程》JGJ 113以及国家现行有关产品标准的规定。

2）现场取样

为了保证检测数据的一致性，用于单项性能检测的样品应为相同品种、相同规格，且现场取样应满足检测要求，相关产品标准和工程标准均对样品组批和抽样进行了规定，并应符合国家现行有关标准的规定。

3）幕墙玻璃现场检测

（1）检测项目

玻璃的现场检测项目宜包括外观、尺寸、波形弯曲度和色差。钢化玻璃现场检测还宜包括表面应力；中空玻璃现场检测还宜包括构造和露点；中空玻璃内部充惰性气体时，现场检测项目还宜包括惰性气体浓度。

（2）现场检测

① 应记录环境温度和相对湿度；

② 外观：应在自然光或散射光照条件下，距玻璃正面约 600mm 处目测检查；划痕宽度应使用放大 10 倍、精度不小于 0.1mm 的读数显微镜测量；划痕的长度应使用精度为 1mm 的金属直尺测量；

③ 尺寸：应使用精度为 1mm 的钢卷尺测量；

④ 玻璃波形弯曲度、钢化玻璃表面应力检测，可按《建筑幕墙工程检测方法标准》JGJ/T 324 的规定执行；

⑤ 色差检测：应按《玻璃幕墙工程质量检验标准》JGJ/T 139 的规定执行；

⑥ 中空玻璃构造：可使用精度不低于 0.5mm 的玻璃测厚仪，在被检玻璃各边的边缘中点进行检测；也可将玻璃从幕墙上取下后，用精度为 0.01mm 的外径千分尺或精度为 0.02mm 的卡尺，在距玻璃边缘 15mm 内的各边中点测量。测量结果应取算术平均值，并应修约到小数点后一位；

⑦ 中空玻璃露点和惰性气体浓度检测，可按《建筑幕墙工程检测方法标准》JGJ/T 324 的规定执行。

4）石材检测

（1）检测项目

石材冻融循环后的压缩强度、弯曲强度、吸水率等性能，应先按《建筑幕墙工程检测方法标准》JGJ/T 324 的相关规定进行现场取样，再进行实验室检测。石材的现场检测项目宜包括外观、尺寸、厚度等。

（2）现场检测

① 外观：应在自然光条件下进行目测检查，对于可见的缺棱、缺角、裂纹、色斑、色线、砂眼等缺陷，应注明缺陷分布位置并测量缺陷的尺寸，缺陷的尺寸可用精度为 0.02mm 的卡尺测量；

② 尺寸：应使用精度为 1mm 的钢卷尺测量；

③ 厚度：应使用精度为 0.02mm 的卡尺测量。

5）金属板及金属复合板检测

（1）检测项目

金属板及金属复合板的化学成分、力学性能、防腐性能、耐候性能等，应先按《建筑幕墙工程检测方法标准》JGJ/T 324 的规定进行现场取样，再进行实验室检测。金属板及金属复合板的现场检测项目宜包括外观、涂层厚度、板材厚度、涂层附着力、锈蚀等。

（2）现场检测

① 外观：应在自然光条件下进行目测检查；对可见的缺陷，应使用精度为 1mm 的金属直尺测量其尺寸；

② 涂层厚度：应使用精度为 1μm 的涂层测厚仪测量，且每件试件应至少测量各角和中心位置的厚度，并应以全部测量值的最小值和算术平均值作为测量结果；

③ 板材厚度：应使用精度为 0.01mm 的外径千分尺测量，且每件试件应至少测量各边中点位置的板材厚度，并应以全部测量值的最小值和算术平均值作为测量结果；

④ 涂层附着力：应按《色漆和清漆　漆膜的划格试验》GB/T 9286 的规定进行测量，并应以全部测量值中最差值作为测量结果；

⑤ 锈蚀：应在自然光条件下进行目测检查；对可见的锈蚀，应使用精度为 0.02mm 的卡尺测量其最大尺寸。

6）人造板材检测

人造板材主要包括：陶板、瓷板、微晶玻璃、纤维水泥板、石材蜂窝板和高压热固化木纤维板等，这些板材均有相应的产品标准。外观、厚度等项目可在现场进行检测，其他项目可取样回实验室，按相关产品标准规定的方法对人造板材进行检测。

（1）检测项目

人造板材的弯曲强度、剪切强度、抗冻性、吸水率等，应先按《建筑幕墙工程检测方法标准》JGJ/T 324 的规定进行现场取样，再进行实验室检测。人造板材的现场检测项目宜包括外观、厚度等。

（2）现场检测

① 外观：应在自然光条件下进行目测检查，对于可见的缺棱、缺角、裂纹、气泡、砂眼等缺陷，应使用精度为 0.02mm 的卡尺测量其尺寸；

② 厚度：应使用精度为 0.02mm 的卡尺测量。

7）连接件与支承构件检测

（1）检测项目

连接件与支承构件的化学成分、力学性能、防腐性能和耐候性能等，应先按《建筑幕墙工程检测方法标准》JGJ/T 324 的规定进行现场取样，再进行实验室检测。连接件与支承构件的现场检测项目宜包括尺寸、壁厚、膜厚、表面质量和连接处防腐处理等。

（2）现场检测

检测方法可按《玻璃幕墙工程质量检验标准》JGJ/T 139 的规定执行。

8）粘结与密封材料检测

（1）检测项目

粘结与密封材料的硬度、拉伸性能、粘结性能和老化性能等，应先按《建筑幕墙工程检测方法标准》JGJ/T 324 的规定进行现场取样，再进行实验室检测。粘结与密封材料的现场检测项目宜包括外观质量和尺寸等。

（2）现场检测

① 外观：应在自然光条件下目测检查，对于表面粉化、胶层开裂、胶与基材剥离等缺陷，可用精度为 1mm 的金属直尺进行测量；

② 尺寸：可使用精度为 0.02mm 的卡尺进行测量。

9）五金件及附件检测

（1）检测项目

五金件及附件的化学成分、耐久性等，应先按《建筑幕墙工程检测方法标准》JGJ/T 324 的规定进行现场取样，再进行实验室检测。五金件及附件的现场检测项目宜包括外观、防腐处理、使用功能等。

（2）现场检测

① 外观：应在自然光条件下进行目测检查，对于锈蚀、变形、缺损等，可使用卡尺、金属直尺、涂层测厚仪等仪器进行测量；

② 防腐处理与使用功能：应在自然光条件下，采用目测和手试的方法进行检查。

10）保温与防火材料检测

保温与防火材料外观检测时，目测是否有发霉、粉化、开裂和脱落等现象。对于设计中有耐火性能要求的层间封堵、窗间墙或非玻璃防火幕墙构件，取样后按《建筑构件　耐火试验方法　第 1 部分：通用要求》GB/T 9978.1 的规定进行构件的耐火性能检测；玻璃防火幕墙构件，取样后按《镶玻璃构件耐火试验方法》GB/T 12513 的规定进行构件的耐火试验。

（1）检测项目

保温与防火材料的密度、导热系数、燃烧性能等，应先按《建筑幕墙工程检测方法标准》JGJ/T 324 的规定进行现场取样，再进行实验室检测。保温与防火材料的现场检测项目宜包括外观、尺寸、防火涂料厚度、防火构造等。

（2）现场检测

① 外观：应在自然光条件下，采用目测的方法进行检查，且检查时应去除保温材料与防火材料的保护层；

② 尺寸：应采用精度为 1mm 的钢卷尺进行检测；

③ 防火涂料厚度：可按《建筑幕墙工程检测方法标准》JGJ/T 324 的规定进行检测；

④ 防火构造，应采用精度为 1mm 的钢卷尺检测。

11）材料的检测结果的处理

（1）对于材料安装前的实验室检测，检测结果的处理应按国家现行有关产品标准执行；

（2）对于已安装的建筑幕墙工程材料，取样进行实验室检测时，应取所检测项目结果的最不利值作为单项性能的评定结果；

（3）材料现场检测结果处理应按《玻璃幕墙工程质量检验标准》JGJ/T 139 的规定执行。

2. 连接质量检测

建筑幕墙的连接部位包括面板与框架、框架与角码、角码与埋件。连接方式包括机械连接（如明框幕墙立柱和角码的螺栓连接）和粘接（如隐框玻璃和幕墙框架之间的结构胶粘接），其性能涉及建筑幕墙的安全性，并且与安装质量密切相关。采用现场检测法是最直接反应连接质量的方法，且宜采用非破坏性方法检测；当采用破坏性检测时，需在检测前对破坏的部位进行计算、评估，确保不会由于取样导致发生新的安全隐患，检测完成后尽可能修复被破坏的部位。

1）检测方法及批量

幕墙工程连接的实验室检测应按国家现行有关产品标准以及《玻璃幕墙工程技术规范》JGJ 102、《金属与石材幕墙工程技术规范》JGJ 133、《人造板材幕墙工程技术规范》JGJ 336 和《建筑玻璃应用技术规程》JGJ 113 的规定执行。

幕墙工程连接的现场检测样品组批及抽样要求，应符合《玻璃幕墙工程质量检验标准》JGJ/T 139 的规定。

2）结构胶现场检测

结构胶的现场检测项目宜包括外观、注胶质量及硬度，现场取样的实验室检测项目应包括剥离粘接性、拉伸粘接性和抗剪切强度。现场检测方法应按《建筑幕墙工程检测方法标准》JGJ/T 324 的规定执行。

3）挂件、背栓检测

挂件、背栓检测项目应包括外观和挂装强度。现场检测包括：

① 对于外观，可在检测部位使用工业内窥镜观察幕墙挂件、背栓的数量、位置、锈蚀及连接情况，也可拆开装饰物或取下选定的幕墙板块，测量挂件的锈蚀面积和锈蚀厚度；

② 对于挂装强度，应先进行现场取样，再按《天然石材试验方法　第 7 部分：石材挂件组合单元挂装强度试验》GB/T 9966.7 的规定进行实验室检测。

4）连接件和紧固件检测

连接件及紧固件的现场检测项目应包括连接件的数量、锈蚀和松动情况等。现场检测包括：

① 可在幕墙的渗漏、连接的位置、破损、单元式板块交接、底部等部位，使用内窥镜进行检查；

② 对于可见缺陷，应先拆开装饰物或取下选定的幕墙板块，再采用分辨率不低于 0.05mm 的卡尺和精度为 1mm 的金属直尺，测量连接件的连接间隙、锈蚀面积、锈蚀厚度。

5）锚栓检测

锚栓的现场检测项目宜包括外观和承载力等。

（1）外观：可在幕墙的渗漏、连接的位置、破损、单元式板块交接、底部等部位，使用内窥镜进行检查；也可打开幕墙室内侧装饰物后进行目测检查；

（2）承载力：可使用锚栓现场拉拔检测装置进行检测。现场拉拔检测装置应由加载盒、反力支座、液压系统、位移测量传感器和支架等组成。检测应按下列步骤进行：

① 校准液压系统，测力精度应高于施加荷载的 2%；

② 将待测锚栓穿入加载盒下部加载板孔并固定，加载板厚度应与锚栓的公称直径一致，尺寸偏差应为 ±1.5mm，加载板孔直径应比锚栓公称直径大 1.5mm，尺寸偏差应为 ±0.5mm；加载板上部通过加载螺栓与液压系统连接，液压系统支架间距应为 500mm，支架应能承受试验时的最大荷载；

③ 在锚栓顶部安装精度为 0.01mm 的位移传感器，位移传感器支架应稳定，且在检测过程中不应受其他变形的影响；

④ 缓慢增加荷载至锚栓设计拉力，并记录锚栓位移值。

6）焊接连接检测

焊接连接检测项目宜包括外观、尺寸和焊缝质量等。

① 外观：应在自然光条件下，采用目测的方法进行检查；

② 尺寸：应使用精度为 0.5mm 的金属直尺进行测量；

③ 焊缝质量应按《焊缝无损检测　超声检测　技术、检测等级和评定》GB/T 11345 规定的超声波探伤法进行检测。

3. 安装质量检测

1）检测项目

建筑幕墙的安装质量检测相关的标准比较完善，现行行业标准《玻璃幕墙工程质量检验标准》JGJ/T 139 对玻璃幕墙的埋件与连接件、框架安装、玻璃安装等项目的检测要求及方法进行了规定，现行国家标准《建筑装饰装修工程质量验收标准》GB 50210 对玻璃幕墙、金属幕墙及石材幕墙的工程质量有详细的规定。检测项目还宜包括可开启部分启闭力、开启角度和拉索张拉力。

2）检测方法

开启部分的启闭力检测项目应包括锁闭装置的锁紧力、松开力和可开启部分在缓慢开启和关闭过程中的最大力。

启闭力应按《建筑门窗力学性能检测方法》GB/T 9158 的规定，采用量程为 100N、精度为 2N 的测力计进行测量，并应取锁紧力、松开力、开启力和关闭力的最大值作为检测结果。可开启部分的开启角度可采用角度尺测量。

### 9.1.3　性能检测

建筑幕墙的性能检测包括抗风压性能、气密性能、水密性能、热工性能和光学性能检测，其中热工性能包括保温性能和隔热性能的检测，保温性能又包括传热系数和抗结露因子的检测。幕墙性能的检测方法可分为现场检测和实验室检测。

1. 抗风压性能检测

建筑幕墙抗风压性能关系到幕墙的安全和正常使用，是建筑幕墙重要的性能之一。建筑幕墙的设计验证阶段，该项目为必检项目。建筑幕墙的抗风压性能检测可分为现场检测和实验室检测。抗风压性能现场检测可对幕墙安装的施工质量进行检验，兼顾对设计方案、构件加工的再检验；实验室检测可对幕墙的设计方案进行检测，兼顾对主要材料、构件加工、安装质量的检验。

1）检测规定

抗风压性能的现场检测宜在幕墙工程的室内侧进行。抗风压性能现场检测前，应对被检幕墙因检测可能造成的整体安全性影响进行评估。抗风压性能检测属于破坏性试验，在进行安全检测时，检测压力为风荷载标准值，对幕墙的整体安全性可能会有影响。因此，在现场检测前，需对被检幕墙因检测可能造成的整体安全性影响进行评估，以确定进行抗风压性能检测的必要性和可能性。

（1）采用模拟静压箱法进行抗风压性能现场检测时，需在现场临时搭建静压箱。为便于操作和施工，静压箱通常安装在幕墙的室内侧，这样有利于对静压箱的反力架进行固定。

（2）当幕墙室内侧不具备检测条件时，也可将静压箱安装在室外侧，但需采取加固措施，以平衡模拟风压对箱体的反作用力。室外侧检测时，一般选取位置较低的部位。

（3）抗风压性能实验室检测时，检测结果不应涉及幕墙与其他结构之间的接缝部位。

抗风压性能检测报告除应符合《建筑幕墙工程检测方法标准》JGJ/T 324 的规定外，还应包括下列内容：建筑幕墙的最大分格尺寸，现场检测报告还应包括层高；检测过程中不同荷载作用阶段幕墙构件的试验现象。抗风压性能检测时，对于定级检测，检测结果为建筑幕墙工程的抗风压所属级别；对于工程检测，检测结果应说明是否符合设计要求。

2）试件要求

工程现场检测应选取幕墙最有代表性的位置，其选取原则是：风荷载较大的部位；楼层（幕墙立柱跨距）较高的位置；幕墙面板较大、分割较少的部位。

（1）抗风压性能检测应按幕墙的种类、结构类型至少选取 1 个试件。幕墙有可开启部分时，试件应至少包含一个可开启部分。单独进行可开启部分检测时，应选取 3 个相同试件。

（2）试件应符合《建筑幕墙气密、水密、抗风压性能检测方法》GB/T 15227 的规定，且幕墙组件的拼缝不应少于 3 条，单元式幕墙十字拼缝不应少于 1 处，并应包含一个完整的单元板块。

（3）对于幕墙面板、挂装体系或可开启部分等局部位置进行抗风压性能检测时，应选取最不利的部位进行。

（4）试件应满足检测的可操作性要求，并应具有典型性和代表性。

3）实验室检测

建筑幕墙抗风压性能的实验室检测宜采用静压箱法。建筑幕墙抗风压性能的实验室检测应按《建筑幕墙气密、水密、抗风压性能检测方法》GB/T 15227 的规定执行。

2. 气密性能检测

建筑幕墙的气密性能涉及其节能性能，是建筑幕墙重要的性能之一。建筑幕墙在设计验证阶段以及建筑幕墙的节能性能评价时，该项目为必检项目。建筑幕墙的气密性能检测可分为现场检测和实验室检测。现场检测由于受多种条件限制，同时气密性能往往与水密性能和抗风压性能同时进行，在选取试件检测位置时，需综合考虑试件的箱体安装、密封及对检测结果的观察。

1）检测规定

（1）气密性能的现场检测宜在幕墙工程的室内侧进行。幕墙室内侧通常有足够的检测空间及观察条件，因此现场检测适宜在室内侧进行。

（2）实验室检测通常在幕墙施工前进行，主要目的是验证幕墙自身的设计是否合理，其检测结果不涉及幕墙与其他结构之间的接缝部位。气密性能实验室检测时不应涉及幕墙与其他结构之间的接缝部位。

2）试件要求

试件的选取应为气密性能最不利的部位，一般来说，可开启部分与幕墙的密封部位是气密性能最不利的部位。因此，幕墙工程现场检测时，如有可开启部分，试件应至少包含一个可开启部分。必要时，也可对可开启部分单独进行检测。

（1）气密性能检测应按幕墙的种类、结构类型至少选取 1 个试件。幕墙有可开启部分时，试件应至少包含一个可开启部分。单独进行可开启部分检测时，应选取 3 个相同试件。

（2）气密性能检测的试件应符合《建筑幕墙气密、水密、抗风压性能检测方法》GB/T 15227 的规定，幕墙组件的拼缝不应少于 3 条，单元式幕墙十字拼缝不应少于 1 处，并应包含一个完整的单元板块。

（3）气密性能检测的试件应满足检测的可操作性，且试件应具有典型性和代表性。

3）实验室检测

实验室检测多在建筑幕墙的设计验证和生产加工阶段进行，安装缺陷可能会对幕墙整体性能造成影响，因此，允许在检测期间改进安装工艺和修补缺陷，同时在检测报告中予以详细描述，并在工程安装中采用改进后的安装工艺。在施工阶段和验收阶段进行的实验室检测，如因安装缺陷原因对气密性能造成影响，需对已经安装的幕墙进行修补。

（1）气密性能的实验室检测应按《建筑幕墙气密、水密、抗风压性能检测方法》GB/T 15227 的规定执行。

（2）对于设计验证和生产加工阶段进行的气密性能实验室检测，当因试件安装缺陷使气密性能未达到设计要求时，可在改进安装工艺、修补缺陷后重新检测，检测报告中应描述改进的内容；当因设计或材料缺陷导致气密性能未达到规定值时，应停止检测，并应在修改设计或更换材料后，重新制作试件进行检测。

（3）对于交付验收和使用运行阶段进行的气密性能实验室检测时，当因试件安装缺陷使气密性能未达到设计要求时，可在改进安装工艺、修补缺陷后重新检测；当因设计或材料缺陷导致气密性能未达到规定值时，不应重新检测。

3. 水密性能检测

建筑幕墙的水密性能一直是建筑幕墙设计中需要考虑的重要因素，是建筑幕墙重要的性能之一。建筑幕墙的设计验证阶段，水密性能为必检项目。检测经验表明，实验室检测中有多数幕墙试件需经修复才能通过试验。在实际工程应用中，也存在同样的问题。

目前，幕墙的防水设计常采用两种方式，一是采用完全密封的被动防水模式，二是运用雨幕等压原理的主动防水模式，无论哪一种防水系统，在台风及暴雨作用下的机理与静态空气压力差作用下的常规水密性试验所模拟的状况都有很大的区别。

1）检测规定

（1）建筑幕墙的水密性能检测可分为现场检测和实验室检测。现场检测应检验幕墙安装的施工质量，兼顾对设计方案、构件加工的再检验；实验室检测可对幕墙的设计方案进行检测，兼顾对主要材料、构件加工、安装施工质量的检验。

（2）水密性能的现场检测方法可分为淋水法、静压箱法和动压水密法。水密性能的实验室检测方法可分为静压箱法和动压水密法。

（3）水密性能应先按建筑幕墙的种类、结构类型选取样品，再进行现场检测或实验室检测。

（4）水密性能检测报告除应符合《建筑幕墙工程检测方法标准》JGJ/T 324 的规定

外，还应包括下列内容：①试件排水构造及排水孔的位置、淋水试验的部位；②密封材料的材质和牌号；③附件的名称、材质和配置；④试件可开启部分与试件总面积的比例；⑤幕墙工程水密性能设计值；⑥室内外的气温和淋水量；⑦水密检测的加压方法，出现渗漏时的状态及部位。

2）试件要求

（1）水密性能检测应按幕墙的种类、结构类型至少选取 1 个试验试件。幕墙有可开启部分时，试件应至少包含一个可开启部分。单独进行可开启部分检测时，应选取 3 个相同试件。

（2）水密性能检测试件应符合《建筑幕墙气密、水密、抗风压性能检测方法》GB/T 15227 的规定，幕墙组件的拼缝不应少于 3 条，单元式幕墙十字拼缝不应少于 1 处，并应包含一个完整的单元板块。

（3）水密性能检测试件应满足检测的可操作性，并应具有典型性和代表性。

3）实验室检测

（1）当采取实验室静压箱法检测幕墙水密性能时，应按《建筑幕墙气密、水密、抗风压性能检测方法》GB/T 15227 的规定执行。

（2）当采取实验室动压水密法检测水密性能时，应按《建筑幕墙动态风压作用下水密性能检测方法》GB/T 29907 的规定执行。

### 9.1.4　防火涂层厚度检测

1. 仪器设备

防火涂料厚度应采用测针厚度测量仪测量，且测针厚度测量仪应由针杆和可滑动的圆盘组成，圆盘应始终保持与针杆垂直，且其上应装有固定装置，圆盘直径不应大于 30mm。

2. 测量方法

（1）当检测幕墙的钢结构防火涂层厚度时，可在构件长度内每隔 3m 取一截面，在钢结构的四个侧面中点进行测试，见图 9.1.4-1。

（2）当检测防火涂料厚度时，应将测针垂直插入防火涂层直至基材表面上，记录标尺读数。

（3）当检测防火涂料厚度时，应在所选择的面积中至少测出 5 个点，计算平均值，并精确到 0.5mm。

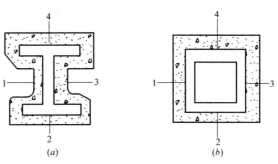

图 9.1.4-1　测针厚度测量仪

（a）工字柱；（b）方形柱

## 9.1.5　结构胶现场检测

1. 检测规定

（1）检测项目应包括外观、注胶质量、粘结性、硬度、拉伸粘结强度、抗剪强度和断裂伸长率。

（2）结构胶现场检测应分区、分批次进行，且应选择受力不利单元进行分组检测。每组应对应一条胶缝，每条胶缝应选取三处进行检测。

（3）结构胶现场检测时，应记录环境温度和湿度。

（4）结构胶现场检测前，应检查结构胶的有效尺寸。

（5）结构胶现场检测报告除应符合《建筑幕墙工程检测方法标准》JGJ/T 324 的规定外，还应包括下列内容：型材、镶嵌材料的品种、材质、牌号、尺寸和镶嵌方法、密封材料和附件的品种材质和牌号；结构胶的有效尺寸；层高和最大分格尺寸；检测时不同荷载作用阶段幕墙构件的试验现象。

2. 外观和注胶质量检测

（1）结构胶的外观检测应在良好的自然光条件下，采用目测的方法进行检查。

（2）结构胶的注胶质量检测应采用卡尺或精度为 1mm 的金属直尺测量结构胶的厚度和宽度，并应在工程现场切开结构胶，观察截面颜色均匀度和注胶的饱满密实情况。

3. 粘结性检测

粘结性按《建筑用硅酮结构密封胶》GB 16776 规定的手拉试验（成品破坏法）检测。

4. 力学性能现场检测

（1）检测项目应包括硬度、拉伸粘结强度、粘结破坏面积、抗剪强度和断裂伸长率。

（2）当现场检测结构胶的硬度时，应先在工程现场取下一段结构胶，再采用邵尔 A 型硬度计进行检测，且检测方法应符合《硫化橡胶或热塑性橡胶　压入硬度试验方法　第 1 部分：邵氏硬度计法（邵氏硬度）》GB/T 531.1 的规定。

（3）拉伸粘结强度和粘结破坏面积

现场拉拔法可检测结构胶的拉伸粘结强度和粘结破坏面积，并应按下列步骤进行：

① 选定幕墙玻璃单元，沿附框及结构胶的横向进行切割，切割长度宜为 50mm，且每个玻璃板块最多可取 3 个位置进行切割；

② 测量并记录结构胶的宽度、厚度和长度；

③ 将拉拔仪通过夹具或强力胶与铝附框连接牢固，且拉拔仪的精度不应大于 1N，并应配有拉力及位移的记录装置；

④ 使用拉拔仪对被切割开的铝附框拉伸加载，拉伸速度宜为 5～6mm/min，记录结构胶破坏时的状态和最终的拉力值；

⑤ 结构胶发生粘结面破坏时，采用分度为 1mm 的透明网格统计剥离粘结破坏面积；

⑥ 结构胶发生内聚性破坏时，其拉伸粘结强度应按下式计算：

$$\sigma_{si} = \frac{P_i}{L \times W} \tag{9.1.5-1}$$

式中　$\sigma_{si}$——单个试件的受拉强度（MPa）；

　　　$P_i$——单点拉力值（N）；

$L$——切割长度（mm）；

$W$——结构胶的宽度（mm）。

⑦ 试验结果：取 3 个试件检测结果的平均值作为结构胶拉伸粘结强度的检测值；

⑧ 实验完成后，采用强度及弹性模量高于被检试样的硅酮结构胶复原，同时在被切割部位补装长度大于 100mm 的压板。

（4）拉伸粘结强度、抗剪强度和断裂伸长率

重新粘结法可检测结构胶的拉伸粘结强度、抗剪强度和断裂伸长率，并应按下列步骤进行：

① 现场选定幕墙玻璃单元，采用切割工具沿结构胶两个粘结面进行切割，切割长度不宜小于 50mm，每个玻璃板块最多可取 3 个位置进行切割，记录原粘结面方向。

② 修整试件宽度和高度尺寸，且宽度均不应小于 6mm，长度应为 50mm。

③ 采用《建筑用硅酮结构密封胶》GB 16776 中规定的 G 类基材，用强度及弹性模量高于被测试件的硅酮结构胶沿原粘接面方向粘结，新结构胶在上下两个粘结面的粘结厚度总和不宜大于 0.5mm，可使用底漆增强新旧结构胶或新结构胶与基材的粘结性，粘结完成后按《建筑用硅酮结构密封胶》GB 16776 规定条件进行养护。

④ 采用《建筑密封材料试验方法　第 8 部分：拉伸粘结性的测定》GB/T 13477.8 的方法，在温度为 23±2℃条件下进行拉伸强度和断裂伸长率检测。

# 9.2　气密、水密、抗风压性能检测

《建筑幕墙气密、水密、抗风压性能检测方法》GB/T 15227，适用于建筑幕墙气密性能、水密性能及抗风压性能的实验室检测方法，检测对象只限于幕墙试件本身及其与其他结构之间的连接构造。

## 9.2.1　概述

1. 通用要求

（1）建筑幕墙的气密、水密、抗风压性能分级和指标应符合《建筑幕墙、门窗通用技术条件》GB/T 31433 的规定。

（2）检测应在环境温度不低于 5℃ 的条件下进行。检测设备置于露天时，不应在下列情况下进行检测：在检测时试件最高处风速大于 5m/s；当雨、雪等对检测结果有影响时。

（3）定级检测顺序宜按照气密、抗风压变形 $p_1$，水密、抗风压反复加压 $p_2$，抗风压产品设计风荷载标准值 $p_3$，抗风压产品风荷载设计值 $p_{max}$ 的顺序进行。

（4）工程检测顺序宜按照气密、抗风压变形 $p'_1$，水密、抗风压反复加压 $p'_2$，风荷载标准值 $p'_3$，风荷载设计值 $p'_{max}$ 的顺序进行。

（5）开放式幕墙的背部有气密性能要求时，以包括背部的试件单位面积空气渗透量作为分级指标；进行抗风压性能检测时，应采用柔性密封材料对开放式幕墙面板缝隙进行密闭后再进行检测。

（6）双层幕墙的气密性能以其整体气密性能指标进行定级；双层幕墙的水密性能以具有水密性能要求的一层的水密性能指标进行定级；双层幕墙抗风压性能的内外层分别进行

检测，分别定级。双层幕墙中有一层为开放式幕墙时，气密性能检测取另一层幕墙面积和开启缝长进行计算；当两层幕墙都具有气密性能时，取外侧幕墙的面积和开启缝长进行计算。

（7）水密性能检测分为稳定加压法和波动加压法。工程所在地为热带风暴和台风地区的工程检测，应采用波动加压法；定级检测和工程所在地为非热带风暴和台风地区的工程检测，可采用稳定加压法。已进行波动加压法检测可不再进行稳定加压法检测。热带风暴和台风地区的划分应按现行国家标准《建筑气候区划标准》GB 50178 的规定执行。水密性能最大检测压力峰值不应大于抗风压安全检测压力值。

（8）检测时应采取必要的安全防护措施。安全防护包括对人员的防护、对仪器设备的防护。

2. 方法概述

将足尺试件安装在压力箱上，利用供压装置使试件两侧形成稳定压力差或按照一定周期波动的压力差，模拟试件受到不同风荷载作用时的状态，检测在此状态下的试件阻止空气渗透的能力和承受允许变形的能力，即气密性能检测和抗风压性能检测。在施压的同时向试件室外侧淋水，模拟试件受到风雨同时作用时阻止雨水向室内侧渗漏的能力，即水密性能检测。

### 9.2.2　检测装置

1. 组成

检测装置由压力箱、安装横架、供压装置（包括供风设备、压力控制装置）、淋水装置及测量装置（包括差压计、空气流量测量装置、水流量计及位移计）组成。

2. 校验

1）空气流量测量系统校验方法

（1）方法概述

采用固定规格的标准试件安装在压力箱开口部位，利用空气流量测量系统测量不同开孔数量的空气流量，对不同开孔数量的测量结果进行分析。

（2）标准试件

标准试件采用厚度为 3.0±0.3mm，规格为 500mm× 500mm 的不锈钢板，见图 9.2.2-1。不锈钢板表面加工应平整，不能有划痕及毛刺等。透气孔中心与标准试件边部、透气孔之间的间距为 100±1mm。透气孔直径为 20±0.02mm，均布排列，透气孔内应清洁。

（3）安装框技术要求

① 安装框应采用不透气的材料，本身具有足够刚度。

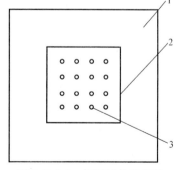

图 9.2.2-1　标准试件及安装
1—安装框；2—标准试件；3—透气孔

②安装框四周与压力箱相交部分应平整，以保证接缝的高度气密性。③安装框上标准试件的镶嵌口应平整，标准试件采用机械连接后用密封胶密封。

（4）校验条件

校验应在实验室内进行，实验室环境温度应在 20±5℃，校验前仪器通电预热时间不应少于 1h。空气流量测量系统所用差压计、流量计应在正常检定周期内。

（5）校验方法

① 将全部开孔用胶带密封，按气密性能检测要求顺序加压，记录相应压力差下的风速值并换算为标准状态下的空气渗透量值作为附加空气渗透量。

② 依次打开密封胶带，按照 1、2、4、8、16 孔的顺序，分别按气密性能检测要求顺序加压，记录相应压力下的风速值并换算为标准状态下的总空气渗透量。

③ 重复上述①②步骤 2 次，得到 3 次校准结果。

（6）结果处理

① 按式（9.2.4-1）、式（9.2.4-3）换算为标准空气渗透量，然后按式（9.2.4-4）计算各开孔下的标准空气渗透量。3 次测量值取算术平均值。正、负压分别计算。

② 以检测装置第一次的校验记录为初始值。分别计算不同开孔数量时的空气流量差值。当误差超过 5% 时应进行修正。

（7）不同开孔数量标准状态下空气流量参考值

不同开孔数量标准状态下空气流量参考值，参见《建筑幕墙气密、水密、抗风压性能检测方法》GB/T 15227 的规定。

（8）校验周期

不应大于 1 年。

2）淋水系统校验方法

（1）方法概述

采用固定规格的集水箱安装在压力箱开口不同部位，收集淋水装置的喷水量，校准不同区域的淋水量及均匀性。

（2）集水箱

集水箱应只接收喷到样品表面的水而将试件上部流下的水排除。集水箱应为边长为 610mm 的正方形，内部分成四个边长为 305mm 的正方形。每个区域设置导向排水管，将收集到的水排入可以测量体积的容器。

（3）方法

①集水箱的开口面放置于试件外样品表面所处位置 ±50mm 范围内，平行于喷淋系统。用边长为 760mm 的方形盖子盖在集水箱开口部位，开启喷淋系统，按照压力箱全部开口范围设定总流量为 $3L/(min \cdot m^2)$ 的规定，流入每个区域（含四个分区）的水分开收集。4 个喷淋区域总淋水量最少为 1.12L/min，对任意一个分区，淋水量应在 0.22～0.56L/min 范围内。

② 喷淋系统应在压力箱开口部位的高度方向上的顶部，中部、底部都进行校验。

③ 不符合要求时应对喷淋装置进行调整后再次进行校验。

（4）校验周期

不应大于 1 年。

### 9.2.3　试件及安装

1. 试件

（1）试件应有足够的尺寸和配置，且应包括典型的垂直接缝、水平接缝和可开启部分，试件上可开启部分占试件总面积的比例与实际工程接近，试件应能代表建筑幕墙典型部分的性能。

（2）试件材料、规格和型号等应与生产厂家所提供图样一致。

（3）试件宽度至少应包括一个承受设计荷载的垂直承力构件。试件高度至少应包括一个层高，并在垂直方向上应有两处或两处以上和承重结构相连接。

（4）抗风压性能检测需要对面板变形进行测量时，幕墙试件至少应包括 2 个承受设计荷载的垂直承力构件和 3 个横向分格，所测量挠度的面板应能模拟实际状态。

（5）全玻璃幕墙试件应有一个完整跨距高度，宽度应至少有 3 个玻璃横向分格或 4 个玻璃肋。

（6）单元式幕墙至少应有一个单元的四边与邻近单元形成的接缝与实际工程相同，且高度应大于 2 个层高，宽度不应小于 3 个横向分格。

（7）点支承幕墙试件应满足以下要求：

至少应有 4 个与实际工程相符的玻璃面板或一个完整的十字接缝，支承结构至少应有一个典型承力单元。张拉索杆体系支承结构应按照实际支承跨度进行测试，预张拉力应与设计值相符，张拉索杆体系宜检测拉索的预张力。当支承跨度大于 18m 时，可用玻璃面板及其支承装置的性能测试和支承结构的结构静力试验模拟幕墙系统的测试。玻璃面板及其支承装置的性能测试至少应检测四块与实际工程相符的玻璃面板及一个典型十字接缝。采用玻璃肋支承的点支承幕墙同时应满足全玻璃幕墙的规定。

（8）双层幕墙的试件满足以下要求：

双层幕墙宽度应有 3 个或 3 个以上横向分格，高度不应小于 2 个层高，并符合设计要求；内外层幕墙边部密封应与实际工程一致；外循环应具有与实际工程相符的层间通风调节，检测时可关闭通风调节装置。

2. 安装

（1）试件安装应符合设计要求，受力状况应和实际情况相符，不应加设任何特殊附件或采取其他附加措施，试件应干燥。

（2）试件安装完毕后应进行检查，并由检测相关方确认后方可进行检测。

（3）密封胶应固化至满足检测要求。

（4）试件收边的封堵材料应不透气、防水，应能承受检测过程中可能出现的压力差。

（5）应对箱体、试件收边等部位进行漏气检查。

## 9.2.4　气密性能检测

气密性能是指幕墙可开启部分处于关闭状态时，试件阻止空气渗透的能力。标准状态是指空气温度为 293K（20℃）、压力为 101.3kPa（760mm 汞柱）、空气密度为 1.202kg/$m^3$ 的试验条件。压力差是指试件室内、外表面所受到的空气绝对压力差值。当室外表面所受的压力高于室内表面所受的压力时，压力差为正值；反之为负值。

1. 检测前准备

检测前，应将试件可开启部分启闭不少于 5 次，最后关紧。

2. 检测程序

定级检测加压顺序见图 9.2.4-1。当工程对气密性能检测压力有要求时，检测压力可根据工程设计要求的压力进行加压，检测加压顺序见图 9.2.4-2。工程设计要求的压力宜综合考虑工程所在地的气象条件、建筑物特点、室内空气调节系统等因素确定。

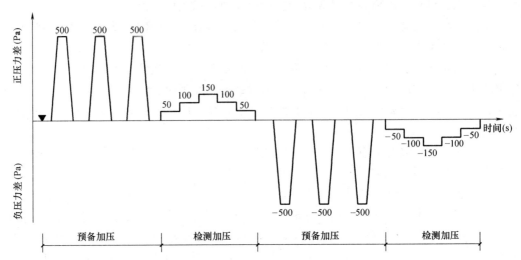

注：图中符号▼表示将试件的可开启部分启闭不少于5次。

图 9.2.4-1　定级检测加压顺序图示意图

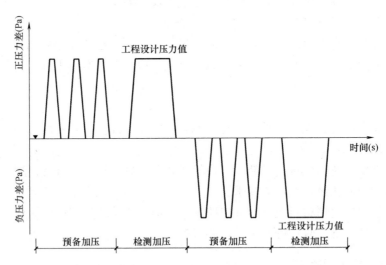

注：图中符号▼表示将试件的可开启部分启闭不少于5次。

图 9.2.4-2　工程检测气密性能加压顺序示意图

3. 预备加压

在正压预备加压前，将试件上所有可开启部分启闭 5 次，最后关紧。在正、负压检测前分别施加 3 个压力脉冲。压力差绝对值为 500Pa，加载速度约为 100Pa/s。压力稳定作用时间为 3s，泄压时间不少于 1s。

4. 渗透量的检测

空气渗透量是指单位时间通过测试体的空气量。附加空气渗透量是指除试件本身外，通过压力箱连接等部位的空气渗透量。总空气渗透量是指通过试件的空气渗透量及附加空气渗透量的总和。

1）附加空气渗透量的测定

（1）充分密封试件上的可开启缝隙和镶嵌缝隙或将箱体开口部分密封。

（2）按照"检测程序"规定的加压顺序进行加压，每级压力作用时间不应小于 10s，先逐级加正压，后逐级加负压。记录各级的空气渗透量检测值。

（3）压力箱开口为固定尺寸时，附加空气渗透量不宜高于试件空气渗透量的 50%；压力箱开口为非固定尺寸时，附加空气渗透量不宜高于试件空气渗透量，否则可采用彩色烟雾或示踪气体检查渗漏部位，并在密封处理后重新进行检测。

2）附加空气渗透量与固定部分空气渗透量之和的测定

去除试件上的可开启部分的开启缝隙密封后进行检测。检测程序同（2）。

3）总空气渗透量的测定

去除试件上所加密封措施后进行检测。检测程序同（2）。允许对（2）、（3）顺序进行调整。

5. 检测数据处理

开启缝长是指试件上可开启部分室内侧接缝长度的总和。单位开启缝长空气渗透量是指在标准状态下，通过试件单位开启缝长的空气渗透量。试件面积是指试件周边与箱体密封的缝隙所包含的表面积，以室内测量为准。单位面积空气渗透量是指在标准状态下，通过试件单位面积的空气渗透量。

1）定级检测数据处理

（1）分别计算正压检测升压和降压过程中在 100Pa 压差下的两次附加渗透量检测值的平均值，两次附加空气渗透量与固定部分空气渗透量之和的平均值，两次总空气渗透量检测值的平均值，并按式（9.2.4-1）～式（9.2.4-3）转换成标准状态：

$$q'_{f} = \frac{293}{101.3} \times \frac{\overline{q_{f} \cdot p}}{T} \tag{9.2.4-1}$$

$$q'_{fg} = \frac{293}{101.3} \times \frac{\overline{q_{fg} \cdot p}}{T} \tag{9.2.4-2}$$

$$q'_{z} = \frac{293}{101.3} \times \frac{\overline{q_{z} \cdot p}}{T} \tag{9.2.4-3}$$

式中　$q'_{f}$——标准状态下的附加空气渗透量值（$m^3/h$）；

　　　$q'_{fg}$——标准状态下的附加空气渗透量与固定部分空气渗透量之和（$m^3/h$）；

　　　$q'_{z}$——标准状态下的总空气渗透量值（$m^3/h$）；

　　　$p$——检测时的试验室气压值（kPa）；

　　　$T$——检测时的试验室空气温度值（K）。

（2）100Pa 压力差下试件整体（含可开启部分）的空气渗透量，按下式计算：

$$q_{s} = q'_{z} - q'_{f} \tag{9.2.4-4}$$

式中　$q_{s}$——标准状态下的试件整体（含可开启部分）的空气渗透量（$m^3/h$）。

（3）100Pa 压力差下可开启部分的空气渗透量，按下式计算：

$$q_k = q'_z - q'_{fg}$$　　　　（9.2.4-5）

式中　$q_k$——标准状态下的可开启部分的空气渗透量值（$m^3/h$）。

（4）在 100Pa 压力差作用下，单位面积的空气渗透量，按下式计算：

$$q'_A = \frac{q_s}{A}$$　　　　（9.2.4-6）

式中　$q'_A$——单位面积空气渗透量（$m^3/h$）；

$A$——试件面积（$mm^2$）。

（5）在 100Pa 压力差作用下，可开启部分单位开启缝长的空气渗透量，按下式计算：

$$q'_1 = \frac{q_k}{l}$$　　　　（9.2.4-7）

式中　$q'_1$——单位开启缝长空气渗透量（$m^3/h$）；

$l$——开启缝长（m）。

（6）负压检测时的结果，也采用同样的方法，分别按式（9.2.4-1）～式（9.2.4-7）进行计算。

（7）采用由 100Pa 检测压力差下的计算值 $\pm q'_A$ 值或 $\pm q'_1$ 值，分别按式（9.2.4-8）、式（9.2.4-9）换算为 10Pa 压力差下的相应值 $\pm q_A$ 值或 $\pm q_1$ 值。以试件的 $\pm q_A$ 值或 $\pm q_1$ 值确定按面积和按缝长各自所属的级别，取最不利的级别定级。

$$\pm q_A = \frac{\pm q'_A}{4.65}$$　　　　（9.2.4-8）

$$\pm q_1 = \frac{\pm q'_1}{4.65}$$　　　　（9.2.4-9）

式中　$q_A$——10Pa 压力差作用下，单位面积空气渗透量值 $[m^3/(m^3 \cdot h)]$；

$q_1$——10Pa 压力差作用下，单位开启缝长空气渗透量值 $[m^3/(m \cdot h)]$。

2）工程检测数据处理

（1）按式（9.2.4-1）～式（9.2.4-5）分别计算出标准状态下，在设计要求的压力差下的试件整体空气渗透量（含可开启部分）和可开启部分空气渗透量。

（2）按式（9.2.4-6）、式（9.2.4-7）计算试件在设计压力差下的单位面积（含可开启部分）空气渗透量和可开启部分单位开启缝长的空气渗透量。正压、负压分别进行计算。

（3）在正压、负压条件下，试件单位面积（含可开启部分）和单位开启缝长的空气渗透量均应满足工程设计要求，否则应判定为不满足工程设计要求。

### 9.2.5　水密性能检测

水密性能是指可开启部分处于关闭状态，在风雨同时作用下，试件阻止雨水向室内侧渗漏的能力。严重渗漏是指雨水从试件室外侧持续或反复渗入试件室内侧，发生喷溅或流出试件室内侧界面的现象。淋水量是指单位时间喷淋到单位面积试件室外表面的水量。

1. 检测前准备

试件安装完毕，经检查符合设计图样要求后才可进行检测。检测前应将试件可开启部分启闭不少于 5 次，最后关紧。

2. 稳定加压法

按照表 9.2.5-1、图 9.2.5-1 的顺序加压，并按下列步骤操作：

（1）预备加压：施加三个压力脉冲。压力差绝对值为 500Pa。加压速度约为 100Pa/s，压力持续作用时间为 3s，泄压时间不少于 1s。

（2）淋水：对幕墙试件均匀地淋水，淋水量为 3L/(m² · min)。

（3）加压：在淋水的同时施加稳定压力。定级检测时，逐级加压至幕墙固定部位出现严重渗漏为止。工程检测时，首先加压至可开启部分水密性能指标值，压力稳定作用 15min 或幕墙可开启部分产生严重渗漏为止，然后加压至幕墙固定部位水密性能指标值，压力稳定作用 15min 或产生幕墙固定部位严重渗漏为止；无开启结构的幕墙试件压力稳定作用 30min 或产生严重渗漏为止。

（4）观察记录：在逐级升压及持续作用过程中，观察并参照表 9.2.5-2 记录渗漏状态及部位。

稳定加压顺序表　　　　　　　　　　表 9.2.5-1

| 加压顺序 | 1 | 2 | 3 | 4 | 5 | 6 | 7 | 8 |
|---|---|---|---|---|---|---|---|---|
| 检测压力差(Pa) | 0 | 250 | 350 | 500 | 700 | 1000 | 1500 | 2000 |
| 持续时间(min) | 10 | 5 | 5 | 5 | 5 | 5 | 5 | 5 |

注：水密设计指标值超过 2000Pa 时，先按顺序逐级加压至 2000Pa，再按照水密设计压力值加压。

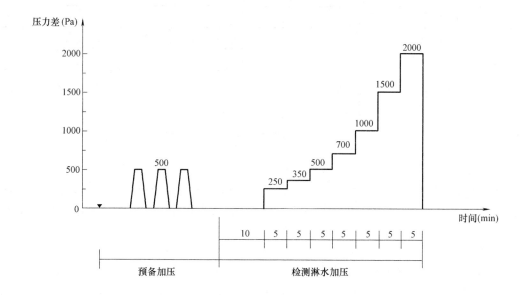

注：图中符号 ▼ 表示将试件的可开启部分启闭不少于5次。

图 9.2.5-1　稳定加压顺序示意图

渗漏状态符号表　　　　　　　　　表 9.2.5-2

| 渗漏状态 | 符号 |
|---|---|
| 试件内侧出现水滴 | ○ |
| 水珠连成线,但未渗出试件界面 | □ |
| 局部少量喷溅 | △ |
| 持续喷溅出试件界面 | ▲ |
| 持续流出试件界面 | ● |

注1：后两项为严重渗漏。

注2：稳定加压和波动加压检测结果均采用此表。

3. 波动加压法

按照图 9.2.5-2、表 9.2.5-3 的顺序加压,并按以下步骤操作：

(1) 预备加压：施加三个压力脉冲。压力差绝对值为 500Pa。加压速度约为 100Pa/s,压力稳定作用时间为 3s,泄压时间不少于 1s。

(2) 淋水：对幕墙试件均匀地淋水,淋水量为 4L/($m^2$·min)。

(3) 加压：在稳定淋水的同时施加波动压力。定级检测时,逐级加压至幕墙固定部位出现严重渗漏。工程检测时,首先加压至可开启部分水密性能指标值,波动压力作用时间为 15min 或幕墙可开启部分产生严重渗漏为止,然后加压至幕墙固定部位水密性能指标值,波动压力作用时间为 15min 或幕墙固定部位产生严重渗漏为止；无开启结构的幕墙试件压力作用时间为 30min 或产生严重渗漏为止。

(4) 观察记录：在逐级升压及持续作用过程中,观察并参照表 9.2.5-2 记录渗漏状态及部位。

波动加压顺序表　　　　　　　　　表 9.2.5-3

| 加压顺序 | | 1 | 2 | 3 | 4 | 5 | 6 | 7 | 8 |
|---|---|---|---|---|---|---|---|---|---|
| 波动压力差值 | 上限值(Pa) | — | 313 | 438 | 625 | 875 | 1250 | 1875 | 2500 |
| | 平均值(Pa) | 0 | 250 | 350 | 500 | 700 | 1000 | 1500 | 2000 |
| | 下限值(Pa) | — | 187 | 262 | 375 | 525 | 750 | 1125 | 1500 |
| 波动周期(s) | | — | 3~5 | | | | | | |
| 每级加压时间(min) | | 10 | 5 | | | | | | |

注：水密设计指标值超过 2000Pa 时,以该压力差为平均值、波幅为实际压力差的 1/4。

4. 水密性能评定

定级检测以未发生严重渗漏时的最高压力差值对照《建筑幕墙、门窗通用技术条件》GB/T 31433 的规定进行定级,可开启部分和固定部分分别定级。工程检测定级以是否达到水密性能设计标准值作为评定依据。

## 9.2.6　抗风压性能检测

抗风压性能是指可开启部分处于关闭状态,在风压作用下,试件主要受力构件变形不超过允许值且不发生结构性损坏及功能障碍的能力。结构性损坏包括裂缝、面板破损、连接破坏、粘结破坏等。功能障碍包括五金件松动、启闭困难等。

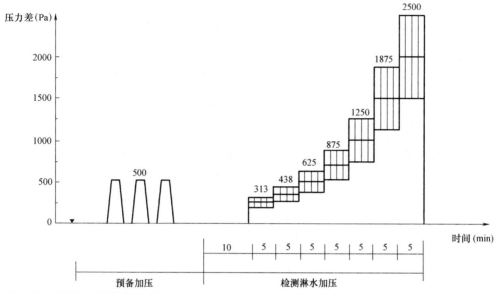

注：图中▼符号表示将试件的可开启部分启闭不少于5次。

图 9.2.5-2　波动加压示意图

面法线位移是指试件受力构件表面上任意一点沿面法线方向的线位移量。面法线挠度是指试件受力构件表面某一点沿面法线方向的线位移量的最大差值。相对面法线挠度是指试件面法线挠度和支承处测点间距的比值。允许相对面法线挠度是指试件主要受力构件在正常使用极限状态时的相对面法线挠度的限值。定级检测是指为确定试件性能等级而进行的检测。工程检测是指为确定试件是否满足工程设计要求的性能而进行的检测。

1. 检测前准备

(1) 试件安装完毕，经检查符合设计图样要求后才可进行检测。检测前应将试件可开启部分启闭不少于 5 次，最后关紧。

(2) 位移计的安装支架在测试过程中应牢固，并保证位移的测量不受试件及其支承设施的变形、移动所影响。位移计宜安装在构件的支承处和较大位移处，测点布置应满足下列要求：

① 简支梁型式的杆件测点布置见图 9.2.6-1，两端的位移计应靠近支承点，中间的位移计宜布置在两端位移计的中间点；

② 单元式幕墙采用插接式受力杆件且单元高度为一个层高时，宜同时检测相邻板块的杆件变形，取变形大者为检测结果；当单元板块较大时其内部的受力杆件也应布置测点；

③ 全玻璃幕墙玻璃板块应按照支承于玻璃肋的单向简支板检测跨中变形；玻璃肋按照简支梁检测变形；

④ 点支承幕墙支承结构应分别测试结构支承点和挠度最大节点的位移，多于一个承受荷载的受力杆件时可分别检测变形取大者为检测结果；支承结构采用双向受力体系时应

319

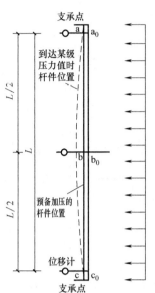

图 9.2.6-1　简支梁式杆件
测点分布示意图

分别检测两个方向上的变形，点支承幕墙还应检测面板的变形，测点应布置在支点跨距较长方向上；

⑤ 点支承玻璃幕墙支承结构的结构静力试验应取一个完整跨度的支承单元，支承单元的结构应与实际工程相同，张拉索杆体系的预张拉力应与设计值相符；在玻璃支承装置位置同步施加与风荷载方向一致且大小相同的荷载，测试各个玻璃支承点的变形；

⑥ 双层幕墙内外层分别布置测点；

⑦ 几种典型幕墙的位移计布置参见《建筑幕墙气密、水密、抗风压性能检测方法》GB/T 15227 的要求。

⑧ 其他类型幕墙的受力支承构件根据有关标准规范的技术要求或设计要求确定。

2. 检测程序

1）定级检测

（1）加压程序

抗风压性能定级检测加压程序见图 9.2.6-2。

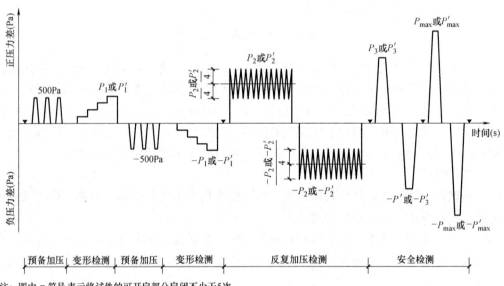

注：图中 ▼ 符号表示将试件的可开启部分启闭不少于 5 次。

图 9.2.6-2　抗风压性能检测加压程序示意图

（2）预备加压

在正负压检测前分别施加 3 个压力脉冲。压力差绝对值为 500Pa，加压速度为 100Pa/s，持续时间为 3s，待压力回零后开始进行检测。

（3）变形检测

定级检测时检测压力分级升降。每级升、降压力不超过 250Pa，加压级数不少于 4 级，每级压力持续时间不应少于 10s。压力的升、降直到任一受力构件的相对面法线挠度值达到 $f_0/2.5$ 或最大检测压力达到 2000Pa 时停止检测，记录每级压力差作用下各个测点的面法线位移量，并计算每级压力差面法线挠度值 $f_{max}$。受力杆件采用线性方法计算出面法线挠度对应于 $f_0/2.5$ 时的压力值 $\pm p_1$。玻璃面板采用实测的方法得出 $\pm p_1$。以正负压检测中所检压力差绝对值的较小值作为 $p_1$ 值。

（4）反复加压检测

变形检测未出现功能障碍或损坏时，应进行反复加压检测。检测前，应将试件可开启部分启闭不少于 5 次，最后关紧。以检测压力差 $p_2$（$p_2=1.5p_1$）为平均值，以平均值的 1/4 为波幅，进行波动检测，先后进行正负压检测。波动压力周期为 5～7s，波动次数不少于 10 次。记录反复检测压力值 $\pm p_2$，并记录出现的功能障碍或损坏的状况和部位。

（5）定级检测时的安全检测

① 产品设计风荷载标准值检测

当反复加压检测未出现功能障碍或损坏时，应进行产品设计风荷载标准值 $p_3$ 检测。使检测压力升至 $p_3$（$p_3=2.5p_1$），随后降至零，再降到 $-p_3$，然后升至零。正压前和负压后将试件可开启部分启闭不少于 5 次，最后关紧。升、降压速度为 300～500Pa/s，压力持续时间不少于 3s。记录面法线位移量、功能障碍或损坏的状况和部位。如试件未出现功能障碍或损坏，但主要构件相对法线挠度（角位移值）超过允许挠度，则应降低检测压力，直至主要构件相对法线挠度（角位移值）在允许挠度范围内，以此压力差作为 $\pm p_3$ 值。

② 产品设计风荷载设计值检测

当 $p_3$ 检测时，试件未出现损坏和功能障碍时，且主要构件相对面法线挠度（角位移值）未超过允许挠度时，应进行 $p_{max}$ 的检测。使检测压力升至 $p_{max}$（$p_{max}=1.4p_3$），随后降至零，再降到 $-p_{max}$，然后升至零。将试件可开启部分启闭 5 次，最后关紧。升、降压速度为 300～500Pa/s，压力持续时间不少于 3s。记录面法线位移量，功能障碍或损坏的状况和部位。

2）工程检测加压程序

（1）加压程序

抗风压性能工程检测加压程序见图 9.2.6-2。

（2）预备加压

在正负压检测前分别施加 3 个压力脉冲。压力差绝对值为 500Pa，加压速度为 100Pa/s，持续时间为 3s，待压力回零后开始进行检测。

（3）变形检测

检测压力分级升降。每级升、降压力差不超过风荷载标准值的 10%，每级压力作用时间不应少于 10s。压力的升、降达到检测压力 $p'_1$（风荷载标准值的 40%）时停止检测，记录每级压力差作用下各个测点的面法线位移量，功能障碍或损坏的状况和部位。

（4）反复加压检测

变形检测未出现功能障碍或损坏时，应进行反复加压检测。检测前，应将试件可开启部分启闭不少于 5 次，最后关紧。以检测压力差 $p'_2$（$p'_2=1.5p'_1$）为平均值，以平均值的 1/4 为波幅，进行波动检测，先后进行正负压检测。波动压力周期为 5～7s，波动次数不少于 10 次。记录反复检测压力值 $\pm p'_2$，并记录出现的功能障碍或损坏的状况和部位。

（5）工程检测时的安全检测

① 风荷载标准值检测

当反复加压检测未出现功能障碍或损坏时，应进行风荷载标准值 $p_3'$ 检测。检测压力升至 $p_3'$，随后降至零，再降到 $-p_3'$，然后升至零。正压前和负压后将试件可开启部分启闭不少于 5 次，最后关紧。升、降压速度为 $300\sim500Pa/s$，压力持续时间不少于 3s。记录面法线位移量、功能障碍或损坏的状况和部位。

② 风荷载设计值检测

当 $p_3'$ 检测时，试件未出现损坏和功能障碍时，且主要构件相对面法线挠度（角位移值）未超过允许挠度时，应进行 $p_{max}'$ 检测。检测压力升至 $p_{max}'(p_{max}'=1.4p_3')$，压力持续时间不少于 3s，随后降至零，再降到 $-p_{max}'$，压力持续时间不少于 3s，然后升至零。观察并记录试件的损坏情况和功能障碍砌块。

3. 检测结果的评定

1) 计算

(1) 边支承三角形玻璃面板面法线挠度按下式计算：

$$f_{max}=(d-d_0)-\frac{(a-a_0)+(b-b_0)+(c-c_0)}{3}\qquad(9.2.6-1)$$

式中

$f_{max}$——面法线挠度值（mm）；

$a_0$、$b_0$、$c_0$、$d_0$——各测点在预备加压后的稳定初始读数（mm）；

$a$、$b$、$c$、$d$——各测点在某级检测压力下的读数（mm）。

(2) 其他构件面法线挠度按下式计算：

$$f_{max}=(b-b_0)-\frac{(a-a_0)+(c-c_0)}{2}\qquad(9.2.6-2)$$

式中　$f_{max}$——面法线挠度值（mm）；

$a_0$、$b_0$、$c_0$——各测点在预备加压后的稳定初始读数（mm）；

$a$、$b$、$c$——各测点在某级检测压力下的读数（mm）。

2) 抗风压性能的评定

(1) 定级检测的评定

① 变形检测的评定

变形检测的评定应注明相对面法线挠度达到 $f_0/2.5$ 时的压力差值 $\pm p_1$。

② 反复加压检测的评定

反复加压检测试件未出现功能障碍和损坏时，注明 $\pm p_2$ 值；检测中试件出现功能障碍和损坏时，应注明出现的功能障碍、损坏情况以及发生部位，并以变形检测得到的 $p_1$ 作为安全检测压力 $\pm p_3$ 值进行评定。

③ 安全检测的评定

产品设计风荷载标准值 $p_3$ 检测时，试件未出现功能性障碍和损坏，且主要构件相对面法线挠度（角位移值）未超过允许挠度，注明 $\pm p_3$ 值；如试件出现功能障碍和损坏时，以试件出现功能障碍或损坏所对应的压力差值的前一级压力差值为 $\pm p_3$ 值，按 $\pm p_3/1.4$ 中绝对值较小者进行定级。

产品设计风荷载设计值 $p_{max}$ 检测时，试件未出现功能性障碍和损坏时，注明正、负压力差，按$\pm p_3$中绝对值较小者进行定级；如试件出现功能障碍和损坏时，按按$\pm p_3/1.4$中绝对值较小者进行定级。

（2）工程检测的评定

① 变形检测的评定

试件不应出现功能障碍和损坏，否则应判为不满足工程使用要求。

② 反复加压检测的评定

试件不应出现功能障碍和损坏，否则应判为不满足工程使用要求。

③ 风荷载标准值检测的评定

在风荷载标准值作用下对应的相对面法线挠度小于或等于允许相对面法线挠度$f_0$时，且检测时未出现功能性障碍和损坏，应判为满足工程使用要求；在风荷载标准值作用下对应的相对面法线挠度大于允许相对面法线挠度$f_0$或试件出现功能障碍或损坏，应注明出现功能障碍或损坏的情况及其发生部位，并应判为不满足工程使用要求。

④ 风荷载设计值的评定

在风荷载设计值作用下，试件不应出现功能障碍和损坏，否则应注明出现功能障碍或损坏的情况及其发生部位，并判为不满足工程使用要求。

### 9.2.7　检测报告

检测报告格式参见《建筑幕墙气密、水密、抗风压性能检测方法》GB/T 15227 的规定，检测报告至少应包括下列内容：

①试件的名称、系列、型号、主要尺寸及图样（包括试件立面、剖面和主要节点，型材和密封条的截面、排水构造及排水孔的位置、试件的支承体系、主要受力构件的尺寸以及可开启部分的开启方式和五金件的种类、数量及位置）；②面板的品种、厚度、最大尺寸和安装方法；③密封材料的材质和牌号；④附件的名称、材质和配置；⑤试件可开启部分与试件总面积的比例；⑥点支式玻璃幕墙的拉索预拉力设计值；⑦试件单位面积和单位开启缝长的空气渗透量正负压计算结果及所属级别；⑧水密检测的加压方法，出现渗漏时的状态及部位。定级检测时应注明所属级别，工程检测时应注明检测结论；⑨主要受力构件在变形检测、反复加压检测、安全检测时的挠度和状况；⑩检测用的主要仪器设备；⑪检测室的空气温度和大气压力；⑫对试件所做的任何修改应注明；⑬检测日期和检测人员。

## 9.3　层间变形性能检测

### 9.3.1　概述

《建筑幕墙层间变形性能分级及检测方法》GB/T 18250，适用于建筑幕墙层间变形的定级检测和工程检测。层间变形是指在地震、风荷载等作用下，建筑物相邻两个楼层间在幕墙平面内水平方向（X 轴）、平面外水平方向（Y 轴，垂直于 X 轴方向）和垂直方向（Z 轴）的相对位移。幕墙层间变形性能是指在建筑主体结构发生反复层间位移时，幕墙保持其自身及与主体连接部位不发生损坏及功能障碍的能力。幕墙平面内变形性能（幕墙 X 轴维度变形性能）是指楼层在 X 轴维度反复位移时，幕墙保持其自身及与主体连接部位不发生损坏及功能障碍的能力。幕墙平面外变形性能（幕墙 Y 轴维度变形性能）是指楼层在 Y 轴维度反复位移时，幕墙保持其自身及与主体连接部位不发生损坏及功能障碍的能力。幕墙垂直方向变形性能（幕墙 Z 轴维度变形性能）是指楼层在 Z 轴维度反复位移时，幕墙保持其自身及与主体连接部位不发生损坏及功能障碍的能力。层间位移角是指沿 X 轴、Y 轴维度方向层间位移值和层高之比值。层间高度变化量是指沿 Z 轴维度方向相邻楼层间高度变化量。

1. 检测要求

（1）单楼层及两个楼层高度的幕墙试件，可根据检测需要选取连续平行四边形法或层间变形法进行加载；两个楼层以上高度的幕墙试件，以选用连续平行四边形法进行加载。

（2）当采用层间变形法时，应选取最不利的两个相邻楼层进行检测。

（3）建筑幕墙层间组合位移变形性能可参照《建筑幕墙层间变形性能分级及检测方法》GB/T 18250 规定的方法进行检测。

（4）仲裁检验应采用连续平行四边形法进行加载。

2. 方法概述

通过静力加载装置，模拟主体结构受地震、风荷载等作用时产生的 X 轴、Y 轴、Z 轴或组合位移变形，使幕墙试件产生低周反复运动，以检测幕墙对层间变形的承受能力。

### 9.3.2　检测设备及加载方式

1. 检测设备

检测设备由安装架、静力加载装置和位移测量装置组成。

2. 加载方式

（1）连续平行四边形法

静力加载装置在摆杆下端沿 X 轴或 Y 轴维度方向推动摆杆以规定的层间位移角进行反复运动。连续平行四边形法加载方式见图 9.3.2-1。

（2）层间变形法

静力加载装置在中间活动梁两端沿 X 轴、Y 轴或 Z 轴维度方向推动活动梁以规定的层间位移角或位移量进行反复运动。层间变形法加载方式见图 9.3.2-2。

### 9.3.3　试件及安装要求

1. 试件

（1）试件规格、型号、材料、五金配件等应与委托单位所提供的图样一致。

（2）试件应包括典型的垂直接缝、水平接缝和可开启部分，并且试件上可开启部分占试件总面积的比例与实际工程接近。

（3）构件式幕墙试件宽度至少应包括一个承受设计荷载的典型垂直承力构件，试件高度不应少于一个层高，并应在垂直方向上有两处或两处以上与支承结构相连接。

（4）单元式幕墙试件应至少有一个与工程实际相符的典型十字接缝，并应有一个完整单元的四边形成与实际工程相同的接缝。

（5）全玻璃幕墙试件应有一个完整跨距高度，宽度应至少有两个完整的玻璃宽度和一

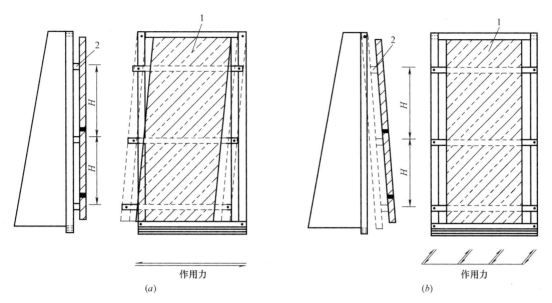

图 9.3.2-1　连续平行四边形法加载方式示意图（H 表示层高）

（a）连续平行四边形法加载方式一（X 轴）；（b）连续平行四边形法加载方法二（Y 轴）

1—幕墙试件；2—连接角码

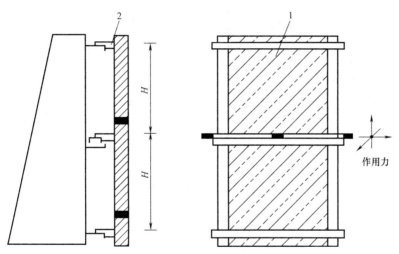

图 9.3.2-2　层间变形法加载方式示意图（H 表示层高）

1—幕墙试件；2—连接角码

个玻璃肋。

（6）点支承幕墙试件应至少有四个与实际工程相符的玻璃板块和一个完整的十字接缝，支承结构至少应有一个典型承力单元。采用玻璃肋支承的点支承幕墙同时应满足全玻璃幕墙的规定。

2. 安装要求

试件的安装应符合设计要求，不应加设任何特殊附件或采取其他措施。试件的组装、安装方式和受力状况应与实际相符，试件应按实际的连接方法安装在固定梁或活动梁上，固定梁或活动梁应安装在固定架上。

### 9.3.4　检测步骤

1. 检测前准备

（1）试件安装完毕后应进行检查。检查完毕后将试件的可开启部分开关 5 次后关紧。

（2）检查确认摆杆或活动梁在沿位移方向行程内不受约束，同时应在行程外有相应限位措施，以确保摆杆或活动梁在该方向移动时不产生其他方向的位移。

（3）根据所选取的加载方式安装试验静力加载装置。加载装置的布置应合理，确保所产生位移的有效性。

2. X 轴维度变形性能检测

（1）安装位移测量装置

在摆杆底部或活动梁端部安装位移测量装置，并使位移测量装置处于正常工作状态。同时可在幕墙试件与活动梁连接角码处的幕墙构件侧增加位移测量装置。X 轴维度变形性能位移测量装置安装见图 9.3.4-1。

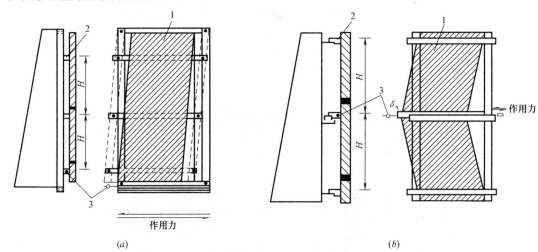

$(a)$　　　　　　　　　　　　　　　　　　$(b)$

图 9.3.4-1　X 轴维度变形性能位移测量装置安装示意图
（$a$）连续平行四边形法；（$b$）层间变形法
1—幕墙试件；2—连接角码；3—位移测量装置
（$\delta_x$ 表示 X 轴方向水平位移绝对值；$H$ 表示层高）

（2）预加载

对于工程检测，层间位移角取工程设计指标的 50%；对于定级检测，层间位移角取 $l/800$。推动摆杆或活动梁沿 X 轴维度做一个周期的左右相对移动。当幕墙连接角码与活动梁产生相对位移时，应调整并紧固后重复预加载。从零开始到正位移，回零后到负位移再回零为一个周期。

（3）定级检测

按表 9.3.4-1 规定的分级值从最低级开始逐级进行检测。每级检测均使摆杆或活动梁沿 X 轴维度做相对往复移动三个周期，每个周期宜为 3～10s，在各级检测周期结束后，检查并记录试件状态。定级检测加载顺序见图 9.3.4-2。当幕墙试件或其连接部位出现损坏或功能障碍时应停止检测。

建筑幕墙层间变形分级 表 9.3.4-1

| 分级指标 | 分 级 代 号 | | | | |
|---|---|---|---|---|---|
| | 1 | 2 | 3 | 4 | 5 |
| $\gamma_x$ | $1/400 \leqslant \gamma_x < 1/300$ | $1/300 \leqslant \gamma_x < 1/200$ | $1/200 \leqslant \gamma_x < 1/150$ | $1/150 \leqslant \gamma_x < 1/100$ | $\gamma_x \geqslant 1/100$ |
| $\gamma_y$ | $1/400 \leqslant \gamma_y < 1/300$ | $1/300 \leqslant \gamma_y < 1/200$ | $1/200 \leqslant \gamma_y < 1/150$ | $1/150 \leqslant \gamma_y < 1/100$ | $\gamma_y \geqslant 1/100$ |
| $\delta_z$ (mm) | $5 \leqslant \delta_z < 10$ | $10 \leqslant \delta_z < 15$ | $15 \leqslant \delta_z < 20$ | $20 \leqslant \delta_z < 25$ | $\delta_z \geqslant 25$ |

注：5 级时应注明相应的数值，组合层间位移检测时分别注明级别。

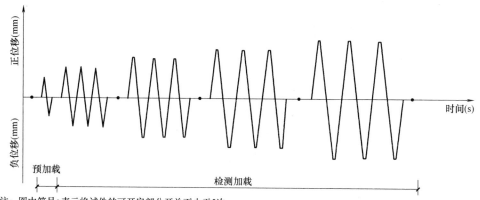

注：图中符号•表示将试件的可开启部分开关不少于5次。

图 9.3.4-2 X 轴维度变形性能定级检测加载顺序示意图

（4）工程检测

对于判定是否达到设计要求的工程检测，层间位移角取工程设计指标值，操作静力加载装置，推动摆杆或活动梁沿 X 轴维度作三个周期的相对反复移动。工程检测加载顺序见图 9.3.4-3，每个周期宜为 3～10s，三个周期结束后将试件的可开启部分开关 5 次，然后关紧。检查并记录试件状态。当试件发生损坏（指面板破裂或脱落、连接件损坏或脱落、金属框或金属面板产生明显不可恢复的变形）或功能障碍（指启闭功能障碍、胶条脱落等现象）时应停止检测，记录试件状态。

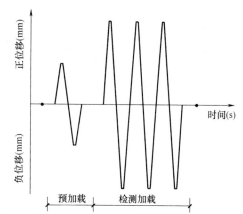

注：图中符号•表示将试件的可开启部分开关5次后关紧。

图 9.3.4-3 X 轴维度变形性能工程检测加载顺序示意图

3. Y 轴维度变形性能检测

（1）操作静力加载装置推动每根摆杆或活动梁两端沿 Y 轴维度做相对反复移动，共 3 个周期。

（2）在摆杆底部或活动梁端部及中点部位安装位移测量装置，并使位移测量装置处于正常工作状态。同时可在幕墙试件与活动梁连接角码处的幕墙构件侧增加位移测量装置。加载装置及安装位移测量装置见图 9.3.4-4。

（3）检测步骤按上述预加载、定级检测、工程检测进行。

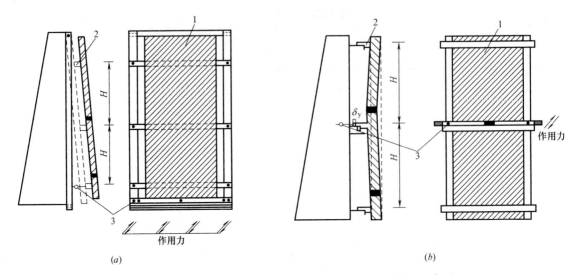

(a)

(b)

图 9.3.4-4 Y 轴维度变形性能加载方式及位移测量装置示意图

(a) 连续平行四边形法；(b) 层间变形法

1—幕墙试件；2—连接角码；3—位移测量装置

($\delta_y$ 表示 Y 轴方向水平位移绝对值；$H$ 表示层高)

**4. Z 轴维度变形性能检测**

(1) 操作静力加载装置推动每根摆杆或活动梁两端沿 Z 轴维度做相对反复移动，共三个周期。

(2) 在摆杆底部或活动梁端部及中点部位安装位移测量装置，并使位移测量装置处于正常工作状态。同时可在幕墙试件与活动梁连接角码处的幕墙构件侧增加位移测量装置。加载装置及安装位移测量装置见图 9.3.4-5。

(3) 检测步骤按上述预加载、定级检测、工程检测进行，每个检测周期宜为 60s。

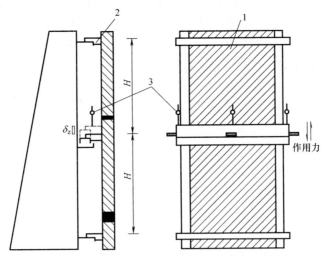

图 9.3.4-5 Z 轴维度变形性能加载方式及位移测量装置示意图

1—幕墙试件；2—连接角码；3—位移测量装置

($\delta_z$ 表示 Z 轴方向水平位移绝对值；$H$ 表示层高)

### 9.3.5　检测结果及评定

1. 检测结果计算

（1）X 轴维度层间位移角按照下式计算：

$$\gamma_x = \frac{\delta_x}{H} \tag{9.3.5-1}$$

式中　　$H$——层高（mm）；

　　　　$\delta_x$——X 轴维度方向水平位移绝对值（mm）。

（2）Y 轴维度层间位移角按照下式计算：

$$\gamma_y = \frac{\delta_y}{H} \tag{9.3.5-2}$$

式中　　$H$——层高（mm）；

　　　　$\delta_y$——Y 轴维度方向水平位移绝对值（mm）。

（3）Z 轴维度层间位移变化高度量用 Z 轴方向垂直位移绝对值 $\delta_z$ 表示（mm）。

2. 评定

（1）定级检测以发生损坏或功能障碍时的分级指标值的前一级定级。当第 5 级多个变形量顺序检测通过时，可定为第 5 级，同时注明未发生损坏或功能障碍时的检测变形值。

（2）工程检测达到设计位移值时，如未发生损坏或功能障碍，判定为满足工程使用要求，否则应判定为不满足工程使用要求。

（3）有特殊要求可在每项层间变形性能检测前后按《建筑幕墙气密、水密、抗风压性能检测方法》GB/T 15227 各进行一次气密、水密性能检测，并对前后两次检测结果进行比较，按设计技术要求进行评定。

### 9.3.6　检测报告

检测报告应包括以下内容：①试件名称、类型、系列及规格尺寸；②委托单位、生产单位、施工单位、工程名称、检测类别及委托检测要求（指标）；③试件有关图示（包括外立面，纵、横剖面和节点）必须表示出试件的支承体系和可开启部分的开启方式；④型材、面板材料、镶嵌材料的品种、材质、牌号、尺寸和镶嵌方法、密封材料和附件的品种材质和牌号；⑤层高和最大分格尺寸；⑥检测依据的标准和使用的仪器；⑦检测结果：给出检测结束后的试件情况及对应的层间位移角或位移量，如有损坏则以图示说明发生损坏的部位和检测前后气密、水密性能的变化；⑧检测结论：定级检测时给出等级，工程检测时判定是否符合设计要求；⑨检测日期、主检人、审核人和批准人的签名。

# 9.4　保温性能检测

### 9.4.1　概述

《建筑幕墙保温性能分级及检测方法》GB/T 29043，适用于构件式幕墙和单元式幕墙传热系数以及抗结露因子的分级及检测，其他形式幕墙和有保温要求的透光围护结构可参照执行。幕墙传热系数是指表征建筑幕墙保温性能的参数，在稳定传热状态下，幕墙两侧空气温差为 1K，单位时间内通过单位面积的传热量。抗结露因子是指表征玻璃幕墙阻抗表面结露能力的参数。在稳定传热状态下，幕墙试件玻璃（或幕墙框架）热侧表面温度与冷箱空气平均温度差和热箱空气平均温度与冷箱空气平均温度差的比值。

检测装置主要由热箱、冷箱、试件框、除湿系统和环境空间 5 部分组成。见图 9.4.1-1。热系数试验装置应定期进行热流系数的标定，标定试验的相关规定应符合《建筑外门窗保温性能检测方法》GB/T 8484 的规定。

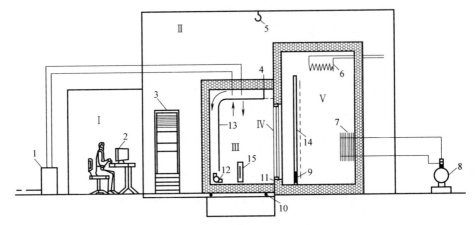

图 9.4.1-1　建筑幕墙传热系数与抗结露因子检测装置

1—除湿机；2—控制台；3—空调器；4—可调送风口；5—吊装设备；6—冷箱加热设备；
7—蒸发器；8—冷冻机；9—风机；10—滑轮；11—试件；12—离心风机；
13—挡风隔板；14—隔风板；15—热箱加热设备；Ⅰ—控制室；
Ⅱ—环境空间；Ⅲ—热箱；Ⅳ—试件框；Ⅴ—冷箱

### 9.4.2　传热系数检测

1. 方法概述

根据稳定传热原理，采用标定热箱法检测建筑幕墙传热系数。

将标定热箱试验装置放置在可控温度的环境中。幕墙试件安装在试验装置的热箱与冷箱之间，其两侧分别模拟建筑物冬季室内空气温度和气流状态以及室外空气温度和气流速度。利用已知热阻的标准试件，通过标定试验（见《建筑外门窗保温性能分级及检测方法》GB/T 8484—2008）确定试验装置的热箱外壁传热的热流系数以及试件框壁传热和迂回热损失产生的热流系数。

根据稳定传热状态下测量的各项参数，与经修正的投入热量计算得到建筑幕墙传热系数。

2. 试件安装

（1）试件的尺寸及构造应符合产品设计和组装要求，不应附加任何多余配件或特殊组装工艺。

（2）试件的宽度不宜少于两个标准水平分格，试验高度应包括一个层高，试件组装应和实际相符。

（3）试件的安装应符合设计要求，包括典型的接缝和可开启部分，并且试件上可开启部分占试件总面积的比例与实际工程相符。

（4）安装时，幕墙试件热侧表面应与试件框热侧表面平齐，且安装方向与实际工程一致。试件的可开启缝应采用透明塑料胶带双面密封。

（5）构件式幕墙试件安装方法

① 构件式幕墙的单根边部立柱和单根边部立柱横梁应采用有一定强度的木料（或其他同类材料）制作，木料的物理性能满足试验要求。②采用螺钉将幕墙板块与木料进行固定，其安装节点见《建筑幕墙保温性能分级及检测方法》GB/T 29043 的要求。

（6）单元式幕墙试件安装方法

单元式幕墙试件安装节点应符合《建筑幕墙保温性能分级及检测方法》GB/T 29043 标准的要求。

（7）幕墙试件安装到位后，用保温材料将幕墙试件与箱体洞口空隙填实，试件与试件洞口周边之间的缝隙宜用聚苯乙烯泡沫塑料条塞填，并密封。

（8）当试件面积小于试件框洞口面积时，宜用与试件厚度相近，已知热导率值的聚苯乙烯泡沫塑料板填塞后密封。并且，在聚苯乙烯泡沫塑料板两侧表面粘贴一定数量的铜—康铜热电偶，测量两表面的平均温差，以计算通过该板的热损失。

（9）当进行传热系数检测时，宜在试件热侧表面适当部位布置热电偶，作为参考温度点。

3. 试验条件

（1）热箱空气温度设定、温度波幅和相对湿度的要求应符合《建筑外门窗保温性能检测方法》GB/T 8484 的规定。

（2）热箱内与试件框热侧表面距离 50mm 平面内的平均风速为 $0.2 \pm 0.1 \text{m/s}$。

（3）冷箱空气温度设定、温度波幅和气流速度的要求应符合《绝热　稳态传热性质的测定标定和防护热箱法》GB/T 13475 的相应规定。

4. 试验步骤

（1）检查热电偶是否完好。

（2）启动检测装置，设定冷箱、热箱和环境空气温度。

（3）监控各控温点温度，使冷箱、热箱和环境空气温度达到设定值。当温度达到设定值后，如果逐时测量得到热箱和冷箱的空气平均温度 $t_h$ 和 $t_c$ 每小时变化的绝对值不大于 $0.3℃$，温差 $\Delta\theta_1$ 和 $\Delta\theta_2$ 每小时变化的绝对值均不大于 0.3K，且上述温度和温差的变化不是单向变化，则表示传热已达到稳定状态。

（4）传热过程稳定之后，每隔 30min 测量一次参数 $t_h$、$t_c$、$\Delta\theta_1$、$\Delta\theta_2$、$\Delta\theta_3$、$Q$，共测 6 次。

（5）测量结束之后，记录热箱内空气相对湿度，试件热侧表面及玻璃夹层结露或结霜状况。

5. 数据处理

（1）取参数 $t_h$、$t_c$、$\Delta\theta_1$、$\Delta\theta_2$、$\Delta\theta_3$、$Q$ 的 6 次测量的平均值。

（2）幕墙传热系数按下式计算：

$$K = \frac{Q - M_1 \cdot \Delta\theta_1 - M_2 \cdot \Delta\theta_2 - S \cdot \lambda \cdot \Delta\theta_3 + Q_f}{A \cdot \Delta t} \qquad (9.4.2\text{-}1)$$

式中　$Q$——加热设备投入电功率（W）；

　　　$Q_f$——送风机电机发热量（通过标定获得）（W）；

　　　$M_1$——由标定试验确定的热箱外壁热流系数（W/K）；

　　　$M_2$——由标定试验确定的试件框热流系数（W/K）；

　　　$\Delta\theta_1$——热箱外壁内、外表面加权平均温度之差（K）；

　　　$\Delta\theta_2$——试件框热侧、冷侧表面加权平均温度之差（K）；

　　　$S$——填充板的面积（$m^2$）；

　　　$\lambda$——填充板的热导率 $[W/(m^2 \cdot K)]$；

　　　$\Delta\theta_3$——填充板热侧表面与冷侧表面的平均温差（K）；

　　　$A$——试件面积（$m^2$）；

　　　$\Delta t$——热箱空气平均温度 $t_h$ 与冷箱空气平均温度 $t_c$ 之差（K）；

$\Delta\theta_1$、$\Delta\theta_2$ 的计算见《建筑外门窗保温性能检测方法》GB/T 8484。当试件面积小于试件洞口面积时，式（9.4.2-1）中分子（$S \cdot \lambda \cdot \Delta\theta_3$）为聚苯乙烯泡沫塑料填充板的热损失。

6. 试验数据表示

幕墙传热系数 $K$ 值取两位有效数字。

### 9.4.3　抗结露因子检测

1. 方法概述

根据稳定传热原理，采用标定热箱法检测玻璃幕墙抗结露因子。

将玻璃幕墙试件安装在可控温度的环境的试验装置上。试验装置除模拟规定的室内外环境条件外，还应能够控制热箱内空气的相对湿度。在试件两侧各自保持稳定的空气温度、相对湿度、气流速度和热辐射条件下，测量试件玻璃热侧表面温度、试件框架热侧表面温度、热箱空气温度和冷箱空气温度，通过计算得到玻璃幕墙试件的抗结露因子。

2. 试件安装

玻璃幕墙试件安装位置、安装方法应符合传热系数试件安装的要求。应在试件的框架和玻璃热侧表面共布置 20 个热电偶。

3. 试验条件

热箱空气平均温度设定为 $20 \pm 0.5$℃，温度波动幅度不应大于 $\pm 0.3$℃。热箱空气相对湿度应小于或等于 25%。冷箱空气温度设定、温度波幅和气流速度的要求应符合《建筑外门窗保温性能检测方法》GB/T 8484 的相应规定。试件冷侧总压力与热侧静压力之差在 $0 \pm 10$Pa 之间。

4. 试验步骤

（1）检查热电偶是否完好。

（2）启动检测设备和冷、热箱的温度自控系统，设定冷、热箱和环境空气平均温度分别为 $-20$℃、20℃ 和 20℃。

（3）当冷、热箱空气温度达到 $-20 \pm 0.5$℃ 和 $20 \pm 0.5$℃ 后，每隔 30min 测量各控温

点温度，检查是否稳定。

（4）当冷热箱空气温度达到稳定时，启动热箱控湿装置，保证热箱内的最大相对湿度小于或等于 25%。

（5）2h 后，如果逐时测量得到热箱和冷箱的空气平均温度 $t_h$ 和 $t_c$ 每小时变化的绝对值与标准条件相比不超过 $\pm 0.3$℃，总热量输入变化不超过 $\pm 2$%，则表示抗结露因子检测过程已经处于稳定传热传湿过程。

（6）抗结露因子检测过程稳定之后，每隔 5min 测量一次参数 $t_h$、$t_c$、$t_1$、$t_2$、$\cdots\cdots$ $t_{20}$、$\varphi$（空气相对湿度）值，共测 6 次。

（7）测量结束之后，记录试件热侧表面及玻璃夹层结露、结霜状况。

5. 数据处理

（1）取参数 $t_h$、$t_c$、$t_1$、$t_{12}$、$\cdots\cdots$、$t_{20}$ 6 次测量的平均值。

（2）试件抗结露因子 $CRF$ 值按下式计算：

$$CRF_g = \frac{t_g - t_c}{t_h - t_c} \times 100 \tag{9.4.3-1}$$

$$CRF_f = \frac{t_f - t_c}{t_h - t_c} \times 100 \tag{9.4.3-2}$$

式中

$CRF_g$——试件玻璃的抗结露因子；

$CRF_f$——试件框架的抗结露因子；

　$t_h$——热箱内空气平均温度（℃）；

　$t_c$——冷箱内空气平均温度（℃）；

　$t_g$——试件的玻璃热侧表面平均温度（℃）；

　$t_f$——试件框架热侧表面平均温度的加权值（℃）。

（3）试件框架热侧表面平均温度的加权值

试件框架热侧表面平均温度的加权值 $t_f$ 由 14 个规定位置的内表面温度平均值（$t_{fp}$）和 4 个位置不确定的、相对较低的框架温度平均值（$t_{fr}$）计算得到。

$t_f$ 可通过下式计算得到：

$$t_f = t_{fp}(1 - W) + W \cdot t_{fy} \tag{9.4.3-3}$$

式中

$W$——加权系数，它给出了 $t_{fp}$ 和 $t_{fr}$ 之间的比例关系，其计算见下式：

$$W = \frac{t_{fp} - t_{fr}}{t_{fp} - (t_c + 10)} \times 0.4 \tag{9.4.3-4}$$

式中

　$t_c$——冷箱的空气平均温度（℃）；

0.4——加权因子。

6. 试验数据取值

（1）抗结露因子是由加权的玻璃幕墙框平均温度（或玻璃的平均温度）分别与冷箱的空气温度和热箱的空气温度进行计算得到，试件抗结露因子 $CRF$ 值取 $CRF_g$ 与 $CRF_f$ 中较低值。

（2）玻璃幕墙抗结露因子 $CRF$ 值取两位有效数字。

### 9.4.4　检测报告

检测报告应包括下列内容：①委托单位和生产单位。②试件名称、编号、规格、面板、框架和保温材料种类，框架面积与试件面积之比。③检测依据、检测设备、检测项目、检测类别和检测时间，以及报告日期。④试验条件：热箱和冷箱空气平均温度、空气相对湿度和气流速度。⑤试验结果：a. 传热系数：幕墙试件传热系数 $K$ 值和等级；试件热侧表面温度、结露和结霜情况。b. 抗结露因子：玻璃幕墙试件的 $CRF$ 值和等级；试件玻璃（或框架）的抗结露因子 $CRF_g$（或 $CRF_f$）值，以及 $t_f$、$t_{fp}$、$t_{fr}$、$W$、$t_g$ 的值；试件热侧玻璃表面和框架表面的温度、结露情况。⑥试件图纸（包括立面图和节点图）及其他应说明的事项。⑦测试人、审核人及批准人签名。⑧检测单位。

# 第10章　建筑幕墙用材料检测

## 10.1　概　述

建筑幕墙是用各种不同材质、性能的材料组合而成的。幕墙形式、材料、安装构造等均应满足气密性能、水密性能、抗风压性能、节能性能、隔声性能、层间变形性能、防火性能、防雷和光学性能等要求。

材料是保证建筑幕墙质量和安全的物质基础。建筑幕墙所使用的材料概括起来，基本上可包括四大类型材料，即骨架材料、板材、密封填缝材料和结构粘结材料。幕墙主要材料包括面板材料、支撑结构材料、隔热保温材料、防火封堵材料、五金配件、紧固件和锚固件等。

1. 玻璃

用于建筑幕墙的玻璃种类有钢化玻璃、半钢化玻璃、夹层玻璃、中空玻璃、浮法玻璃、防火玻璃、着色玻璃、镀膜玻璃、纳米涂膜隔热玻璃。其中，镀膜玻璃又分为阳光镀膜控制玻璃和低辐射镀膜玻璃。

2. 板材

建筑幕墙板材种类有铝合金板、瓷板、陶板、高压热固化木纤维板、氟碳铝单板制品。铝合金板是建筑幕墙工程中大量使用的面板材料，主要包括铝及铝合金单层成形板、铝塑复合板、铝蜂窝复合板等；在外层装饰性幕墙中，穿孔铝单板也广泛采用。

3. 石材

石材是建筑幕墙工程中大量使用的面板材料，主要有花岗石石材，也采用大理石、石灰石、石英砂岩等。

4. 支承材料

建筑幕墙支承结构用材主要是铝合金型材和钢材。铝合金型材可直接选用厂家的典型幕墙系统型材。钢型材一般选用国标型材。

5. 建筑密封材料

建筑密封材料是指能承受接缝位移以达到气密、水密目的而嵌入建筑接缝中的材料。幕墙采用的橡胶制品宜采用三元乙丙橡胶、氯丁橡胶；密封胶条应为挤出成型、橡胶块应为压模成型。密封胶是指以非成型状态嵌入接缝中，通过与接缝表面粘结而密封接缝的材料。建筑幕墙用密封胶主要有硅酮结构密封胶、各类接缝密封胶、中空玻璃密封胶、干挂石材幕墙用环氧胶粘剂等。密封胶条也是建筑幕墙的主要密封材料之一。密封胶条是指由橡胶生产而成的用于产品密封的胶条，能够防止内、外介质泄漏，能防止机械的震动、冲击所造成的损伤，从而达到密封、隔声、隔热和减震等作用的具有弹性的带状或棒状材料。

6. 保温隔热材料

建筑幕墙保温系统要求节能保温、使用安全、防火阻火。

# 10.2　幕墙玻璃

## 10.2.1　概述

《建筑用安全玻璃　第 2 部分：钢化玻璃》GB 15763.2，适用于经热处理工艺制成的建筑用钢化玻璃。对于建筑以外用的钢化玻璃，如果没有相应的产品标准，可根据其产品特点参照使用。

1. 钢化玻璃

钢化玻璃是指经热处理工艺之后的玻璃，其特点是在玻璃表面形成压应力层，机械强度和耐热冲击强度得到提高，并具有特殊的碎片状态。

1）分类

（1）按生产工艺分类，可分为：

垂直法钢化玻璃：在钢化过程中采取夹钳吊挂的方式生产出来的钢化玻璃；水平法钢化玻璃：在钢化过程中采取水平辊支撑的方式生产出来的钢化玻璃。

（2）按形状分类，可分为平面钢化玻璃和曲面钢化玻璃。

2）技术要求

钢化玻璃的性能指标包括尺寸及外观要求、安全性能要求和一般性能要求。其中尺寸及外观要求包括尺寸、厚度允许偏差，外观质量（包括缺陷有爆边、划伤、夹钳印、裂纹和缺角）、弯曲度；安全性能要求包括抗冲击性、碎片状态、霰弹袋冲击性能；一般性能包括表面应力、耐热冲击性能。

3）抽样

（1）产品的尺寸和偏差、外观质量、弯曲度按《建筑用安全玻璃　第 2 部分：钢化玻璃》GB 15763.2 的规定进行随机抽样。

（2）产品所要求的其他技术性能，若用制品检验时，根据检测项目所要求的数量从该批产品中随机抽取；若用试样进行检验时，应采用同一工艺条件下制备的试样。当该批产品批量大于 1000 块时，以每 1000 块为一批分批抽取试样，当检验项目为非破坏性试验时可用它继续进行其他项目的检测。

2. 夹层玻璃

《建筑用安全玻璃　第 3 部分：夹层玻璃》GB 15763.3，适用于建筑用夹层玻璃。夹层玻璃是指玻璃与玻璃和/或塑料等材料，用中间层分隔并通过处理使其粘结为一体的复合材料的统称，常见和大多数使用的是玻璃与玻璃，用中间层分隔并通过处理使其粘结为一体的玻璃构件。

1）分类

按形状分为平面夹层玻璃、曲面夹层玻璃。

按霰弹袋冲击性能分为Ⅰ类夹层玻璃、Ⅱ-1 类夹层玻璃、Ⅱ-2 类夹层玻璃、Ⅲ类夹层玻璃。

2）技术要求

夹层玻璃的性能指标包括尺寸及外观要求、安全性能要求和一般性能要求。其中尺寸及外观要求包括尺寸和允许偏差、外观质量（点状缺陷尺寸、线状缺陷宽度）、弯曲度；安全性能要求包括耐热性、耐湿性、耐辐照性、落球冲击剥离性能、霰弹袋冲击性能；一般性能包括可见光透射比、可见光反射比、抗风压性能。

3）抽样

（1）产品的尺寸允许偏差、外观质量、弯曲度按《建筑用安全玻璃　第 3 部分：夹层玻璃》GB 15763.3 的规定进行随机抽样。

（2）产品所要求的其他技术性能，若用产品检验时，根据检测项目所要求的数量从该批产品中随机抽取；若用试样进行检验时，应采用同一工艺条件下制备的试样。当该批产品批量大于 500 块时，以每 500 块为一批分批抽取试样，当检验项目为非破坏性试验时可用它继续进行其他项目的检测。

3. 阳光控制镀膜玻璃

《镀膜玻璃　第 1 部分：阳光镀膜控制玻璃》GB/T 18915.1，适用于建筑用阳光控制镀膜玻璃，其他用途的阳光控制镀膜玻璃可参照使用。

镀膜玻璃是指通过物理或化学方法，在玻璃表面涂覆一层或多层金属、金属化合物或非金属化合物的薄膜，以满足特定要求的玻璃制品。

1）分类

（1）按镀膜工艺分为离线阳光控制镀膜玻璃和在线阳光控制镀膜玻璃。

（2）按其是否进行热处理或热处理种类进行分类：非钢化阳光控制镀膜玻璃，镀膜前后未进行钢化或半钢化处理；钢化阳光控制镀膜玻璃：镀膜后进行钢化加工或在钢化玻璃上镀膜；半钢化阳光控制镀膜玻璃：镀膜后进行半钢化加工或在半钢化玻璃上镀膜。

（3）按阳光控制镀膜玻璃膜层耐高温性能的不同，分为可钢化阳光控制镀膜玻璃和不可钢化阳光控制镀膜玻璃。

2）要求

要求有尺寸偏差、厚度偏差、对角线偏差、弯曲度、外观质量、光学性能、颜色均匀性、耐磨性、耐酸性、耐碱性。

3）组批与抽样

同一工艺、同一厚度、可见光透射比标称值相同、稳定连续生产的产品可组为一批。

出厂检验时，企业可以根据生产状况制定合理的抽样方案抽取样品。型式检验时，按《镀膜玻璃　第 1 部分：阳光镀膜控制玻璃》GB/T 18915.1 的规定进行，当产品批量大于 1000 片时，以 1000 片为一批，分批抽取试样。产品其他性能检验项目所需样品可从该批产品中随机抽取。

4. 低辐射镀膜玻璃

《镀膜玻璃　第 2 部分：低辐射镀膜玻璃》GB/T 18915.2，适用于建筑用低辐射镀膜玻璃，其他用途的低辐射镀膜玻璃可参照使用。低辐射镀膜玻璃是指对 $4.5 \sim 25\mu m$ 红外线有较高反射比的镀膜玻璃，也称 Low-E 玻璃。

1）分类

按镀膜工艺分为离线低辐射镀膜玻璃和在线低辐射镀膜玻璃。按低辐射镀膜玻璃膜层耐高温性能的不同，分为可钢化低辐射镀膜玻璃或不可钢化低辐射镀膜玻璃。

2）要求

要求有尺寸偏差、厚度偏差、对角线偏差、弯曲度、外观质量、光学性能、颜色均匀性、辐射率、耐磨性、耐酸性、耐碱性。

3）组批与抽样

同一工艺、同一厚度、可见光透射比标称值相同、稳定连续生产的产品可组为一批。

出厂检验时，企业可以根据生产状况制定合理的抽样方案抽取样品。型式检验时，按《镀膜玻璃　第2部分：低辐射镀膜玻璃》GB/T 18915.2 的规定进行，当产品批量大于1000 片时，以 1000 片为一批，分批抽取试样。产品其他性能检验项目所需样品可从该批产品中随机抽取。

5. 中空玻璃

《中空玻璃》GB/T11944，适用于建筑及建筑以外的冷藏、装饰和交通用中空玻璃，其他用途的中空玻璃可参照使用。中空玻璃是指两片或多片玻璃以有效支撑均匀隔开并周边粘接密封，使玻璃层间形成有干燥气体空间的玻璃制品。制作中空玻璃的各种材料的质量与中空玻璃使用寿命密切相关，使用符合标准规范的材料生产的中空玻璃，其使用寿命一般不少于 15 年。

1）分类

按形状分类，可分为平面中空玻璃、曲面中空玻璃。按中空腔内气体分类，可分为普通中空玻璃（中空腔内为空气的中空玻璃）和充气中空玻璃（中空腔内充入氩气、氪气等气体的中空玻璃）。

2）性能要求

中空玻璃的性能要求有尺寸偏差、外观质量、露点、耐紫外线辐照性能、水气密封耐久性能、初始气体含量、气体密封封耐久性能、U 值。

3）组批与抽样

采用相同材料、在同一工艺条件下生产的中空玻璃 500 块为一批。

产品的外观质量、尺寸偏差按《中空玻璃》GB/T 11944 的规定从交货批中随机抽样进行检验。产品的露点和充气中空玻璃初始气体含量在交货批中，随机抽取性能要求的数量进行检验。产品所要求的其他技术性能，若用制品检验时，根据检测项目所要求的数量从该批产品中随机抽取；若用试样进行检验时，应采用同一工艺条件下制备的试样。当检验项目为非破坏性试验时可用它继续进行其他项目的检测。

6. 纳米涂膜隔热玻璃

《门窗幕墙用纳米涂膜隔热玻璃》JG/T 384，适用于建筑用纳米涂膜隔热玻璃。纳米涂膜隔热玻璃是指表面涂覆纳米透明隔热涂料，具有阻隔太阳辐射热功能的玻璃。

1）分类

按涂膜面使用部位类型分为两种，暴露型纳米涂膜隔热玻璃、非暴露型纳米涂膜隔热玻璃。按不同的遮蔽形式分为Ⅰ型、Ⅱ型、Ⅲ型。

2）物理性能

物理性能有附着力（划格法）、涂膜硬度、耐水性（168h）、耐酸性（72h）、耐碱性（72h）、耐溶剂性（48h）、耐温变性、色差、耐紫外线老化性（外观、粉化、附着力）。

3）光学性能

光学性能有遮蔽系数、可见光透射比、紫外线透射比、太阳光直接透射比、可见光透射比保持率。

4）组批与抽样

同一涂膜材料（原料或配材）、同一厚度、连续稳定生产的产品可组为一批，当产品批量大于 1000 片时，以每 1000 片分批抽取试样。

纳米涂膜隔热玻璃外观质量、尺寸偏差的检验应按《门窗幕墙用纳米涂膜隔热玻璃》JG/T 384 的规定进行。其他性能指标的测定，每批、每一种指标应按上述标准的规定随机抽取试样，当该批产量大于 1000 片时，以每 1000 片为一批分批抽取试样。当检验项目为非破坏性试验时可用它继续进行其他项目的检测。

## 10.2.2　可见光透射比的测定

《建筑玻璃　可见光透射比、太阳光直接透射比、太阳能总透射比、紫外线透射比以及有关窗玻璃参数的测定》GB/T 2680，适用于建筑玻璃以及它们的单层、多层窗玻璃构件光学性能的测定。

1. 测定条件

（1）试样

一般建筑玻璃和单层窗玻璃构件的试样，均采用同材质玻璃的切片。多层窗玻璃构件的试样，采用同材质单片玻璃切片的组合体。

（2）标样

在光谱透射比测定中，采用与试样相同厚度的空气层作参比标准。

在光谱反射比测定中，采用仪器配置的参比白板作参比标准。

在光谱反射比测定中，采用标准镜面反射体作为工作标准，例如镀铝镜，而不采用完全漫反射体作为工作标准。

2. 仪器

分光光度计，测定光谱反射比时，配有镜面反射装置；

波长范围：紫外区：280～380nm；可见区：380～780nm；太阳光区：350～1800nm；远红外区：4.5～25$\mu$m；

波长准确度：紫外-可见区：±1nm 以内；近红外区：±5nm 以内；远红外区：±0.2$\mu$m 以内；

光度测量准确度：紫外-可见区：1%以内，重复性 0.5%；近红外区：2%以内，重复性 1%；远红外区：2%以内，重复性 1%；

谱带半宽度：紫外-可见区：10nm 以下；近红外区：50nm 以下；远红外区：0.1$\mu$m 以下；

波长间隔：紫外区：5nm；可见区：10nm；近红外区：50nm 或 40nm；远红外区：0.5$\mu$m。

3. 照明和探测的几何条件

（1）光谱透射比测定中，照明光束的光轴与试验表面法线的夹角不超过 10°，照明光束中任一光线与光轴的夹角不超过 5°。采用垂直照明和垂直探测的几何条件，表示为垂直/垂直（缩写为 0/0）。

（2）光谱反射比测定中，照明光束的光轴与试验表面法线的夹角不超过 10°；照明光束中任一光线与光轴的夹角不超过 5°。采用 $t°$ 角照明和 $t°$ 角探测的几何条件，表示为 $t°/t°$（缩写为 $t/t$）。

4. 可见光透射比

可见光透射比按下式计算：

$$\tau_v = \frac{\int_{380}^{780} D_\lambda \cdot \tau(\lambda) \cdot V(\lambda) \cdot d_\lambda}{\int_{380}^{780} D_\lambda \cdot V(\lambda) \cdot d_\lambda} \approx \frac{\sum_{380}^{780} D_\lambda \cdot \tau(\lambda) \cdot V(\lambda) \cdot \Delta\lambda}{\sum_{380}^{780} D_\lambda \cdot V(\lambda) \cdot \Delta\lambda} \tag{10.2.2-1}$$

式中　$\tau_v$——试样的可见光透射比（%）；

$\quad\tau(\lambda)$——试样的可见光光谱透射比（%）；

$\quad D_\lambda$——标准照明体 $D_{65}$ 的相对光谱功率分布；

$\quad V(\lambda)$——明视觉光谱光视效率；

$\quad\Delta\lambda$——波长间隔，此处为 10nm。

（1）单片玻璃或单层窗玻璃构件

$\tau(\lambda)$ 是实测可见光光谱透射比。

（2）双层窗玻璃构件

$\tau(\lambda)$ 按下式计算：

$$\tau(\lambda) = \frac{\tau_1(\lambda) \cdot \tau_2(\lambda)}{1 - \rho_1(\lambda)\rho_2(\lambda)} \tag{10.2.2-2}$$

式中　$\tau(\lambda)$——双层窗玻璃构件的可见光光谱透射比（%）；

$\quad\tau_1(\lambda)$——第一片（室外侧）玻璃的可见光光谱透射比（%）；

$\quad\tau_2(\lambda)$——第二片（室内侧）玻璃的可见光光谱透射比（%）；

$\quad\rho_1(\lambda)$——第一片玻璃，在光由室内侧射向室外侧条件下，所测定的可见光光谱反射比（%）；

$\quad\rho_2(\lambda)$——第二片玻璃，在光由室外侧射向室内侧条件下，所测定的可见光光谱反射比（%）。

（3）三层窗玻璃构件

$\tau(\lambda)$ 按下式计算：

$$\tau(\lambda) = \frac{\tau_1(\lambda) \cdot \tau_2(\lambda) \cdot \tau_3(\lambda)}{[1 - \rho_1(\lambda) \cdot \rho_2(\lambda)] \cdot [1 - \rho_2(\lambda) \cdot \rho_3(\lambda)] \cdot \tau_2^2(\lambda) \cdot \rho_1(\lambda) \cdot \rho_2(\lambda)} \tag{10.2.2-3}$$

式中　$\tau(\lambda)$——三层窗玻璃构件的可见光光谱透射比（%）；

$\quad\tau_3(\lambda)$——第三片（室内侧）玻璃的可见光光谱透射比（%）；

$\quad\rho_2(\lambda)$——第二片（中间）玻璃，在光由室内侧射向室外侧条件下，所测定的可见光光谱反射比（%）。

$\rho_3(\lambda)$——第三片（室内侧）玻璃，在光由室外侧射入室内侧条件下，所测定的可见光光谱反射比（%）。

5. 检测报告

（1）注明使用标准。

（2）测定条件：①仪器设备：名称、型号、光源类别、照明和探测几何条件。②试样：编号、实测厚度、测定方位。

（3）测定日期及测定人员姓名。

（4）其他必要说明。

## 10.2.3　遮阳系数的测定

遮阳系数，表征窗玻璃在无其他遮阳措施情况下对太阳辐射透射得热的减弱程度，其数值为透过窗玻璃的太阳辐射得热与透过 3mm 厚普通透明窗玻璃的太阳辐射得热之比值，即试样的太阳能总透射比与 3mm 厚的普通透明平板玻璃的太阳能总透射比（其理论值取 88.9%）。

1. 太阳光直接透射比

太阳光直接透射比按下式计算：

$$\tau_e = \frac{\int_{300}^{2500} S_\lambda \cdot \tau(\lambda) \cdot d_\lambda}{\int_{300}^{2500} S_\lambda \cdot d_\lambda} \approx \frac{\sum_{350}^{1800} S_\lambda \cdot \tau(\lambda) \cdot \Delta\lambda}{\sum_{350}^{1800} S_\lambda \cdot \Delta\lambda} \tag{10.2.3-1}$$

式中　$S_\lambda$——太阳光辐射相对光谱分布；

　　　$\Delta\lambda$——波长间隔，nm；

　　　$\tau(\lambda)$——试样的太阳光光谱透射比（%），其测定和计算方法同"可见光透射比中 $\tau(\lambda)$"，仅波长范围不同。

2. 太阳能总透射比

太阳能总透射比按下式计算：

$$g = \tau_e + q_i \tag{10.2.3-2}$$

式中　$g$——试样的太阳能总透射比（%）；

　　　$\tau_e$——试样的太阳光直接透射比（%）；

　　　$q_i$——试样向室内侧的二次热传递系数（%）。

（1）单片玻璃或单层窗玻璃构件

$\tau_e$ 为单片玻璃或单层窗玻璃构件的太阳光直接透射比，其 $q_i$ 按下式计算：

$$q_i = a_e \times \frac{h_i}{h_i + h_e} \tag{10.2.3-3}$$

$$h_i = 3.6 + \frac{4.4\varepsilon_i}{0.83} \tag{10.2.3-4}$$

式中　$q_i$——单片玻璃或单层窗玻璃构件向室内侧的二次热传递系数（%）。

　　　$a_e$——太阳光直接吸收比。

$h_i$——试件构件内侧表面的热传递系数 $[W/(m^2 \cdot K)]$；

$h_e$——试件构件外侧表面的热传递系数，$h_e = 23W/(m^2 \cdot K)$；

$\varepsilon_i$——半球辐射率。

（2）双层窗玻璃构件

$\tau_e$ 为双层窗玻璃构件的太阳光直接透射比，其 $q_i$ 按下式计算：

$$q_i = \frac{\dfrac{a_{e1} + a_{e2}}{h_e} + \dfrac{a_{e2}}{G}}{\dfrac{1}{h_i} + \dfrac{1}{h_e} + \dfrac{1}{G}}$$　　　　　（10.2.3-5）

式中　　$q_i$——双层窗玻璃构件，向室内侧的二次热传递系数（%）。

　　　　$G$——双层窗两片玻璃之间的热导率 $[W/(m^2 \cdot K)]$，$G = 1/R$，$R$ 为热阻；

$a_{e1}$、$a_{e2}$——同太阳光直接吸收比的双层玻璃构件。

$h_i$、$h_e$——同太阳能总透射比的双层玻璃构件。

3. 遮蔽系数

各种窗玻璃构件对太阳辐射热的遮蔽系数按下式计算：

$$S_e = \frac{g}{\tau_s}$$　　　　　（10.2.3-6）

式中　　$S_e$——试样的遮蔽系数；

　　　　$g$——试样的太阳能总透射比（%）；

　　　　$\tau_s$——3mm 厚的普通透明平板玻璃的太阳能总透射比，其理论值取 88.9%。

### 10.2.4　传热系数的测定

1. 检测原理及设备

玻璃传热系数检测原理及检测设备同上所述《建筑外门窗保温性能检测方法》GB/T 8484—2020。

2. 试件的要求

（1）试件宜为 800mm×1250mm 的玻璃板块。

（2）试件构造应符合产品设计和制作要求，不得附加任何多余的配件或特殊组装工艺。

（3）试件应完好：无裂纹、缺角，明显变形，周边密封无破损等现象。

3. 试件的安装

（1）安装试件的洞口尺寸不应小于 820mm×1270mm。当洞口尺寸大于 820mm× 1270mm 时，多余部分应采用热导值已知的填充板填堵。

（2）试件与填充板之间的缝隙可用聚苯乙烯泡沫塑料条填塞，缝隙较小不易填塞时可用聚氨酯发泡填充，并用透明胶带将接缝处双面密封。

（3）热箱及冷箱两侧分别安装可调节支架，支架上共设置三个可调节支撑接触点（见图 10.2.4-1），支撑点应采用低导热系数材料制作且应可拆卸。触点与玻璃试件的接触面应平整。

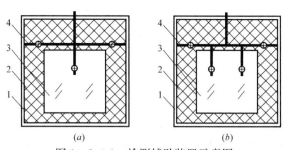

图 10.2.4-1　检测辅助装置示意图

（a）热箱侧；（b）冷箱侧

1—试件框；2—填充板；3—玻璃试件；4—可调节支架

4. 检测步骤

按《建筑外门窗保温性能检测方法》GB/T 8484 中"门窗传热系数检测"的程序进行。

5. 数据处理

按《建筑外门窗保温性能检测方法》GB/T 8484 中"试件的传热系数"计算。

## 10.2.5　露点试验

《中空玻璃》GB/T 11944，适用于建筑及建筑以外的冷藏、装饰和交通中用中空玻璃。中空玻璃是将两片或多片玻璃以有效支撑均匀隔开并周边粘结密封，使玻璃层间形成有干燥气体空间的玻璃制品。其主要材料是玻璃、铝间隔条、弯角栓、丁基橡胶、聚硫胶、干燥剂。

1. 试样

试样为制品或与制品相同材料、在同一工艺条件下制作的尺寸为 510mm×360mm 的试样，试样数量为 15 块。

2. 试验条件

试验在 23±2℃，相对湿度 30%～75% 的环境中进行。试验前全部试样在该环境中放置至少 24h。

3. 仪器设备

露点仪：测量面为铜质材料，$\varphi$ 为 50±1mm，厚度为 0.5mm。温度测量范围可以达到 -60℃，精度 ≤1℃。

4. 试验步骤

（1）向露点仪内注入深约 25mm 的乙醇或丙酮，再加入干冰，使其温度降低到等于或低于 -60℃ 时开始露点测试，并在试验中保持该温度。

（2）将试样水平放置，在上面涂一层乙醇或丙酮，使露点仪与该表面紧密接触，停留时间为：当原片玻璃厚度为 ≤4mm、5mm、6mm、8mm、≥10mm 时，接触时间分别为 3min、4min、5min、7min、10min。

（3）移开露点仪，立即观察玻璃试样的内表面上有无结露或结霜。

（4）如无结霜或结露，露点温度记为 -60℃。

（5）如结霜或结露，将试样放置到完全无结霜或结露后，提高露点仪温度继续测量，直至测量到 -40℃，记录试样最高的结露温度。该温度为试样结露温度。

（6）对于两腔中空玻璃露点测试，应分别测试中空玻璃的两个表面。

343

# 10.3　铝塑复合板

## 10.3.1　概述

1. 建筑幕墙用铝塑复合板

《建筑幕墙用铝塑复合板》GB/T 17748，适用于建筑幕墙用的铝塑复合板，其他用途的铝塑复合板可参照使用。建筑幕墙用铝塑复合板是指采用经阻燃处理的塑料为芯材，并用作建筑幕墙材料的铝塑复合板。

（1）分类

按燃烧性能分为阻燃型和高阻燃型。

（2）外观

幕墙板材外观应整洁，非装饰面无影响产品使用的损伤，装饰面外观表面不应存在压痕、印痕、凹凸、正反面塑料外露、漏涂、波纹、鼓泡、疵点（最大尺寸≤3mm，数量≤3 个/$m^2$）、划伤、擦伤、色差等缺陷。

（3）物理力学性能

物理力学性能有弯曲强度、弯曲弹性模量、贯穿阻力、剪切强度、滚筒剥离强度（平均值、最小值）、耐温差性（滚筒剥离强度下降率、涂层附着力-划圈法和划格法，外观）、热膨胀系数、热变形温度、耐热水性。

（4）组批与抽样

以连续生产的同一品种、同一规格、同一颜色的产品 3000$m^2$ 为一批，不足 3000$m^2$ 的按一批计算。

出厂检验按所检验项目的尺寸和数量要求随机抽取。型式检验按出厂检验合格批中随机抽取 3 张板进行。

2. 建筑幕墙用氟碳铝单板制品

《建筑幕墙用氟碳铝单板制品》JG/T 331，适用于建筑幕墙用氟碳铝单板，其他用途的铝单板可参照使用。幕墙氟碳铝单板制品是指以铝合金板（带）为基材，经加工成型，装饰面为氟碳涂层，用于建筑幕墙的单层板。

（1）分类

按涂装工艺分为辊涂和液体喷涂。

（2）外观质量

辊涂装饰面不得有漏涂、波纹、鼓泡或穿透涂层的损伤。液体喷涂装饰面，涂层应无流痕、裂纹、气泡、夹杂物或其他表面缺陷。

（3）涂层性能

涂层性能有涂层厚度、光泽度偏差、涂层附着力（干式、湿式、沸水煮）、铅笔硬度、耐化学腐蚀（耐酸、耐砂浆、耐溶剂）、耐磨、耐冲击、加速耐候性（4000h 耐盐雾、4000h 耐人工加速老化、4000h 耐湿热）。

（4）组批与抽样

出厂检验以同一品种、同一颜色、同一生产批次（连续生产）、实际交货量每 3000$m^2$

组成一个检验批。交货量不足 3000m² 时，仍按一个检验批计算。

抽样从出厂检验合格批中随机抽取 3 张整板作为型式检验样品。

3. 建筑装饰用铝单板

《建筑装饰用铝单板》GB/T 23443，适用于建筑装饰用铝单板，其他用途的铝单板可参照使用。铝单板是指以铝或铝合金板（带）为基材，经加工成型且装饰表面具有保护性涂层或阳极氧化膜的建筑装饰用单层板。

（1）分类

按膜材质可分为氟碳涂层、聚酯涂层、丙烯酸涂层、陶瓷涂层、阳极氧化膜。

按成膜工艺可分为辊涂、液体喷涂、粉末喷涂、阳极氧化。

按使用环境可分为室外用、室内用。

（2）外观质量

板材边部应切齐，无毛刺、裂边。板材不允许有开焊等。外观应整洁，图案清晰、色泽基本一致，无明显划伤。装饰面不得有明显压痕、印痕和凹凸等残迹。

（3）要求

要求有外观质量、尺寸偏差、膜厚、膜性能、耐冲击、耐候性（加速耐候性、自然气候耐候性）、焊钉连接。

（4）组批与抽样

出厂检验，以同一品种、同一颜色、同一生产批次（连续生产）、实际交货量每 3000m² 组成一个检验批。交货量不足 3000m² 时，仍按一个检验批计算。

外观质量、焊钉连接应逐件检查；尺寸偏差、膜厚、光泽度偏差检验的取样按《建筑装饰用铝单板》GB/T 23443 的规定进行；附着力、耐酸性、耐砂浆性、耐溶剂性、缝孔质量、耐冲击性性能检验每批抽取 2 件产品进行检验。其中破坏性检验项目，根据需要按《建筑装饰用铝单板》GB/T 23443 的规定的试样规格随炉进行小样制备。

4. 铝蜂窝复合板

《建筑外墙用铝蜂窝复合板》JG/T 334，适用于作为建筑外墙使用的铝蜂窝复合板，屋面及其他用途的铝蜂窝复合板可参照使用。铝蜂窝复合板是指以铝蜂窝为芯材，两面粘结铝板的复合板材，通常表面具有装饰面层。

（1）分类

按产品装饰面材质可分为氟碳树脂涂层、阳极氧化膜、其他材质装饰面（代号为相应材质的英文名称的缩写）。

（2）要求

要求有外观质量、尺寸允许偏差、铝板厚度、装饰面层厚度、装饰面层性能、物理性能（滚筒剥离强度、平拉强度、平压强度、平压弹性模量、平面剪切强度、平面剪切弹性模量、弯曲刚度、剪切刚度、耐撞击性能、耐温差性）、燃烧性能。

（3）外观质量

复合板外观应整洁，切边平直整齐无毛刺，正反面无铝蜂窝芯外露，折边处无明显裂纹，非装饰面无影响产品使用的损伤，产品无脱胶。

（4）组批与抽样

以同一品种、同一厚度、同一颜色的产品 3000m² 为一批，不足 3000m² 时的应按一批计算。

从同一检验批中随机抽取 3 件产品进行非破坏性检验，其中外观质量和尺寸偏差的检验也可逐件进行；破坏性检验可用相同条件下同时生产的检验样进行。

### 10.3.2　滚筒剥离强度试验

滚筒剥离强度是指夹层结构用滚筒剥离试验测得的面板与芯子分离时单位宽度上的抗剥离力矩。《夹层结构滚筒剥离强度试验方法》GB/T 1457，适用于夹层结构中面板与芯子间胶接的剥离强度的测定，也适用于选择胶粘剂的其他组合件的剥离强度测定。

1. 方法概述

用带凸缘的筒体从夹层结构中剥离面板的方法来测定面板与芯子胶接的抗剥离强度。面板一头连接在筒体上，一头连接上夹具，凸缘连接加载带，拉伸加载带时，筒体向上滚动，从而把面板从夹层结构中剥离开。凸缘上的加载带与筒体上的面板相差一定距离，夹层结构滚筒剥离强度实为面板与芯子分离的单位宽度上的抗剥离力矩。

2. 试验设备

试验机应符合《纤维增强塑料性能试验方法总则》GB/T 1446—2005 的规定：试验机荷载相对误差不应超过±1%。其他要求应符合《夹层结构滚筒剥离强度试验方法》GB/T 1457 的规定。

3. 试验环境条件

实验室标准环境条件：温度：23±2℃；相对湿度 50%±10%。

实验室非标准环境条件：若不具备实验室标准环境条件时，选择接近实验室标准环境条件的实验室环境条件。

4. 试样

（1）试样形状尺寸见图 10.3.2-1，厚度与夹层结构厚度相同；当样品厚度未确定时，可以取 20mm，面板厚度小于或等于 1mm。对于泡沫塑料、轻木等连续芯子，试样宽度为 60mm。对于蜂窝、波纹等格子型芯子，试样宽度为 60mm，当格子边长或波距较大时

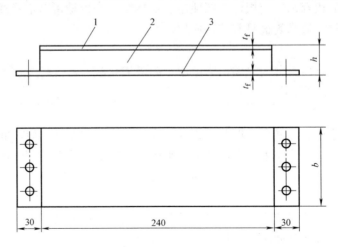

图 10.3.2-1　试样形状及尺寸（单位：mm）

1—面板；2—芯子；3—被剥离面板

（格子边长大于 8mm，波距大于 20mm），试样宽度为 80mm。

（2）对于正交各向异性夹层结构，试样应分纵向和横向两种。

（3）对于湿法成型的夹层结构制品，试样应分剥离上面板和下面板两种。

（4）用作空白试验的面板试样，其材料、宽度、厚度应与相应的夹层结构试样的面板相同（空白试验是指上升式滚筒对单面板进行试验，以获得克服面板弯曲和滚筒上升所需的抗力荷载）。

（5）试验数量，以 3 个试件为一组，分别测量正面纵向、正面横向、背面纵向、背面横向各组试件中每个试件的平均剥离强度和最小剥离强度。

5. 试样制备

（1）试样加工：按《纤维增强塑料性能试验方法总则》GB/T 1446—2005 中的规定。

（2）当试样厚度小于 10mm 时，或夹层结构试样弯曲刚度较小时，在不受剥离的面板上，粘上厚度大于 10mm 的木质等加强材料，见图 10.3.2-2。胶接固化温度应为室温或比夹层结构胶接固化温度至少低 30℃。

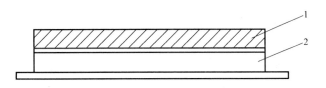

图 10.3.2-2　粘有加强材料的试样

1—加强材料；2—试样

（3）试样两头的非剥离面板及芯子应割掉 30mm，留下要剥离的面板。在要剥离面板两头上钻孔，以便面板一头固定在滚筒上，另一头固支在上夹具上。

6. 状态调节

试验前，试样在实验室标准环境条件下至少放置 24h。若不具备实验室标准环境条件，试验前，试样可在干燥器内至少放置 24h。特殊状态调节条件按需要而定。

7. 试验步骤

（1）试样外观检查：试验前，试样需经外观检查，如有缺陷和不符合尺寸及制备要求者，应予作废。

（2）将合格试样编号，测量试样任意 3 处的宽度，取算术平均值。试样尺寸测量精确到 0.01mm，试样其他的测量精度按相应试验方法的规定。

（3）将试样被剥离面板的一头夹入滚筒的夹具上，使试样轴线与滚筒轴线垂直，另一头装在上夹具中，然后将上夹具与试验机相连接，调整试验机荷载零点，再将下夹具与试验机连接。

（4）按规定的加载速度进行试验。选用下列任意一种方法记录剥离荷载：①使用自动绘图仪记录荷载-剥离距离曲线。②无自动记录装置时，在开始施加荷载 5s 后，按一定时间间隔读取荷载，不得少于 10 个读数。

（5）试样被剥离到 150～180mm 时，便卸载，使滚筒回到未剥离前的初始位置，记录破坏形式。①面板无损伤，则按上述（4）重复进行试验，记录抗力荷载。②面板有损伤

（有明显可见发白和裂纹或发生塑性变形），应采用空白试验用的面板试样按上述（3）和（4）进行空白试验，记录抗力荷载。

8. 计算

（1）用下列任意一种方法求得平均剥离荷载和最小剥离荷载。

① 从荷载—剥离距离曲线上，找出最小剥离荷载，并用求积仪或作图法求得平均剥离荷载。

② 从所记录的剥离荷载读数中，找出最小剥离荷载，并取荷载读数的算术平均值为平均剥离荷载。

（2）根据面板损伤与否选择下列一种方法求得抗力荷载。

① 由上述面板无损伤所得的荷载—剥离距离曲线或荷载读数中求出抗力荷载。

② 由上述面板有损伤所得的荷载—剥离距离曲线或荷载读数中求出抗力荷载。

（3）平均剥离强度按下式计算：

$$\overline{M} = \frac{(P_b - P_0)(D - d)}{2b} \tag{10.3.2-1}$$

式中　$\overline{M}$——平均剥离强度 [(N·mm)/mm]；

　　　$P_b$——平均剥离荷载（N）；

　　　$P_0$——抗力荷载（N）；

　　　$D$——滚筒凸缘直径（mm）；

　　　$d$——滚筒直径（mm）；

　　　$b$——试样宽度（mm）。

（4）最小剥离强度按下式计算：

$$M_{min} = \frac{(P_{min} - P_0)(D - d)}{2b} \tag{10.3.2-2}$$

式中　$M_{min}$——最小剥离强度 [(N·mm)/mm]；

　　　$P_{min}$——最小剥离荷载（N）。

9. 试验结果

以各组 3 个试件的平均剥离强度的算术平均值和最小剥离强度中的最小值作为该组的检验结果。

10. 检测报告

①试验项目名称和执行标准号。②试样来源和制备情况，材料品种及规格。③试样编号、形状、尺寸、外观质量及数量。④试验温度、相对湿度及试样状态调节。⑤试验设备及仪器仪表的型号、量程及使用情况等。⑥试验结果：给出每个试样的性能值（必要时给出每个试样的破坏情况）、算术平均值、标准差及离散系数；若要求给出平均值的置信度，按标准规定。⑦试验人员、日期及其他。

### 10.3.3　弯曲强度试验

1. 仪器设备

材料试验机：试验机以恒定速率加载，示值相对误差不大于±1%，试验的最大荷载应在试验机示值的 15%～90% 之间；弯曲装置跨距为 170mm，压辊及支辊的直径为 10mm。

2. 试验环境

试验前，试样应在《塑料　试样状态调节和试验的标准环境》GB/T 2918 规定的标准环境下放置 24h。除特殊规定外，试验也应在该条件下进行。

3. 试件制备

制备试件时应考虑到产品装饰面性能在纵、横方向上要求具有一致性，除装饰面性能外产品在纵、横方向和背面上的其他要求也具有一致性。制取试件时，试件边部距产品边部距离应大于 50mm。

4. 试件尺寸和数量

试件尺寸纵、横向分别为 50mm×200mm，200mm×50mm。试件数量为各 6 个。

5. 试验步骤

用游标卡尺测量试件中部的宽度和厚度，将试件居中放在弯曲装置上，跨距为 170mm，压辊及支辊的直径为 10mm。以 7mm/min 的速度匀速施加试验荷载至最大值，同时记录荷载—挠度曲线。

6. 结果计算

（1）按下式计算弯曲强度：

$$\sigma = 1.5 \times \frac{P_{max} L}{bh^2} \qquad (10.3.3\text{-}1)$$

式中　$\sigma$——弯曲强度（MPa）；

　　$P_{max}$——最大弯曲荷载（N）；

　　　$L$——跨距（mm）；

　　　$b$——试件中部宽度（mm）；

　　　$h$——试件中部厚度（mm）。

（2）以 3 个试件为一组，分别测量正面向上纵向、正面向上横向、背面向上纵向、背面向上横向各组试件的弯曲强度，分别以各组试件测量的算术平均值作为该组的检验结果。

7. 试验报告

同"滚筒剥离强度试验"。

# 10.4　石　　材

## 10.4.1　概述

由岩石加工而成的建筑材料称为石材。石材是指以天然岩石为主要原材料，经选择、加工制作并用于建筑、装饰、碑石、工艺品或路面等用途的材料，包括天然石材和合成石材。建筑石材是指具有一定的物理、化学性能，可作为建筑功能和结构用途的石材。装饰石材是指具有装饰性能的建筑石材，加工后可供建筑装饰用。天然石材是指经选择和加工而成的特殊尺寸或形状的天然岩石。

按照材质主要分为大理石、花岗石、石灰石、砂岩、板石等；按照用途主要分为天然建筑石材和天然装饰石材等。合成石材是指以石料（如石英等硅酸盐矿物，方解石、白云石等碳酸盐矿物）为主要骨料，以高分子聚合物或水泥或两者混合物为粘合材料，选择性添加可兼容的材料，经搅拌混合，在真空状态下加压、振动、成型、固化等工序制成的工业产品，包括合成石岗石、合成石英石，又称人造石材。石材复合板是指以石材为饰面材料，与其他一种或多种材料使用结构胶粘剂粘合而成的装饰板材。石材板材是指天然石材荒料经锯、磨、切等工序加工而成的具有一定厚度的板状石材。

1. 天然大理石建筑板材

《天然大理石建筑板材》GB/T 19766，适用于建筑装饰用的天然大理石板材，其他用途的天然大理石板材可参照使用。大理石是指以大理石为代表的一类石材，包括结晶的碳酸盐类岩石和质地较软的其他变质岩类石材。

1）分类

按矿物组成分为：方解石大理石、白云石大理石、蛇纹石大理石。

按形状可分为：毛光板、普型板、圆弧板、异型板。

按表面加工分为：镜面板和粗面板。

2）等级

按加工质量和外观质量分为 A、B、C 三级。

3）外观质量

外观质量包括同一批板材的色调基本调和，色纹应基本一致。允许粘接和修补但不应影响装饰效果，不降低物理性能。板材正面的外观缺陷（包括裂纹、缺棱、缺角、色斑、砂眼）符合要求。

4）物理性能

体积密度、吸水率、压缩强度、弯曲强度和耐磨性。耐磨性仅适用于地面、楼梯踏步、台面等易磨损部位的大理石石材。

5）组批与抽样

同一品种、类别、等级、同一供货批的板材为一批，或按连续安装部位的板材为一批。按《天然大理石建筑板材》GB/T 19766 的规定抽取样本。

2. 天然花岗石建筑板材

《天然花岗石建筑板材》GB/T 18601，适用于建筑装饰用的天然花岗石板材，其他用途的天然花岗石板材可参照使用。花岗石是指以花岗石为代表的一类石材，包括岩浆岩和各类硅酸盐类变质岩石材。

1）分类

按形状可分为：毛光板、普型板、圆弧板、异型板。

按表面加工程度分为：镜面板、细面板、粗面板。

按用途分为：一般用途、功能用途。一般用途是指用于一般性装饰用途；功能用途是指用于结构性承载用途和特殊功能要求。

2）等级

按加工质量和外观质量分为：

（1）毛光板按厚度偏差、平面度公差、外观质量等将板材分为优等品、一等品、合格品三个等级。

（2）普通板按规格尺寸偏差、平面度公差、角度公差、外观质量等将板材分为优等品、一等品、合格品三个等级。

（3）圆弧板按规格尺寸偏差、直线度公差、线轮廓度公差、外观质量等将板材分为优等品、一等品、合格品三个等级。

3）外观质量

外观质量包括：同一批板材的色调基本调和，花纹应基本一致。板材正面的外观缺陷（包括缺棱、缺角、裂纹、色斑、色线）符合要求。干挂板材不允许有裂纹存在。毛光板外观缺陷不包括缺棱和掉角。

4）物理性能

体积密度、吸水率、压缩强度（干燥、水饱和）、弯曲强度（干燥、水饱和）、耐磨性、放射性。耐磨性仅适用于地面、楼梯踏步、台面等易磨损部位的花岗石石材。工程对石材物理性能项目及指标有特殊要求的，按工程要求执行。

5）组批与抽样

同一品种、类别、等级、同一供货批的板材为一批，或按连续安装部位的板材为一批。

抽样：采取《计数抽样检验程序　第 1 部分：按接收质量限（AQL）检索的逐批检验抽样计划》GB/T 2828.1 规定的一次抽样正常检验方式，检查水平为Ⅱ。合格质量水平（AQL 值）为 6.5；根据《天然花岗石建筑板材》GB/T 18601 的规定抽取样本。

## 10.4.2　压缩强度试验

《天然石材试验方法　第 1 部分：干燥、水饱和、冻融循环后压缩强度试验》GB/T 9966.1—2020，适用于天然石材干燥、水饱和、冻融循环后静态单轴压缩强度的测定。

1. 仪器设备

试验机：具有球形支座并能满足试验要求，示值相对误差不超过±1%。试验破坏荷载应在示值的 20%～90%范围内；游标卡尺：读数值至少能精确到 0.1mm；万能角度尺：精度为 2′；鼓风干燥箱：温度可控制在 65±5℃范围内；冷冻箱：温度可控制在−20±2℃范围内；恒温水箱：可保持水温在 20±2℃，最大水深 105mm 且至少容纳 2 组试验样品，底部垫不污染石材的圆柱状支撑物；干燥器。

2. 试验样品

1）试样数量

在同批料中制备具有典型特征的试样，每种试验条件下的试样为一组，每组 5 块。

2）试样规格

通常为边长 50mm 的正方体或 φ50mm×50mm 的圆柱体，尺寸偏差±1.0mm；若试样中最大颗粒粒径超过 5mm，试样规格应为边长 70mm 的正方体或 φ70mm×70mm 的圆柱体，尺寸偏差±1.0mm；如试样最大颗粒粒径超过 7mm，每组试样的数量应增加一倍。若同时进行干燥、水饱和、冻融循环后压缩强度试验需制备 3 组试样。

3）有层理的试样制备

　　有层理的试样应标明层理方向。通常沿着垂直层理的方向（见图 10.4.2-1）进行试验，当石材应用方向是平行层理或使用在承重、承载水压等场合时，压缩强度选择最弱的方向进行试验，应进行层理平行方向的试验（见图 10.4.2-2），并且应按上述 1)、2) 试验条件制备相应数量的试样。

　　有些石材明显存在层理方向，其分裂方向可分为下列 3 种情况：裂理方向，最易分裂的方向；纹理方向，次易分裂的方向；源粒方向，最难分裂的方向。

　　4）试样受力面及缺陷

　　试样两个受力面应平行、平整、光滑，必要时应进行机械研磨，其他四个侧面为金刚石锯片切割面。试样相邻面夹角应为 $90°±0.5°$。试样上不应有裂纹、缺棱和缺角等影响试验的缺陷。

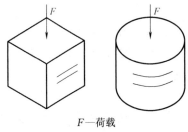

F—荷载

图 10.4.2-1　垂直层理试验示意图

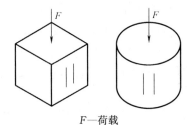

F—荷载

图 10.4.2-2　平行层理试验示意图

　　3. 试验步骤

　　1）干燥压缩强度

　　（1）将试样在 $65±5℃$ 的鼓风干燥箱内干燥 48h，然后放入干燥器中冷却至室温。

　　（2）用游标卡尺分别测量试样两受力面中线上的边长或相互垂直的直径，并计算每个受力面的面积，以两个受力面面积的平均值作为试样受力面面积，边长或直径测量值精确不低于 0.1mm。

　　（3）擦干试验机上下压板表面，清除试样两个受力面上的尘粒。将试样放置于材料试验机下压板的中心部位，调整球形基座角度，使上压板均匀接触到试样上受力面。以 $1±0.5MPa/s$ 的加速率恒定施加荷载至试样破坏，记录试样破坏时的最大荷载值和破坏状态。

　　2）水饱和压缩强度

　　（1）将试样置于恒温水箱中，试样间隔不小于 15mm，试样底部垫圆柱状支撑。加入 $20±10℃$ 的自来水到试样高度的一半，静置 1h；然后继续加水到试样高度的 3/4，静置 1h；继续加满水，水面应超过试样高度 $25±5mm$。试样在清水中浸泡 48±2h 后取出，用拧干的湿毛巾擦去试样表面水分后，应立即进行试验。

　　（2）测量尺寸和计算受力面面积按"干燥状态压缩强度（2）"进行。

　　（3）加载破坏试验按"干燥状态压缩强度（3）"进行。

　　3）冻融循环后压缩强度

　　（1）将试样置于恒温水箱中，试样间隔不小于 15mm，试样底部垫圆柱状支撑。加入 $20±10℃$ 的自来水到试样高度的一半，静置 1h；然后继续加水到试样高度的 3/4，静置 1h；继续加满水，水面应超过试样高度 $25±5mm$。试样在清水中浸泡 48±2h 后取出。

　　（2）将试样立即放入 $-20±2℃$ 的冷冻箱内冷冻 6h，试样间距离不小于 10mm，试样与箱壁距离不小于 20mm。取出后再将其放入恒温水箱中融化 6h，恒温水箱温度应保持在 20±2℃。如此反复冻融 50 次后，用拧干的湿毛巾将试样表面水分擦去，观察并记录表面出现的外观变化，然后立即进行试验。

（3）试验如采用自动化控制冻融试验机时，应每隔 14 个循环后将试样上下翻转一次。冻融试验过程中如遇到非正常中断时，试样应浸泡在 20±5℃清水中。

（4）测量尺寸和计算受力面面积按"干燥状态压缩强度（2）"进行。

（5）加载破坏试验按"干燥状态压缩强度（3）"进行。

4. 试验结果

压缩强度按下式计算：

$$P = \frac{F}{S}$$

(10.4.2-1)

式中　$P$——压缩强度（MPa）；

　　　$F$——试样最大荷载（N）；

　　　$S$——试样受力面面积（$mm^2$）。

以每组试样压缩强度的算术平均值作为该条件下的压缩强度，数值修约到 1MPa。

5. 试验报告

试验报告应至少包含以下信息：①《天然石材统一编号》GB/T 17670 规定的石材的商业名称；②试样数量、规格尺寸，表面处理状况（根据测试需要），有层理时应注明压缩方向与层理方向的关系；③实验室的名称、地址，如果试验进行的地点不是测试实验室则应注明试验进行的地点；④试样试验条件；⑤试验遵循的标准编号（GB/T 9966.1—2020）；⑥冻融循环后外观变化等记录；⑦每个试样的压缩强度、试验方向和破坏状态；⑧每组试样压缩强度的平均值；⑨标准差，修约到两位有效数字。

### 10.4.3　弯曲强度试验

《天然石材试验方法　第 2 部分：干燥、水饱和、冻融循环后弯曲强度试验》GB/T 9966.2—2020，适用于天然石材的干燥、水饱和、冻融循环后弯曲强度测定。固定力矩弯曲强度——方法 A 适用于建筑幕墙、室内墙地面用石材的固定力矩弯曲强度；集中荷载弯曲强度——方法 B 适用于室外广场、路面用石材的集中荷载弯曲强度。

1. 仪器设备

试验机：配有相应的试样支架（见图 10.4.3-1 和图 10.4.3-2），示值相对误差不超过±1%，试样破坏的荷载在示值的 20%～90% 范围内；游标卡尺：读数值可精确到 0.1mm；万能角度尺：精度为 2′；鼓风干燥箱：温度可控制在 65±5℃ 范围内；冷冻箱：温度可控制在 -20±2℃ 范围内；恒温水箱：可保持水温在 20±2℃，最大水深不低于 130mm 且至少容纳 2 组最大试验样品，底部垫不污染石材的圆柱状支撑物；干燥器。

2. 试样

1）规格

方法 A：350mm×100mm×30mm，也可采用实际厚度（$H$）的样品，试样长度为 10$H$+50mm，宽度为 100mm。

方法 B：250mm×50mm×50mm。

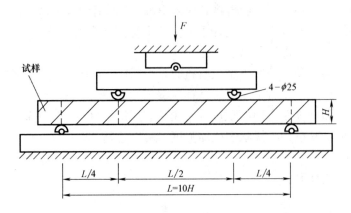

图 10.4.3-1　固定力矩弯曲强度（方法 A）示意图（单位：mm）

$F$—荷载；$H$—试样厚度；$L$—下部两个支撑轴间距离

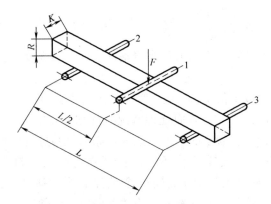

图 10.4.3-2　集中荷载弯曲强度（方法 B）示意图（单位：mm）

1—上支座，$\phi 25\text{mm}$；2、3—下支座，$\phi 25\text{mm}$；$H$—试样厚度；

$K$—试样宽度；$L$—下部两个支撑轴间距离

2）偏差

试样长度尺寸偏差为 ±1mm，宽度、厚度尺寸偏差为 ±0.3mm。

3）表面处理

试样上下受力面应经锯切、研磨或抛光，达到平整且平行。侧面可采用锯切面，正面与侧面夹角应为 90°±0.5°。

4）层理标记

具有层理的试样应采用两条平行线在试样上标明层理方向，见图 10.4.3-3、图 10.4.3-4 和图 11.4.3-5。

5）表面质量

试样不应有裂纹、缺棱和缺角等影响试验的缺陷。

6）支点标记

在试样上下两面及前后侧面分别标记出支点的位置（见图 10.4.3-1、图 10.4.3-2）。方法 A 的下支座跨距（$L$）为 $10H$，上支座间的距离为 $5H$，呈中心对称分布；方法 B 的下支座跨距（$L$）为 200mm，上支座在中心位置。

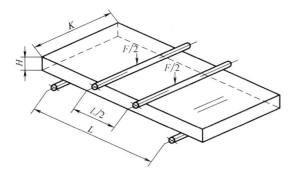

图 10.4.3-3　受力方向平行层理示意图

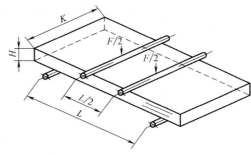

图 10.4.3-4　受力方向垂直层理示意图（一）

7）试样数量

每种试验条件下每个层理方向的试样为一组，每组试样数量为 5 块。通常试样的受力方向应与实际应用一致，若石材应用方向未知，则应同时进行三个方向的试验，每种试验条件下试样应制备 15 块，每个方向 5 块。

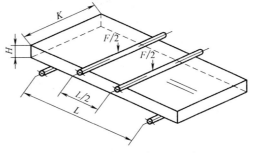

图 10.4.3-5　受力方向垂直层理示意图（二）

3. 试验步骤

1）干燥弯曲强度

（1）将试样在 65±5℃的鼓风干燥箱内干燥 48h，然后放入干燥器中冷却至室温。

（2）按试验类型选择相应的试样支架，调节支座之间的距离到规定的跨距要求。按照试样上标记的支点位置将其放在上下支座之间，试样和支座受力表面应保持清洁。装饰面应朝下放在支架下座上，使加载过程中试样装饰面处于弯曲拉伸状态。

（3）以 0.25±0.05MPa/s 的速率对试样施加荷载至试样破坏，记录试样破坏位置和形式及最大荷载值，读数精度不低于 10N。

（4）用游标卡尺测量试样断裂面的宽度和厚度，精确至 0.1mm。

2）水饱和弯曲强度

（1）将试样侧立置于恒温水箱中，试样间隔不小于 15mm，试样底部垫圆柱状支撑。加入自来水 20±10℃到试样高度的一半，静置 1h；然后继续加水到试样高度的 3/4，静置 1h；继续加满水，水面应超过试样高度 25±5mm。

（2）试样在清水中浸泡 48±2h 后取出，用拧干的湿毛巾擦去试样表面水分，立即按"干燥弯曲强度（2）～（4）"进行弯曲强度试验。

3）冻融循环后弯曲强度

（1）将试样侧立置于恒温水箱中，试样间隔不小于 15mm，试样底部垫圆柱状支撑。加入自来水 20±10℃到试样高度的一半，静置 1h；然后继续加水到试样高度的 3/4，静置 1h；继续加满水，水面应超过试样高度 25±5mm。试样在清水中浸泡 48±2h 后取出。

（2）将试样立即放入－20±2℃的冷冻箱内冷冻 6h，试样间距离不小于 10mm，试样与箱壁距离不小于 20mm。取出后再将其放入恒温水箱中融化 6h，恒温水箱温度应保持在 20±2℃。反复冻融 50 次后，用拧干的湿毛巾将试样表面水分擦去，观察并记录表面出现的外观变化，然后立即按"干燥弯曲强度（2）～（4）"进行弯曲强度试验。

（3）试验如采用自动化控制冻融试验机时，应每隔 14 个循环后将试样上下翻转一次。冻融试验过程中如遇到非正常中断时，试样应浸泡在 20±5℃清水中。

4. 结果计算

1）方法 A

弯曲强度按下式计算：

$$P_A = \frac{3FL}{4KH^2} \qquad (10.4.3-1)$$

式中　$P_A$——弯曲强度（MPa）；

　　　$F$——试样破坏荷载（N）；

　　　$L$——下支座间距离（mm）；

　　　$K$——试样宽度（mm）；

　　　$H$——试样厚度（mm）。

以一组试样弯曲强度的算术平均值作为试验结果，数值修约到 0.1MPa。

2）方法 B

弯曲强度按下式计算：

$$P_B = \frac{3FL}{2KH^2} \qquad (10.4.3-2)$$

式中　$P_B$——弯曲强度（MPa）；

　　　$F$——试样破坏荷载（N）；

　　　$L$——下支座间距离（mm）；

　　　$K$——试样宽度（mm）；

　　　$H$——试样厚度（mm）。

以一组试样弯曲强度的算术平均值作为试验结果，数值修约到 0.1MPa。

5. 试验报告

试验报告应至少包含以下信息：①按《天然石材统一编号》GB/T 17670 规定的石材的商业名称；②试样数量、规格尺寸，表面处理状况（根据测试需要），有层理时应注明受力方向与层理方向的关系；③测定实验室的名称、地址，如果试验进行的地点不是测试实验室则应注明试验进行的地点；④试样处理过程；⑤试验方法和试验条件；⑥试验遵循的标准编号（GB/T 9966.2—2020）；⑦冻融循环后外观变化等记录；⑧每个试样的弯曲强度、试验方向和破坏位置和形式；⑨每组试样弯曲强度的平均值；⑩标准差，修约到两位有效数字。

## 10.4.4　体积密度和吸水率试验

《天然石材试验方法　第 3 部分：吸水率、体积密度、真密度、真气孔率试验》GB/T 9966.3，适用于天然石材吸水率、体积密度、真密度、真气孔率的测定。

1. 仪器设备

鼓风干燥箱：温度可控制在 65±5℃范围内；天平：最大称量 1000g、精度 10mg，最大称量 200g、精度 1mg；水箱：底面平整，且带有玻璃棒作为试样支撑；金属网篮：可满足各种规格试样要求，具足够的刚性；比重瓶：容积 25～30mL；标准筛：$63\mu m$；干燥器。

2. 试样

（1）试样边长为 50mm 的正方体或直径、高度均为 50mm 的圆柱体，尺寸偏差 ±0.5mm，每组 5 块。特殊要求时可选用其他规则形状的试样，外形几何体积应不小于 $60cm^3$，其表面积与体积之比应在 $0.08～0.20mm^{-1}$ 范围内。

（2）试样应从具有代表性的部位截取，不应带有裂纹等缺陷。

（3）试样表面应平滑，粗糙面应打磨平整。

3. 试验步骤

（1）将试样置于 65±5℃的鼓风干燥箱内干燥 48h 至恒重，即在干燥 46h、47h、48h 时分别称量试样的质量，质量保持恒定时表明达到恒重，否则继续干燥，直至出现 3 次恒定的质量。放入干燥器中冷却至室温，然后称其质量，精确至 0.01g。

（2）将试样置于水箱中的玻璃棒支撑上，试样间隔应不小于 15mm。加入去离子水或蒸馏水 20±2℃到试样高度的一半，静置 1h；然后继续加水到试样高度的 3/4，再静置 1h；继续加满水，水面应超过试样高度 25±5mm。试样在水中浸泡 48±2h 后同时取出，包裹于湿毛巾内，用拧干的湿毛巾擦去试样表面水分，立即称其质量，精确至 0.01g。

（3）立即将水饱和的试样置于金属网篮中并将网篮与试样一起浸入 20±2℃的去离子水或蒸馏水中，小心除去附着在网篮和试样上的气泡，称试样和网篮在水中总质量，精确至 0.01g。单独称量网篮在相同深度的水中质量，精确至 0.01g。当天平允许时可直接测量出这两次测量的差值，结果精确至 0.01g。称量装置见图 10.4.4-1 或图 10.4.4-2。

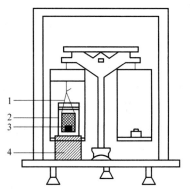

图 10.4.4-1　天平称量示意图

1—网篮；2—烧杯；3—试样；4—支架

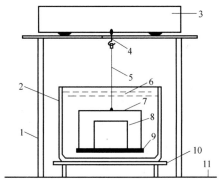

图 10.4.4-2　电子天平称量示意图

1—天平支架；2—水杯；3—电子天平；4—天平挂钩；
5—悬挂线；6—水平面；7—栅栏；8—试样；
9—网篮底；10—水杯支架；11—平台

4. 试验结果

1）吸水率

吸水率按下式计算：

$$w_a = \frac{m_1 - m_0}{m_0} \times 100 \qquad (10.4.4\text{-}1)$$

式中　$w_a$——吸水率（%）；

　　　$m_1$——水饱和试样在空气中的质量（g）；

　　　$m_0$——干燥试样在空气中的质量（g）；

2）体积密度

体积密度按下式计算：

$$\rho_b = \frac{m_0}{m_1 - m_2} \times \rho_w \qquad (10.4.4\text{-}2)$$

式中　$\rho_b$——体积密度（g/cm$^3$）；

　　　$m_2$——水饱和试样在水中的质量（g）；

　　　$\rho_w$——室温下去离子水或蒸馏水的密度（g/cm$^3$）。

3）结果

计算每组试样吸水率、体积密度的算术平均值作为试验结果。体积密度取三位有效数字；吸水率取两位有效数字。

5. 试验报告

试验报告应至少包含以下信息：①按《天然石材统一编号》GB/T 17670 规定的石材的商业名称；②试样数量、规格尺寸，表面处理状况（根据测试需要）；③测定实验室的名称、地址，如果试验进行的地点不是测试实验室则应注明试验进行的地点；④试样处理过程；⑤试验遵循的标准编号（GB/T 9966.3—2020）；⑥每个试样的吸水率、体积密度；⑦每组试样吸水率、体积密度的平均值；⑧标准差，修约到两位有效数字。

# 10.5　铝合金型材

## 10.5.1　概述

幕墙支承结构用材主要是铝合金型材和钢材。全玻璃幕墙采用玻璃肋作支承结构，部分点支承结构也采用玻璃肋作支承结构。铝合金型材可直接选用铝材厂家的典型幕墙系统型材。建筑幕墙常用 6 系列（以镁和硅为主要合金元素并以 Mg$_2$Si 相为强化相的铝），热处理状态为 T（热处理后，经过或不经过加工硬化达到稳定状态的产品）品种铝型材，如 6063-T5、6063-T6、6061-T5、6061-T6 等牌号状态铝型材。

1. 基材

《铝合金建筑型材　第 1 部分：基材》GB/T 5237.1，适用于门、窗、幕墙、护栏等建筑用的、未经表面处理的铝合金热挤压型材。用途相同的热挤压管也可参照执行。

1）外观质量

基材表面应整洁，不允许有裂纹、起皮、腐蚀和气泡等缺陷存在。基材表面允许有轻微的压坑、碰伤、擦伤存在，其允许深度、模具挤压痕的深度应符合《铝合金建筑型材　第 1 部分：基材》GB/T 5237.1 的规定。

2）力学性能

室温纵向拉伸试验包含的参数有抗拉强度、规定非比例延伸强度、断后伸长率；硬度试验包括维氏硬度、韦氏硬度。

3）组批与抽样

基材应成批提交验收，每批应由同一牌号、状态、尺寸规格的基材组成，批重不限。

力学性能检验抽样，每批（热处理炉）取 2 根基材，从每根基材上切取 1 个试样，其他要求按《变形铝、镁及其合金加工制品拉伸试验用试样及方法》GB/T 16865 的规定。

2. 隔热型材

《铝合金建筑型材　第 6 部分：隔热型材》GB/T 5237.6，适用于穿条式隔热铝合金建筑型材或浇注式隔热铝合金建筑型材。其他行业用的隔热铝合金型材也可参照执行。

隔热型材是指以隔热材料连接铝合金型材而制成的具有隔热功能的复合型材。隔热材料是指用于连接铝合金型材的低导热率的非金属材料。隔热型材的复合方式分为穿条式和浇注式两类。穿条式是指通过开齿、穿条、滚压，将聚酰胺型材穿入铝合金型材穿条槽口内，并使之被铝合金型材咬合的复合方式；浇注式是指把液态隔热材料注入铝合金型材浇筑槽内并固化，切除铝合金型材浇筑槽内的连接桥使之断开金属连接，通过隔热材料将铝合金型材断开的两部分结合在一起的复合方式。特征值是指服从对数正态分布，按 95％ 的保证概率、75％ 置信度确定并计算的性能值。

1）外观质量

穿条型复合部位的铝合金型材膜层允许有轻微裂纹，但不允许铝基材有裂纹；浇注型材的隔热材料表面应光滑、色泽均匀，金属连接桥切口处应规则、平整。

2）力学性能

室温纵向拉伸试验包含的参数有抗拉强度、规定非比例延伸强度、断后伸长率；硬度试验包括维氏硬度、韦氏硬度。

3）隔热型材复合性能——穿条型材

（1）纵向抗剪特征值分为室温、低温和高温三种。室温纵向抗剪特征值的试验温度为 $23\pm2℃$、低温为 $-30\pm2℃$、高温为 $80\pm2℃$。

（2）横向抗拉特征值为室温横向抗拉特征值，试验温度为 $23\pm2℃$。

4）隔热型材复合性能——浇注型材

（1）纵向抗剪特征值分为室温、低温和高温三种。室温纵向抗剪特征值的试验温度为 $23\pm2℃$、低温为 $-30\pm2℃$、高温为 $70\pm2℃$。

（2）横向抗拉特征值分为室温、低温和高温三种。室温横向抗拉特征值的试验温度为 $23\pm2℃$、低温为 $-30\pm2℃$、高温为 $70\pm2℃$。

5）组批与取样

隔热型材应成批提交验收，每批应由同一牌号、状态、表面处理方式的铝合金型材，与同类隔热材料通过同一种复合工艺制作成的、检验相同剪切失效类型和横截面规格的隔热型材组成，批重不限。

取样应符合产品标准的规定。

3. 建筑用隔热铝合金型材

《建筑用隔热铝合金型材》JG/T 175，适用于建筑门窗、幕墙采用的穿条式或浇注式复合成的隔热型材。

1）分类

产品按用途分为门窗用隔热型材、幕墙用隔热型材；

产品按复合形式分为穿条式隔热型材、浇注式隔热型材。

2）要求

（1）穿条式隔热型材要求：纵向抗剪特征值、横向抗拉特征值、高温持久荷载性能；

（2）浇注式隔热型材要求：纵向抗剪特征值、横向抗拉特征值、热循环性能；

（3）隔热型材尺寸偏差及表面处理质量；

（4）隔热型材复合部位外观质量。

3）外观质量

穿条式型材复合部位涂层允许有轻微裂纹，铝基材不应有裂纹；浇注式型材去除临时连接铝桥后切口应规则、平整。

4）组批与取样

隔热型材应成批提交验收，每批应由同一合金牌号、供应状态、类别、规格和表面处理方式的产品组成，每批重量不限。

尺寸偏差和表面处理质量检验应符合《铝合金建筑型材　第 1 部分：基材》GB/T 5237.1～《铝合金建筑型材　第 5 部分：喷漆型材》GB/T 5237.5 的规定，外观质量应全部检验。室温纵向抗剪试验取样应符合《建筑用隔热铝合金型材》JG/T 175 的规定。

### 10.5.2　隔热铝合金型材试验

1. 试样制备

1）取样

隔热型材试样的端头应平整，取样应符合规定。尺寸偏差和表面处理质量检验应符合《铝合金建筑型材　第 1 部分：基材》GB/T 5237.1～《铝合金建筑型材　第 5 部分：喷漆型材》GB/T 5237.5 的规定，外观质量应全部检验。横向抗拉值是指在平行于隔热型材横截面方向作用的单位长度的拉力极限值。纵向抗剪值是指在垂直隔热型材横截面方向作用的单位长度的纵向剪切极限值。特征值是指根据 75％置信度对数正态分布，按 95％的保证概率计算的性能值。

纵向抗剪试验和横向抗拉试验的取样规定：每项试验应在每批中取隔热型材 2 根，每根取长 100±1mm 试样 15 个，其中每根中部取 5 个试样，两端各取 5 个试样，各取 30 个试样。将试样均分三份（每份至少有 3 个中部试样），做好标识，将试样分别做室温、高温、低温试验。横向抗拉试验的试样长度允许缩短至 50mm。

2）试样状态调节

穿条式隔热型材试样应在温度 23±2℃，相对湿度 50％±5％的环境条件下存放 48h。浇注式隔热型材试样应在温度 23±2℃，相对湿度 50％±5％的环境条件下存放 168h。

2. 纵向剪切试验

1）试验装置

隔热型材一端紧固在固定装置上，作用力通过刚性支撑件均匀传递给隔热型材另一端，固定装置和刚性支撑件均不得直接作用在隔热材料上，加载时隔热型材不应发生扭转或偏移（见图 10.5.2-1）。

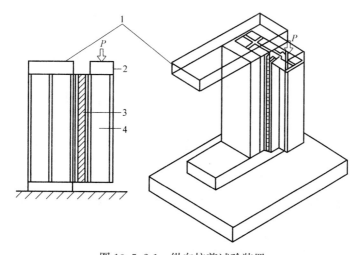

图 10.5.2-1　纵向抗剪试验装置

1—固定装置；2—刚性支承件；3—隔热材料（隔热条或隔热胶）；4—铝合金型材

2）试验温度及试样数量

试验温度及试样数量应符合表 10.5.2-1 的规定。

**隔热型材试验温度**　　　　　表 10.5.2-1

| 试验条件 | 试验温度 | 试样数 |
|---|---|---|
| 室温试验 | 23±2℃ | 10 |
| 低温试验 | −30±2℃ | 10 |
| 高温试验 | 80±2℃（穿条式隔热型材）<br>70±2℃（浇筑式隔热型材） | 10 |

3）试验程序

将隔热型材试样固定在检测装置，按表 10.5.2-1 规定的试验温度下放置 10min，以初始速度 1mm/min 逐渐加至 5mm/min 的速度进行加载，记录所加的荷载和相应的剪切位移（负荷—位移曲线），直至剪切力失效。测量试样上的滑移量。

4）计算

（1）纵向抗剪值按下式计算：

$$T_i = \frac{P_{1i}}{L_i}$$　　　　　　　　（10.5.2-1）

式中　$T_i$——第 $i$ 个试样的纵向抗剪值（N/mm）；

$\quad\quad P_{1i}$——第 $i$ 个试样的最大抗剪力（N）；

$\quad\quad L_i$——第 $i$ 个试样的试样长度（mm）。

（2）相应样本估算标准差按下式计算：

$$S = \sqrt{\frac{\sum_{i=1}^{10}(\overline{T}-T_i)^2}{9}}$$　　　　　　　　（10.5.2-2）

（3）纵向抗剪特征值按下式计算：

$$T_c = \overline{T} - 2.02S \tag{10.5.2-3}$$

式中  $T_c$——纵向抗剪特征值（N/mm）；

$\overline{T}$——10 个试样所能承受纵向抗剪值的算术平均值（N/mm）；

$S$  相应样本估算的标准差（N/mm）。

3. 横向拉伸试验

1）试验装置

隔热型材试样在试验装置的 U 形夹具中受力均匀（见图 10.5.2-2），拉伸过程试样不应倾斜和偏移。

2）试样

（1）穿条式隔热型材试样应采用先通过室温纵向抗剪试验抗剪失效后的试样，再做横向拉伸试验。

（2）浇注式隔热型材试样直接进行横向抗拉试验。

3）试验温度

试验温度应符合表 10.5.2-1 的规定。

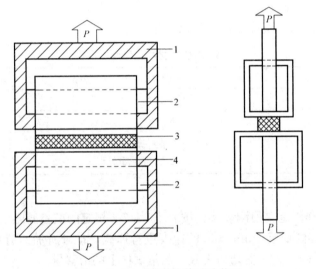

图 10.5.2-2  横向拉伸试验装置

1—U 形夹具；2—刚性支撑；3—隔热材料（隔热条或隔热胶）；4—铝合金型材

4. 试验步骤

将隔热型材固定在 U 形夹具上，按规定的试验温度下放置 10min，以初始速度 1mm/min 逐渐加至 5mm/min 的速度进行加载，进行横向抗拉试验，直至试样抗拉失效（出现型材撕裂、隔热材料断裂、型材与隔热材料脱落等现象），测定其最大荷载。

5. 计算

（1）横向拉伸值按下式计算：

$$Q_i = \frac{P_{2i}}{L_i} \tag{10.5.2-4}$$

式中  $Q_i$——第 $i$ 个试样的横向抗拉值（N/mm）；

$P_{2i}$——第 $i$ 个试样的最大抗拉力（N）；

$L_i$——第 $i$ 个试样的试样长度（mm）。

（2）相应样本估算标准差按下式计算：

$$S = \sqrt{\dfrac{\sum\limits_{i=1}^{10}(\overline{Q}-Q_i)^2}{9}}$$ （10.5.2-5）

（3）横向抗拉特征值按下式计算：

$$Q_c = \overline{Q} - 2.02S$$ （10.5.2-6）

式中　$Q_c$——横向抗拉特征值（N/mm）；

$\overline{Q}$——10 个试样所能承受最大抗拉力的算术平均值，N/mm；

$S$——相应样本估算的标准差，N/mm。

### 10.5.3　隔热型材复合性能试验

《铝合金隔热型材复合性能试验方法》GB/T 28289—2012，适用于建筑用铝合金隔热型材复合性能试验。其他类型的复合型材可参照执行。

1. 纵向剪切试验

1）仪器设备

试验机：应符合《静力单轴试验机的检验　第 1 部分：拉力和（或）压力试验机测力系统的检验与校准》GB/T 16825.1—2008 的规定，精度为 1 级或更优级别。试验机最大荷载不小于 20kN。需配备高、低温环境试验箱时，试验机测试空间不小于 500mm×1200mm 为宜。高、低温环境试验箱基本要求见上述试验方法标准的规定。

2）试样

（1）试样应从符合相应产品标准规定的型材上切取，应保留其原始表面，清除加工后试样上的毛刺。

（2）切取试样时应预防因加工受热而影响试样的性能测试结果。

（3）试样形位公差应符合图 10.5.3-1。

（4）试样尺寸为 100±2mm，用分辨率不大于 0.02mm 的游标卡尺，在隔热材料与铝型材复合部位进行尺寸测量，每个试样测量两个位置的尺寸，计算其平均值。

（5）试样按相应产品标准中的规定进行分组和编号。

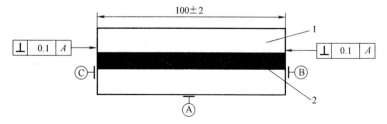

图 10.5.3-1　试样形位公差图（单位：mm）

1—铝合金型材；2—隔热材料

363

3）试样状态调节

产品性能试验前，试样应进行状态调节。铝合金隔热型材试样应在温度为 23±2℃、相对湿度为 50%±10% 的环境条件下放置 48h。

4）试验温度

穿条式隔热型材试验温度：室温：23±2℃；低温－20±2℃；高温：＋80±2℃。浇注式隔热型材试验温度：室温：23±2℃；低温－30±2℃；高温：＋70±2℃。

5）纵向剪切试验夹具

纵向剪切试验夹具应符合《铝合金隔热型材复合性能试验方法》GB/T 28289—2012 的规定。

6）试验步骤

（1）将纵向剪切夹具安装在试验机上，紧固好连接部位，确保在试验过程中不会出现试样偏转现象。

（2）将试样安装在剪切夹具上，刚性支撑边缘靠近隔热材料与铝合金型材相接位置，距离不大于 0.5mm 为宜，如图 10.5.3-2 所示。

（3）除室温试验外，试样在规定的试验温度下保持 10min。

（4）以 5mm/min 的速度加至 100N 的预荷载。

（6）以 1～5mm/min 的速度进行纵向剪切试验，并记录所加的荷载和在试样上直接测得的相应剪切位移（荷载—位移曲线），直至出现最大荷载。纵向剪切试验的试样受力方式如图 10.5.3-3 所示。

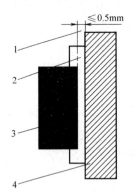

图 10.5.3-2　刚性支撑位置示意图

1—隔热材料与铝合金型材相接位置；2—铝合金型材；
3—隔热材料；4—刚性支撑

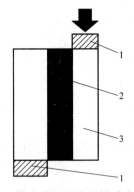

图 10.5.3-3　纵向剪切试验试样受力方式示意图

1—刚性支撑；2—隔热材料；3—铝合金型材

7）结果计算

（1）单位长度上所能承受的最大剪切力及抗剪特征值的计算。

按下式计算试样单位长度上所能承受的最大剪切力，数值修约规则按《数值修约规则与极限数值的表示和判定》GB/T 8170 的有关规定进行，保留 2 位小数。

$$T = F_{Tmax}/L \tag{10.5.3-1}$$

式中　$T$——试样单位长度上所能承受的最大剪切力（N/mm）；

$F_{Tmax}$——最大剪切力（N）；

$L$——试样长度（mm）。

（2）按下式计算 10 个试样单位长度上所能承受的最大剪切力的标准差，数值修约规则按《数值修约规则与极限数值的表示和判定》GB/T 8170 的有关规定进行，保留 2 位小数。

$$s_T = \sqrt{\frac{1}{10-1}\sum_{i=1}^{10}(T_i-\overline{T})^2} \tag{10.5.3-2}$$

式中　$s_T$——10 个试样单位长度上所能承受的最大剪切力的标准差（N/mm）；

$T_i$——第 $i$ 个试样单位长度上所能承受的最大剪切力（N/mm）；

$\overline{T}$——10 个试样单位长度上所能承受的最大剪切力的平均值，数值修约规则按《数值修约规则与极限数值的表示和判定》GB/T 8170 的有关规定进行，保留 2 位小数（N/mm）。

（3）按下式计算纵向抗剪特征值，数值修约规则按《数值修约规则与极限数值的表示和判定》GB/T 8170 的有关规定进行，修约到个位数。

$$T_c = \overline{T} - 2.02 \times s_T \tag{10.5.3-3}$$

式中　$T_c$——抗剪特征值（N/mm）。

2. 横向拉伸试验

1）试验设备

同上述"纵向剪切试验"的要求。

2）试样

（1）试样应从符合相应产品标准规定的型材上切取，应保留其原始表面，清除加工后试样上的毛刺。

（2）切取试样时应预防因加工受热而影响试样的性能测试结果。

（3）试样形位公差应符合图 10.5.3-1。

（4）试样尺寸为 100±2mm，用分辨率不大于 0.02mm 的游标卡尺，在隔热材料与铝型材复合部位进行尺寸测量，每个试样测量两个位置的尺寸，计算其平均值。

（5）穿条式隔热型材拉伸试验可直接采用室温纵向剪切试验后的试样。

（6）试样最短允许缩至 18mm，但在试样切割方式上应避免对试样的测试结果造成影响。仲裁试验用试样的长度为 100±2mm。

（7）试样按相应产品标准中的规定进行分组并编号。

3）试样状态调节

同纵向剪切试验。

4）试验温度

试验温度按规定执行。

5）横向拉伸试验夹具

纵向剪切试验夹具、横向拉伸试验夹具，应符合《铝合金隔热型材复合性能试验方法》GB/T 28289—2012 的规定。

6）试验步骤

（1）穿条式隔热型材拉伸试样：将试样安装在剪切夹具上，刚性支撑边缘靠近隔热材料与铝合金型材相接位置，距离不大于 0.5mm 为宜，如图 10.5.3-3 所示。除室温外，试样在规定的试验温度下保持 10min。以 1～5mm/min 的速度进行纵向剪切试验，并记录所加的荷载和在试样上直接测得的相应剪切位移（荷载—位移曲线），直至出现最大荷载。纵向剪切试验的试样受力方式如图 10.5.3-3，并以 1～5mm/min 的速度进行室温纵向剪切试验（除非采用了室温纵向剪切试验后的试样），再按以下（2）、（3）步骤进行横向拉伸试验。

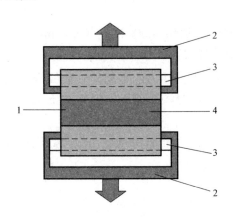

图 10.5.3-4 横向拉伸试验受力方式示意图

1—铝合金型材；2—横向拉伸试验夹具；

3—刚性支撑条；4—隔热材料

（2）将横向拉伸试验夹具安装在试验机上，使上、下夹具的中心线与试样受力轴线重合，紧固好连接部位，确保在试验过程中不会出现试样偏转现象。

（3）根据试样空腔尺寸选择适当的支撑条，并将试样装在夹具上。

（4）以 5mm/min 的速度，加至 200N 的预荷载。

（5）以 1～5mm/min 的速度进行拉伸试验，并记录所加的荷载，直至最大荷载出现，或出现铝型材撕裂。横向拉伸试验的试样受力方式如图 10.5.3-4。

7）结果计算

（1）按下式计算试样单位长度上所能承受的最大拉伸力，数值修约规则按《数值修约规则与极限数值的表示和判定》GB/T 8170 的有关规定进行，保留 2 位小数。

$$Q = F_{\mathrm{Qmax}} / L \tag{10.5.3-4}$$

式中 $Q$——试样单位长度上所能承受的最大拉伸力（N/mm）；

$F_{\mathrm{Qmax}}$——最大拉伸力（N）；

$L$——试样长度（mm）。

（2）按下式计算 10 个试样单位长度上所能承受的最大拉伸力的标准差，数值修约规则按《数值修约规则与极限数值的表示和判定》GB/T 8170 的有关规定进行，保留 2 位小数。

$$s_{\mathrm{Q}} = \sqrt{\frac{1}{10-1} \sum_{i=1}^{10} (Q_i - \overline{Q})^2} \tag{10.5.3-5}$$

式中

$s_{\mathrm{Q}}$——10 个试样单位长度上所能承受的最大拉伸力的标准差（N/mm）；

$Q_i$——第 $i$ 个试样单位长度上所能承受的最大拉伸力（N/mm）；

$\overline{Q}$——10 个试样单位长度上所能承受的最大拉伸力的平均值，数值修约规则按《数值修约规则与极限数值的表示和判定》GB/T 8170 的有关规定进行，保留 2 位小数，N/mm。

（3）按下式计算横向拉伸特征值，数值修约规则按《数值修约规则与极限数值的表示和判定》GB/T 8170 的有关规定进行，修约到个位数。

$$Q_c = \overline{Q} - 2.02 \times S_{\mathrm{Q}} \tag{10.5.3-6}$$

式中 $Q_c$——横向抗拉特征值（N/mm）。

8）试验报告

①依据标准编号。②试样标识。③材料名称、牌号。④试样类型。⑤试样的取样位

置。⑥所测性能结果。

# 10.6 幕墙用硅酮结构密封胶

## 10.6.1 概述

《建筑幕墙用硅酮结构密封胶》JG/T 475，适用于设计使用年限不低于 25 年的建筑幕墙工程用硅酮结构密封胶。

1. 分类

产品按组成分为单组分型和双组分型；

产品按适用的基材分为铝材、玻璃和其他金属。

2. 要求

1）一般要求

硅酮结构胶的设计使用年限不应低于 25 年，应明确规定使用条件及保持的性能特性。一般要求有刚度（初始刚度、水－紫外线光照后刚度）、一致性评价（热重分析、红外光谱）、拉伸模量、12.5％时弹性模量。

2）外观

（1）硅酮结构胶应为细腻、均匀膏状物或黏稠体，不应有气泡、结块、结皮或凝胶，搅拌后应无不易分散的析出物。

（2）双组分硅酮结构胶的各组分的颜色应有明显差异。产品的颜色也可由供需双方商定，产品的颜色与供需双方商定的样品相比，不应有明显差异。

3）物理力学性能

下垂度（垂直、水平）、表干时间、挤出性、适用期、邵氏硬度 A、气泡、拉伸粘结性［23℃拉伸粘结强度标准值、拉伸粘结强度保持率（80℃、－20℃、水-紫外线光照、NaCl 盐雾、$SO_2$ 酸雾、清洗剂、100℃ 7d 高温），粘结破坏面积（所有拉伸粘结性项目）］、剪切强度［23℃剪切粘结强度标准值、剪切强度保持率（80℃、－20℃）、粘结破坏面积（所有剪切性能项目）］、撕裂性能（拉伸粘结强度保持率）、疲劳循环（拉伸粘结强度保持率、粘结破坏面积）、质量变化热失重（热失重）、烷烃增塑剂（红外光谱）、弹性恢复率、耐紫外线拉伸强度保持率、蠕变性能（91d 受力后位移、力卸载后 24h 后最大位移）。

3. 组批与抽样

以同一品种、同一分类的产品每 10t 应为一批进行检验，不足 10t 也为一批。

产品随机取样，出厂检验样品总量为 4kg，型式检验样品总量为 8kg 或满足检测要求，样品分为两份，一份试验，一份作为备用。双组分取样后应立即分别密封包装。

## 10.6.2 相容性试验

《建筑幕墙用硅酮结构密封胶》JG/T 475 中的"附录 B"与其他相邻接触材料相容性的试验，适用于评估硅酮结构胶与其他相邻接触材料的相容性，如：硅酮结构胶、耐候密封胶、隔离材料、铝材、玻璃，也有制造商使用的其他材料（如预处理和清洁产品）的相容性，可以通过变色来鉴别。

1. 方法概述

通过无紫外线加热方法和有紫外线光照两种试验方法来检验相容性，紫外线暴露在使用中的危险应被足够地考虑，在某些情况可能有必要采取两种试验方法。

2. 标准试验条件

实验室的标准试验条件：温度 23±2℃，相对湿度 50％±5％。

3. 无紫外方法

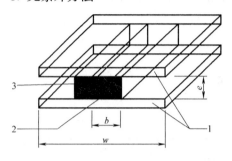

图 10.6.2-1　相容性试验的典型试件示意图
1—粘结基材；2—硅酮结构胶；3—衬垫，密封胶，
其他材料；$b$—硅酮结构胶宽度；$e$—硅酮
结构胶厚度；$w$—基材宽度

1）试件

如图 10.6.2-1 准备 7 个试件，试件可采用符合图 10.6.2-1 的密封胶试件，在温度 60±2℃和相对湿度 95％±5％条件下养护，5 个试件养护 28d，剩下 2 个试件养护 56d。

2）试验步骤

（1）强度

养护 28d 后 5 个试件根据规定进行拉伸试验，用于相容性试验的材料应在拉伸试验之前移除，使结果仅与硅酮结构胶和玻璃之间的粘结，与硅酮结构胶自身相关。如果样品中两材料不能在无破坏的情况下分离，需要新增 5 个试件用于试验对比，第二组材料无须进行上述的处理。

（2）颜色

两个试件在整个 56d 养护周期内每 14d 检查颜色变化。

（3）试验结果

试验后的 $R_{u,5}$（23℃拉伸粘结强度标准值）不小于初始的 $0.85R_{u,5}$。无颜色变化。

4. 紫外线光照方法

1）试件

如图 10.6.2-2（$a$、$b$）准备 5 个试件，密封胶厚度 6～9mm，试件应在标准试验条件下按规定的方法养护，或与密封胶制造商规定相一致。图 10.6.2-2（$a$、$b$）中的密封胶 2 和 3 是与硅酮结构胶 1 进行相容性检测的密封胶。

2）试验步骤

（1）不同的产品在养护 1～3d 后，试件应置于紫外灯泡下辐射：光源：符合《塑料实验室光源暴露试验方法　第 2 部分：氙弧灯》GB/T 16422.2 规定的氙灯或同等光源；辐照强度：样品表面 60±5W/m² （300～400nm）；温度：60±2℃；时间：504±4h。

（2）如果产品 1 和 2 或 1 和 3 之间发生粘结，切口将其分离。进行：布条剥离试验；切口剥离试验。

3）试验结果

（1）布条剥离试验将试件置于拉伸试验机，夹住布条从基材上 180°剥离。

（2）切口剥离试验在基材和产品 2 和 3 界面的开切口，密封胶条手动从基材上 180°剥离。

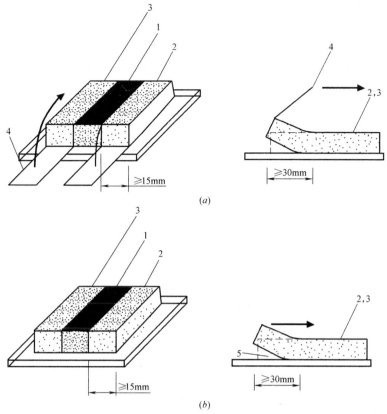

图 10.6.2-2　剥离试验——密封胶间试件示意图

（a）布条剥离试验；（b）切口剥离试验

1—硅酮结构胶；2，3—密封胶；4—布条作用力；5—切割部位

（3）记录在密封胶中的任何污染变色。

## 10.6.3　粘结性试件制备

1. 标准试验条件

实验室的标准试验条件：温度 $23\pm2$℃，相对湿度 $50\%\pm5\%$。

2. 试件制备准备

制备试件前，用于试验的硅酮结构胶应在标准试验条件下放置 24h 以上。试验基材应用清洁剂清洁。双组分试样应按生产商要求的比例混合。

3. 试件形状、尺寸和基材

试件应符合图 10.6.3-1 的规定，应按产品适用的基材类别选用基材，基材应具有足够的强度防止弯曲变形破损。基材尺寸可以不同于图 10.6.3-1，但应保持硅酮结构胶粘结体的尺寸为（12±1）mm×（12±1）mm×（50±1）mm：

（1）AL 类：符合《建筑密封材料试验方法　第 1 部分：试验基材的规定》GB/T 13477.1 要求，阳极氧化铝板厚度不小于 3mm；

（2）G 类：符合《建筑密封材料试验方法　第 1 部分：试验基材的规定》GB/T 13477.1 要求，清洁、无镀膜的浮法玻璃，厚度不小于 5mm；

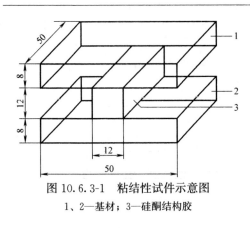

图 10.6.3-1　粘结性试件示意图
1、2—基材；3—硅酮结构胶

（3）M 类：供方要求的其他金属基材。

4. 试件制备

（1）按《建筑密封材料试验方法　第 8 部分：拉伸粘结性的测定》GB/T 13477.8—2002 的规定制备试件，并应按生产商要求使用底涂料。

（2）双组分硅酮结构胶应均匀无分层，且应充分混合，真空搅拌（真空度≥0.095MPa），混合时间约为 5min。无特殊要求时，混合后应在 10min 内完成注模和修整。

（3）每个试件应有一面选用 G 类基材，在生产商没有规定时，另一面采用 AL 类基材。

（4）试验基材应进行有效清洁。可按生产商指定的清洁剂及清洁方式进行清洁，也可按以下方式清洁：将试验基材放入无水丙酮（分析纯）中浸泡至少 2h；用脱脂纱布蘸取新鲜、洁净的无水丙酮（分析纯）将基材表面擦拭 2 遍；用脱脂纱布蘸取新鲜、洁净的无水乙醇（分析纯）将基材表面擦拭 2 遍；在无水乙醇挥发干涸前用干净的脱脂纱布擦拭 1 遍。

5. 试件养护

（1）制备后的试件在标准试验条件下放置 28d；

（2）在不损坏结构胶试件条件下，养护期间应尽早分离挡块。

6. 试件数量

（1）拉伸粘结性：23℃拉伸粘结强度、初始刚度、拉伸模量，试件数量 10 个；拉伸粘结强度保持率，试件数量 5 个。

（2）剪切性能：23℃剪切强度，试件数量 10 个；剪切强度保持率，试件数量 5 个。

（3）撕裂强度：拉伸粘结强度保持率，试件数量 5 个。

（4）弹性恢复率，试件数量 3 个。

## 11.6.4　相关试验

1. 下垂度

按《建筑密封材料试验方法　第 6 部分：流动性的测定》GB/T 13477.6 试验，下垂度模具槽内宽度为 20mm，试件在 50±2℃的鼓风干燥箱中放置 4h。

2. 表干时间

按《建筑密封材料试验方法　第 5 部分：表干时间的测定》GB/T 13477.5—2002 试验，型式检验采用 A 法试验，出厂检验可采用 B 法。

3. 邵氏硬度

将样品挤注在内框尺寸为 130mm×40mm 模板上，然后刮平，厚度为 6～7mm，单组分产品在标准试验条件下养护 28d，双组分产品养护 7d，养护后揭下膜片，按《硫化橡胶或热塑性橡胶　压入硬度试验方法　第 1 部分：邵氏硬度计法（邵尔硬度）》GB/T 531.1 进行试验，测试 5 个点取中值。

4. 弹性恢复率

按《建筑密封材料试验方法　第 17 部分：弹性恢复率的测定》GB/T 13477.17 进行试验，按《建筑幕墙用硅酮结构密封胶》JG/T 475 养护，伸长率为 25％，取 3 个试件平均值。

5. 相容性

（1）附件与硅酮结构胶相容性试验按《建筑用硅酮结构密封胶》GB 16776—2005 进行，采用的光源符合《塑料　实验室光源暴露试验方法　第 3 部分：荧光紫外灯》GB/T 16422.3 的 UVA340 紫外灯，应保证试验期间紫外辐照强度在规定范围，若不能控制强度，UVA-340 紫外灯应定期更换位置和调整距离。

（2）实际工程用基材与硅酮结构胶粘结性按《建筑用硅酮结构密封胶》GB 16776—2005 进行。

（3）相邻材料的相容性性能按《建筑幕墙用硅酮结构密封胶》JG/T 475 进行。

# 10.7　石材用建筑密封胶

## 10.7.1　概述

《石材用建筑密封胶》GB/T 23261，适用于建筑工程中天然石材接缝嵌填用弹性密封胶。

1. 分类

产品按聚合物分为硅酮、改性硅酮、聚氨酯等。

产品按组分分为单组分型和双组分型。

2. 级别

产品按位移能力分为 12.5、20、25、50 四个级别。

3. 次级别

（1）20、25、50 级密封胶按拉伸模量分为低模量和高模量两个次级别。

（2）12.5 级密封胶按弹性恢复率不小于 40％为弹性体，50、25、20、12.5E 密封胶为弹性密封胶。

4. 外观

（1）密封胶应为细腻、均匀膏状物或黏稠体，不应有气泡、结块、结皮或凝胶，无不易分散的析出物。

（2）双组分密封胶的各组分的颜色应有明显差异。产品的颜色与供需双方商定的样品相比不得有明显差异。

5. 物理力学性能

下垂度（垂直、水平）、表干时间、挤出性、弹性恢复率、拉伸模量（＋23℃，－20℃）、定伸粘结性、冷拉热压后粘结性、浸水后定伸粘结性、质量损失、污染性（污染宽度、污染深度）。

6. 组批与抽样

以同一品种、同一级别的产品每 5t 应为一批进行检验，不足 5t 也为一批。

产品随机取样，样品总重约为 4kg，双组分产品取样后应立即分别密封包装。

## 10.7.2  污染性试验

《石材用建筑密封胶》GB/T 23261 "石材用建筑密封胶与接触材料的污染性试验方法"，规定了接缝密封胶对多孔性基材（如大理石、石灰石、砂石、花岗石）污染的加速试验程序，适用于所有弹性密封胶和任何多孔性基材。

1. 方法概述

污染性试验方法的试件应经受如下处理：12 个试件按 50％压缩并夹紧，1/3 试件保持受压状态放置于标准试验条件下 28d，1/3 试件保持受压状态放置于烘箱中 28d，1/3 试件保持受压状态放置于紫外线箱中。试验结果目测产生的变化，用污染深度和宽度的平均值评价。

2. 意义和用途

建筑材料的污染是实际应用中不希望产生的现象。污染性试验方法评价用于密封胶内部物质渗出在多孔性基材上产生早期污染的可能性。由于这是一个加速试验，无法预测密封胶长期使用后使多孔性基材污染和变色的程度。

3. 标准试验条件

实验室的标准试验条件：温度 23±2℃，相对湿度 50％±5％。

4. 仪器设备

鼓风干燥箱；紫外线箱；"C"形夹或其他使试件保持压缩的装置；防粘垫块。

5. 试件

（1）基材尺寸为 75mm×25mm×25mm，共需 24 块基材，用于制成 12 个试件。

（2）底涂料：当制造商推荐使用底涂料时，则每个试件的两块基材中，一块基材加底涂料，另一块不加底涂料，试验结束后，分别记录加底涂料和不加底涂料基材的污染值。

（3）在标准试验条件下，按下述方法制备试件，把遮蔽带贴在上表面防止密封胶固化于表面，打胶后立即将遮蔽带除去。

① 制备试件前，用于试验的密封胶应在标准条件下放置 24h 以上。试验基材选用合适的清洁剂（对石材无污染、腐蚀）清洁。制备时单组分试样应用挤枪从包装容器中直接挤出注模，使试样充满模具内腔，避免形成气泡。多组分应按生产厂注明的比例，在负压约 0.09MPa 的真空条件下搅拌混合均匀，混合时间约为 5min。若事先无特殊要求，应在20min 内完成注模和修整。

② 污染性试件可采用《建筑密封材料试验方法  第 8 部分：拉伸粘结性的测定》GB/T 13477.8—2002 中试件形状，仲裁试验应采用图 10.7.2-1 的试件形状。

6. 养护条件

污染性试件按下列条件养护：双组分密封胶标准试验条件下放置 14d；单组分密封胶标准试验条件下放置 21d；在不损坏试验条件下，养护期间垫块应尽早分离。

7. 试验步骤

1）试验准备

（1）在容器中将符合《建筑涂料涂层耐沾污性试验方法》GB/T 9780—2005 要求的污染源 100g 与 90g 水调成悬浮液，使用前应搅拌均匀。

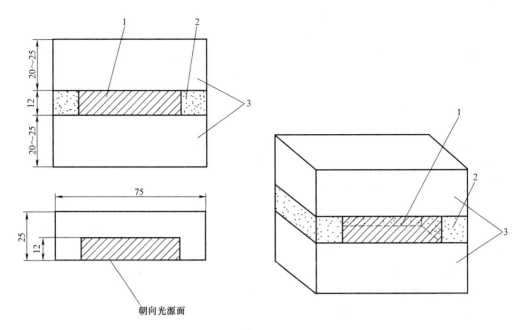

图 10.7.2-1　试件形状（单位：mm）

1—密封胶；2—垫块；3—石材

（2）将 12 个试件压缩 50％并固定夹紧。

2）标准试验条件

（1）将 4 个压缩试件浸入已配制好的污染源的溶液中 10s，然后取出在标准试验条件下放置 2h。

（2）将试件放置于标准试验条件，7d 后将试件取出，擦去污染源，观察并记录试件污染情况。

（3）重复上述步骤，28d 取出结束试验。

3）加热处理

①将 4 个压缩试件浸入已配制好的污染源的溶液中 10s，然后取出在标准试验条件下放置 2h。②将试件放置于 70±2℃烘箱中，7d 后将试件取出，擦去污染源，观察并记录试件污染情况。③重复上述步骤，28d 取出结束试验。

4）紫外线处理

①将 4 个压缩试件浸入已配制好的污染源的溶液中 10s，然后取出在标准试验条件下放置 2h。②将试件放置于紫外线箱中，胶面朝向光源，按《建筑用硅酮结构密封胶》GB/T 16776—2005 附录 A 方法照射。每 7d 将试件取出，擦去污染源，观察并记录试件污染情况。③重复上述步骤，28d 取出试件结束试验。

5）结果评价

（1）取出试件冷却后，擦去污染源，用水冲洗表面，然后在标准试验条件下放置 1d，检查试件的每个基材表面，判定表面的任何变化，测量至少 3 点的污染宽度，记录测量的平均值，精确到 0.5mm。若使用底涂料，则需分别记录每个试件加底涂料和不加底涂料基材污染值。

（2）将基材从中间敲成两块（最后基材的尺寸为 40mm×25mm×25mm），若表面有污染，则从最大污染表面处敲开基材，测量至少 3 点的污染深度，记录测量的平均值，精确到 0.5mm。若使用底涂料，则需分别记录每个试件加底涂料和不加底涂料基材污染值。

### 10.7.3　相关试验

#### 1. 适用期

按《建筑密封材料试验方法　第 3 部分：使用标准器具测定密封材料挤出性的方法》GB/T 13477.3—2002 中的试验，喷嘴内径 4mm，读取挤出率为 50mL/min 所对应的时间即为适用期。双组分密封胶的适用期由供需双方商定。

#### 2. 下垂度

按《建筑密封材料试验方法　第 6 部分：流动性的测定》GB/T 13477.6—2002 中的试验，试件在 50±2℃的烘箱内放置 24h。

#### 3. 表干时间

按《建筑密封材料试验方法　第 5 部分：表干时间的测定》GB/T 13477.5—2002 中的试验，型式检验采用 A 法试验，出厂检验可采用 B 法试验。

#### 4. 挤出性

按《建筑密封材料试验方法　第 3 部分：使用标准器具测定密封材料挤出性的方法》GB/T 13477.3—2002 中的试验，喷嘴内径 4mm。

#### 5. 弹性恢复率

按《建筑密封材料试验方法　第 17 部分：弹性恢复率的测定》GB/T 13477.17—2002 中的试验，试验伸长率按《建筑幕墙用硅酮结构密封胶》JG/T 475—2015 的规定。

#### 6. 定伸粘结性

按《建筑密封材料试验方法　第 10 部分：定伸粘结性的测定》GB/T 13477.10—2002 中的试验，试验伸长率按《建筑幕墙用硅酮结构密封胶》JG/T 475—2015 的规定，试件破坏按《建筑密封胶分级和要求》GB/T 22083—2008 进行判定。

# 10.8　干挂石材幕墙用环氧胶粘剂

### 10.8.1　概述

《干挂石材幕墙用环氧胶粘剂》JC 887，适用于干挂石材幕墙挂件与石材间粘结固定用双组分环氧型胶粘剂。干挂石材幕墙是近年来装饰工程中采用的施工工艺，是指由金属框架、不锈钢挂件和建筑石材组成的建筑外围护结构。

#### 1. 分类

胶粘剂为双组分环氧型，按固化速度分为快固型和普通型。

#### 2. 外观

胶粘剂各组分分别搅拌后应为细腻、均匀黏稠液体或膏状物，不应有离析、颗粒和凝胶，各组分颜色应有明显差异。

3. 物理力学性能

适用期、弯曲弹性模量、冲击强度、拉剪强度（不锈钢-不锈钢）、压剪强度（石材-石材/标准条件 48h、浸水 168h、热处理 80℃ 168h、冻融循环 50 次；石材-不锈钢/标准条件 48h）

4. 组批与抽样

以同一品种、同一配比生产的每釜产品为一批。

在同批产品中分别随机抽取一组包装，样品总量不少于 1kg。

### 10.8.2　基本试验要求

1. 标准试验条件

试验室标准试验条件：23±2℃，相对湿度 50％±5％。

2. 粘结试件基材

1）石材基材

（1）应选用具有足够强度的石材，石材品种推荐用丰镇黑或济南青。基材尺寸为 50mm×30mm×（20～25）mm，采用非抛光面粘结。

（2）试件制备前，应用清水对石材进行清洗，然后在 105±2℃烘箱内烘干 2h 后备用。

2）不锈钢基材

（1）采用符合《干挂饰面石材及其金属挂件　第 2 部分：金属挂件》JC/T 830.2 要求的奥氏体不锈钢材料，推荐用 1Cr18Ni9Ti 不锈钢。拉剪强度试件基材尺寸为 100mm×25mm×2mm，压剪强度试件基材尺寸为 50mm×30mm×（10～15）mm。

（2）试件制备前，应先用 P120 纱布打磨被粘表面，干燥后备用。

3. 试件制备

（1）试件制备前，试样应在标准试验条件下放置 24h 以上。

（2）按生产方给定的配比准确称量各组分试样后立即搅拌均匀，注意避免混入空气，然后尽快成型试件。

（3）浇铸成型时，预先将模具薄涂一层脱模剂，快速将搅拌好的胶粘剂倒入，用刮刀抹平，然后刮平。

（4）粘结成型时，将搅拌好的胶粘剂分别涂抹在两块粘结基材上，对合时轻轻揉压，确保粘结均匀。

（5）拉剪强度试件胶接面积为 25mm×12.5mm，压剪强度试件胶接面积为 50mm×20mm。共成型 4 组石材—石材粘结试件和 1 组石材—不锈钢试件，每组 5 个试件。

4. 固化条件

制备好的试件放置在标准条件下固化 48h 后测试和进行预处理。

### 10.8.3　压剪强度试验

1. 试验方法

按《陶瓷墙地砖胶粘剂》JC/T 547—1994 中规定进行试验。

2. 试验条件

（1）标准条件：试件在标准条件下固化 48h 后，分别测试石材—石材、石材—不锈钢的压剪强度。

（2）浸水：试件在标准条件下固化 48h，接着在 23±2℃水中浸泡 168h，在 10min 内擦干试件表面水渍并进行测试。

（3）热处理：试件在标准条件下固化 48h，接着在 80±2℃烘箱中放置 168h，在标准条件下冷却 2h 后测试。

（4）冻融循环：试件在标准条件下固化 48h，接着按《天然饰面石材试验　第 1 部分：干燥、水饱和、冻融循环后压缩强度试验方法》GB/T 9966.1—2001 的规定进行冻融循环 50 次，在 10min 内擦干试件表面水渍并进行测试。冻融循环方法：将试件置于 20±2℃清水中浸泡 48h，取出后立即放入－20±2℃的冷冻箱内冷冻 4h，再将其放入流动的清水中融化 4h。

3. 试验步骤

养护完毕后，利用压剪夹具将试件在试验机上进行强度测定，加载速度 20～25mm/min，压剪强度按下式计算，精确至 0.01MPa：

$$\tau_压 = \frac{P}{M} \tag{10.8.3-1}$$

式中

$\tau_压$——压剪强度（MPa）；

$P$——破坏负荷（N）；

$M$——胶接面积（mm$^2$）。

4. 数据处理

试验结果取 5 个试件的算术平均值。如果出现可疑极值，按照粗大误差剔除准则，即 Dixon 准则取舍：若 $\dfrac{X_2-X_1}{X_5-X_1} \geqslant 0.642$，则舍去 $X_1$；若 $\dfrac{X_5-X_4}{X_5-X_1} \geqslant 0.642$，则舍去 $X_5$。其中，$X_1$、$X_2$、$X_3$、$X_4$、$X_5$ 为测试值（MPa），且 $X_1 < X_2 < X_3 < X_4 < X_5$。

## 10.8.4　相关试验

1. 适用期

按《建筑胶粘剂通用试验方法》GB/T 12954—1991 中规定进行试验，恒温水浴温度为 23±0.5℃。

1）仪器和试剂

架盘天平：最大称量为 100g，精度为 0.1g；固化剂：种类和添加量由胶粘剂制造者规定。

2）试验步骤

（1）将适量试样倒入 100mL 烧杯，加入规定量固化剂，制成 50g 混合物，以加入固化剂的时间作为起始时间，随后把烧杯置于 23±0.5℃的恒温水浴中，并使试样表面位于液面以下 2cm。

（2）不断观察试样，读取试样产生异状的时间，从起始时间到产生异状的时间即适用期。试样发生异状，指明显出现黏度上升、凝胶化、沉淀、分离、变色等有碍于胶粘剂使用现象。

（3）计算

同一试样测定两次，求其平均值，以 min 表示。

2. 冲击强度

按《树脂浇铸体性能试验方法》GB/T 2571 试验。采用无缺口小试件浇铸成型。

3. 抗剪强度

按《胶粘剂拉伸剪切强度的测定（刚性材料对刚性材料）》GB/T 7124 试验，试验结果取 5 个试件的算术平均值。

1）试验步骤

（1）将试件对称地夹在夹具上，夹持处至距离最近的粘结端的距离为 50±1mm。夹具可使用垫片，以保证作用力在粘接面内。

（2）拉力试验机以恒定的测试速度进行试验，使一般破坏时间介于 65±20s。

（3）若拉力机可以恒定速率加载，将剪切力变化速率定在每分钟 8.3～9.8MPa。

（4）记录试件剪切破坏的最大负荷作为破坏荷载。

（5）按《胶粘剂　主要破坏类型的表示法》GB/T 16997 中的规定，记录破坏类型。

2）结果表述

拉伸剪切强度由破坏荷载（N）除以剪切面积（mm$^2$）来计算。

# 10.9　硅酮结构密封胶

## 10.9.1　概述

《建筑用硅酮结构密封胶》GB 16776，适用于建筑幕墙及其他结构粘接装配用硅酮结构密封胶。密封胶是指以非成型状态嵌入接缝中，通过与接缝表面粘结而密封的材料。单组分密封胶是指无须混合直接可用的单包装密封胶。多组分密封胶是指几种组分分别包装，按照供应商的要求将各组分混合后使用的密封胶。

1. 试验基本要求

（1）标准试验条件

标准试验条件为：温度 23±2℃，相对湿度 50%±5%。

（2）试验样品的准备

所有试验样品应以包装状态在标准试验条件下放置 24h。双组分试验样品两组分的混合比例应符合供方规定，其中 A 组分（基胶）取样量至少 500g。混合应在负压 0.095MPa 以下真空条件下进行，混合时间约 5min。

2. 组批与抽样

连续生产时每 3t 为一批，不足 3t 也为一批；间断生产时，每釜投料为一批。

随机抽样。单组分产品抽样量为 5 支；双组分产品从原包装中抽样，抽样量为 3～5kg，抽取的样品应立即密封包装。

## 10.9.2　硬度试验

按《橡胶袖珍硬度计压入硬度试验方法》GB/T 531—1999 采用邵尔 A 型硬度计

试验。

1. 邵尔 A 型硬度计试验

1）方法概述

压入硬度试验是材料规定形状的压针在一定条件下压入橡胶的深度，并换算为一定的硬度单位表示出来。压入硬度和压入深度成反比，并与材料的弹性模量和黏弹性有关，由于测量结果受压针的形状和所施加力的影响，所以不同类型硬度计所测得的结果没有简单的对应关系。

2）仪器设备

邵尔 A 型硬度计。

3）试样

在 PE 膜上平放金属模框（金属模框：内框尺寸 130mm×40mm×6.5mm），将所有样品挤注在模框内，刮平后除去模框进行养护（双组分硅酮结构胶的试件在标准条件下放置 14d；单组分硅酮结构胶的试件在标准条件下放置 21d；在不损坏试件的条件下，养护期间挡块应尽早分离）。揭去 PE 膜制得试件。

4）试验步骤

（1）把试样放置在坚固的平面上，拿住硬度计，压足中孔的压针距离试块边缘至少12mm，平稳地把压足压在试样上，不能有任何振动，并保持压足平行于试样表面，以使压针垂直地压入试样。所施加的力要刚好足以使压足和试样完全接触，除另有规定，必须在压足和试样完全接触后 1s 内读数，如果是其他间隔时间读数则必须说明。

（2）在试样相距至少 6mm 的不同位置测量硬度值 5 次，取中位数。

（3）使用邵尔硬度计时，当 A 型硬度计测量值超出 90 时推荐使用 D 型硬度计，当 D 型硬度计测量值低于 20 时，推荐用 A 型硬度计，A 型硬度计示值低于 10 时是不准确的，测量结果不能使用。

使用支架固定硬度计或在压针轴上用砝码加力使压足和试样接触，或两种方法兼用，可以提高测量准确度，对于邵尔硬度计，A 型推荐使用 1kg 砝码，D 型推荐使用 5kg 砝码加力。

5）试验报告

①试验方法标准编号；②试样的名称和代号；③试样状态和尺寸，包括厚度，如试样叠层，要说明层数；④试验温度，当被测量硬度与湿度有关时，要说明相对湿度；⑤使用仪器的型号；⑥试样从制备到测量硬度的时间间隔；⑦每次测量硬度计的示值，当示值不是在 1s 内读数时必须说明时间间隔；⑧硬度测量结果的数值、平均值和范围；⑨试验日期；⑩如有偏离标准要求或出现标准没有规定的影响因素，必须详细说明并分析对试验结果可能产生的影响。

2. 邵氏硬度计法

《硫化橡胶或热塑性橡胶　压入硬度试验方法　第 1 部分：邵氏硬度计法（邵尔硬度）》GB/T 531.1—2008，规定了硫化橡胶或热塑性橡胶使用下 4 种标尺　压入硬度（邵尔硬度）的试验方法。

警告：使用邵氏硬度计法的人员应有正规实验室工作的实践经验。邵氏硬度计法并未指出所有可能的安全问题，使用者有责任采取适当的安全和健康措施，并保证符合国家有关法律法规规定的条件。

1）方法概述

邵氏硬度计的测量原理是指特定的条件下把特定形状的压针压入橡胶试样而形成压入深度，再把压入深度转换为硬度值。

2）邵氏硬度计的选择

使用邵氏硬度计，标尺的选择如下：D 标尺值低于 20 时，选用 A 标尺；A 标尺值低于 20 时，选用 AO 标尺；A 标尺值高于 90 时，选用 D 标尺；薄样品（样品厚度小于 6mm）选用 AM 标尺。

3）仪器

A 型邵氏硬度计包含了压足、压针、指示机构、弹簧和自动计时机构（供选择）。

4）试样

（1）使用邵氏 A 型、D 型、AO 型硬度计测定硬度时，试样厚度至少 6mm。使用邵氏 AM 型硬度计测定硬度时，试样的厚度至少 1.5mm。

（2）对于厚度小于 6mm 和 1.5mm 的薄片，为得到足够的厚度，试样可以由不多于 3 层叠加而成。对于邵氏 A 型、D 型、AO 型硬度计，叠加后试样总厚度至少 6mm；邵氏 AM 型，叠加后试样总厚度至少 1.5mm。但由叠加试样测定的结果和单层试样测定的结果不一定一样。

5）调节

在进行试验前试样应按照《橡胶物理试验方法试样制备和调节通用程序》GB/T 2941 的规定在标准实验室温度下调节至少 1h，用于比较目的的单一或系列试验应始终采用相同的温度。

6）试验步骤

（1）概述

将试样放在平整、坚硬的表面上，尽可能快速地将压足压到试样上或反之将试样压到压足上。应没有震动，保持压足和试样表面平行以使压针垂直于橡胶表面，当使用支架操作时，最大速度为 3.2mm/s。

（2）弹簧试验力保持时间

① 按照规定加弹簧试验力使压足和试样表面紧密接触，当压足和试样紧密接触后，在规定的时刻读数。对于硫化橡胶标准弹簧试验力保持时间为 3s，热塑性橡胶则为 15s。

② 如果采用其他的试验时间，应在试验报告中说明。未知类型橡胶当作硫化橡胶处理。

（3）测量次数

在试样表面不同位置进行 5 次测量取中值。对于邵氏 A 型、D 型、AO 型硬度计，不同测量位置两两相距至少 6mm；对于 AM 型，相距至少 0.8mm。

7）试验报告

①试验依据的标准名称及编号。②样品详细情况：样品及其来源的详细描述；所知道的化合物的详细资料以及加工调节情况；试样的描述，包括厚度，对于叠层试样的叠层数。③试验详细情况：试验温度，当材料的硬度与湿度有关时，给出相对湿度；使用仪器型号；样品制备到测量硬度之间的时间间隔；任何偏离标准要求的程序。标准有关程序未

给出的详细情况，比如任何有可能影响到测量结果的因素。④试验结果：各个压入硬度数值以及在弹簧试验力保持时间不到 3s 时每次读数的时间间隔，测量中值、最大值和最小值，相关的标尺。

### 10.9.3 拉伸粘结性试验

《建筑用硅酮结构密封胶》GB 16776 规定了拉伸粘结性的试验方法。

1. 试件的形状和尺寸

试件应符合图 11.9.3-1 规定，基材按产品适用的基材类别选用：M 类：符合《建筑密封材料试验方法 第 1 部分：试验基材的规定》GB/T 13447.1—2002，铝板厚度不小于 3mm；G 类：清洁、无镀膜的无色透明浮法玻璃，厚度 5~8mm；Q 类：供方要求的其他基材。

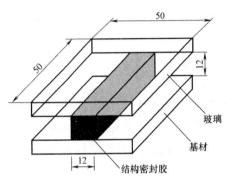

图 10.9.3-1 拉伸粘结试件

2. 试件的制备和养护

（1）按《建筑密封材料试验方法 第 8 部分：拉伸粘结性的测定》GB/T 13477.8—2002 制备试件，每 5 个试件为一组。

（2）每个试件必须有一面选用 G 类基材。

（3）制备后的试件按以下条件养护

双组分硅酮结构胶的试件在标准条件下放置 14d；单组分硅酮结构胶的试件在标准条件下放置 21d；在不损坏试件的条件下，养护期间挡块应尽早分离。

3. 试验步骤

（1）按《建筑密封材料试验方法 第 8 部分：拉伸粘结性的测定》GB/T 13477.8—2002 进行试验。粘结破坏面积的测量和计算，采用透明印刷有 1mm×1mm 网格线的透明膜片，测量拉伸粘结试件两粘结面上粘结破坏面积较大面占有的网格数，精确到 1 格（不足 1 格不计）。粘结破坏面积以粘结破坏格数占总格数的百分比表示。

（2）报告拉伸粘结强度，同时报告粘结破坏面积。

4. 23℃时拉伸粘结性、最大拉伸强度时伸长率试验

试验温度 23±2℃，取一组试件按上述 3 试验和报告；同时记录最大拉伸强度时的伸长率，报告最大拉伸强度时的伸长率的算术平均值。

### 10.9.4 相容性试验

结构装配系统用附件同密封胶相容性试验方法，规定了结构装配系统附件（如密封条、间隔条、衬垫条、固定块等）同密封胶相容性试验方法及结果的评定，适用于建筑幕墙结构系统的选材。相容性是指密封胶与其他材料的接触面互相不产生不良的物理化学反应的性能。

相容性试验方法是一项实验筛选过程。试验后粘结性和颜色的改变是一项可用来确定材料相容性的关键，实践表明试验中那些使粘结性丧失和褪色的附件，在实际使用中也同样会发生。相容性试验观测以下指标：密封胶的变色情况；密封胶对玻璃的粘结性；密封

胶对附件的粘结性。

试验方法没有考虑安全问题，进行试验时要自行考虑安全和健康问题。

1. 方法概述

将一个带有附件的试验试件放在紫外灯下直接辐照，在热条件下通过玻璃辐照另一个试件（见图 10.9.4-1），再对没有附件的对比试样进行同样的试验，观察两组试件颜色的变化，对比试验密封胶同参照密封胶对玻璃及附件粘结性的变化。

2. 意义和应用

（1）在结构胶粘结装配玻璃系统中，该密封胶用作装配系统结构的胶接，又用作该结构的第一道耐气候密封挡隔层，用作系统结构的装配，胶结接头的可靠性最为关键。

（2）在经过紫外照射后，颜色的改变和粘结性的变化是判断密封胶相容性的两个标准。如果该项试验中附件导致结构胶变色或者粘结性变化，经验证明实际应用中也会出现类似的情况。

3. 仪器设备和材料

玻璃板：清洁的无色透明浮法玻璃，尺寸为 75mm×50mm×6mm，共 8 块；隔离胶带：不粘结密封胶，尺寸为 25mm×75mm，每块玻璃粘贴一条；温度计：量程 20～100℃；紫外线荧光灯：UVA-340 型。紫外辐照箱：箱体能容纳 4 支 UVA-340 灯，灯中心的间距为 70mm，同试件上表面的距离为 254mm（图 10.9.4-2），试件表面温度 48±2℃（距试件 5mm 处测量），可采用红外线灯或者其他加热设备保持温度；清洗剂：推荐用 50% 异丙醇—蒸馏水溶液；试验密封胶；参照密封胶：与试验结构胶（或耐候胶）组成基本相同的浅色或半透明密封胶。如果没有，可由供应试验密封胶的制造厂提供或推荐。

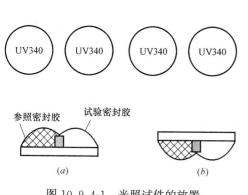

图 10.9.4-1　光照试件的放置
（a）玻璃面在下方；（b）玻璃面朝上

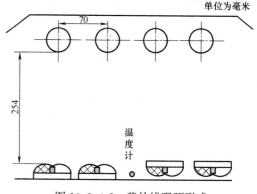

图 10.9.4-2　紫外线曝晒形式

4. 附件同密封胶相容性试验

1）方法概述

（1）采用规定的玻璃，表面用 50% 异丙醇-蒸馏水溶液清洗并用洁净布擦干净。

（2）按图 10.9.4-3 在玻璃的一端粘贴隔离胶带，覆盖宽度约 25mm。

（3）按图 10.9.4-3 制备 8 块试件，4 块是无附件的对比试件，另外 4 块是有附件的试验试件。将附件裁切成条状，尺寸为 6mm×6mm×50mm，放在玻璃板中间。对比试件和试验试件的制备方法完全相同，只是不加附件。

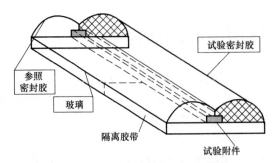

图 10.9.4-3　附件相容性试验的试件形式

（4）将试验密封胶挤注在附件的一侧，参照密封胶挤注在附件的另一侧，用刮刀整理密封胶使之与附件上端面及侧面紧密接触，并与玻璃密实粘结。两种胶的相接处应高于附件上端约 3mm。

2）试件的养护和处理

（1）制备的试件在标准条件下养护 7d。取两个试验试件和两个对比试件，玻璃面朝下放置在紫外辐照箱中；再放入两个试验试件和两个对比试件，玻璃面朝上放置（如图 10.9.4-1a 和图 10.9.4-1b），在紫外灯下照射 21d。

（2）为保证紫外辐照强度在一定范围内，紫外灯使用 8 周后应更换。为保证均匀辐照，每两周按图 10.9.4-4 更换一次灯管的位置，去除 3 号灯，将 2 号灯移到 3 号灯的位置，将 1 号灯移到 2 号灯的位置，将 4 号灯移到 1 号灯的位置，在 4 号灯的位置安装一个新灯管。

（3）试验箱温度应控制在 48±2℃（距离试件 5mm 处测量），试件表面温度每周测一次。

3）试验步骤

（1）试件编号后将试件放在紫外灯下，按表 10.9.4-2 分别记录各试样的放置方向。

（2）试验后从紫外箱中取出试件，在 23℃ 冷却 4h。

（3）用手握住隔离胶带上的密封胶，与玻璃成 90°方向用力拉密封胶，使密封胶从玻璃粘结处剥离。

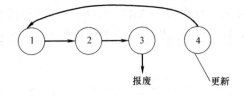

图 10.9.4-4　灯管位置及更换次序

（4）按规定的方法测量并按下式计算试验胶、参照胶与玻璃内聚破坏面积的百分率。

$$C_F = 100\% - A_L \tag{10.9.4-1}$$

式中

$C_F$——内聚破坏面积的百分率（%）

$A_L$——粘接破坏面积的百分率（%）。

（5）检查密封胶对附件的粘结性：与附件成 90°方向用力拉密封胶，使密封胶从附件粘结处剥离。

（6）按上述（4）测量并计算试验胶、参照胶与附件内聚破坏的百分率。

（7）观察试验胶、参照胶的颜色变化。

（8）按表 10.9.4-1 指标检查并记录试验胶与参照胶颜色的变化及其他任何值得注意的变化。

5. 试验报告

紫外光曝露后附件同密封胶相容性试验的试验结果可按表 10.9.4-2 格式报告。

**颜色变化的评定**　　　　　　　　　　　　　　表 10.9.4-1

| 级别 | 颜色变化 | 变色描述 |
|---|---|---|
| 0 | 无变色 | 颜色无任何变化 |
| 1 | 非常轻微的变色 | 只有非常轻微的变化,以至通常无法确定 |
| 2 | 轻微的变色 | 很淡的颜色——通常为黄色 |
| 3 | 明显变色 | 较轻的颜色——通常为黄色、橙色、粉红色或棕色 |
| 4 | 严重变色 | 明显的颜色——可能是红色、紫色掺杂着黄色、橙色、粉红色或棕色 |
| 5 | 非常严重的变色 | 较深的颜色——可能是黑色或其他颜色 |

**附件相容性试验报告**　　　　　　　　　　　　表 10.9.4-2

试验开始时间＿＿＿＿＿＿　　试验标准＿＿＿＿＿＿　　登记号＿＿＿＿＿＿

试验完成时间＿＿＿＿＿＿　　用　户＿＿＿＿＿＿　　试验者＿＿＿＿＿＿

| 试验密封胶: 基准密封胶: 附件类型: | | 试验试件 | | | | 对比试件 | | | |
|---|---|---|---|---|---|---|---|---|---|
| | | 玻璃面朝下 | | 玻璃面朝上 | | 玻璃面朝下 | | 玻璃面朝上 | |
| 试件编号 | | 1 | 2 | 3 | 4 | 5 | 6 | 7 | 8 |
| 颜色及外观变化 | 参照密封胶 | | | | | | | | |
| | 试验密封胶 | | | | | | | | |
| 玻璃粘结破坏百分率(%) | 参照密封胶 | | | | | | | | |
| | 试验密封胶 | | | | | | | | |
| 附件粘结破坏百分率(%) | 参照密封胶 | | | | | | | | |
| | 试验密封胶 | | | | | | | | |
| 说　明 | | | | | | | | | |

6. 试验结果的判定

结构装配系统用附件同密封胶相容性试验结果,按表 10.9.4-3 判定。

**结构装配系统用附件同密封胶相容性试验判定指标**　　　表 10.9.4-3

| 试验项目 | | 判定指标 |
|---|---|---|
| 附件同密封胶相容 | 颜色变化 | 试验试件与对比试件颜色变化一致 |
| | 玻璃与密封胶 | 试验试件、对比试件与玻璃粘结破坏面积的差值≤5% |

## 10.9.5　剥离粘结性试验

实际工程用基材同密封胶粘结性试验方法,规定了实际工程应用基材(如玻璃、铝材、铝塑板、石材等)与密封胶粘结性试验方法及结果的判定。适用于幕墙工程结构系统的选材。该试验方法通过剥离粘结试验后的基材粘结破坏面积来确定基材与密封胶的粘结性。

1. 方法概述

采用实际工程用基材同密封胶粘结制备试件,测定浸水处理后的剥离粘结性。

2. 意义和应用

在试验中基材产生的粘结破坏在实际工程中也会出现类似的情况。

3. 仪器设备和材料

基材：实际工程中与密封胶粘结的基材；清洁剂：供方推荐的清洁剂；密封胶：工程用密封胶；水：去离子水或蒸馏水；拉伸试验机：配有拉伸夹具和记录装置，拉伸速度可调至 50mm/min。

4. 试验步骤

（1）用清洁剂清洗基材表面，用洁净的布擦干。是否使用底涂应按供方的要求。

（2）按《建筑密封材料试验方法　第 18 部分：剥离粘结性的测定》GB/T 13477.18—2002 规定制备试件，并按规定的方法操作后立即复涂一层 1.5mm 厚的试验样品。试件按以下条件养护：双组分样品在标准条件下养护 14d；单组分样品在标准条件下养护 21d。

（3）养护后的试件按《建筑密封材料试验方法　第 18 部分：剥离粘结性的测定》GB/T 13477.18—2002 的规定切割试料带并浸入水中处理 7d，从水中取出试件后 10min 内按该标准第 8 章进行剥离试验。剥离粘结破坏面积按标准规定测量，以剥离长度×试料带宽度为基础面积，计算粘结破坏面积的百分率及算术平均值。

5. 试验报告

报告每条试料带剥离粘结破坏面积的百分率及试验结果的算术平均值（％），同时报告基材的类型，是否使用底涂。

6. 结果的判定

实际工程用基材与密封胶粘结：粘结破坏面积的算术平均值≤20％。

# 10.10　硅酮和改性硅酮建筑密封胶

## 10.10.1　概述

《硅酮和改性硅酮建筑密封胶》GB/T 14683，适用于普通装饰装修和建筑幕墙非结构性装配用硅酮建筑密封胶，以及建筑接缝和干缩位移接缝用改性硅酮建筑密封胶。硅酮建筑密封胶是指以聚硅氧烷为主要成分，室温固化的单组分和多组分密封胶，按固化体系分为酸性和中性。改性硅酮建筑密封胶是指以端硅烷基聚醚为主要成分，室温固化的单组分和多组分密封胶。

1. 分类

（1）按产品组分分类分为单组分和多组分两个类型。

（2）按用途分为三类，即 F 类——建筑接缝用；Gn 类——普通装饰装修镶玻璃用，不适用于中空玻璃；Gw 类——建筑幕墙非结构性装配用，不适用于中空玻璃。

（3）改性硅酮建筑密封胶按用途分为两类，即 F 类——建筑接缝用；R 类——干缩位移接缝用，常见于装配式预制混凝土外挂墙板接缝。

2. 级别

产品按《建筑密封材料分级和要求》GB/T 22083—2008 中的规定对位移能力进行分级。位移能力是指填入接缝的密封胶适应接缝位移并保持有效密封的变形量。密封胶级别分为四个级别，即 50、35、25、20。

3. 次级别

产品按《建筑密封材料分级和要求》GB/T 22083—2008 中的规定将产品的拉伸模量分为高模量和低模量两个次级别。

4. 外观

产品应为细腻、均匀膏状物，不应有气泡、结皮或凝胶。

5. 理化性能

（1）硅酮建筑密封胶的理化性能

理化性能有密度、下垂度、表干时间、挤出性、适用期、弹性恢复率、拉伸模量、定伸粘结性、浸水后定伸粘结性、冷拉—热压后粘结性、紫外线辐照后粘结性、浸水光照后粘结性、质量损失率、烷烃增塑剂。

（2）改性硅酮建筑密封胶理化性能

理化性能有密度、下垂度、表干时间、挤出性、适用期、弹性恢复率、定伸永久变形、拉伸模量、定伸粘结性、浸水后定伸粘结性、冷拉—热压后粘结性、质量损失率。

6. 试验基本要求

1）标准试验条件

试验室标准试验条件为：23±2℃，相对湿度 50%±5%。

2）试验基材

（1）试验基材的材质应符合《建筑密封材料试验方法　第 1 部分：试验基材的规定》GB/T 13477.1 的规定。Gn 类和 Gw 类产品选用玻璃基材，也可选用铝合金基材；F 类产品选用水泥砂浆和/或铝合金基材和/或玻璃基材；R 类产品选用水泥砂浆基材，水泥砂浆基材的粘结表面不应有气孔。

（2）当基材需要涂覆底涂料时，应按生产商要求进行。

7. 试件制备

（1）制备前，样品应在标准试验条件下放置 24h 以上。

（2）制备时，单组分试样应用挤枪从包装筒（膜）中直接挤出注模，使试样充满模具内腔，不得带入气泡。挤注后及时修整，防止试样在成型完毕前结膜。

（3）多组分试样应按生产商标明的比例混合均匀，避免混入气泡。若事先无特殊要求，混合后应在 30min 内完成注模和修整。

8. 组批与抽样

以同一类型、同一级别的产品每 5t 为一批进行检验，不足 5t 也作为一批。

单组分产品：由该批产品中随机抽取 3 件包装箱，从每件包装箱中随机抽取 4 支样品，共取 12 支。双组分产品：按配比随机抽样，共抽取 6kg，取样后应立即密封包装。取样后，将样品均匀分为两份，一份检验，另一份备用。

## 10.10.2　定伸永久变形试验

1. 试验器具

拉力试验机：能以 5.5±0.7mm/min 的速度拉伸试件；定位垫块：用于控制被拉伸的试件宽度，能使试件保持伸长率为初始宽度的 30%；游标卡尺：分度值为 0.1mm。

2. 试验步骤

（1）将制备养护好的试件除去隔离垫块，测量每一试件两端的初始宽度，将试件放入拉力试验机，以 5.5±0.7mm/min 的速度拉伸试件，拉伸伸长率为初始宽度的 30%（拉伸至 15.6mm），用合适的定位垫块使试件在 23℃条件下保持拉伸状态 48h。

（2）试件定伸结束后，在标准试验条件下放置 1h。然后去除定位垫块，恢复 30min 后，在每个试件两端的同一位置测量恢复后的宽度，分别计算在每个试件两端测得的试件初始宽度、试件拉伸后的宽度和试件恢复后的宽度的算术平均值。

3. 结果计算

（1）每个试件的定伸永久变形按下式计算，以百分数表示：

$$\theta = \frac{(W_s - W_i)}{(W_e - W_i)} \times 100\% \qquad (10.10.2-1)$$

式中　$\theta$——定伸永久变形（%）；

$W_s$——试件恢复后的宽度（mm）；

$W_i$——试件的初始宽度（mm）；

$W_e$——试件拉伸后的宽度（mm）。

（2）计算 3 个试件定伸永久变形的算术平均值，精确到 1%。

## 10.10.3　相关试验

1. 密度

按《建筑密封材料试验方法第 2 部分：密度的测定》GB/T 13477.2 的规定进行试验。

2. 下垂度

按《建筑密封材料试验方法第 6 部分：流动性的测定》GB/T 13477.6—2002 的规定进行试验。试件在 50±2℃恒温箱中垂直放置 4h。

3. 表干时间

按《建筑密封材料试验方法　第 5 部分：表干时间的测定》GB/T 13477.5—2002 的规定进行试验。型式检验应采用 A 法试验，出厂检验可采用 B 法试验。

4. 挤出性

按《建筑密封材料试验方法　第 3 部分：使用标准器具测定密封材料挤出性的方法》GB/T 13477.3—2017 的规定进行试验。挤出孔直径为 4mm，样品试验温度为 23±2℃。

5. 适用期

（1）按《建筑密封材料试验方法　第 3 部分：使用标准器具测定密封材料挤出性的方法》GB/T 13477.3—2017 中的规定进行试验。挤出孔直径为 4mm，样品试验温度为 23±2℃。

（2）测试 3 个试样，每个试样挤出 3 次，每隔适当时间挤出 1 次，按《建筑密封材料试验方法第 3 部分：使用标准器具测定密封材料挤出性的方法》GB/T 13477.3—2017 中的规定计算挤出率，绘制体积挤出率的算术平均值与混合后经历时间的曲线，读取挤出率为 50mL/min 时对应的时间，即为适用期。精确至 0.5h。

6. 弹性恢复率

按《建筑密封材料试验方法　第 17 部分：弹性恢复率的测定》GB/T 13477.17—2017 的规定进行试验。试验伸长率按《硅酮和改性硅酮建筑密封胶》GB/T 14683—2017

的规定。

7. 定伸粘结性

按《建筑密封材料试验方法　第 10 部分：定伸粘结性的测定》GB/T 13477.10—2017 的规定进行试验，样品试验温度 23±2℃。试验伸长率按照《硅酮和改性硅酮建筑密封胶》GB/T 14683—2017 的规定。试验结束后，按《建筑密封材料分级和要求》GB/T 22083—2008 中规定检查试件，按《硅酮和改性硅酮建筑密封胶》GB/T 14683—2017 的规定进行试件破坏的评定。

8. 浸水后定伸粘结性

按《建筑密封材料试验方法　第 11 部分：浸水后定伸粘结性的测定》GB/T 13477.11—2017 的规定进行试验。试验结束后，按《建筑密封材料分级和要求》GB/T 22083—2008 中规定检查试件，按《硅酮和改性硅酮建筑密封胶》GB/T 14683—2017 的规定进行试件破坏的评定。